SZLAKI

ROBERT MACFARLANE

SZLAKI

–Opowieści o wędrówkach–

Przekład
Jacek Konieczny

WYDAWNICTWO
POZNAŃSKIE

Tytuł oryginału: *The Old Ways*

Redaktorzy prowadzący: Sylwia Smoluch, Bogumił Twardowski
Redakcja: Piotr Chojnacki
Korekta: Anna Gredecka
Projekt typograficzny i łamanie: Grzegorz Kalisiak | *Pracownia Liternictwa i Grafiki*
Projekt okładki: Ula Pągowska
Fotografia na okładce: Filip Springer

ISBN 978-83-7976-932-2

Wydawnictwo Poznańskie sp. z o.o.
ul. Fredry 8, 61-701 Poznań
tel.: 61 853-99-10
fax: 61 853-80-75
redakcja@wydawnictwopoznanskie.com
www.wydawnictwopoznanskie.com

Dla Julii, Lily i Toma
oraz tych, za sprawą których ścieżki się nie zacierają.

Wiele napisano o podróżowaniu, znacznie mniej o drodze.

Edward Thomas
The Icknield Way, 1913

Oczy miałam w stopach…

Nan Shepherd
The Living Mountain, 1977

SPIS TREŚCI

CZĘŚĆ IV

Powrót do domu. Anglia

OD AUTORA

Książki tej nie można by napisać na siedząco. Jej tematem są zależności między drogami, chodzeniem i wyobraźnią, dlatego też rozmyślaniami zajmowałem się w dużej mierze — też z konieczności — w trasie. Mimo że jest to trzecia pozycja z nieoficjalnej trylogii poświęconej krajobrazowi i ludzkiemu sercu, nie wymaga uprzedniej ani równoczesnej lektury dwóch pozostałych. Opowiada historię pokonania co najmniej tysiąca mil po dawnych szlakach w poszukiwaniu drogi do przeszłości, zakończonego wieloma niespodziewanymi powrotami do teraźniejszości. Bada duchy i głosy nawiedzające starożytne drogi, opowieści przypisane do szlaków, pielgrzymki i przejścia przez zakazane tereny, pieśni stworzenia i ich strażników, osobliwe kontynenty istniejące w obrębie krajów. Przede wszystkim jest to książka o ludziach i miejscach: o chodzeniu jako badaniu wnętrza i niewidocznym wpływie, który wywierają na nas mijane krajobrazy.

CZĘŚĆ I

TROPIENIE. ANGLIA

1. TROP

Wszystko, co istnieje, zajęte jest spisywaniem jej [przyrody] dziejów. [...] Ani jedna stopa nie przejdzie po śniegu lub ziemi, nie utrwaliwszy mniej lub bardziej wyraźnie swych śladów. [...] Ziemia nosi na swem obliczu mnóstwo pamiątek i napisów; a każdy przedmiot pokryty jest napomknieniami [...]. W naturze odbywa się ciągle ten proces sprawozdawczy, a opowiadanie odpowiada faktom, jak odcisk — pieczęci.

RALPH WALDO EMERSON (1850)

Dwa dni przed przesileniem zimowym; odwróceniem biegu roku. Na cały dzień miasto i okolice zamarły, przystanęły. Pięć stopni poniżej zera, ziemia szykowała się na najgorsze. Chmury przytrzymywały w sobie śnieg, nie pozwalając mu spaść. Na przedmieściach pozamykano szkoły, ludzie siedzieli uwięzieni w domach, chodniki skrzepły, a drogi pokrył czarny lód. Słońce zakreśliło niski łuk po niebie. Śnieg spadł niespodziewanie tuż przed zmierzchem — sypał nieprzerwanie przez pięć godzin, gromadząc się w równym tempie jednego cala na godzinę.

Tamtego wieczora siedziałem przy biurku i próbowałem skupić się na pracy, ale co rusz podchodziłem do okna i zostawałem tam na dłużej, wyglądając na zewnątrz. Śnieg opadał przez pomarańczowy stożek światła latarni; grube płatki lśniły jak iskry strzelające w piecu.

Około ósmej śnieg przestał padać. Godzinę później wyszedłem na spacer z butelką whisky; chciałem mieć coś na rozgrzewkę. Przeszedłem pół mili ciemnymi bocznymi drogami, na których leżała czysta, nienaruszona warstwa śniegu. Domy wokół mnie rzedły. Kilka niezaciągniętych zasłon: wieczory spędzane w rodzinnym gronie. Migotały i szemrały telewizory. Było zimno jak diabli. Mrowie gwiazd, księżyc zalewający wszystko srebrzystym blaskiem.

Przy głogowym żywopłocie na południowym skraju przedmieścia stoi ostatnia latarnia, obok niej znajduje się wyrwa, przez którą wychodzi się na niepozorną ścieżkę.

Szedłem wzdłuż pola na południowy wschód w stronę długiego kredowego wzgórza, które w ciemności wznosiło się przede mną niczym grzbiet wieloryba. Na północ lśniło miasto, usiane gdzieniegdzie czerwonymi migoczącymi światełkami ostrzegawczymi wież i dźwigów. Suchy śnieg skrzypiał pod butami. Przez pole na wschód ode mnie przetruchtał lis. Światło księżyca było tak jasne, że wszędzie potworzyły się wyraźne cienie: czarne na białym, wyraźne jak drzeworyt. Różdżki dereni rzucały na ścieżkę pasiaste cienie; głóg pokrywał ją kratką. Na drzewach potworzyły się falbany śniegu, grube co najmniej na cal, zalegające na konarach i gałązkach. Pokrywa ze śniegu wszystko wypiętrzyła, a księżycowy blask — podwoił.

Żadną inną ścieżką nie przeszedłem w życiu tyle razy. Nie jest specjalnie stara; ma najwyżej pięćdziesiąt lat. Ciągnący się wzdłuż niej od zachodniej strony żywopłot składa się głównie z głogu i wzrasta na wysokość ośmiu stóp; ten od wschodu jest młodszą mieszaniną tarniny, głogu, leszczyny i derenia. W normalnych okolicznościach nie jest to szczególnie piękne miejsce, ale ścieżka obwarowana żywopłotami i biegnąca ukradkiem między polem a drogą ma w sobie pewną tajemniczość, którą lubię. W lecie widywałem gromadki szczygłów podrywające się na moment z główek szczeci; uciekały przede mną w tym samym tempie, w jakim się do nich zbliżałem.

Tamtego wieczoru ścieżka była szarym, ośnieżonym zaułkiem, a ja doszedłem nią do linii buków porastających szczyt wielorybiego pagórka, pozostawiając za sobą glinę i wkraczając na prawdziwą kredę. Na przeciwległym skraju bukowego zagajnika przecisnąłem się przez obwieszony bluszczem prześwit i wyszedłem na czterdziestoakrowe pole.

W pierwszej chwili wydawało się całkowicie dziewicze; przypominało wielką kręg. Kiedy przez nie ruszyłem, zacząłem dostrzegać znaki. Śnieg był gęsto zadrukowany tropami ptaków i zwierząt — świadectwami setek wędrówek odbytych od czasu, kiedy śnieg przestał padać. Widziałem eleganckie ślady jeleni, odciski łap kuropatw przypominające strzałki skierowane na boki, pozostałości króliczych łapek. Tropy rozchodziły się łukami na boki i znikały w mroku albo żywopłotach. W padającym ukośnie świetle księżyca cienie gęstniały w zagłębieniach, które leżały najbliżej mnie, co upodabniało je do kałamarzy. Do wszystkich pozostawionych wcześniej na polu śladów dodawałem teraz swoje.

Śnieg był niezwykle czytelny. Każdy sznur odciśniętych stópek wydawał się zapisem aktywności, którą dałoby się odtworzyć; serią sugestii wydarzeń należących już do przeszłości. Znalazłem linię tropów lisa, tu i tam zasypanych machnięciami kity, jakby próbował zatrzeć dowody swojej wędrówki. Odkryłem formy przypominające pozostałość po wzbijającym się w powietrze bażancie: głębokie, podłużne ślady pazurów w miejscu, gdzie odpychał się nogami od ziemi, a zaraz potem pozostawione w dużych odstępach z boku ślady piór, coraz delikatniejsze, zanikające.

Postanowiłem podążyć tropem jelenia, który przeciął narożnik pola. Znalazłem wyrwy w tarninowym żywopłocie, przecisnąłem się przez jedną i trafiłem na surrealistyczny widok.

Na północ ode mnie ziemia opadała łagodnie przez dalsze trzysta jardów. Na południe, czyli w górę zbocza, zobaczyłem wielkie białe garby otaczające, jak się zdawało, jeziorko z zatkniętym pośrodku masztem. Widziałem zagajniki z buków i sosen, nagłe uskoki terenu, zaokrąglone pagórki i opatulone doliny.

Podszedłem do jeziora, wkroczyłem na jego taflę. Przysiadłem przy maszcie i wypiłem łyk whisky. Pozbawione, jak to nocą, zawodników, odmienione przez śnieg i światło księżyca to najbardziej luksusowe pole golfowe w kraju zamieniło się w przedziwny, niezabudowany wiejski krajobraz. Wymrukując pod nosem nieszczere przeprosiny do członków klubu, opuściłem green pierwszego dołka i wyruszyłem na zwiedzanie reszty pola. Szedłem środkiem kolejnych alei w towarzystwie mojego własnego, niezniekształconego cienia. W bunkrach sypki śnieg sięgał do łydek. Po dojściu na green piątego dołka położyłem się na plecach i patrzyłem na przesuwające się powoli nade mną gwiazdy.

Większość śladów na polu golfowym pozostawiły króliki. Jeżeli widzieliście kiedyś odciski ich łapek na śniegu, wiecie, że przypominają maski duchów sprzedawane na Halloween albo twarz postaci z *Krzyku* Muncha: królik stawia tylne łapy odchylone na boki, co upodabnia ich ślady do wydłużonych oczu, a między nimi lądują pary przednich łapek stawiane pod niewielkim kątem, tworzące nos i owal ust. Ze śniegu spoglądały na mnie tysiące takich twarzy.

Co jakiś czas biegnącej na zachodzie drodze rozbłyskały reflektory; przybierały postać długich, żółtych tuneli sunącego światła. Na dwunastym dołku coś dużego i ciemnego przebiegło między drzewami a zaroślami: przypominało wilka, a choć musiało być jeleniem albo lisem, na grzbietach dłoni poczułem ukłucie igiełek idiotycznego strachu.

Po dojściu na daleki kraniec pola golfowego podążyłem za śladami królika przez kolejny tarninowy żywopłot. Wyszedłem na rzymski trakt, który wije się milami przez niskie kredowe wzgórza. Droga prezentowała się wspaniale w śniegu — biała linia ciągnąca się daleko w obu kierunkach. Ruszyłem na południowy wschód. Zza żywopłotów po obu stronach wyzierały rozległe pola, a światło księżyca odbijało się od ich surowych bladych płacht. Ptak skaczący po gałęzi wysokiego jesionu zasypał szlak przede mną chmurą płatków śniegu, które opadały niczym plamki widoczne na starych filmach.

Odległości uległy osobliwemu rozciągnięciu, a może to czas się skurczył, ponieważ miałem wrażenie, jakbym pokonał wiele mil albo szedł przez wiele godzin, zanim dotarłem do miejsca, gdzie rzymski trakt łączył się z końcem dobrze mi znanej drogi porośniętej z obu stron bukami. Wszedłem w nią, ominąłem wały dużego okrągłego fortu z epoki żelaza, przeszedłem na drugą stronę i wkroczyłem na szeroką łąkę, która pnie się łagodnie ku szczytowi kredowego wzgórza, który wznosi się całe dwieście pięćdziesiąt stóp nad poziom morza. Antracytowe drzewa, w ustach smak stopu cyny z ołowiem.

Na szczycie, pod księżycem, nieopodal kurhanu z epoki brązu, usiadłem na śniegu i ponownie napiłem się whisky. Spojrzałem za siebie na linię moich śladów. Na północnym zachodzie zobaczyłem dziesiątki innych tropów, rozchodzących się na boki i znikających w dole. Wybrałem jeden i ruszyłem za nim ciekawy, dokąd mnie zaprowadzi.

2. ŚCIEŻKA

Trop — *Trods* i *holloways* — Niebieski i przejrzysty lód — Kamień Utsiego — Labirynt wolności — Zgodne działania — Pożądane linie — George Borrow — Koszmary — Drogi spirytystyczne — Imperatyw terytorialny — Kosmi-komiczna wizja — Edward Thomas — „Cierpliwie ziemskie nogi" — Jaś i Małgosia — Nauka o drogach — Stawianie kroków jako wiedza — Linie Pieśni Stworzenia — The Doomway i deszcze meteorów — Biogeografia — Liryczne zawodzenia pylonów.

Ludzie są zwierzętami i podobnie jak wszystkie zwierzęta pozostawiają ślady stóp na śniegu, piasku, w błocie, trawie, rosie, ziemi i mchu. Terminologia myśliwska dysponuje precyzyjnym określeniem na tego rodzaju ślady: nazywa je „tropami". „Trop" jakiegoś zwierzęcia to odciski jego stóp. Łatwo nam zapomnieć, że również my pozostawiamy po sobie ślady, ponieważ większość podróży odbywamy teraz po asfalcie i betonie — a na tych podłożach trudno odcisnąć swoje piętno.

„Ludzie od zawsze chodzili, pokrywając ziemię siecią widzialnych i niewidzialnych ścieżek, symetrycznych albo poskręcanych", pisze Thomas Clark w swoim wciąż aktualnym poemacie prozą *In Praise of Walking*. Rzeczywiście, kiedy zaczniecie na to zwracać uwagę, przekonacie się, że krajobraz jest nadal pokryty pajęczyną ścieżek i dróżek — podążających jak cienie wzdłuż współczesnej sieci dróg albo przecinających ją pod pewnym kątem. Język angielski dysponuje wieloma określeniami na różne rodzaje dróg: *pilgrim paths*, *green roads*, *drove roads*, *corpse roads*, *trods*, *leys*, *dykes*, *drongs*, *sarns*, *snickets* — jeżeli wypowiecie ich nazwy na głos i z odpowiednią szybkością, zabrzmią jak wiersz albo mantra — *holloways*, *bostles*, *shutes*, *driftways*, *lichways*, *ridings*, *halterpaths*, *cartways*, *carneys*, *causeways*, *herepaths*.

W wielu regionach można do dziś znaleźć dawne szlaki: łączą miejsca, prowadzą przez przełęcze albo wokół gór, do kościoła albo kaplicy, ku rzece albo morzu. Nie ze wszystkimi wiążą się radosne historie. W latach czterdziestych XIX wieku głodujący ludzie zbudowali w Irlandii setki mil dróg, aby połączyć nic z niczym w zamian za niewiele; nie zaznaczono ich na mapach rządowej agencji kartograficznej Ordnance Survey. W Holandii istnieją *doodwegen* i *spookwegen* — drogi śmierci i drogi duchów — prowadzące do średniowiecznych cmentarzy. Hiszpania dysponuje nie tylko rozległą i funkcjonującą siecią *cañada*, czyli dróg służących do pędzenia bydła, ale również tysiącami mil Camino de Santiago, szlaków pielgrzymkowych zbiegających się w sanktuarium Santiago de Compostela. Dla pielgrzymów przemierzających Camino każdy krok liczy się podwójnie: stawiają go jednocześnie na fizycznej drodze i na ścieżce wiary. W Szkocji są *clachan* i *rathad* — ścieżki prowadzące do dawnych osad i ścieżki prowadzące do szałasów pasterskich — a w Japonii wąskie dróżki między polami, które przemierzał poeta Bashō w 1689 roku, pisząc *Ścieżki na daleką północ*. Amerykańskie prerie były w XIX wieku poprzecinane szerokimi „traktami bizonów", wydeptanymi przez stada tych zwierząt, które wędrowały w szeregach po kilka sztuk. Te szlaki potem wykorzystywali pierwsi osadnicy, zmierzający na zachód przez Wielkie Równiny.

Szlaki, którymi ludzie poruszali się od dawnych czasów, występują również na wodzie. Przez oceany biegną ściegi dróg morskich, o których przebiegu decydują przeważające wiatry i prądy. Do najstarszych szlaków należą również rzeki. W czasie zimowych miesięcy do odległej doliny Zanskar w indyjskich Himalajach można się dostać wyłącznie po zamarzniętej rzece. Jej nurt biegnie przez strome łupkowe wąwozy, na których zboczach grasują śnieżne pantery. Na głębszych rozlewiskach rzeki lód jest niebieski i przejrzysty. Podróż w dół rzeki nazywana jest *chadar*, a grupy odbywające *chadar* korzystają z doświadczonych przewodników zwanych „lodowymi pilotami", którzy wiedzą, gdzie na trasie może czyhać niebezpieczeństwo.

Szlaki przybierają różną postać w zależności od warunków geologicznych i przeznaczenia. Przy trumiennych drogach ustawiano — na wyższej części zbocza — płaskie „kamienie postojowe", na których można było złożyć ładunek, rozprostować zmęczone ręce i poruszać zesztywniałymi ramionami. Przy niektórych trumiennych drogach w zachodniej Irlandii spotkamy kamienie postojowe z wnękami, w których żałobnicy zostawiają kamyki. Prehistoryczne drogi biegnące przez faliste łąki Anglii wciąż pozostają widoczne, ponieważ na ich mocno ubitym kredowym podłożu, intensywnie wydeptywanym przez setki lat, rosną stokrotki. Tysiące dróg roboczych przecinają wrzosowiska Lewis, największej wyspy Hebrydów Zewnętrznych, przez co tereny te z powietrza przypominają irchę. Przychodzi mi również na myśl zygzakowata sieć górskich ścieżek na szkockich wyżynach, wyłożone kamiennymi płytami drogi i mosty dla koni jucznych w Yorkshire i środkowej Walii czy biegnące w zagłębieniach ścieżki z zielonego piasku w Hampshire, których brzegi porastają wiosną pastorały paproci.

Oznaczanie dawnych dróg samo w sobie jest ezoteryczną sztuką; używa się do tego między innymi kamiennych kopców, głazów odsłoniętych przez proces denudacji, głazów piaskowcowych, kamieni wytyczających granice posiadłości, menhirów, kamieni milowych, kromlechów. Na bagnistych terenach parku narodowego Dartmoor kawałkami białej porcelany oznaczano bezpieczne przejścia dla podróżnych, przemieszczających się o zmierzchu; przypominały sznur z kamyków pozostawiony w lesie przez Jasia i Małgosię. Głazy leżące przy górskich rzekach wskazują często położenie brodów; na przykład Kamień Utsiego w paśmie Cairngorms leży w miejscu, gdzie można przekroczyć potok Allt Mor i wejść na dawne hale; w czasach prehistorycznych wyryto na nim renifera, który w promieniach zachodzącego słońca wydaje się zrywać do skoku.

Szlaki i ich oznaczenia od dawna działały na mnie niczym magnes; nie mogłem oderwać od nich wzroku. Ścieżka przyciąga oko — również oko umysłu. Wyobraźnia natychmiast podąża za linią biegnącą po ziemi — wybiega w przód, ale również cofa się w czasie do historii szlaków i ich dawnych użytkowników. Przemierzając drogi, zastanawiam się często nad ich pochodzeniem, nad powodami, które skłoniły ludzi do ich zbudowania, nad przechowywanymi przez nie zapisami zwykłych podróży, nad tajemnicami podróżników, spotkań i wyjazdów. Myślę, że przemierzyłem dotąd w życiu piechotą siedem, może osiem tysięcy mil: więcej pewnie niż większość, ale zdecydowanie mniej niż niektórzy. Thomas De Quincey szacuje, że Wordsworth przeszedł sto siedemdziesiąt pięć, sto osiemdziesiąt tysięcy mil: osławione guzowate nogi Wordswortha, „jawnie wyszydzane — jak pisał złośliwie De Quincy — przez wszystkie znawczynie tematu", znakomicie nadawały się do chodzenia i dźwigania. Przebyłem również tysiące mil w wyobraźni, bo kiedy nie mogę zasnąć — co zdarza się w większość nocy — wysyłam swój umysł na wędrówki po znajomych szlakach; miarowym rytmem takiego marszu udaje mi się czasami ukołysać do snu.

„Dają mi radość, kiedy nimi idę", pisał prostymi słowami John Clare o polnych drogach. „Lewą ręką obejmę w pasie — pisał Walt Whitman w *Pieśni o mnie*, przyjacielsko, erotycznie, przymuszająco — Prawą ręką pokażę krajobraz lądów i drogę". Ścieżki można uznać za przyziemne w najlepszym sensie tego słowa: są „ziemskie", dostępne dla wszystkich. Umożliwiają swoim użytkownikom swobodne przemieszczanie się, dzięki czemu tworzą labirynt wolności, wąską sieć wspólnej ziemi, która nadal przecina nasz brutalnie sprywatyzowany świat drutów kolczastych i bram, kamer monitoringu i zakazów wejścia. Istnienie tego labiryntu jest jedną z istotnych różnic w podejściu do ziemi w Wielkiej Brytanii i Stanach Zjednoczonych. Podobnie jak Amerykanie od dawna zazdrościli Brytyjczykom systemu ścieżek i oferowanej przez nie wolności, tak ja zazdroszczę Skandynawom ich zwyczajowego prawa *Allemansrätten* (Prawo wszystkich ludzi). Obyczaj ten — zrodzony w części świata, która nie została poddana wielowiekowym wpływom feudalizmu, a przez to nie odziedziczyła odrębnej klasy posiadaczy ziemskich — pozwala obywatelom poruszać się swobodnie po nieuprawianych terenach, jeżeli tylko nie wyrządzają na nich szkód; rozpalać ogniska; spędzić noc w dowolnym miejscu poza obrębem zabudowań; zbierać kwiaty, orzechy i jagody; pływać wpław we wszystkich zbiornikach wodnych (nowe, oświecone prawa Szkocji przybliżają nas do tego modelu).

Szlaki są przyzwyczajeniami krajobrazu. Aktami zgodnego tworzenia. Trudno stworzyć ścieżkę samemu. Dokonał tego kiedyś artysta Richard Long, przemierzając w idealnie prostej linii odcinek po piasku pustyni tam i z powrotem z dziesięć razy. Ale pozostawił po sobie w ten sposób ślady stóp a nie ścieżkę: nie prowadziły one donikąd poza swoim własnym końcem, a Long przypominał swoim działaniem tygrysa krążącego po klatce albo pływaka przemierzającego kolejne długości basenu. Jego trasa, pozbawiona widoków na dalszy ciąg, miała się tak do prawdziwego szlaku jak ułamana gałązka do drzewa. Ścieżki łączą. To ich podstawowe zadanie i główny powód istnienia. W dosłownym rozumieniu tego słowa wiążą ze sobą różne miejsca, a co za tym idzie wiążą również ludzi.

Ścieżki istnieją za sprawą zgodnych działań wielu ludzi, ponieważ bez wspólnej troski i wspólnego działania zanikają: zarastają roślinnością, zostają zaorane albo zabudowane (choć pamięć o nich może trwać substancji prawa ziemskiego). Podobnie jak kanały wodne, które wymagają nieustannego pogłębiania, aby dało się nimi pływać, ścieżki wymagają wędrowców. W dziewiętnastowiecznym Suffolk na słupach przy wejściu na niektóre z często uczęszczanych ścieżek, na przykład biegnących między wioskami albo dochodzących do kościołów, wieszano małe sierpy zwane hakami. Wędrowiec zabierał hak i odcinał gałęzie, które zaczynały przeszkadzać w przemarszu. Pozostawiał potem narzędzie na drugim końcu ścieżki dla kolejnego wędrowca przemieszczającego się w przeciwnym kierunku. W ten sposób wspólnym wysiłkiem dbano o wygodę przechodniów.

Ale żeby ścieżka była ciekawa, bynajmniej nie musi być stara. W każdym mniejszym czy większym mieście natkniemy się dziś na dzikie dróżki przecinające parki i nieużytki, wydeptane przez ludzi, którzy zeszli z chodników i dróg, aby przejść gdzieś na skróty. Miejscy planiści nazywają te prowizoryczne trasy „pożądanymi liniami" albo „pożądanymi ścieżkami". W Detroit — gdzie spora część miasta zarosła roślinnością, gdzie znajdziemy dziesiątki tysięcy opuszczonych domów, gdzie mało kogo stać obecnie na samochód — pieszy i rowerzyści stworzyli tysiące tego rodzaju wspólnych ułatwień.

* * *

Ścieżkami chodziłem przez lata i przez lata o nich czytałem. Wędrowaniu poświęcono wiele utworów, wierszy, pieśni, opowieści, traktatów, a także przewodników, map, powieści i esejów. Związek między pisaniem i chodzeniem jest niemal równie stary jak sama literatura — tylko jeden krok dzieli spacer od gawędy, a każda ścieżka coś nam o p o w i a d a.

Najbardziej charyzmatycznym ze współczesnych pisarzy-wędrowców był bez wątpienia George Borrow. Zainspirował modę na powieści wędrownicze, która zapanowała w połowie XIX wieku w Europie i Ameryce i której skutki odczuwamy do dziś. Borrow zaczął wyruszać na włóczęgi w latach dwudziestych XIX wieku. Przemierzył tysiące mil po Anglii i Walii, przepłynął kanał La Manche i udał się do Francji, Hiszpanii, Portugalii i Rosji, a także na południe Maroka, poznając kultury i ludzi zamieszkałych na drodze jego wędrówek: Romów, nomadów, włóczęgów, rzemieślników, pasterzy, chłopów i karczmarzy. Na szlakach Borrowa wyróżniały wzrost (mierzył grubo ponad sześć stóp), szerokie bary, czarny garnitur i białe skarpetki, niekiedy również sombrero. Takim wyglądem wyróżniał się nawet bardziej w sennych miasteczkach Anglii Wschodniej, Norwich i Great Yarmouth (gdzie widywano go czasami, jadącego na oklep na czarnym arabie Sidi Habismilku zwanym również „Panem Moim, Obrońcą Królestwa").

Borrow jako wędrowiec odznaczał się niesamowitą wytrzymałością i był niewyobrażalnie utalentowanym poliglotą. W wieku osiemnastu lat mówił ponoć w dwunastu językach, a w ciągu całego życia opanował na przyzwoitym poziomie ponad czterdzieści, w tym nauhatl, tybetański, armeński i małoruski. W zimie 1832–1833 Brytyjskie i Zagraniczne Towarzystwo Biblijne zaprosiło go na spotkanie w Londynie, aby dowiedzieć się, czy nie zgodziłby się przetłumaczyć Biblii na kilka trudnych języków. Towarzystwo Biblijne, zadowolone z rozmowy, zamówiło u Borrowa pilny przekład Nowego Testamentu na mandżurski. Borrow „zapomniał" im tylko powiedzieć, że nie zna w ogóle tego języka. Na ale co to dla niego za problem. Ledwie dostał zlecenie, zaopatrzył się w „stos książek napisanych w dialekcie mandżursko-tatarskim" oraz słownik mandżursko-francuski (francuski!) Amyota. Następnie pojechał do domu (powozem, ma się rozumieć) i zamknął się w gabinecie. Trzy tygodnie później był w stanie „bez większej trudności tłumaczyć na mandżurski" i zrealizować zamówienie Towarzystwa Biblijnego.

Borrow odznaczał się chwiejnym temperamentem a także, jak wielu długodystansowych wędrowców, skłonnościami depresyjnymi. Od młodego wieku dręczyły go, jak sam mówił, „koszmary". Zasłynął jako autor kredo wędrowca, które przedstawił w swojej drobiazgowej autobiografii *Lavengro* (1851):

> Jest i noc, i dzień, bracie, oba urokliwe; słońce, księżyc i gwiazdy, bracie, wszystkie urokliwe; podobnie ma się sprawa z wiatrem na wrzosowiskach. Jakże urokliwe jest życie, bracie; komu by się śpieszyło do śmierci?

Lavengro to książka niezwykła ze względu na swoją niewiktoriańską (niekonformistyczną) perspektywę Wysp Brytyjskich początków XIX wieku. Łączy w sobie zapis marzeń, wyznania, historię społeczną i pamiętnik, a jej romantyzm jest równoważony przez opisy trudów. Borrow znał dobrze znoje pieszych wędrówek — na równi z ich urokami. Miał pełną świadomość etycznych dylematów związanych z opiewaniem wędrówek. Wielu ludzi zmuszała do takiego życia bieda: bezrobotnych i bezdomnych, włóczęgów, kloszardów i powsinogów; wszystkich wydziedziczonych tego świata.

Ale przykład Borrowa okazał się niezwykle inspirujący za sprawą jego kwiecistej prozy. Bryza na twarzy, gwieździsty dach nad głową, ognisko przy szlaku, filozofowanie pod żywopłotami, nieokreślony cel podróży — Borrow zaszczepił te wizje w wyobraźni XIX wieku. Większość jego naśladowców wracała do domów raczej z odciskami niż mądrością, niemniej kult beztroskiego wagabundy tylko się pogłębiał. Pod koniec tamtego stulecia funkcjonowało wiele klubów miłośników pieszych wycieczek, powstała też bogata literatura wędrownicza. Bestsellerami stały się kieszonkowe wydania takich pozycji jak *The Open Road* czy *On Foot*, wydawanych w oprawie z zielonego bukramu albo czerwonego zamszu. Robert Louis Stevenson napisał swoje mroczne i mistyczne *Songs of Travel* (1896), których rytm wzorowany jest na miarowym kroku długodystansowego wędrowca. Ornitolog W.H. Hudson zapoczątkował sielską psychogeografię, przemierzając miesiącami ścieżki Anglii w poszukiwaniu, jak mówił, „uroku nieznanego", czegoś, co wprawiłoby w drżenie pręciki w jego siatkówkach (zainspirował go między innymi Borrow, ale także wcześniejszy mistycy angielscy, na przykład Thomas Traherne, Henry Vaughan i Thomas Browne). Na przełomie XIX i XX wieku Hilaire Belloc przewędrował z Francji do Włoch i napisał pompatyczną opowieść pielgrzyma zatytułowaną *The Path to Rome* (1902). John Muir przeszedł tysiąc mil z Indianapolis do Florida Keys w 1867 roku, doświadczając po drodze zarówno głodu, jak i chwil ekstazy; siedemnaście lat później młody Charles Lummis przemierzył Amerykę od Ohio do Kalifornii i twierdził, że odbył „najdłuższą udokumentowaną wędrówkę wyłącznie dla przyjemności". W 1892 roku powstał Sierra Club, dla którego inspiracją było przekonanie Muira, że cielesny kontakt podróżnika z dzikim światem przynosi korzyści zarówno wędrowcowi, jak i światu, oraz że „wyjście w świat [...] jest w istocie wędrówką w głąb siebie".

Szok pierwszej wojny światowej wzbudził w Brytyjczykach ogromne zainteresowanie dawnymi szlakami. Część żołnierzy powracających z poranionymi ciałami i umysłami udawała się na angielską prowincję w nadziei, że odnalezienie utraconego poczucia przynależności do przyrody i lokalnej wspólnoty pozwoli przywrócić godność ich zniszczonemu życiu (chcieli mieć poczucie, że wszystkie te koszmary były czegoś warte). Jedną z takich ofiar wojny był Henry Williamson. Po powrocie z Francji z obrażeniami po zatruciu gazem bojowym udał się do wiejskiego hrabstwa Devon, gdzie przez lata przemierzał drogi Dartmoor i tropił „dzikie stwory". Ze zdobytych wtedy doświadczeń wykuł swoje arcydzieło *Tarka the Otter* (1927), którego każde słowo było, jak się wyrażał, „odłupane z kości mostka".

Inni straumatyzowani wojną ludzie zwrócili się ku zabobonom i wyruszyli na poszukiwanie duchów, śladami zagubionych i zapomnianych. Stare szlaki zaczęły pełnić funkcję medium w dwojakim sensie: jako środki zjednoczenia i jako środki przemieszczania się. Rosło zainteresowanie duchowością tego rodzaju szlaków. Tradycyjne pielgrzymki opisane wcześniej przez Chaucera zabarwiły się makabrycznym historyzmem: duchy wyłaniały się z poboczy i żywopłotów, zwracając się do podróżnych. John Masefield pisał, że krajobraz jest „zaludniony chmarami dusz / które znały moją ciekawość i paliły się do tego / aby człowiek żywy rozumiał umarłego".

Przeczytałem tych wszystkich wędrowców przemierzających dawne szlaki i często natykałem się na odmiany tej samej nęcącej idei: wędrowanie może pozwolić nam — by użyć sformułowania Hudsona — „na ponowne wyślizgnięcie się ze współczesnego świata". Wędrowcy co rusz wspominają przyjemny dreszcz wzbudzany przez poczucie więzi, chodzenie traktują jako seans spirytystyczny, jako okazję do usłyszenia głosów. Bashō miał opowiedzieć jednemu ze swoich uczniów, że podczas wędrówek na północ często rozmawiał z nieżyjącymi od dawna poetami przeszłości, w tym ze swym dwunastowiecznym poprzednikiem Saigyo: podróże traktował jako rozmowy między „obecnym i przyszłym duchem". W powieściach Thomasa Hardy'ego szlaki przechowują niekiedy wspomnienia jakiejś osoby, podobnie jak człowiek mógłby przechowywać wspomnienie o szlaku. Richard Jefferies wspomina we wpisie w dzienniku z 1887 roku chwilę, kiedy dociera w Gloucestershire pod kurhan z epoki brązu i czuje „jakby mógł spojrzeć w przeszłość i poczuć to, co było w t e d y; promienie słońca z t a m t e g o czasu; ich życie". Ścieżki traktowano jako rozpadliny, w których czas może istnieć jako nienaruszona powierzchnia poddająca się dziwacznym przekształceniom — takie osobliwe origami.

I rzeczywiście, nie trzeba być mistykiem, by uznać niektóre z dawnych szlaków za linearne tylko w najprostszym rozumieniu tego słowa; tak jak drzewa mają gałęzie i jak rzeki mają dopływy. Siedem lat temu udałem się do Dorset, aby zbadać *holloways* tego zielonego, słynącego z wyrobów mleczarskich hrabstwa z moim bliskim przyjacielem, Rogerem Deakinem. Angielskie słowo *holloway* pochodzi od anglosaskiego *hol weg* i używane jest na określenie zapadniętej ścieżki, która wżłobiła się w grunt na skutek wielowiekowego oddziaływania stóp, kół i pogody. Dorset — jak wiele angielskich hrabstw położonych na miękkich skałach — jest pokryte siecią takich dróg, niekiedy głębokich na dwadzieścia stóp i obecnie w większości zarośniętych jeżynami i pokrzywami. Spędziliśmy z Rogerem wiele dni w szorstkim karmelowym piaskowcu wokół miasteczka Chideock, wędrując po zapadniętych drogach i odkrywając związane z nimi opowieści: o szesnastowiecznych niewiernych uciekających przed prześladowaniami, o siedemnastowiecznych księżach odprawiających msze w lasach, o zbiegłych dwudziestowiecznych arystokratach szukających schronienia. W półmroku jarów historie z przeszłości wydawały się fascynująco żywe. Wydawały się współistnieć z teraźniejszością, zupełnie jakby fałdy czasu ponakładały się na siebie, łącząc odrębne momenty i tworząc historyczne podobieństwa, które przetrwały jako terytorialny imperatyw ukrywania się i ucieczki.

Dwa lata po naszej wyprawie Roger zmarł niespodziewanie w młodym wieku. Cztery lata po jego śmierci wróciłem do Dorset, aby przebyć te same drogi. Podążałem za własnymi wcześniejszymi śladami — kępą ostrokrzewów, z której wycięliśmy kije; krajką pola, na którym rozbiliśmy obóz na noc — i doświadczałem zadziwiająco wyraźnych przebłysków wspomnień dotyczących samego Rogera, którego widziałem to na zakręcie drogi, to gdzieś z przodu na ścieżce.

* * *

Nie wszyscy wędrowcy przemierzający dawne szlaki byli ciekawymi postaciami, nie wszystkie ich pomysły wydają się pociągające. Pomysł wykorzystania dawnych dróg do poruszania się po krainach realnych i wyobrażonych przyciągnął hałastrę mitomanów, bigotów i innych nieprzyjemnych maniaków. Przeczytałem z niesmakiem prace wszelkiej maści mizantropów, nacjonalistów wciskających ludziom nieprawdziwe teorie rasy, nostalgików przedkładających uległych zmarłych nad kłopotliwych żywych. Przeczytałem z konsternacją orędowników powrotu do ziemi, dla których chodzenie po ścieżkach (podobnie jak żwawe podrygi w rytm tańca morris i noszenie sandałów) było sposobem na oczyszczenie skalanej męskiej duszy.

Zetknąłem się również z wieloma pisarzami wędrowcami, którzy uniknęli tego rodzaju idiotyzmów i pułapek myślowych. Wśród nich tańczył radośnie Borrow, wymachując swoimi kosmo-komicznymi wizjami. John Clare żywił sympatię do ścieżek, ponieważ „kryły bogactwa i sprawiały radość umysłowi"; sposoby wędrowania były dla niego również sposobami myślenia. Williama Wordswortha pradawne szlaki prowadziły ku przygodzie, docierał nimi do „załomów prowincji". William Hazlitt podszedł do sprawy radykalnie, maszerując od kościoła do kościoła, wysłuchując kazań unitariańskich pastorów, a ścieżki sławił jako „linie komunikacji [...] dzięki którym nie zgaśnie płomień swobód obywatelskich i religijnych".

Im bardziej zgłębiałem temat, tym więcej wydawałem się dostrzegać ścieżek i szlaków wiodących przez powstałą w ostatnich dwóch wiekach prozę, poezję i sztukę Europy, Ameryki i — w szczególności — Wielkiej Brytanii. Można je odnaleźć w dziennikach Dorothy Wordshorth, w wojennych krajobrazach Paula Nasha z ich biegnącymi zygzakami, drabiniastymi ścieżkami, w filmie Michaela Powella i Emerica

Pressburgera *A Canterbury Tale* z 1944 roku, w którym pradawny szlak pielgrzymkowy zostaje bezmyślnie rozjechany w czasie manewrów przez brygadę pancerną; na fotografii Billa Brandta z 1950 roku przedstawiającej krótki odcinek tej samej ścieżki szlak pielgrzymów ma tam postać wydeptanej szczeliny w białym podłożu skały kredowej. Wkraczając w taką wyrwę, ześlizgujemy się nie tylko do innych czasów, ale również do innej rzeczywistości i klimatu. Pokochałem nierzeczywiste akwarele Erica Raviliousa przedstawiające prehistoryczne drogi, które biegną przez pofałdowany krajobraz południowej Anglii, przeczytałem wielokrotnie przemyślenia szkockiej pisarki Nan Shepard, która opisuje, jak przez wiele lat przemierzała pieszo pasmo górskie Cairngorm, grzbiety i ścieżki wydeptane przez jelenie, aż wreszcie poczuła, że nie wychodzi „na" górę, ale „w nią" wchodzi. Właśnie takie rozumienie dawnych szlaków przemawia do mnie najbardziej: chodzenie jako pobudzenie wzroku i myśli, a nie zachęta do wycofania się i ucieczki. Przy takim podejściu ścieżki służą nie tylko do pokonywania przestrzeni, ale dostarczają nam również nowych sposobów odczuwania, bycia, poznawania.

Największy wpływ wywarły na mnie życie i twórczość Edwarda Thomasa: eseisty, żołnierza, śpiewaka, jednego z najważniejszych współczesnych poetów angielskich — oraz duchowego przewodnika tej książki. Thomas przyszedł na świat w Londynie w 1878 roku jako dziecko pary Walijczyków. Już jako młody człowiek był jednocześnie wędrowcem i pisarzem. Kiedy wyrobił sobie nazwisko, publikując serię opisów wędrówek, książek przyrodniczych i biografii, zabrał się wreszcie zimą 1914 roku do tworzenia poezji. Miał wtedy trzydzieści sześć lat. Co zdumiewające, jak na tak późną erupcję talentu, w ciągu zaledwie dwóch lat napisał sto czterdzieści dwa wiersze; więcej, jego wiersze zmieniły poezję, rozkrzewiły się, a po tych odgałęzieniach poruszamy się do dziś. Rankiem w wielkanocny poniedziałek 1917 roku Thomas zginął w wieku trzydziestu dziewięciu lat w pierwszym dniu bitwy pod Arras.

Z poezją Thomasa po raz pierwszy zetknąłem się w szkolnej antologii, która zawierała jego najsłynniejsze wiersze: *Adlestrop* i *As the Team's Head-Brass*. Wydał mi się wtedy ujmująco prostym autorem, niemal naiwnym: opiewającym oraczy wiejskiej Anglii, stogi siana i wiązówki błotne, które już w jego czasach występowały coraz rzadziej. Musiało upłynąć niemal dwadzieścia lat, żebym zrozumiał, jak szalenie uproszczone było takie odczytanie Thomasa. Nawet dziś uchodzi często za twórcę sielskich wierszy, opiewającego przywiązanie do swego miejsca na ziemi, ale teraz widzę, że tak naprawdę zajmuje się oderwaniem, sprzecznościami i wykorzenieniem. Jego poezję zaludniają duchy, mroczne sobowtóry i głębokie lasy pełne zanikających ścieżek. Jego krajobrazy składają się często z kruchych powierzchni, które w każdej chwili mogą się zawalić. Ciekawe, że choć pociągała go romantyczna postać samotnego, ufnego we własne siły wędrowca, miał świadomość, w jaki sposób miejsca, przez które przechodzimy rozrzucają nas zarazem w przestrzeni i potwierdzają nasze istnienie.

Thomas posiadał parę „cierpliwych ziemskich nóg", jak powiedział kiedyś Keats, i te nogi pozwoliły mu pokonać tysiące mil dawnych szlaków, od słynnych Sarn Helen w Walii, Icknield Way i Ridgeway w południowej Anglii po lokalne Old Little Lane i Harepath Lane nieopodal jego domu w Hampshire.

„Te najwcześniejsze drogi wędrowały przez ziemię niczym rzeki — napisał — odznaczając się, podobnie jak rzeki, jedną potrzcbą: aby się poruszać". Thomas wykorzystywał dawnc szlaki, żeby samemu pozostawać w ruchu, ponieważ podobnie jak Borrow — którego biografię napisał i z którym się wyraźnie identyfikował — miał skłonność do depresji. Również dla niego wędrowanie było jedną z niewielu form aktywności, które pomagały mu się wydobyć z przygnębienia. Wycinał sobie kij — najchętniej z ostrokrzewu — i wyruszał „niezatartymi starymi drogami", „rozdeptanymi przez podkowy i bose stopy oraz kije nieżyjących od dawna pokoleń". Pradawne drogi były „potężnymi, magicznymi bytami", na których mógł „przerobić czas w nicość", a jednocześnie „krążyć po najróżniejszych stuleciach". Baśń o Jasiu i Małgosi, którzy zostali wyprowadzeni do lasu, ale zostawili za sobą sznur białych kamyków, aby znaleźć drogę powrotną do domu, uważał za „jedną z najwspanialszych opowieści świata".

Dla Thomasa ścieżki łączyły prawdziwe miejsca, ale również prowadziły dalej ku metafizyce, wstecz ku historii i do wnętrza człowieka. Takimi trawersami — między ideami, duchowością i osobistymi odczuciami — porusza się w swoich pracach często bez ostrzeżenia, należą one zresztą do najbardziej charakterystycznych cech jego twórczości. Thomas myślał o sobie w kategoriach topograficznych. Zakręty, skrzyżowania, przełazy, drogowskazy, rozwidlenia, rozdroża, rozstaje, kuszące ścieżki biegnące przez pagórki, szlaki prowadzące ku niebezpieczeństwu, śmierci albo rozkoszy: zinternalizował cechy pokrytego ścieżkami krajobrazu w taki sposób, że nadawały one formę jego melancholii i jego nadziejom. Chodzenie było środkiem osobistego mitotwórstwa, ale kształtowało też jego codzienne tęsknoty: nie tylko rozmyślał na ścieżkach i o nich, ale również w r a z z nimi.

Bo przecież to, że ścieżki przebiegają przez ludzi jest równie oczywiste jak to, że przebiegają przez miejsca. Dobrze ujmuje to amerykański historyk i geograf John Brinckerhoff Jackson, człowiek z natury nieufny wobec romantyzmu. „Przez niezliczone tysiące lat podróżowaliśmy pieszo po nierównych drogach — zauważa — nie tylko jako handlarze, wędrowcy czy turyści, ale również jako mężczyźni i kobiety, dla których ścieżka czy droga oznaczały jakieś silne doświadczenia: wolność, nowe relacje międzyludzkie, nową świadomość krajobrazu. Droga umożliwiała podróż w nieznane, co mogło nam pozwolić na odkrycie, kim jesteśmy".

Od dawna fascynuje mnie, w jaki sposób ludzie próbują zrozumieć samych siebie za pomocą krajobrazu, osobistych topografii, które noszą w sobie, za pomocą map, które sporządzają, aby poruszać się po tych wewnętrznych krainach. Myślimy metaforami zaczerpniętymi z miejsc i czasami te metafory nie tylko przyozdabiają nasze myśli, ale również je aktywnie tworzą. Krajobraz, by przywołać frazę George Eliot, może „rozszerzyć wyobrażony obszar, w którym zamieszkuje ja".

Powiedziałbym, że krajobraz jawi nam się nie jako molo albo półwysep, skończony i ograniczony w swoim rozmiarze i zasięgu, ale jako rodzaj światła słonecznego, nieuchwytnego w swej migotliwości a jednak często pogłębiającego i rozjaśniającego. Przywykliśmy mówić, czasami ze wstydem, co sądzimy o miejscach — znacznie gorzej idzie nam mówienie, co miejsca myślą o nas. Odnoszę od pewnego czasu wrażenie, że dwa pytania, które powinniśmy zadać w odniesieniu do jakiegokolwiek wyrazistego krajobrazu brzmią następująco: po pierwsze, co takiego wiem, kiedy przebywam w tym miejscu, a czego nie mógłbym wiedzieć nigdzie indziej? I, po drugie, wykazując się pewną zarozumiałością, co to miejsce wie o mnie, czego ja sam nie mogę o sobie wiedzieć?

* * *

Moją piętę od czubka dużego palca dzieli 29,7 centymetrów albo 11,7 cala. Jest to jednostka postępu, a jednocześnie jednostka myśli. „Chodzenie ma w sobie coś, co pobudza i ożywia mą myśl — pisał Jan Jakub Rousseau w czwartej księdze swoich *Wyznań* — nie jestem prawie zdolny myśleć, kiedy siedzę w miejscu; trzeba, by ciało było w ruchu, aby pobudzić mój umysł". Søren Kierkegaard wysunął tezę, że umysł funkcjonuje optymalnie w czasie wolnego spaceru z prędkością ośmiu mil na godzinę, a w swoim dzienniku opisywał, jak wyszedł na przechadzkę i „poczuł się tak przytłoczony ideami", że „ledwie szedł". Christopher Morley stwierdził, że Wordsworth „wykorzystywał swoje nogi jako narzędzie filozofii", a sam Wordsworth wspominał o własnym „czuciowym intelekcie". Nietzsche podchodził do tej kwestii z typową dla siebie kategorycznością — „Jeno wychodzone myśli są coś warte" — z kolei Wallace Stevens stwierdzał z charakterystyczną niepewnością: „Być może / Prawda zależy od spaceru wokół jeziora". We wszystkich przywołanych stanowiskach chodzenie nie jest aktywnością służącą osiąganiu wiedzy; samo w sobie jest środkiem poznania.

Teza, że dochodzeniu do wiedzy służy zarówno ruch, jak i przebywanie w odpowiednim miejscu, pojawiła się jeszcze przed romantyzmem, a rozsławił ją Rousseau. Dziś nie powinna nikogo zaskakiwać, powinniśmy jednak wykazać się sceptycyzmem, kiedy ktoś czyni z niej regułę. Chodzenie zapewnia czasami subtelne wsparcie umysłowi, ale bywa też jego brutalnym przeciwnikiem. Kto przemierzał kiedyś duże dystanse dzień za dniem, wie dobrze, że zmęczenie potrafi wytępić wszystko poza podstawowymi funkcjami mózgu. Po przejściu pięćdziesięciu mil człowiek dostaje rozbieżnego zeza i głupawo gapi się, jak się wyraził John Hillaby, w „czaszkowe kino".

W kulturach innych niż zachodnia idea stawiania kroków jako formy wiedzy oraz idea chodzenia jako sposobu rozmyślania są mocno rozpowszechnione. Często służą za metaforę przypominania sobie wydarzeń z przeszłości — historia jako obszar, na który się ponownie wkracza. Keith Basso opisywał, że Apaczom Cibecue przeszłość jawi się jako ścieżka albo szlak (*'intin*) wydeptany przez przodków, ale w dużej mierze niewidzialny dla żywych; wkracza się na niego okrężną drogą przez podpowiedzi związane z określonymi ścieżkami pamięciowymi. Ścieżki te — do których należą nazwy miejsc, opowieści, pieśni i relikty — nazywane są czasami przez Apaczów *biké goz'áá* — „odciskami stóp", „tropami". Dla przedstawicieli plemienia Tlicho (pisownia oryginalna: Tłįchǫ) z północno-zachodniej Kanady chodzenie i wiedza to praktycznie nierozdzielne czynności: ich określeń na „wiedzę" i „odcisk stopy" można używać wymiennie. W jednym z tybetańskich tekstów buddyjskich sprzed około sześciuset lat pada słowo *shul* na oznaczenie „śladu, który pozostaje po tym, gdy coś, co go odcisnęło, zdążyło odejść". Ślady stóp są *shul*, ścieżka jest *shul*, a takie ślady rozbudzają w człowieku świadomość przeszłych zdarzeń.

Myśl, że chodzenie może być myśleniem albo że stopy mogą w i e d z i e ć, wydaje się w pierwszej chwili obca i niezrozumiała. Stopy nie traktujemy normalnie jako ekspresyjnej lub percepcyjnej części ciała. Stopie brak wszechstronności dłoni. Ma nieruchliwy duży palec: gdybyśmy chcieli nim coś pochwycić, możemy go co najwyżej docisnąć do drugiego palca. Stopa przypomina raczej protezę, która ma tylko umożliwiać nam przemieszczanie się, a nie interpretować i organizować świat wokół nas. Dłoń jest niewątpliwie zawsze subtelniejsza od stopy — mówimy o manipulowaniu, a nie pedipulowaniu. Mimo to Richard Long — który pokonywał trzydzieści trzy mile dziennie przez trzydzieści trzy dni, wędrując z Lizard w Kornwalii do Dunnet Head w północnej Szkocji — podpisuje swoje listy odciskiem stóp zamoczonych w czerwonym tuszu; na odbiorcę spogląda z nich para dorysowanych oczu. Stawianie kroków jako sposób postrzegania krajobrazu; dotyk jako widzenie — do tych idei jestem skłonny się przekonać.

Dla Ludwika Wittgensteina kluczowym elementem filozofii było podążanie za tokiem rozumowania zarówno pieszo, jak i w umyśle. Podczas seminariów u Bertranda Russella w Cambridge krążył po gabinecie we wzburzonym milczeniu, czasami godzinami, pokonując długie mile w pokoju o szerokości kilku jardów. „Rozmyślasz o logice czy o swoich grzechach?", zagadnął kiedyś półżartem Russell przechadzającego się zamaszystym krokiem ucznia. „O obu!", odparł natychmiast Wittgenstein. W 1913 roku wyjechał do Skjolden, maleńkiej wioski nad odległym norweskim fiordem, gdzie spędził długą, ciemną zimę, rozmyślając nad logiką i przemierzając ścieżki nad morzem i w górach. Norweski krajobraz — ascetyczny, bezkompromisowy — pasował do zagadnień, nad którymi rozmyślał. Tamtej zimy rozgryzł jedno z głównych zagadnień filozoficznych związane z symbolizmem funkcji prawdy. „Nie potrafię sobie wyobrazić, że mógłbym pracować gdziekolwiek indziej — pisał po latach do siostry. — Mam poczucie, że zrodziłem w swoim wnętrzu nowe myśli". *Es kommt mir so vor, als hätte ich damals in mir neue Denkbewegungen geboren.* Słowo, którego Wittgenstein używa na określenie „myśli", *Denkbewegungen*, to neologizm, który można przetłumaczyć jako „ruchy myślowe", „drogi myśli" albo „ścieżki myśli": idee, które pojawiły się w umyśle na skutek poruszania się po ścieżce (*Weg*).

W jednym ze spokojnych wierszy Thomasa Clarka człowiek spacerujący brzegiem morza dociera do miejsca, gdzie kamienne stopnie „wycięte w skale // schodzą ku wodzie" przy kei, gdzie cumują łodzie. Wiersz przyjmuje ich zaproszenie, aby zejść w dół, a wędrowiec wyobraża sobie „schodzenie do morza / do tej innej wiedzy / dzikiej i zimnej". Autor nawiązuje tym samym do wspaniałego wiersza Elizabeth Bishop *Okolica przetwórni ryb*, którego tematem jest „czysta, szara, lodowata woda" nowofundlandzkiego portu; a przecież kiedy patrzymy na tę wodę, rozumiemy, że „taka jest właśnie w naszych wyobrażeniach wiedza: / ciemna, słona, klarowna, wciąż w ruchu, dogłębnie swobodna". Bishop odwołuje się z kolei, jak sądzę, do Wordswortha, który w 1815 roku pisał o tym, jak można uzyskać dostęp do „głębi rozumu": rzeczywistości, „w którą umysł nie może się samodzielnie osunąć — ale do której musi zejść po stopniach myśli". Wymienione wiersze powtarzały tę samą myśl — same w sobie stały się książkowym szlakiem albo serią kroków.

Najbardziej znane powiązanie między stawianiem kroków, wiedzą i pamięcią można znaleźć w wizji linii Pieśni Stworzenia australijskich Aborygenów. W ich kosmogonii świat został stworzony w Epoce Snu, kiedy pojawili się Przodkowie i zastali ziemię czarną, płaską i pozbawioną właściwości. Zaczęli wędrować po tym nie-miejscu, a kiedy tak chodzili, rozdarli skorupę ziemi i uwolnili śpiące pod nią życie — krajobraz dosłownie rodził się pod ich krokami. Jak wyjaśnia Bruce Chatwin w swojej nierównej, choć słynnej książce: „totemiczni przodkowie, podróżując przez cały kraj, zostawiali za sobą szlak złożony ze słów i nut, który towarzyszył ich krokom". Ślady stóp ulegały powiązaniu z konkretnymi elementami krajobrazu. Świat pokryły „szlaki Snów", które „wciąż znaczą ziemię, stanowią «sposób» komunikowania się", a każdemu szlakowi odpowiada konkretna Pieśń. Australię jako kontynent, pisze Chatwin, można sobie zatem wyobrazić jako „splątane *Iliady* i *Odyseje*, gdzie każde zdarzenie można było odczytać z układu terenu". Śpiewanie było — i nadal jest, choć coraz więcej Pieśni zanika wraz z kolejnymi pokoleniami — sposobem odnajdywania drogi; snucie opowieści uważano za tożsame z wędrowaniem.

Związek między myśleniem a chodzeniem tkwi również głęboko w historii języka, czego przykładem jest najwspanialszy przykład etymologii, z jakim się zetknąłem. Wychodzimy od angielskiego czasownika *to learn*, który znaczy „nabywać wiedzę". Cofając się w historii języka, docieramy do staroangielskiego *leornian*, „zdobywać wiedzę, kształcić się". Od *leornian* ścieżka prowadzi nas ku szczelinowym zaroślom protogermańskiego, do słowa *liznojan*, którego podstawowy sens wyraża „podążać albo znajdywać drogę" (od protoindoeuropejskiego prefiksu *leis-* oznaczającego „szlak"). „Uczyć się" znaczy zatem w istocie „podążać szlakiem". Kto by przypuszczał? Dla mnie było to zaskoczenie i jestem wdzięczny badaczom etymologii, który odkryli te zapomniane szlaki łączące „uczenie się" z „podążaniem drogą".

* * *

Kilka miesięcy po nocnej wyprawie przez śnieg postanowiłem pozostawić własne ślady: wyruszyć pieszo dawnymi szlakami i sprawdzić, czego można się w ten sposób nauczyć. I tak pewnego ranka pod koniec maja opuściłem mój dom w Cambridge i wyruszyłem najstarszym, jak się często uważa, lądowym szlakiem Wysp Brytyjskich, zwanym Icknield Way, który wiek wcześniej przemierzał na piechotę i na rowerze Edward Thomas.

Była to pierwsza z moich pieszych wypraw. Większość z nich opisuję w tej książce, a składa się na nie — doświadczana przez większość podróżników — mieszanina podekscytowania, niekompetencji, uwznioślenia, przygody i epifanii. Icknield Way otworzyła przede mną stary świat szlaków przecinających ziemie i wody Wysp Brytyjskich, łączących je z innymi państwami i kontynentami. Po drodze — po drogach — złamałem więcej kości niż w czasie dwóch dekad wspinaczki górskiej, opijałem się ginem z szamanem na Hebrydach

Zewnętrznych, szedłem ramię w ramię z liczącym sobie pięć tysięcy lat mężczyzną pod Liverpoolem, przemierzałem uedy na okupowanych terenach Palestyny i, jak wielu brytyjskich wędrowców przede mną, trafiłem na jedno ze spalonych słońcem odgałęzień Camino w Hiszpanii, którym kroczyłem pod zasępionym niebem. Przemierzyłem szlak pływowy zwany „The Doomway", rzekomo najbardziej niebezpieczny szlak Wysp Brytyjskich, który w rzeczywistości okazał się banalnie prosty. Podziwiałem niebiańskie klejnociki zesłane przez deszcz meteorów nad północnym Atlantykiem; pokonałem zimą na nartach drogę Ridgeway i daję głowę, że w Wiltshire widziałem na własne oczy czarną panterę. Spędzałem noce w zagajnikach, na polach i w kopulastych szałasach z kamienia oraz na nawiedzonym szczycie kredowego pagórka w Sussex, gdzie potwornego stracha napędziły mi duchy, które, jak się teraz domyślam, były w istocie sowami. Wszędzie spotykałem ludzi — zwykłych i niezwykłych, cichych i elokwentnych, banalnych i ekscentrycznych — którzy krajobraz i chodzenie traktowali jako podstawowy sposób poznawania siebie i świata. Zaznajamiałem się z guzdrałami, marzycielami, piechurami, przewodnikami, pielgrzymami, włóczęgami, powsinogami, grandziarzami, kartografami — oraz człowiekiem, który uważał, że jest drzewem i że drzewa są ludźmi.

Z kilkudziesięciu osób, o których wspominam w tej książce, najważniejszy jest Edward Thomas. Jego duch towarzyszył mi podczas wędrówek i zachęcał mnie do dalszego marszu. Wyruszając, zamierzałem cofnąć się w czasie i zjednoczyć z Thomasem, wykorzystać szlaki jako drogę do osiągnięcia tego celu, ale ostatecznie dowiedziałem się znacznie więcej na temat żywych niż umarłych. W pamiętniku *Kronika berlińska* Walter Benjamin rozważa pomysł przedstawienia własnego życia w kategoriach kartograficznych: „od dawna, w zasadzie od lat — pisze — zastanawiam się, czy nie wyrysować na mapie sfery swojego życia — *biosu*". Zacząłem sobie wyobrażać „sferę życia" Thomasa jako swego rodzaju drogo-mapę i przedstawię ją właśnie w taki sposób w przedostatnim rozdziale tej książki. Będzie to nie tyle biografia, ile raczej biogeografia. W rozdziale tym zejdą się różne ścieżki, którymi wyruszymy we wcześniejszych rozdziałach, pozbiegają się wątki.

Opisane tu podróże zostały zainspirowane odległą przeszłością, ale również okruchami i zjawiskami teraźniejszości. Dawne krajobrazy niosą w sobie często taki właśnie podwójny wymóg: abyśmy odczytywali je z punktu widzenia tego, co było w t e d y, ale odczuwali t e r a z. Za drogowskazy w czasie moich wędrówek służyły nie tylko dolmeny, kurhany czy wysokie kopce, ale również zeschnięte liście z poprzedniego roku (kruszące się w dłoniach), odchody pozostawione przez lisa poprzedniej nocy (wykrzywiające nos), rozbrzmiewające właśnie trele ptaków (wwiercające się w ucho), liryczne zawodzenia słupów wysokiego napięcia i szum opryskiwaczy na polach.

3. KREDA

Euforia skowronków — Porządna geologia — Kredowe marzenia — Najwcześniejsze szlaki — Wyjazd — Wypadek — Kość za kredę — Ścieżka jako kierunek ducha — Apokalipsa i teren zamknięty dla cywilów — Jajo skowronka — Ślepe drogi i miejsca cienie — Fotografia powietrzna jako wskrzeszenie — Nocleg w długim kurhanie — Sztuka okopowa — Widmowe poczucie marszu — Kangury z Buckinghamshire — Iluzja nieskończoności — Wieczorne światło — Przedziwna zbieranina wyznawców.

[...] opowiada o drodze, która rozpoczyna się na wiele mil przed miejscem, gdzie wkroczyłem na te szlaki, i kończy się wiele mil dalej od miejsca, w którym musiałem się zatrzymać.

EDWARD THOMAS (1913)

O czwartej rano pod koniec maja na szczycie wzgórza, gdzieś nieopodal Letchworth Garden City, odkryłem jeden z najskuteczniejszych budzików na świecie: niebo pełne skowronków. Teraz już wiem, że nie da się zmrużyć oka przy ich śpiewie, wiem też, że skowronkom nie zdarza się zaspać. Śpiewają do ostatnich promieni słońca i zaczynają na powrót bladym świtem.

Przydałyby mi się dwie godziny snu więcej. Poprzedniego dnia przeszedłem jakieś trzydzieści mil, a kolejne siedem przejechałem na rowerze. Złamałem sobie co najmniej jedno żebro, rozciąłem lewe ramię i uszkodziłem prawe kolano. Na stopach porobiły mi się pęcherze, które powinienem poprzekłuwać przy jakiejś studni artezyjskiej. Za łóżko posłużył mi płat poprzerastanej ostami trawy. Dwie godziny snu więcej naprawdę by mi się przydały. No ale zabrzmiał skowronkowy budzik. Kiedy już przypomniałem sobie, gdzie jestem — na szczycie kredowego pagórka, obok neolitycznego długiego kurhanu — zaraz się rozpogodziłem. A kiedy wgramoliłem się na kurhan i spojrzałem na panoramę hrabstwa Bedfordshire, zatopioną w przesuwającym się powoli morzu białej mgły, ogarnął mnie prawdziwie dobry nastrój. Tymczasem skowronki nie przestawały wyśpiewywać, przygotowując mnie na trudy kolejnego dnia: dalszej wędrówki po Icknield Way, dalszej wędrówki po kredzie.

* * *

Znajdźcie porządną mapę geologiczną Wysp Brytyjskich i rozłóżcie ją na podłodze albo na stole. Będzie to zaiste przepiękny widok — wzory przypominające misterne marmurkowe desenie wyklejek osiemnastowiecznych książek. Na mapie oznaczono wszystkie wierzchnie formacje skalne, każdą innym kolorem. Granit jest szkarłatny. Glinę z Weald odmalowano mętną wojskową zielenią. Westfal dolny, jedna z formacji zawierających pokłady węgla, widnieje jako atramentowy fiolet. Londyńska glina ma odcień różu koszuli managera funduszu hedgingowego. Na mapie oznaczono również ważniejsze miasta i drogi, ale ciemnoszarym kolorem, niewidocznym w pierwszej chwili pośród wszystkich wyrazistych barw.

Mapa wyróżnia sto trzydzieści różnych typów skał powierzchniowych w samej Anglii i Walii. W najbardziej złożonych pod względem geograficznym obszarach, na przykład północnej Walii, przypomina płótno Jacksona Pollocka upstrzone rozchlapanymi i rozmazanymi farbami. Bardziej uporządkowana jest środkowa część północnej Anglii: pasy skał biegną tam przeważnie z północy na południe, więc jeśli przesuniemy palcem z zachodu na wschód, od Oldham po Grimsby, natkniemy się kolejno na młyńskie grity (tereny wspinaczkowe), westfal dolny i westfal górny (zagłębie węglowe), magnezowy wapień, permskie iły, permskie i triasowe piaskowce, triasowe iły, dolny lias, średni lias, górny lias, mniejszy oolit, wielki oolit, cornbrash, oksfordzką glinę, gliny coralliańskie, ampthilliańskie i kimmeridgeańskie i wreszcie kredę. Nazwy tych formacji brzmią na poły epicko, a na poły idiotycznie; jak bełkot Dżabbersmoka. Aż kusi, żeby dopisać do nich hipotetyczne definicje. Wielki Oolit (nadęty ważniak nieistniejącego królestwa). Cornbrash (domowa potrawa z amerykańskiego Środkowego Zachodu). Permski ił (zabieg leczniczy na przetłuszczone włosy). Mniejszy Oolit (młodszy brat bliźniak Wielkiego Oolita, wypędzony z królestwa, gdyż przyszedł na świat minutę po swoim bracie).

Jeżeli przyjrzymy się części mapy przedstawiającej południową Anglię i przymkniemy oczy, przesłaniając sobie częściowo widok rzęsami, formacją wybijającą się spośród wszystkich innych będzie kreda — zaznaczona jasną żabią zielenią. Kreda osadzała się na dnie mórz epikontynentalnych w tempie jednego milimetra na stulecie przez okres trzydziestu pięciu milionów lat. Tam, gdzie przeważa, jej dominacja jest niemal bezdyskusyjna — innym skałom nie udaje się w zasadzie w nią wcisnąć. Biegnie szerokim zygzakowatym pasem niemal nieprzerwanie przez całą długość wyspy: od Yorkshire na południowy wschód do Norfolk (zyg), od Norfolk na południowy zachód do Dorset (zag) i od Dorset na wschód do Kentu i Sussex (ponownie zyg). Kreda jest przeważającą formacją skalną w południowo-wschodniej Anglii i od tysięcy lat wywiera wpływ na przemysł, architekturę i wyobraźnię tego regionu. Zrodziła politycznie wątpliwie tęsknoty za jednoznaczną tożsamością: kreda jako autentycznie angielska substancja, czysta i święta; lśniące południowe klify jako bastion i herb witający przybyszów z zewnątrz. Mamiła również mniej wątpliwymi regionalizmami. Edward Thomas wyobrażał sobie, że kredowe hrabstwa Anglii tworzą odrębny bioregion, który nazwał „Południową Krainą", mogący się pochwalić kredowym pochodzeniem, którego charakterystyczną rzeźbą terenu były łagodne, falujące wzgórza, strumienie, porośnięte bukami strome zbocza i łąki usiane polnymi kwiatami. Przez wschodnie i zachodnie części Południowej Krainy, pisze Thomas, „biegną pasma kredowych wzgórz, których brzegi zostały łagodnie wyżłobione przez Naturę [...] albo brutalnie rozcięte przez stare drogi [...] ich grzbiety odcinają się falującymi, ale nieskończenie różnorodnymi liniami na tle nieba". Żaden inny krajobraz nie ukształtował w większym stopniu wyobraźni Thomasa — podobnie jak innego dwudziestowiecznego artysty tamtych szlaków, Erica Raviliousa.

Pierwsi wędrowcy, którzy wkroczyli na teren Brytanii, niemal na pewno przeszli po kredzie, bo właśnie na niej spoczywał most łączący wyspę z dzisiejszą Europą. W miejscowości

Boxgrove, na wzgórzach hrabstwa Sussex, znaleziono jedne z najwcześniejszych w Europie Północnej szczątków przedstawicieli rodzaju *Homo*, pochodzące sprzed mniej więcej pięciuset tysięcy lat. Tych prehistorycznych ludzi archeologowie określają mianem *Homo heidelbergensis*. Dzięki znaleziskom z Boxgrove wiemy — z zamgloną pewnością wiedzy historycznej — że pół miliona lat temu „Człowieka z Boxgrove" skusiły odsłonięte skały kredowe tego regionu; że wyłuskiwał środki czarnych, lśniących krzemieni (idealnych do wyrobu narzędzi służących do mordowania); że nadziewał te krzemienie na trzonki, tworząc topory, noże i włócznie, a następnie używał ich do polowania i oprawiania zdobyczy: koni, jeleni, niedźwiedzi, nosorożców i wołowatych, które żyły na otwartych, porośniętych trawą terenach. W kredzie odcisnęły się prawdopodobnie również pierwsze wyraźne ślady późniejszych hominidów (podążających z kolei zapewne za szlakami wytyczonymi przez zwierzynę), które należy zaliczyć do najwcześniejszych przykładów kształtowania krajobrazu przez człowieka. Jeszcze później, w neolicie, kiedy w wyniku ocieplenia klimatu południowa Anglia porosła gęstym lasem, kredowe grzbiety pełniły bez wątpienia funkcję szlaków podróżnych. Woda odpływała z górnych warstw kredy, co pozwalało podążać po suchym terenie, do tego słabiej porośniętym od położonych niżej glin. Grzbiety ułatwiały orientację w przestrzeni oraz przemieszczanie się, dlatego z czasem wzdłuż ich grzbietów pojawiły się pierwsze prawdziwe ścieżki.

Kiedy w XIX wieku wróciła moda na wędrowanie, piechurów kusiły zwłaszcza szlaki biegnące przez łagodnie pofalowane obszary Anglii: przyciągały ich tam związki z czasami prehistorycznymi oraz ideał wolności, który wydawał się zaklęty w ich sinusoidalny kształt. Tak oto zrodził się kredowy mistycyzm, postrzeganie kredy jako nadprzewodnika w współodczuwającym historycznym umyśle, umożliwiającego rozciągnięcie symultaniczności i empatii na całe millenia. Na „pierwszym / Zamieszkałym wzgórzu kredowym — pisał Louis MacNeice, urodzony w Belfaście, ale wykształcony w Marlborough na południu Anglii — poczułem jak mój umysł / Kruszy się i wysycha niczym skamieniała gąbka, poczułem / Jak moje ciało zwija się niczym płód i skóra / kurhanu twardnieje wokół mnie, wyjawiając / millenia, a przez to jakieś wyobrażenie / o ludziach sprzed wynalazku pługa i koła".

Bez wątpienia najstarszym z tych kredowych szlaków jest Icknield Way, która wyłania się gdzieś na wrzosowiskach i w sosnowych lasach na południu hrabstwa Norfolk, biegnie na zachodni południowy zachód przez kredową krainę polukrowaną gliną morenową, aż dociera do charakterystycznego szczytu Ivinghoe Beacon w Buckinghamshire. Tam zbiega się z Ridgeway, która prowadzi przez Oxfordshire, Berkshire, Wiltshire — łącząc grodziszcza z epoki żelaza, kurhany z epoki brązu i neolityczne grobowce — aż w końcu schodzi ku morzu w Dorset; łącząc tym samym kanał La Manche na południu z zatoką Wash na wschodzie.

Powstanie i historię Icknield Way otacza mgła mitów i nieporozumień. Obecnie uważa się, że od początku nie była to pojedyncza droga, ale raczej sieć równoległych szlaków, czasami odległych na milę, biegnących przez okolicę łatwą do podróżowania ze względu na ukształtowanie terenu. Możliwe, że droga ta powstała dopiero po Rzymianach, wymyślona przez entuzjastów dawnych czasów. Mimo tych wszystkich niepewności Icknield Way od dawna fascynowała wędrowców liczących na duchowe zjednoczenie z prehistorią. Swoje kredowe uroki roztaczała szeroko i chętnie.

* * *

Milę od mojego domu w Cambridge przebiega trawiasta rzymska droga, którą szedłem nocą w czasie wspomnianego zimowego spaceru. Na wiosnę kwiaty przyozdabiają jej szerokie pobocza, porośnięte również na znacznej długości dzikimi różami, głogiem i polnymi klonami. Siedem mil na południowy wschód leży wioska Linton, przez którą przechodzi Icknield Way.

Pewnego dnia pod koniec maja wyszedłem po cichu z domu tuż po wschodzie słońca, kiedy moja rodzina jeszcze spała, wsiadłem na rower i ruszyłem wymarłymi ulicami i dróżkami. Wjechałem na wielorybie wzgórze z kredy, minąłem wielkie pole za bukowym laskiem, aż w końcu skręciłem w rzymską drogę. Z prognozy wynikało, że przez następny tydzień będzie nieprzerwanie ciepło i sucho. Każdego dnia mogłem liczyć na szesnaście, siedemnaście godzin słońca. Zapach dzikich róż osładzał powietrze. Kruk poderwał się z jesionu i zleciał na ziemię; jego skrzydła srebrzyły się w promieniach słońca. Przepełniała mnie chłopięca ekscytacja. W plecaku wiozłem egzemplarz *The Icknield Way* Edwarda Thomasa, jego opis podróży tym szlakiem.

Mijałem okrągły fort z epoki żelaza leżący przy rzymskiej drodze, kiedy zdarzył się wypadek. Uszczęśliwiony początkiem podróży rozpędziłem niebezpiecznie rower. Pożłobiona koleinami droga zrobiła się bardziej nierówna, koła zatelepały i podskoczyły; zderzyłem się z grudą twardej ziemi wielkości pięści. Przednie koło odskoczyło, ustawiając się pod kątem prostym do kierunku jazdy, rower się pode mną złożył, a ja runąłem na niego, nadziewając się na koniec lewego uchwytu kierownicy. Moją klatkę piersiową przeszył ostry, zgrzytliwy ból. Krwawił mi łokieć, a na jednym z kolan wyrosło coś na kształt dodatkowego fioletowego kolana. Jednak największe obrażenia odniósł chyba mój szacunek do samego siebie. Jakże głupio się zachowałem, pedałując niczym beztroski pastor po polnej drodze, odurzony jej romantycznością. Będę musiał pokuśtykać z powrotem do domu, nie ujechawszy nawet dwóch mil moim pierwszym szlakiem.

Po dokładnych oględzinach nabrałem przekonania, że być może nie wszystko stracone. Kolano wyglądało na poranione, ale całe. Złamałem sobie żebro, może dwa, ale nie powinno mi to utrudniać chodzenia. Rower zaś, po wykonaniu jakichś niezdarnych napraw, dał się namówić do dalszej jazdy. Wsiadłem i popedałowałem do Linton — tym razem powoli. To było ostrzeżenie, pomyślałem przesądnie: podróż wcale nie będzie łatwa, a przesadny romantyzm zostanie szybko ukarany. Dopiero kilka mil dalej przypomniałem sobie o liście, który otrzymałem od przyjaciela po tym, jak opowiedziałem mu o planie pokonania Icknield Way. „Uważaj na siebie, kiedy będziesz mijał okrągły fort", ostrzegł. Opowiedziałem mu później o upadku, a on nie sprawiał wrażenia zaskoczonego. „To było myto za wejście na dawne szlaki, pobrane przy jednym ze zwyczajowych punktów — stwierdził. — Teraz możesz ruszyć dalej. Zostałeś wpuszczony. Kość za kredę: zapłaciłeś swoją należność". Był to pierwszy z wielu wypadków, które przydarzyły mi się na dawnych szlakach, ale do dziś nie potrafię go racjonalnie wytłumaczyć.

* * *

Thomas przemierzył Icknield Way w 1911 roku, zmagając się z jednym ze swoich najcięższych nawrotów depresji. Poruszał się żwawo, a potem równie szybko, zaledwie w kilka tygodni, napisał dziennik z podróży. *The Icknield Way* to nietypowa książka: częściowo przewodnik po historii i geografii drogi, częściowo zaduma nad jej metafizyką, a częściowo zapis ponurego, nieszczęśliwego nastroju autora.

Co niezrozumiałe (zważywszy, że wydarzenia opisane w książce rozgrywają się latem w suchym krajobrazie z dala od wybrzeża), ale co absolutnie zrozumiałe (zważywszy geologiczne związki kredy z morzem i śmiercią), *The Icknield Way* od początku do końca traktuje o morzach, tonięciu i wyspach. Kreda przenika do wyobraźni Thomasa, zmienia jego umysł, rozbudza marzenia o głębinach czasowych, do których można zejść batyskafem. Thomas zadedykował książkę swojemu przyjacielowi Harry'emu Hootonowi, z którym przeszedł „więcej mil [...] niż z kimkolwiek innym poza sobą", a Icknield Way — z jej niepewną historią, spornym przebiegiem oraz dyskusyjną długością — staje się w dzienniku Thomasa metaforą nieznanych obszarów, które towarzyszą naszym początkom i naszym końcom.

W latach dziewięćdziesiątych XIX wieku badacz folkloru John Emslie przeszedł Icknield Way i spisał zasłyszane po drodze opowieści. W wielu z nich droga ta — jeżeli będzie się nią szło odpowiednio długo — wykracza poza znaną nam rzeczywistość i zagłębia się w mistyczny świat, prowadząc do królestw pełnych straszliwych niebezpieczeństw i wspaniałych nagród. Emslie usłyszał historię człowieka, który „wędrował drogą tak długo, aż dotarł do ognistych gór". W innej szlak ten miał „opasywać świat, przez co, jeśli ktoś będzie nim wędrował odpowiednio długo, powróci do punktu wyjścia". „Przez całą podróż" Emslie słyszał podobne opowieści: że trakt „okrąża ziemię albo przechodzi przez całą wyspę [...] od morza do morza". W tym sensie droga ta była pierwowzorem wszystkich innych, a przynajmniej tych, które niczym Uroboros pożerały własny początek.

Thomas zafascynował się wizją Icknield Way jako warkocza uplecionego z opowieści i wspomnień. W jednym z najbardziej enigmatycznych fragmentów swojej prozy sugeruje, że na ścieżkach odcisnęły się „sny" wszystkich podróżnych, którzy tamtędy przeszli, i że jego własne doświadczenia „z czasem [również] legną pod stopami ludzi". Osad gromadzący się na ścieżce składał się z odczuć, a podążenie drogą pozwalało na podejście wcześniejszych wędrowców: w myśliwskim rozumieniu „podchodzenia" — zaburzania spokoju tego, co leży ukryte, wypłaszania tego, co niewidoczne. Gdy wyruszałem Icknield Way, odnosiłem enigmatyczną wizję Thomasa do niego samego, mając nadzieję na przywołanie jego osoby przez podążenie jego śladami. Dopiero wiele mil dalej i wiele lat później zrozumiałem, jakie to trudne.

* * *

W Linton ukryłem uszkodzony rower za żywopłotem i wyprowadziłem swoje poranione ciało z wioski główną ulicą w promieniach wschodzącego słońca. Czepiec z chmur zaczynał się rozpruwać, wpuszczając przez szczeliny cytrynowe światło. Minąłem lintońskie zoo. Zza wysokiego żywopłotu dobiegały chrząknięcia i nawoływania jego więźniów: zebr, lwów, bocianów i żurawi. Przeszedłem obok chaty krytej strzechą; przy ścianach kiwały się poruszane wiatrem malwy, przy wejściu róże. Były to typowo angielskie widoki, ale towarzyszyła im ścieżka dźwiękowa rodem z Serengeti.

Szybko znalazłem się na kredowej ścieżce biegnącej skrajem pola, mniej więcej równolegle do Icknield Way. Przeszedłem przez wąski tunel z trzmielin i głogów. Brązowy zając przemknął obok, przystanął, obrzucił mnie krótkim spojrzeniem, po czym okręcił się na tylnych łapach, odskoczył i popędził dalej, zupełnie jakby umyślił sobie, że będzie podążał za ścieżką. Nie minęła godzina, a słońce wisiało już w całości na niebie. Skowronki zalewały mnie swoimi pieśniami, podtrzymując na duchu. Jęczmień lśnił perliście w słońcu. Szok, jakiego doznałem podczas wypadku, zaczynał ustępować. Głogowe żywopłoty pieniły się białymi kwiatami, a w koronach jesionów gruchały gołębie.

Tamtego dnia przez pierwszych osiem mil wędrówki nie zobaczyłem żywej duszy. Miałem osobliwe poczucie, jakbym poruszał się po ewakuowanym terenie, postapokaliptycznym albo zamkniętym dla ludności cywilnej. Mało kto uprawia teraz faktycznie rolę, więc na ścieżkach spotyka się zazwyczaj innych wędrowców, a nie ludzi zajętych pracą.

Szedłem ciągłą linią odsłoniętej białej kredy, przemieszczając się za żywopłotem i skrajem pola mniej więcej w kierunku zachodnio-południowo-zachodnim. Natknąłem się na stadko kuropatw czerwonych z pręgowanymi bokami i czubami *à la* Tintin; trzy koguty bażanta w miedzianych zbrojach i białych psich obróżkach (opancerzeni pastorzy); perkoza na stawie, z punkowym czubem w stylu Ziggy'ego Stardusta.

Pustka krajobrazu obudziła we mnie niepokój, dlatego z nieoczekiwaną ulgą przyjąłem dobiegający z oddali szum autostrady M11, urastający stopniowo do ryku w miarę, jak się do niej zbliżałem. Autostrada przecinała krajobraz dokładnie tam, gdzie mogłaby płynąć rzeka — biegła dnem doliny między dwoma pasmami kredowych wzgórz; nawet odblaski na szybach samochodów i karoseriach upodobniały ją do połyskującej w oddali wody. Zbliżałem się do niej od góry, przez szarozielone pola młodych zbóż. Nagle spod ryku samochodów przebił się czyjś śpiew. Upiornie wysokie zawodzenie, przerywane i niepewne. Dopiero po kilku chwilach zrozumiałem, że słyszę pieśń słupów wysokiego napięcia, maszerujących w dal długim szeregiem. Stanąłem pod jednym z nich, wsłuchując się w tryskający syk jego energii, w buczenie określonej wysokości, które w połączeniu z odgłosami pobliskich pylonów układało się z grubsza w akord.

Przez autostradę przeprawiłem się w Great Chesterford. W domach stojących nieopodal skraju drogi hodowcy ptaków trzymali papużki, które skakały w klatkach po wyblakłych angielskich flagach, ćwierkocząc do siebie. Urządziłem sobie postój na kładce nad autostradą i z rękami przewieszonymi przez barierkę obserwowałem potok samochodów oraz fale gorąca unoszące się z asfaltu. W tym miejscu przecinały się pod kątem prostym Icknield Way (zbudowana *circa* 4000 lat p.n.e.) i M11 (otwarta w 1975 roku).

Środek dnia również upłynął pod nieobecność innych ludzi. Spędziłem go w innym towarzystwie: rodzin saren, które wyłaniały się z zagajników i przebiegały na swoich długich nogach przez pola jęczmienia. Znalazłem jajo skowronka, upieczone na ziemi, ale nienaruszone; zieloną skorupkę pokrywały brązowe zapiski i bazgroły. Otoczyłem delikatnie jajko palcami i niosłem je przez milę albo dwie — tak na szczęście i żeby poczuć jego ciężar w dłoni. W wioskach, przez które przechodziłem, widziałem czaszki jeleni zatknięte na kamiennych murach, budujące przebłyski pogaństwa w krajobrazie, który mógłby zostać wyśniony przez Enid Blyton. Trawniki gładkie niczym stół bilardowy. Wiejskie stawy obrośnięte żółtymi irysami, pełne pobekujących i puszczających bąbelki karpi. Czerwone budki telefoniczne, świeżo odmalowane.

Około południa zbliżyłem się do Royston. Trasa dawnej Icknield Way zbiegała się tam z główną drogą wiodącą przez miasto. Przy żywopłotach i zjazdach na pola piętrzyły się dzikie wysypiska: monitory komputerowe, dętki, listwy dywanowe, odkurzacz, którego przezroczysty korpus wypełniały czarne muchy. Z wysokich głogowych żywopłotów opadały kaskady dzikich róż. Nad dachami unosiły się ławice szpaków, gęste i ziarniste.

Nazwy miejsc na wschodnim skraju Royston — Zakątek Wheatfield, ulica Topolowa, aleja Icknield — odwoływały się do sielskich czasów, kiedy tamtejsze okolice były wsią; zostały wybrane przez deweloperów, aby podbić ceny domów, albo przez planistę, który próbował w ten sposób poprawić nastroje mieszkańców obrzeży miasta. Szpaki świergotały na rurach kominowych i antenach — miały lśniąco czarne pióra przypominające zwitki klisz filmowych — wyśpiewując trele przypominające alarmy samochodowe, terkoty pojemników z aerozolem i trzaski migawek aparatów. Ich radosny miejski rap wydawał się idealnym powitaniem w Royston, kiedy szedłem przez zatłoczoną ulicę. Wydawało się, że z Icknield Way nic nie pozostało.

* * *

Dawne szlaki rzadko zanikają, chyba że pochłonie je morze albo przykryje asfalt. Trwają pod postacią ledwo dostrzegalnych elementów krajobrazu, widocznych dla tych, którzy wiedzą, na co zwracać uwagę. Taką osobą był na przykład Thomas. „Nawet kiedy zostaną opuszczone — pisał — stare drogi pozostają w pamięci za sprawą wielu znaków". Wygasłe drogi nazywał „upiornymi". Walter Scott określał je mianem „ślepych". Szlaki te przetrwały również w zwyczajach, prawach i nazwach miejsc. „Jedną z najbardziej porywających zalet porządnej mapy — pisał — jest możliwość prześledzenia prawdopodobnego biegu znanej nam dawnej drogi albo odkrycie takiej, która popadła w zapomnienie. Charakterystyczny łańcuch ścieżek, alei i ulic [...] prowadzących przez jakiś region i pokrywających się z grubsza z jego granicami będzie zapewne dawną drogą".

Takie właśnie założenie przyjmował Thomas: że stare trwa u boku i mimo nowego, że ocalało jako echa i cienie widoczne dla spostrzegawczego umysłu i oka. Dla niego czytanie map miało w sobie coś z mistycyzmu: opisywał je jako „dawną moc", której przebłyski zdarzają się dziś tylko nielicznym. Szlaki traktował nie tylko jako miejsca osamotnienia, ale również jako obiekty społeczne, gdzie można ponownie usłyszeć głosy tych, którzy umilkli. W wierszu *Aspens* snuł wizję poruszanych wiatrem drzew na rozstajach dróg, przechowujących w swych szeptach pamięć o nieistniejącej wiosce; podsłuchiwał w nich „brzęki, szmery, ryki, przypadkowe śpiewy" dawnych kuźni i karczem. Lubił chodzić wzdłuż szeregów jarzębów, drzew najczęściej kojarzonych ze ścieżkami w regionach położonych na skałach kredowych, oraz po opadłych liściach tych drzew, które często leżą srebrnymi spodami do góry i zachowują swą bladość nawet do następnej wiosny. Przypominały mu szlak z kamyków pozostawiony przez Jasia i Małgosię.

Thomas słusznie uważał, że długotrwałe wędrowanie pozostawia nieusuwalne ślady. Na początku XX wieku wielu amatorów włożyło mnóstwo wysiłku w odkrycie i sklasyfikowanie takich znaków: bruzd po zapomnianych traktach, charakterystycznych śladów po eolitach (prostych narzędziach kamiennych z początków obecności człowieka), zasypanych rowów, których przebieg stawał się widoczny w czasie deszczu albo suszy. Po uważnym przebadaniu tereny wiejskie okazały się pełne „miejsc cieni". Mógł nimi być ocalały kawałek drogi, wał ziemny, dziura albo rów ukryte często tuż pod naszym nosem, ale ujawniające swoją obecność w szczególnych okolicznościach — zwłaszcza w niskim, jasnym słońcu, które rzucało światło pod kątem, a tym samym zdradzało obecność pewnych miejsc za pomocą cieni.

Rozwój fotografii lotniczej — stworzonej jako technika wojskowa, ale wykorzystanej po pierwszej wojnie światowej na potrzeby badań archeologicznych — oznaczał, że te widmowe miejsca dało się zobaczyć z góry. Z tej perspektywy często łatwiej można było dostrzec charakterystyczne kształty, nieoczywiste z perspektywy powierzchni ziemi. Nagle objawiły nam się duchy krajobrazu, które zalegały niewidoczne przez tysiąclecia. Fotografia lotnicza, jak zauważa historyczka Kitty Hauser, umożliwiła dokonanie „nieprzebranej liczby osobliwych wskrzeszeń", dzięki czemu „każde miejsce, niezależnie od tego, jak bardzo zrównane z ziemią, pozostaje dostępne naszemu poznaniu". Jedno z takich wskrzeszeń dokonało się dzięki majorowi George'owi Allenowi, pionierowi wykorzystania aerofotografii jako pomocy w badaniach archeologicznych. Skonstruował on duży aparat, który dało się obsługiwać w czasie samotnych lotów. Zimą 1936 roku, po obfitych opadach deszczu, Allen przeleciał nad Icknield Way nieopodal Royston i wykonał jedną ze swych najlepszych fotografii. Przez zdjęcie przebiega seria poziomych, niemal równoległych linii. Najwyższą z nich są tory kolejowe, na których widać zmierzający na wschód pociąg pozostawiający za sobą długą smugę dymu. Poniżej znajduje się droga z samochodem zmierzającym na zachód. Ukryte przed wzrokiem pasażerów pociągu i samochodu, ale wyraźnie widoczne dla spoglądającego z lotu ptaka aparatu, są inne linie: ciemne pasy zasypanych rowów z epoki żelaza biegnące z północy na południe, średniowieczne granice pól i — dosłownie jard od asfaltu — biała, pożłobiona koleinami Icknield Way. „Co niezwykłe, może nawet graniczące z niesamowitym — pisze w swoim znakomitym stylu Hauser — te starożytne elementy [...] skrycie współistnieją z żywymi, towarzyszą im w codziennych obowiązkach".

Wspominałem fotografię Allena, idąc odcinkiem Icknield Way, który łączy Royston z Baldock: równoległość starego traktu, nowej drogi i torów kolejowych, współistniejące duchy dawnego i przyszłego.

* * *

„Niczym biały wąż na zielonym zboczu", pisał Thomas kredowej ścieżce. To cudownie zwięzły opis: istny buddyjski koan. Po wyjściu na południe z Royston i wkroczeniu na wrzosowisko Therfield zobaczyłem zielone zbocza wijące się od węży. Kredowe falujące pagórki wznoszą się po obu stronach wrzosowiska ponad wklęsłe dno, przez co cały obszar ma w sobie coś z amfiteatru. Górny grzbiet stroszy się lasami liściastymi, w które kusząco zagłębiają się dziesiątki białych ścieżek. Inne dróżki prowadzą na grzbiet wrzosowiska, gdzie znajduje się największe zagęszczenie pradawnych mogił w paśmie wzgórz Chilterns: dziesięć okrągłych kurhanów z epoki brązu i długi kurhan z neolitu.

Tamtego jasnego popołudnia, mimo upływu tysięcy lat, rozumiałem doskonale, dlaczego prehistoryczne plemiona postanowiły grzebać swoich zmarłych w tym miejscu. Wrzosowisko roiło się od turystów: zmierzali spacerem w kierunku kurhanów, dzieci biegały i wrzeszczały. Zatrzymałem się, żeby coś zjeść i ich poobserwować. Widok przyjemności, jaką ci ludzie czerpali z krajobrazu — oraz poczucie, że po pierwszych milach przebytych w samotności nareszcie znalazłem się w towarzystwie innych — dała mi zastrzyk energii i tchnęła siły w moje nogi.

Wkrótce potem musiałem przejść kilka mil przez boczne uliczki Baldock oraz strefy przemysłowe Letchworth Garden City, gdzie za ostro zwieńczonymi ogrodzeniami pod napięciem składowano kontenery firm Maersk, Mitsui, Hamburg, które czekały tam, aż zostaną ponownie załadowane na tiry i rozwiezione. Później tego dnia spocząłem z palącymi z bólu stopami na przykościelnym cmentarzu w wiosce Clothall. Ściana złocistozielonych wawrzynów chyliła się nad grobami. Leżałem, przysypiając, między nagrobkami i późnymi pierwiosnkami, wsłuchując się w pszczoły i obserwując jerzyki polujące nad kościelną wieżą. „Postrzegające rzeczy dzisiejsze oko, słyszące ucho, rozmyślający albo śniący umysł — pisał Thomas — same w sobie są instrumentem równie pradawnym, jak obiekty, które miałyby ogarniać [...] a kto wie, czy [...] nie uświadamiamy sobie [...] czasu w sposób zbyt trudny i dziwny, aby potrafili to wyjaśnić historyk, zoolog czy filozof". Do tej myśli powracał często zarówno w prozie, jak i poezji: że istnieją rodzaje wiedzy wykraczające poza logikę, które można jedynie wyczuwać niejako mimochodem.

* * *

Spędziłem noc w neolitycznym dormitorium na kredowym dnie morskim. Znalazłem to miejsce niedaleko na północ od średniowiecznej wioski Pirton, przez której środek przebiegała Icknield Way. Z Pirton wychodziłem około dziewiątej szeroką dróżką otoczoną wysokimi żywopłotami, która bez wątpienia istniała tam od dawna. Rosły przy niej dzikie róże, krwawniki, śliwy wiśniowe i damascenki. Od jakiegoś czasu szedłem, kołysząc biodrami niczym marynarz na przepustce; ten dziwny krok powstał na skutek zmęczenia i obolałych stawów. Wieczorne powietrze pozostawało gorące; niebo przybrało atramentową barwę na wschodzie, a pomarańczową na zachodzie. Kredowe podłoże ścieżki chłonęło światło, lśniąc białawo w półmroku. Blade trąbki powoju wyskakiwały ku moim oczom. Na skraju ścieżki spoczywały nadjedzone zwłoki kosa; pokryte łuską nóżki zostały odcięte od reszty ciała i umieszczone równo obok siebie, jakby to był widelec i nóż obok talerza z posiłkiem.

Blisko szczytu wzgórza odnalazłem długi kurhan, który wypatrzyłem wcześniej na mapie. Tumulus splądrowano już dawno temu, a dach zdążył się zapaść, ale zarys grobowca pozostawał nadal wyraźny, o tej godzinie zaś w promieniach nisko wiszącego słońca wyglądał jak miejsce zbudowane z cieni. Zjadłem kawałek sera i jabłko, rozwinąłem śpiwór na trawie po południowej stronie kurhanu i położyłem się. Nogi i ręce zesztywniały mi niemal od razu — przez poprzednich szesnaście godzin znajdowały się w ciągłym ruchu. Miałem poczucie, jakby ogarniało mnie coś w rodzaju stężenia pośmiertnego. Całe ciało miałem ubrudzone kredą; cienka warstewka pokrywała stopy, twarz i dłonie; ubranie od niej zbladło. Leżałem tam, sztywny i biały — jeden z duchów tej drogi.

Na niebie pojawił się skrawek księżyca. Bażant zaterkotał w odległym lesie. Gawrony przeleciały nade mną, zmierzając ku swoim nocnym siedliskom. Poczerwieniałe słońce opadało ku horyzontowi. Światełko, które wziąłem za pierwszą gwiazdę, okazało się samolotem zmierzającym do Luton.

* * *

O czwartej nad ranem ze snu wyrwał mnie skowronkowy budzik. W dolinach zalegała przesuwająca się powoli mgła. Niebo nade mną było białe, ale niebieskie bliżej linii horyzontu, zupełnie jakbym leżał pod kopułą, której zabarwienie spłynęło ku krawędziom. Spoglądając na niebo z mojego kurhanowego obserwatorium, zrozumiałem słowa Thomasa, który porównał wzgórza południowej Anglii do „szeregu łańcuchów [...] wysp czy atoli [...] wystających niemrawo spod śnieżnobiałych nieruchomych mgieł poranka". Znajdowałem się na jednej z wysp tego archipelagu wysuniętych najdalej na wschód. Na zachodzie, skryte przed moim wzrokiem, wznosiły się dziesiątki innych kredowych szczytów.

Pierwsze mile, które przebywałem na początku dnia, były magiczne — schodziłem z pagórków i wspinałem się na pagórki, przemierzałem bukowe lasy i leszczynowe młodniaki. Bukowe lasy przenikało morskie światło, czułem się tam, jakbym kroczył przez chłodną wodę. Między drzewami — smak mchu w ustach; wokół zielona cisza.

Tu i ówdzie ludzie napisali coś na korze za pomocą kawałka kredy: inicjały, gwiazdy albo zawijasy przypominające zamaszysty podpis, jaki laska kaprala Trima pozostawia na pustej poza tym stronie *Tristrama Shandy'ego* Laurence'a Sterne'a. Kreda jest substancją, która łatwo odciska swój ślad i na której łatwo można odcisnąć ślad — służy i za narzędzie, i za podłoże do pisania. Tereny frontu zachodniego, na którym walczył i zginął Thomas, również były krajobrazami kredowymi, a za jeden z najbardziej wstrząsających wytworów kulturowych wojny w okopach można uznać pamiątki pozostawione w nich przez niemieckich i brytyjskich żołnierzy. Mężczyźni ci wiedzieli, że prawdopodobnie wkrótce zginą, a instynkt nakazywał im pozostawić po sobie jakiś ślad. Odłupywali płaskie kawałki kredy i formowali je w płytki wielkości dłoni z wypisanymi słowami upamiętniającymi zabitych towarzyszy: „Thiepval 1915. Pamięci waszego Wilhelma". Brytyjscy artylerzyści kredą wypisywali żartobliwe wiadomości na łuskach pocisków: „Niech to będzie szczęśliwe zakończenie" albo „Z pozdrowieniami dla Fritza". Saperzy z obu stron wyryli w kredzie całe mile tuneli. W chwilach bezczynności, jakie przydarzały im się w tym prymitywnym świecie, umieszczali na ścianach okopów setki zapisków, graffiti i wiadomości. Wiele z nich przepadło, ale pod Soissons zachowały się sylwetki wymyślnych postaci kobiecych: malowidła jaskiniowe zainspirowane erotycznymi marzeniami śnionymi w tych koszmarnych mrokach.

O ósmej rano stałem na szczycie wzgórza przy długim kurhanie z epoki brązu, spoglądając na Luton. Przewlokłem się skrajem miasta, przez Gooseberry Hill — małą uliczkę z równo przyciętymi żywopłotami i jaskrawymi jednorocznymi kwiatami — koło lip i przychodni. Listonosz dzwonił do czyichś drzwi; skinął mi głową na przywitanie. Obok mnie śmignęły samochody ludzi zmierzających do pracy. Inni zaczynali dopiero dzień, ale ja zdążyłem już przejść dziesięć mil i poczuć zmęczenie. Zazdrościłem im zapału. Luton opuściłem od zachodu alejką biegnącą między cmentarzem a szeregiem domów.

Teren zaczął się wznosić i wkrótce znalazłem się na grzbiecie skarpy Dunstable Downs, gdzie tłumy ludzi bawiły się w najlepsze. Usiadłem i odpoczywałem w przynoszącym chłodną ulgę wietrze, obserwując dzieci, które puszczały latawce.

W moich nogach pozostało widmowe poczucie marszu — pamięć mięśni powtarzających bez końca tę samą czynność. Podrywały się do przodu nawet w czasie odpoczynku. Stopy wydawały się osobliwie wgniecione od spodu, zupełnie jakby przemierzony przeze mnie teren odcisnął na nich swój profil, jak wzór odciskany w miękkiej glinie. Jak to ujął Flann O'Brien w *Trzecim policjancie*? Kiedy człowiek idzie, „nieustanne zderzanie stóp z drogą sprawia, że pewna jej ilość przechodzi w człowieka".

Tamtego dnia wędrówka była równie trudna i radosna jak poprzedniego. Rzadziej szedłem przez tereny zabudowane i czasami miałem poczucie, jakbym przemykał ukradkowo od zagajnika do zagajnika, między obrośniętymi bujną roślinnością polnymi drogami. Jeden z przemierzonych przeze mnie lasów był biały od dzikiego czosnku, w powietrzu unosił się jego mocny zapach. Obchodząc zoo w Whipsnade, zobaczyłem kilka kangurów rdzawoszyich, które odpoczywały w cieniu głogu.

Pokonanie przez Thomasa na piechotę wielu mil po starych kredowych drogach zrobiło z niego konesera ich osobliwości. W lecie szedł wzdłuż rzędów bujnych leszczyn poprzetykanych przestępami, których kwiaty aż wrzały od pszczół. Przemierzał „ciemne bukowe aleje, wybrukowane złotem i zielenią mchu i otoczone murem kruszącej się kredy". Lubił odnajdywać nieużywane ścieżki, które zdążyły niemal całkowicie zaniknąć, „zakopane pod pokrzywami i łopianem, zabarykadowane ciernistymi głogami, powojnikami i łodygami przestępów". Uwielbiał przechodzenie z jednych form krajobrazu w inne, do czego miał sposobność, podążając różnymi szlakami: drogami biegnącymi wydrążoną koleiną, które wychodziły nagle na rozgrzane słońcem pole pszenicy, albo wkraczającymi z cienia drzew w lśnienie trawy na łące. Wątpię jednak, czy kiedykolwiek widział kangura.

* * *

Pod wieczór, wiele mil od leszczynowego lasu, moje ciało weszło w odpowiedni rytm i przez następną godzinę marszu w ten, jak się wydawało, niemający końca dzień, miałem poczucie, jakby również Icknield Way biegła w nieskończoność, opasując swoją bielą cały kraj. Wydawało mi się, że gdybym się jej trzymał, dotarłbym niechybnie nad sam Atlantyk.

Dopiero w ostatnich promieniach słońca wszedłem na wzgórze Ivinghoe Beacon, którego wielki kredowy szczyt wieńczy grodziszcze z epoki żelaza. Wdrapałem się na jeden z jego porośniętych trawą szańców i usiadłem twarzą na zachód, aby zachodzące słońce mogło mnie oblać swoim ciepłem. Zdjąłem buty i skarpetki. Stopy miałem tak opuchnięte, że przypominały wyrastające ciasto drożdżowe. Pode mną miliony kwiatów powoju kończyły swój codzienny obrót za słońcem, jaskry odwzajemniały mu się ostatnim połyskiem, a kangury z Whipsnade udawały się na spoczynek. Dzień zwalniał ku końcowi.

Kiedy tak siedziałem w maślanych promieniach słońca, różne nazwy drogi — Yken, Ychen, Ycken, Ayken, Iceni, Icening, Ickeneld, Ikeneld, Ikenild, Icleton, Ickleton, Icknield — wydawały się zlewać i łączyć, przez co nie wydawała się dwuwymiarowym szlakiem, ale częścią większej sieci, zapętlającej się i wijącej w czasie, mimo że w przestrzeni wydawała się biec jedną nitką do przodu. „Nie potrafiłem znaleźć początku ani końca Icknield Way..."

W czasie tej półgodziny, jaką tam przesiedziałem, dołączyli do mnie inni wędrowcy, którzy również chcieli zobaczyć zachód słońca: mężczyzna niosący małego pieska owiniętego kocem w szkocką kratę; para w średnim wieku, ze śmiechem wspinająca się na strome zbocze i ześlizgująca z niego; mężczyzna w garniturze, który zaparkował samochód nieopodal przy drodze i wszedł na wzgórze sztywno wyprostowany; starsza kobieta, która wdrapała się powoli na jeden z szańców, a potem stała na nim z zamkniętymi oczami, wpatrując się ślepo w zachodzące słońce. Cóż za przedziwną kongregację wyznawców tworzyliśmy — wszyscy sobie nieznani, obcy niczym ciemne ryby w atramencie.

Miejsce do spania znalazłem o zmierzchu nieopodal szczytu: płat trawy o wielkości podwójnego łóżka z wiszącym nad nim rozłożystym głogiem, ukryty za rzędem kolcolistów, których żółte kwiaty przepełniały kokosowym aromatem poruszane delikatnym wiaterkiem powietrze. W oddali stukotał dzięcioł zielony. Samoloty przelatywały co kilka minut, ciągnąc za sobą stożki hałasu. Na drzewach lśniły porosty. Z lasu wyszły trzy czarne łanie saren. Jedna spojrzała na mnie; jej oczy lśniły złociście w ostatnich promieniach słońca. Zaraz potem wszystkie trzy odeszły na zachód wzdłuż kredowej drogi. Kiedy zasypiałem, w moim umyśle rodziła się wizja schodzących się białych ścieżek, sieci szlaków biegnących ku brzegom morza, a potem wybiegających dalej.

4. MUŁ

Srebrna litera S — Najbardziej śmiercionośne drogi w Anglii — Patrick Arnold — Grobla do lustrzanego świata — Przekroczenie granicy — Pierwszy cesarz Qin — Grot Colindy — Doggerland — Miriady *ogees* — Przynoszące ulgę odnalezienie Maypole — Sobowtóry — Myśl jako sensacja — Ląd w Asplin Head — Wizje na wybrzeżach i wezbrane rzeki — Ksenotopie — Kognitywny dysonans w izotropowych przestrzeniach — Niebezpieczeństwo najdalszego punktu — Miraż jako autentyczna wizja — Ku domowi.

Pół mili od brzegu, idąc po srebrnej wodzie, przecięliśmy ścieżkę, która ciągnęła się z godnością i bez wyraźnego końca na północ i na południe. Był to płytki kanał pływowy, a stojące w nim resztki wody przyciągały i odbijały promienie słońca w taki sposób, że jawiły nam się jako smuga; zjawisko optyczne oparte na grze świateł i prądów. Jasna wstęga zakrzywiła się w kształt litery S. Nie potrafiliśmy wyjaśnić jej pochodzenia ani oprzeć się jej zaproszeniu. Ruszyliśmy zatem na północ wzdłuż tego lśniącego szlaku, będącego ni to wodą, ni lądem, który prowadził nas coraz dalej i dalej w morze.

* * *

Jeżeli obejrzycie szczegółową mapę wybrzeża hrabstwa Essex, między ujściami Crouch i Tamizy zobaczycie szlak — jego przebieg oznaczono ściegiem krzyżyków i kresek — wychodzący poza ląd w miejscu zwanym Wakering Stairs, a następnie prowadzący na wschód — prosto w morze. Kilkaset jardów od brzegu skręca na północny wschód i biegnie w tym kierunku przez mniej więcej trzy mile, wciąż morzem, aż wreszcie przecina z powrotem linię brzegową w Fisherman's Head, na północnym krańcu dużej, płaskiej i mało znanej bagnistej wyspy o nazwie Foulness.

Jest to Broomway, rzekomo „najbardziej śmiercionośna" droga Wysp Brytyjskich a z pewnością najmniej ziemna droga, jaką kiedykolwiek szedłem. Uważa się, że Broomway zabiła w ciągu wieków ponad sto osób; bardzo prawdopodobne, że ofiar było więcej, tylko o nich nie wiemy. Sześćdziesiąt sześć osób pochowano na cmentarzyku na Foulness; ciał pozostałych ofiar nie odnaleziono. Gdyby Broomway nie istniała, mógłby ją wymyślić Wilkie Collins. Edwardiańskie gazety ochrzciły ją mianem „Śmiertelnej drogi". Nawet mapa Ordnance Survey oddaje, z typową dla siebie rzeczowością, gotycką atmosferę tego szlaku. Na mapie o rozdzielczości 1:25 000 przy tym odcinku wybrzeża wydrukowano dużymi różowymi literami ostrzeżenie:

UWAGA

Prawo do przejścia przez teren prywatny grozi niebezpieczeństwem na Maplin Sands. Skontaktuj się z lokalnym przewodnikiem.

Broomway to mniej osławiona z dwóch największych morskich ścieżek na Wyspach Brytyjskich. Drugą jest droga prowadząca przez piaski zatoki Morecambe od Hest Bank do Kents Bank przez Priest Skear. Podobnie jak szlak z zatoki Morecambe, Broomway przebiega przez szerokie łachy piaskowe i błotne, które ciągną się milami niemal na równi z powierzchnią wody. W czasie odpływu przy Morecambe i Foulness morze cofa się naprawdę daleko, odsłaniając całe hrabstwa piasku ubitego tak mocno, że jest w stanie utrzymać ciężar wędrowca. Tyle że w czasie przypływu morze powraca szybko — pędzi po piaskach szybciej od biegnącego człowieka. Równie niebezpieczna jest dezorientacja: we mgle lub deszczu łatwo zgubić drogę w terenie tak ogołoconym ze znaków szczególnych, gdzie lśniący piasek ciągnie się we wszystkich kierunkach. Nie wszędzie zresztą podłoże nadaje się do chodzenia: w błocie może ugrzęznąć noga, a ruchome piaski potrafią wciągnąć podróżnego. Morecambe słynie ze zdradliwości; najstraszliwsza tragedia wydarzyła się tam w lutym 2004 roku, kiedy co najmniej dwudziestu jeden chińskich zbieraczy małży, nielegalnych imigrantów nieobznajomionych z estuarium i niedostatecznie świadomych zagrożenia stwarzanego przez pływy, zostało wysłanych przez przywódcę swojego gangu daleko na wspomniane piaski po sercówki jadalne.

W odróżnieniu od szlaku przez zatokę Morecombe, którego przebieg nieustannie się zmienia, co od podróżnych wymaga zarówno improwizacji, jak i czujności, Broomway wiedzie chyba z grubsza tą samą trasą co najmniej od 1419 roku (kiedy została wspomniana w spisie ziemskim wyspy Foulness). Jak się dobrze zastanowić, przejścia przez zatokę Morecombe i Broomway mają w sobie coś paradoksalnego. Są rezultatem angielskiego prawa do przechodzenia przez teren prywatny, a jako takie zostały oznaczone na mapach i obwarowane przepisami prawnymi, ale jednocześnie dwa razy dziennie przypływ oczyszcza je z jakichkolwiek śladów użytkowania. Jak nazwać ścieżkę, która nie jest ścieżką? Zagadką? Sekwencją kierunków na kompasie? Śmiertelną pułapką?

Geologia i archeologia Broomway budzą kontrowersje. Wysunięto najróżniejsze teorie wyjaśniające istnienie tej drogi, między innymi taką, że biegnie szczytem stabilnej rafy kredowej. Nazwę wzięła z pewnością od czterystu „mioteł" (*brooms*), które dawniej stały zatknięte w odstępach trzydziestu, sześćdziesięciu jardów po obu stronach trasy, wyznaczając pas bezpiecznego twardego piasku.

Do 1932 roku Broomway była jedyną drogą prowadząca na wyspę Foulness (jeżeli ktoś nie chciał płynąć statkiem), ponieważ oddzielały ją od lądu niemożliwe do przebycia zatoczki i połacie błota zwane Black Grounds. Przez wieki splatano gałązki leszczyny i rozkładano je jako pływające pomosty, które umożliwiały bezpieczną przeprawę przez Black Grounds na piaski (pod względem technologicznym i funkcjonalnym były odpowiednikiem Sweet Track w Somerset[1]). W pewnym momencie witki zastąpiono groblami z gruzu. W XVIII

[1] Sweet Track to drewniana droga położona na gąbczastych równinach Somerset we wczesnym neolicie, aby umożliwić przemieszczanie się między położonymi wyżej, bardziej suchymi terenami: wzgórzami Mendips i pagórkami Glastonbury. Dzięki niesamowicie precyzyjnej metodzie datowania pyłkowego wiemy, że w Shapwick nieopodal Westhay (nazwy tych miejscowości brzmią raczej jakby pochodziły z Szetlandów, a nie Somerset), wiosną 3806 roku p.n.e. połączono ze sobą i rozłożono żerdzie z olchy, leszczyny, ostrokrzewu, dębu, jesionu i lipy.

i XIX wieku kierujący powozami zbierali się w tawernie w Wakering i pili w oczekiwaniu na odpływ, który pozwoliłby na przejazd na Foulness. Wielu zginęło w czasie przeprawy, zamroczonych pogodą, alkoholem albo jednym i drugim. Po sztormie na Morzu Północnym w 1953 roku, kiedy powodzie na wschodnim wybrzeżu Anglii zabiły setki ludzi, Broomway okazała się jedynym pewnym szlakiem komunikacyjnym na Foulness: pojazdy wojskowe pędziły w obie strony po twardym piasku, wywożąc martwych i rannych. Wyspa jest obecnie własnością Ministerstwa Obrony, które kupiło ją w czasie pierwszej wojny światowej w „celach badawczych". Nad tamtejszymi piaskami do dziś prowadzone są ćwiczenia artyleryjskie.

* * *

Od wielu lat chciałem przebyć Broomway, ale odstraszała mnie zła sława tej drogi. Niedługo po powrocie z Icknield Way jeden z przyjaciół skontaktował mnie z Patrickiem Arnoldem, który urodził się i wychował na Foulness i który zna Broomway lepiej niż ktokolwiek z żyjących. Patrick uprzejmie zgodził się towarzyszyć mi w przeprawie. Uzgodniliśmy, że pokonamy trasę w niedzielę, kiedy Ministerstwo Obrony przerywa ostrzał. Tego konkretnego dnia odpływ miał przypaść na odpowiednią porę dnia.

W poniedziałek przed wspomnianą niedzielą otrzymałem list. Rozpoznałem pismo Patricka na kopercie. „Z przykrością — rozpoczynał oficjalnie list — muszę wycofać się z propozycji przeprowadzenia cię przez «najniebezpieczniejszą drogę w Anglii»". Co za rozczarowanie! Patrick wyjaśniał, że jego matka staruszka, którą się na co dzień opiekował, była za słaba, żeby mógł zostawić ją „na wiele godzin, nie ryzykując coraz większego niepokoju o jej bezpieczeństwo". Niemniej, ciągnął — tu w moje serce wstąpiła nadzieja — w jego ocenie mógłbym „przebyć Broomway samodzielnie bez większego ryzyka".

Do listu Patrick dołączył następujące dokumenty: sporządzoną odręcznie mapę wybrzeża między Wakering Stairs i Foulness pokazującą przebieg Broomway oraz dochodzące do niej groble; sekwencję wskazań kompasu i odległości między nimi; ponumerowaną listę uwag dotyczących odpowiedniego stroju, jaki należało mieć na sobie w czasie przeprawy; garść dodatkowych rad, jak najskuteczniej zabezpieczyć się przed utratą życia.

Patrick zawdzięczał Broomway swoje życie. „Pozwól, że opowiem ci o pewnym człowieku — powiedział w czasie naszej pierwszej rozmowy — niejakim Williamie Harveyu i pewnym dniu w 1857 roku, kiedy wyruszył zaprzężonym w konie powozem z brzegu na Foulness. Nie dotarł na miejsce, więc wszczęto poszukiwania. Nie znaleziono żadnego śladu po koniach. Powóz leżał do góry nogami na piasku, obok spoczywało ciało Williama, który się utopił.

Po zakończeniu żałoby wdowa po Williamie Harveyu wyszła za pana Lily, a z tego związku urodził się mój prapradziadek. Tak więc choć wypadek był wielką stratą dla pani Harvey, nie wspominając rzecz jasna o samym panu Harveyu, w ostatecznym rozrachunku okazał się niezwykle korzystny dla mnie. W tym sensie, rozumiesz, żywię wdzięczność wobec Broomway, dlatego też poświęciłem życie na jej przemierzanie i badanie".

Wypowiedzi Patricka odznaczały się precyzją i pewną wiktoriańskością. Był to człowiek cichego honoru i dokładności, skrupulatny w podejściu do faktów. Przed przejściem na emeryturę pracował na lądzie jako odlewnik i stolarz, ale znał dobrze morze i dzierżył rekord w najszybszym solowym przepłynięciu łodzią wiosłową z Londynu do Ostendy. Opowiedział mi wiele historii związanych z wybrzeżem Essex: o flotach barek węglowych, które tworzyły się u ujścia Tamizy; o niebezpieczeństwach wiatrów wschodnich spychających duże statki na osłonięte od wiatru brzegi; ale najczęściej o Broomway, o której wyrażał się z szacunkiem i sympatią, jak o „starej przyjaciółce".

Patrick przeczytał niemal wszystkie istniejące opisy przepraw przez Broomway i lubował się w makabrycznych dramatach, jakie rozgrywały się na niej w przeszłości. Przy okazji każdej rozmowy dzielił się ze mną jakąś nową opowieścią zaczerpniętą z ludowej historii Broomway: a to relacją dziewiętnastowiecznego lekarza sądowego na temat trudności w identyfikowaniu ciał, których twarze i palce zostały obgryzione przez kraby; a to o człowieku, który wymknął się śmierci i w liście do przyjaciela wspominał o „absolutnej panice", jaka go ogarnęła, gdy lunął deszcz, a on musiał krążyć po piaskach w poszukiwaniu drogi.

„Był przekonany, że idzie w stronę Mouse Lightship — relacjonował Patrick, ale tak naprawdę wychodził w morze, ku śmierci. Uratowało go jedynie przypadkowe natknięcie się na garnek do połowu ryb (powleczony miedzią, żeby nie zardzewiał). Wiedział, że zamkniętą częścią musiał być zwrócony do morza, a otworem prostopadle do brzegu, żeby mógł pochwycić w pułapkę ryby w czasie odpływu. Pozwoliło mu to ustalić kierunek i wrócić na brzeg. Prawdziwy farciarz". Patrick sprawiał wrażenie rozczarowanego, że wyrok śmierci wydany przez Broomway został w tym wypadku umorzony.

Dopóki wędrowcy nie zaczęli korzystać z ręcznych kompasów, najbezpieczniejszym sposobem odnajdywania drogi na Broomway w złych warunkach pogodowych, kiedy podróżny nie widział kolejnej miotły, był kamień na sznurku. Wędrowcy zabierali ze sobą dwustustopową lnianą linkę z przywiązanym na końcu niewielkim kamieniem. Kładli kamień obok miotły i ruszali w kierunku, który wydawał im się właściwy, rozwijając za sobą sznurek, dopóki nie dostrzegli następnej miotły. W razie gdyby zboczyli z trasy, mogli wrócić po sznurku do kamienia i spróbować ponownie. Jeżeli kierunek okazywał się właściwy, przyciągali do siebie kamień i powtarzali całą operację. Był to powolny i nużący proces, ale teoretycznie pozwalał na bezpieczne pokonanie Broomway niezależnie od pogody.

„To przedziwny świat, tam na Broomway — mówił Patrick. — Nic nie wygląda tak samo, jak normalnie. Mewy potrafią wydawać się wielkie jak orły. Skala i odległość ulegają wypaczeniu. Bardzo łatwo stracić orientację, zwłaszcza o zmierzchu albo po zmroku. Wiele osób daje się wtedy zwieść światłom Kentu. Ludzie sądzą, że wracają na wybrzeże Essex, podczas gdy w istocie zmierzają w stronę Kentu i w ten sposób wpadają prosto w objęcia przypływu. Trzeba też uważać na błoto: wystarczy, że staniesz w nieodpowiednim miejscu, a w nim ugrzęźniesz. Wciągnie cię i pozostanie ci tylko czekać na przypływ".

Dwa dni przed wyruszeniem w trasę mój przyjaciel z Alaski, James, doradził mi życzliwie, żebym zabrał ze sobą mały ostry toporek. „W ten sposób, jeśli ugrzęźniesz w błocie i nadejdzie przypływ, będziesz mógł odciąć sobie nogi w kostkach i przed nim uciec".

Patrick podzielił się ze mną ostatnim ostrzeżeniem: „Broomway będzie tam na ciebie czekać następnego dnia, ale jeżeli spróbujesz ją przejść we mgle, możesz skończyć inaczej. Jeśli po dotarciu na Wakering Stairs zobaczysz, że w okolicy wisi mgła, odpuść sobie i wróć do domu".

* * *

Kiedy wczesnym rankiem w niedzielę dotarłem na Wakering Stairs, w okolicy wisiała mgła. Wszędzie biel. Nie za sprawą haaru, czyli prawdziwej mgły z Morza Północnego, która wymazuje cały świat, ale raczej zwykłej morskiej mgiełki. Mimo to widoczność była na tyle kiepska, że wzdłuż całego wybrzeża rozlegały się niskie bawole ryki syren mgłowych. Stałem na falochronie, wpatrując się w mgłę i czując wibrujące w klatce piersiowej dźwięki syren. Zastanawiałem się, czy mógłbym w jakiś pomysłowy sposób przedefiniować warunki pogodowe i dzięki temu nie posłuchać ostrzeżenia Patricka. Czułem w gardle dławiący lęk, ale ciągnęło mnie, żeby pójść.

Towarzyszył mi równie podenerwowany przyjaciel David Quentin, którego namówiłem na wspólną wyprawę. David zaczynał jako badacz renesansowej literatury, potem przerzucił się na handel starymi książkami, został adwokatem i wreszcie prawnikiem podatkowym. Prawdopodobnie jest jednym prawnikiem podatkowym i marksistą w Londynie, a może nawet na całym świecie. Lubi chodzić w bryczesach, lubi chodzić boso i ani na moment nie traci nadziei na upadek kapitalizmu.

Mierzy sześć stóp i siedem cali, jest bardzo szczupły, bardzo mądry i ma w głębokim poważaniu ludzi, którym przychodzi do głowy komentować bez powodu jego wzrost i patykowatą sylwetkę. Przeszliśmy razem wiele mil.

Powietrze na Wakering Stairs było ciepłe i lepkie; w nosie i ustach wydawało się gęste jak żel. Niewiele wcześniej zaczął się odpływ. Rozciągające się wzdłuż brzegu Black Brounds, dopiero co odsłonięte, parowały: brązowy błotny krajobraz złożony z kanionów i skarp, napuchnięty i lśniący, poprzecinany siecią strumyków. Brodźce i ostrygojady stąpały z rozmysłem w poszukiwaniu śniadania. Moja skóra wydawała się porowata, chłonna. Strumyki i kanały bulgotały i lśniły. Dwie wielkie mewy szybowały nad linią przypływu, obserwując nas niefrasobliwym, świdrującym wzrokiem.

W miejscu, gdzie droga dochodziła do falochronu, postawiono ciężki metalowy szlaban poznaczony sójkowoniebieskimi bazgrołami. Czerwona flaga ostrzegawcza zwisała u podnóża wysokiego masztu. Za szlabanem umieszczono szereg tablic utrzymanych w żółtoczarnych osich barwach i posługujących się trybem rozkazującym. Zawierały rozporządzenia, tautologicznie przedstawione w formie ostrzeżeń, zwalniające Ministerstwo Obrony od odpowiedzialności za utonięcia, wybuchy i śmierć w wyniku ugrzęźnięcia w błocie, przestrzegające podróżnych i przyznające z niechęcią, że w istocie znajdujemy się na początku publicznej drogi, którą obejmuje prawo przejścia przez teren prywatny:

> Ostrzeżenie: Broomway jest nieoznakowana i bardzo niebezpieczna dla pieszych.

Ostrzeżenie: Nie zbliżaj się do żadnego obiektu ani go nie dotykaj, ponieważ możesz zginąć w wyniku eksplozji.

Od falochronu odchodziła grobla, szeroka może na pięć jardów, zbudowana z kamieni i szarej podsypki gruzowej. Prowadziła nad błotem w morze, znikając w wodzie i mgle. Po obu stronach wbito w błoto pale, wysokie na dwa sześć stóp. Na grobli rosło kilka kęp zostery. Powierzchnia wody połyskiwała na szaro i srebrno niczym patyna na starym lustrze. Poza tym grobla wiła się ku ogołoconemu z wszelkich znaków szczególnych światowi bieli.

Trzy ostrygojady przeleciały nam ze szczebiotem nad głową, szybko bijąc skrzydłami. Wspięliśmy się na rampę zbudowaną na szczycie falochronu, przeszliśmy nad rozrzuconymi puszkami po piwie i zeszliśmy ku początkowi grobli. Zatrzymałem się, żeby wygrzebać spomiędzy kamieni garść białych muszelek sercówki jadalnej. Wytłumiłem sygnały ostrzegawcze wysyłane przez mózg, który burzył się na myśl o wejściu w morze w ubraniu, jak to normalnie czynią samobójcy.

Szliśmy po gruzie i zniszczonej przez morze betonowej nawierzchni, szliśmy przez groblę nad błotem. Człowiek z psem przystanął na falochronie i patrzył, jak oddalamy się od brzegu. Tu i ówdzie musieliśmy zaczekać chwilę, aż morze ustąpi, odsłaniając jakiś odcinek drogi. Wyglądałem przez krawędź grobli, jakbym znajdował się na molo, mimo że woda po obu stronach miała głębokość zaledwie kilku cali. Ryba zwana babką wwiercała się swoim galaretowatym ciałem w piasek.

Po trzystu jardach grobla skończyła się na dobre, zagłębiając się w piasek jak rzeka przepływająca odcinkami pod ziemią.

Przed nami rozciągał się w dal płytki połysk wody stojącej nad piaskiem. Rozproszone światło znosiło jakąkolwiek głębię obrazu, więc wydawało się, jakbyśmy mieli po prostu wyjść w ocean. Przystanęliśmy na końcu grobli, spoglądając w bezdrożną przyszłość.

— Gdzieś tam na górze jest słońce i w końcu wypali to wszystko — stwierdził pogodnie David. — Nie zdziwiłbym się, gdyby druga część dnia była słoneczna.

Wydawało się to mało prawdopodobne, choć musiałem przyznać, że w ciągu dwudziestu minut, jakie zajęło nam przebycie grobli, światło się nieco wyostrzyło. Zerknąłem przez ramię na falochron, ale ledwie go dostrzegłem przez zalegającą dokoła mgłę. Od strony morza: wiszący nisko rozpalony pas białego światła. Cienki lont.

Piasek układał się w misterne fałdy zanieczyszczone milionami wypluwek, kluskowatych odchodów z czarnego szlamu wyciśniętych przez nereidy i muszle brzytwy. Atramentowoczarna barwa tych odchodów przypominała nam, że tuż pod twardym piaskiem zalega błoto. Zdjąłem buty i odłożyłem je na kępę zostery. Z jakiegoś powodu nie potrafiłem opanować lęku przed pływem jako zjawiskiem zmiennym i kapryśnym, a nie stałym i uregulowanym. A jeśli akurat tego dnia pływ postanowi sprzeciwić się rozkazom Księżyca?

— Boję się, że jeśli nie zdążymy wrócić na czas, przypływ porwie moje buty — powiedziałem do Davida.

— Jeśli nie zdążymy wrócić na czas, przypływ porwie twoje ciało — odparł, co nie zabrzmiało szczególnie pocieszająco.

Zeszliśmy z grobli. Woda była ciepła; tworzyła jeziorka głębokie do kostek. Pod stopami czułem przypominające powierzchnię mózgu fałdy twardego piasku, tak mocno ubitego, że nie ustępował pod naciskiem. Przed nami rozciągała się cienka, lustrzana tafla wody, zaburzona tu i ówdzie przez niskie piaszczyste wybrzuszenia i zielone kępy wodorostów. Pomyślałem o jeziorze rtęci, które rzekomo otaczało sarkofag pierwszego cesarza Qin w nieodkopanych grobowcach w mieście Xian w Chinach. Cesarza pochowano w kompleksie grobowców o powierzchni jednej mili kwadratowej, pośrodku którego stała krypta wykonana z brązu, zaprojektowana tak, aby odtwarzała w miniaturze powierzchnię jego imperium. W suficie grobowca osadzono klejnoty symbolizujące niebo; strumienie, mokradła i oceany zastępowały jeziora i rzeki rtęci.

Ruszyliśmy. Gdzieś daleko na falochronie mężczyzna, którego widzieliśmy wcześniej, gwizdał na swojego psa. Poza tym otaczał nas tylko brązowy piasek i rtęciowa woda. Szliśmy przez lśniące powietrze, wychodząc na łachy oceanu i cofając się w czasy mezolitu.

* * *

W 1931 roku trawler „Colinda" prowadził nocny połów w odległości mniej więcej dwudziestu pięciu mil od wybrzeża Norfolk, w południowej części Morza Północnego. Kiedy marynarze wyciągnęli sieci i zaczęli wybierać odpadki, które zaplątały się w nie razem z rybami, jeden z nich natknął się na osobliwy przedmiot zatopiony częściowo w kawałku torfu: ostry i zgrabny, długi mniej więcej na osiem i pół cala i bez wątpienia będący wytworem ludzkich rąk. Marynarz oddał znalezisko kapitanowi trawlera, Pilgrimowi Lockwoodowi, ten z kolei właścicielowi „Colindy”, który przekazał je przyjacielowi — i taką okrężną drogą przedmiot trafił w końcu do archeologa Muira Evansa, który zidentyfikował go jako pokryty z jednej strony zadziorami grot harpuna wykonany z poroża.

Grot Colindy, jak się go teraz nazywa, był jednym z pierwszych archeologicznych świadectw istnienia rozległego, nisko położonego i zamieszkanego w przeszłości terenu: mezolitycznej Atlantydy, która leży pod południową częścią dzisiejszego Morza Północnego i na którą zapuszczali się prawdopodobnie dawniej przedstawiciele ludów zbieracko-łowieckich. Samo dopuszczenie myśli, że taki obszar mógł w ogóle istnieć, było w latach trzydziestych XX wieku — kiedy uczeni nie dysponowali technologiami, z których korzystają współcześni archeologowie — śmiałym eksperymentem myślowym. Wyobrazić sobie tak dużą część Morza Północnego nad powierzchnią wody? Wyobrazić sobie, że tereny leżące przy współczesnym wschodnim wybrzeżu Anglii ciągnęły się aż do północno-zachodnich wybrzeży Niemiec, Danii i Holandii? Wyobrazić sobie mezolityczną kulturę rozkwitającą w nieistniejącym dziś świecie, a nie używającej go jedynie do przeprawy na położone wyżej tereny?

Zatopiony ląd, który odkryto między innymi dzięki Grotowi Colindy — istniał, jak oszacowano, od 10 do 4 tysięcy lat p.n.e. Obecnie nazywa się go Doggerlandem, a dzięki wspólnym wysiłkom grupy niezwykłych archeologów, geologów, paleobotaników oraz rybaków z Holandii i wschodniej Anglii dysponujemy rozległą, szczegółową wiedzą o tym regionie.

Mniej więcej 12 tysięcy lat temu, w czasie ostatniego zlodowacenia, w lodowcach zostały uwięzione takie ilości wody, że poziom morza wokół Wysp Brytyjskich był niższy o czterysta stóp w porównaniu ze stanem dzisiejszym. Odsłonięty w rezultacie Doggerland porósł niegościnną tundrą. W miarę wzrostu temperatury topniejące lodowce posłały przez tę tundrę rzeki słodkiej wody, do tego stopnia ją nawadniając i użyźniając, że przekształciła się obszar, który nadawał się do zamieszkania, wręcz przyjazny. Wiemy, że w rzekach Doggerlandu żyły pstrągi, a w dębowych i jesionowych lasach niedźwiedzie i jelenie, że na tamtejszych łąkach rosły parzące pokrzywy. Na podstawie sejsmicznego obrazowania dna morskiego uzyskanego od jednego z koncernów naftowych archeologowie stworzyli mapę dawnego obszaru Doggerlandu. Jak się okazuje, powierzchnią dorównywał Walii. Badacze, niczym pierwsi koloniści, ochrzcili elementy odkrywanego na nowo świata. Spines to obszar stromych wydm, prawdopodobnie zbiegających do rzeki, która w szczytowym okresie dorównywała niemal wielkością dzisiejszemu Renowi. Rzekę nazwano Shotton na część geologa z Birmingham, Freda Shottona (który, poza innymi dokonaniami, został zrzucony za linią wroga z zadaniem przeanalizowania geologii przyczółków w Normandii przed lądowaniem aliantów). Dogger Bank — nazwa znana osobom czytającym prognozy pogody dla statków — to górna część płaskowyżu na północy Doggerlandu, a Outer Silver Pit to wielkie dorzecze otoczone dwoma ogromnymi mieliznami, długimi na niemal sześćdziesiąt mil, noszące cechy estuarium albo jeziora.

W miarę topnienia lodowców i wzrostu temperatury Doggerland ulegał stopniowemu zalewaniu. Dogger Bank przetrwał jako duża wyspa, w końcu przestał istnieć mniej więcej pięć tysięcy lat przed naszą erą. Tym samym Doggerland ostatecznie zniknął pod powierzchnią morza. Wzrost poziomu morza — w tempie jednego, dwóch jardów na stulecie — musiał być zauważalny nawet w perspektywie jednego pokolenia, ale mało prawdopodobne, że zaskoczył mieszkańców tego regionu, nawet tych, którzy założyli tam prymitywne osady. Zalewanie przez morze kolejnych części lądu było zjawiskiem przewidywalnym, do którego dało się przystosować, a nawet łagodzić jego skutki lub mu przeciwdziałać. W tym sensie mezolityczny odwrót z Doggerlandu stanowi jedną z najwcześniejszych długotrwałych reakcji człowieka na zmiany klimatu.

Wspominając dziś o Doggerlandzie, siłą rzeczy wybiegamy myślą w przyszłość. Dla mieszkańców wschodniego wybrzeża Anglii jest zapowiedzią tego, co może ich czekać. Na wybrzeżach Norfolk i Suffolk ocean wyszarpuje ląd kawałek po kawałku. Cmentarze osypują się do oceanu, gubiąc kości i nagrobki. Zabudowania, niegdyś leżące wiele mil w głębi lądu, wiszą teraz na krawędzi klifów, porzucane przez właścicieli. Eccles Church na wybrzeżu Norfolk runął w fale w 1895 roku. Baterie artylerii przeciwlotniczej i bunkry wybudowane w 1940 roku poosuwały się na plaże albo zdążyły zatonąć. Drogi urywają się w powietrzu. Ścieżki, biegnące ongi wzdłuż wybrzeża, porozpadały się na kawałki. Oglądając dawne mapy wschodniej Anglii, człowiek uświadamia sobie, że znaczna część tego regionu dołączyła już do Doggerlandu: linie brzegowe stały się liniami widmowymi. W takich miejscach prąd powrotny przyboju jest silny — niechybnie wyszarpnie wam grunt spod nóg i wciągnie was pod wodę bez ostrzeżenia.

Przy wiosce Dunwich morze połknęło w ciągu kilku ostatnich kilku stuleci całe miasto. Nie zostało z niego zupełnie nic; na wykonanych pod koniec XIX wieku fotografiach tamtejszych plaż widać jeszcze kilka ostatnich przekrzywionych wież. Dysponujemy na tyle bogatymi materiałami na temat dawnego Dunwich, że udało się odtworzyć plan tego miasta z zarysem ulic, budynków i kościołów oraz ich położeniem względem obecnej linii brzegowej. Kto zatem wypłynie poza kamienistą plażę, unosi się nad niewidzialnymi ulicami i budowlami, a im dalej zapuści się w morze, tym dalej cofa się w czasie. Kiedyś, nieświadomy odpływu, który odrywał wodę od wybrzeża, przeszedłem z chrzęstem po kamienistej plaży i wszedłem w fale. Dotarłem na wysokość mniej więcej 1842 roku, kiedy zdałem sobie sprawę, że morze odciąga mnie od brzegu. W panice zacząłem płynąć ku teraźniejszości.

Bardzo możliwe, że za kilka tysięcy lat, kiedy cykle temperatur się odwrócą i woda z oceanów zostanie ponownie uwięziona w lodowcach, Doggerland wyłoni się nad powierzchnię. Tym razem wypełniony szczątkami kultury antropocenu — jako rozległe śmietnisko żurawi masztowych, opuszczonych fortów morskich, powykręcanych rur i kabli, betonowych kolczatek antyczołgowych, flot osiadłych na dnie, przewróconych statków oraz rumowisk po dawnych domach.

* * *

Szliśmy dalej, boso, krocząc po lustrzanym świecie i do niego wkraczając. Zerknąłem w stronę wybrzeża. Powietrze było krupiaste i rozedrgane jak dawna kronika filmowa.

Falochron zamglił się do postaci cienkiego, czarnego paska. Na wybrzeżu pojawiły się struktury nieznanego przeznaczenia — białe bramy żurawi, niskie baraki. Co kilkaset jardów upuszczałem białą muszelkę sercówki. Światło cały czas się zmieniało: od perłowego przez ziarniste do gęstego. Dźwięk rozchodził się dziwnie. Pyknięcia artylerii były wytłumione, ale nawoływania kukułki siedzącej gdzieś na nagim brzegu zabrzmiały niezwykle wyraźnie. Blade słońce wyzierało zza mgły; jego białe oko zwielokrotniało się w jeziorkach i na zmarszczkach wody.

Miniaturowe piaskobrazy grzbietów i dolin odcisnęły się na spodach moich stóp; ich wspomnienie czułem jeszcze przez kilka dni po tamtej wędrówce. Zmarszczki powtarzały się we wszystkim, na co spojrzałem. W rozchylonych skorupach muszelek małży, spomiędzy których wystawały falbankowe usta. W biegnących serpentynami kanałach — widocznych, ponieważ odbijały światło inaczej niż płytsza woda. Wszystkie te formy odznaczały się podwójnym zgięciem litery S, które William Hogarth nazwał w 1753 roku *ogee* albo „linią piękna", cudowną w swej niepraktyczności i powtarzającej się elegancji. Linią, po której wzrok wybiegał w dal.

Z powodu tak niewielkiej liczby punktów orientacyjnych oraz tylu kuszących odnóg mieliśmy kłopot z trzymaniem się głównej trasy. Przepełniało mnie przemożne pragnienie wyjścia prosto w morze i doświadczenia jeszcze większych swobód tego opustoszonego przez odpływ świata. Obaj lękaliśmy się jednak, że jeśli zboczymy z domniemanej trasy Broomway, narazimy się na niebezpieczeństwo spotkania z czarnymi błotami albo ruchomymi piaskami.

Wskazówki Patricka mówiły, że powinniśmy dotrzeć do punktu o nazwie Maypole, zatopionego słupa telegraficznego z poprzeczkami, które wyznaczały południowo-wschodni skraj kanału pływowego o nazwie Havengore Creek. Problem w tym, że zaburzeniu uległy wszystkie proporcje, a my nie zwracaliśmy dostatecznej uwagi na liczbę przebytych kroków. Zmyliły nas inne drzewce, które tu i ówdzie sterczały z błota: być może były to pozostałości po wrakach albo, co bardziej prawdopodobne, oznaczenia dawnych kanałów, od dawna zasypanych przez przesuwające się piaski. W końcu zlokalizowaliśmy obiekt, który z pewnością był wspomnianym Maypole'em. Przypominał kilka górnych jardów stengi galeonu, którego kadłub już dawno osunął się w głębokie piaski. U podstawy prądy morskie wyżłobiły baseny; wsadziliśmy nogi do ich ciepłej wody, płosząc krewetki. Wytyczyliśmy nowy kierunek i ruszyliśmy dalej po srebrnej tarczy wody.

Mój mózg zaczynał pracować w nietypowy sposób, ulegając halucynogennym wpływom substancji morskiego świata oraz euforii, jaką budziło sprzeczne z intuicją bezpieczne chodzenie po wodzie. W tym świecie nic nie mogło być tylko tym, czym się wydawało. Oko chłonęło fałszywe wartości kolorów. Porównania i metafory rodziły się i pączkowały. Doświadczaliśmy złudzeń skali i tricków głębi. Mewo-orły opadały i szybowały po odległych krańcach mgły. Piasek służył za cynfolię wody, za pozbawioną połysku wewnętrzną warstwę lustra, dzięki której powstaje odbicie, ale która ogranicza zarazem możliwość zajrzenia głębiej, nie pozwala dostrzec niczego, co leży poza nią.

Przez cały czas towarzyszyły nam nasze odbicia, te nieodstępujące nas na krok widmowe „ja". Woda stawała się lustrzaną linią, obaj wydawaliśmy się połączeni w kostkach z naszymi sobowtórami. Ja mierzyłem ponad dwanaście stóp, a David stopę więcej. Gdyby ktokolwiek mógł nas dostrzec z brzegu, przebijając wzrokiem mgłę, zobaczyłby dwóch olbrzymów wędrujących przez morze. Albo parę patykowatych bufonów kroczących ku niechybnej śmierci.

Kilka lat temu rzeźbiarz Anthony Gormley zakopał do góry nogami naturalnej wielkości żelazny odlew swojego ciała na terenie Archeologicznego Instytutu Badawczego w Cambridge. Nad powierzchnię ziemi wystają tylko stopy żelaznej postaci. Na dwa dni przed wyprawą przez Broomway zdjąłem buty i skarpetki i stanąłem boso na zardzewiałych odlewach, stopa w stopę z pogrzebanym ciałem. Teraz ten akt podwojenia nieoczekiwanie powtórzył się na piaskach. Gdziekolwiek spojrzałem, widziałem punkty zwrotu i punkty podparcia, symetrie i rozrosty: klatki piersiowe skrzydlatego świata. Piasek naśladował wodę, woda naśladowała piasek, a powietrze powielało faktury jednego i drugiego. Dwutaktowe nawoływania kukułek; blaszkoskrzelne i sercówki jadalne; nasze odbicia; mnogość słońc; przesuwanie się przezroczystego nad stałym. Kiedy wracam myślami do środkowych mil tego marszu, wspominam silne zaburzenie percepcji rodzące złudzenia duszy, a także oka. Wspominam sensacyjność każdej myśli; substancja tamtego krajobrazu do tego stopnia wpływała na umysł, że sama jego substancja ulegała zmianie.

* * *

Do lustrzanego świata wkracza się po grobli i groblą się go opuszcza. Z Asplin Head wybiega nad Black Grounds molo z gruzu o szerokości wiejskiej drogi, umożliwiając bezpieczną przeprawę na brzeg. Kiedy zbliżyliśmy się do niego, piasek zaczął ustępować pod naciskiem stóp. Zaczęło je zasysać czarne błoto. Przypominało krwiożerczą ropę — lśniący gęsty muł, skluszczający się wokół naszych stóp. Przy dźwiękach siorbnięć kroczyliśmy ku molu skolonizowanemu przez jaskrawozielone wodorosty. Na tych słonych moczarach rozwijały się bujnie zatrwian i soliród.

Kroczyłem wzdłuż mola, a nie po nim, stwierdziwszy, że przy nieustannym ruchu nie zapadałem się w błoto. Minąłem miniaturowy kaktusowy las solirodów, przeszedłem między dwoma kawałkami żelazobetonu. Powierzchnię błota, piaszczystą zsiadłą pastę, pokrywała misterna plątanina filigranowych śladów robaków i skrobnięć krabów. Pośrodku grobli, gdzie błoto wyschło i popękało w gwieździste kształty, swoje ślady pozostały ptaki brodzące — brodźce, ostrygojady i mewy — a mnie przypomniał się zadrukowany tropami śnieg z nocnej przechadzki w Cambridge. Śliska glina sprawiała przyjemność stopie, a oleiste niczym masło błoto przy każdym kroku właziło między palce. Po dojściu do falochronu mieliśmy z Davidem na stopach buty z błota. Zmyliśmy je w kałuży i wyszliśmy na pomost. Dotarliśmy na ląd.

Siedzieliśmy na zewnętrznej pochyłości falochronu, zajadając kanapki i rozmawiając. David zrobił zdjęcie tablicy postawionej przez Ministerstwo Obrony, która informowała, że w okolicy obowiązuje zakaz fotografowania. Słońce stało już wysoko na niebie, a z porannej mgły została ledwie smużka.

Glina wyschła nam szybko na stopach, przypiekając włoski i usztywniając skórę, przez co czułem się jakbym wstawił nogi do pieca — błotny człowiek. Z przyjemnością patrzyłem, jak trzy szablodzioby poderwały się ze słonych moczarów i pokrzykując, zatoczyły nad nami kilka kółek, po czym zapikowały z powrotem w zatrwian. Przypomniały mi się stada kulików, które widziałem na tym wybrzeżu wcześniej tamtego roku. Ścieżki ptaków i zwierząt, pomyślałem, są w istocie najstarszymi ze wszystkich dróg: powietrzne trasy migracji, którymi gęsi docierają na to wybrzeże z Syberii, a sokoły wędrowne ze Skandynawii, wystrzeliwały przecież w niebo niezauważone przez nikogo przez tysiąclecia, przebiegając wzdłuż linii pola magnetycznego. Przeprowadzone niedawno badania nad ptasią nawigacją przyniosły szokujący wynik: dzięki znajdującym się w siatkówkach białkom zwanym kryptochromami ptaki dosłownie w i d z ą pola magnetyczne. Struktury pól magnetycznych postrzegają jako ciemniejsze lub jaśniejsze formy, nakładające się na krajobraz widzialny w normalny sposób, a przez to pomagające ptakom w dotarciu do celu.

Za końcem grobli lśniące piaski ciągnęły się po horyzont. Jeden z rolników żyjących na Foulness, John Burroughs, opowiadał z rozrzewnieniem, jak wychodzi na te piaski późną jesienią, aby zapolować na świstuny: zabiera ze sobą deskę, której używa jako podpórki do strzelby, a kiedy się o nią opiera, ma poczucie, że „równie dobrze mógłby znajdować się po drugiej stronie Księżyca". Wydawało się to bardzo prawdopodobne: wyjście w morze jako rodzaj obłąkania, wyjścia poza ten świat.

W swojej cudacznej książce z 1909 roku *Afoot in England* W.H. Hudson opisuje wizytę na wybrzeżu Norfolk w podobnych warunkach, jakie napotkaliśmy z Davidem tamtego ranka, wchodząc na Broomway. Trwał odpływ i Hudson znajdował się daleko na jasnych piaskach, obserwując mewy srebrzyste, kiedy zaczęła się wokół niego gęstnieć „delikatna niebieskawo-srebrzysta mgiełka"; wskutek tego niebo, morze i ląd „zlewały się i przenikały" w „nową krainę", która „nie była ani ziemią, ani morzem". We mgle mewy wydawały się większe i nie przypominały „żadnych znanych ptaków"; „były dwa razy większe od mew i [...] odznaczały się olśniewającą bielą i brakiem jakiegokolwiek rozpoznawalnego kształtu". Proza Hudsona ujmuje to doświadczenie w kategoriach mistycznych: jako metafizyczną halucynację zrodzoną z materialnej iluzji. Mewy jawiły mu się wtedy jako mewy-duchy albo duchowi patroni, istoty jedynie „żyjące w tym świecie albo przez niego przelatujące", byty unaocznione na chwilę przez mgłę. Zaraz potem w błyskotliwym odwróceniu ról Hudson wyobraża sobie, że on sam — „stojąc daleko na połyskujących piaskach, z połyskującym morzem u boku" — uległ dematerializacji, zamienił się w „pozbawiony formy lśniący biały byt stojący przy morzu, a może i w skrzydlaty cień unoszący się we mgle". „Takiej właśnie — podsumowuje — przemianie uległ mój umysł: nasz ziemski świat został zastąpiony światem nieziemskim".

Odczuwanie nacisku, kontakt z teksturą i postrzeganie przestrzeni może odmieniać ciało a także umysł, zmieniając struktury i skłonności myślenia. Amerykański farmer i pisarz Wendell Berry przedstawia taką wizję w znakomitym eseju zatytułowanym *The Rise*, gdzie opisuje wypłynięcie w kanoe na wezbraną rzekę. „Choćbyśmy nie wiem jak świadomie pokonywali drogę od brzegu ku nagłej gwałtowności wezbranej rzeki — pisze Berry — czeka nas [...] wiele trudnych chwil fazy przejściowej. Rzeka jest innym światem, co oznacza, że zmysły i odruchy człowieka muszą zacząć żyć innym życiem".

* * *

Brakuje nam — a szkoda — określenia na miejsca, gdzie człowiek doświadcza „przejścia" między znanym krajobrazem a „niewidoczną stroną Księżyca" Johna, „nową krainą" Hudsona, „innym światem" Berry'ego: miejscem, gdzie odczuwamy i myślimy w sposób znacząco odmienny. Od jakiegoś czasu wyobrażałem sobie takie przyjścia jako „punkty graniczne". Leżą one na granicach, które nie pokrywają się z granicami państw, a do ich przekroczenia nie są potrzebne żadne dokumenty ani pozwolenia. Ich pokonywanie jest zazwyczaj aktem nieposłuszeństwa, nie istnieją również godne zaufania mapy tych obszarów ani przebiegających przez nie szlaków. Spotkacie je nawet w dobrze sobie znanych przestrzeniach: przekraczając wododział, linię drzew albo śniegu, wkraczając w deszcz, burzę albo mgłę, przechodząc z gliny morenowej na piasek albo z kredy na zieleńce. Takie chwile są rytuałami przejścia rekonfigurującymi geografię danego terenu, za którymi znane miejsca zaczynają się wydawać obce albo przesunięte. Ujawniają kontynenty ukryte w obrębie kontynentów.

Jak moglibyśmy nazwać takie epizody i przypadki — a raczej jak opisać krainy odkrywane za tymi granicami? Może „ksenotopiami", czyli „obcymi miejscami", albo „miejscami nieumiejscowionymi"; odpowiednikami naszych „utopii" i „dystopii". Martin Martin, podróżnik i pisarz, który w latach dziewięćdziesiątych XVII wieku wypłynął w morze, aby zbadać wybrzeże Szkocji, rozumiał, że człowiek nie wcale musi zbytnio oddalać się od znanych miejsc, aby znaleźć odmienność. „Słabością i głupotą byłoby ocenianie rzeczy jedynie ich odległością od miejsca, w którym się urodziliśmy — pisał w 1697 roku. — Mimo to ludzie zapuszczali się daleko w poszukiwaniu cudzoziemskich roślin i zwierząt, nie poznawszy tych będących wytworem ich własnego klimatu". Roger Deakin zastanawia się w swoim dzienniku: „Dlaczego ktokolwiek miałby pragnąć życia za granicą, skoro pozostając w Anglii, może mieszkać w wielu państwach jednocześnie?". Podobnie Henry David Thoreau: „Całkowicie nową perspektywą jest poczucie wielkiego szczęścia, a ja nadal mogę go dostąpić każdego popołudnia. Dwu- albo trzygodzinny spacer przeniesie mnie do krainy tak osobliwej, jak tylko mogę sobie wyobrazić. Widok zwykłych zabudowań gospodarskich, których nie widziałem nigdy wcześniej, okaże się czasami równie wystarczający co posiadłości króla Dahomeju".

Amerykański artysta William Fox poświęcił życie na zgłębianie, jak to określa, „kognitywnego dysonansu w izotropowych przestrzeniach", co można przetłumaczyć na: badanie, „z jaką łatwością gubimy się w przestrzeniach, które wydają się w zasadzie identyczne we wszystkich kierunkach". Fox stawia tezę, że nie potrafimy określić swego położenia w takich krajobrazach, ponieważ wyewoluowaliśmy w dostępnych na wyciągnięcie ręki środowiskach dżungli i sawanny. W powtarzalnych, ubogich w dane krajobrazach zawierających niewiele punktów orientacyjnych „nasze naturalne zdolności nawigacyjne ponoszą sromotną klęskę". Fox podróżował po Antarktydzie, po amerykańskich pustyniach i wulkanicznych kalderach na Pacyfiku, badając tego rodzaju monotonne przestrzenie. David i ja natknęliśmy się na jedną z nich kilkaset jardów od wybrzeża Essex.

* * *

Przeszliśmy z powrotem po grobli do miejsca, gdzie zaczynała się Broomway. Tam skręciliśmy pod wiatr i ruszyliśmy przebytą wcześniej trasą. W stojącym wysoko słońcu każda zmarszczka piasku lśniła własnym światłem, które przebiegało po jej grzbiecie niczym winkrustowany w nią drut; w każdym stawku płonęła maleńka podobizna słońca, jasny otwór prowadzący do białego jądra ziemi. Naszym odbiciom towarzyszyły teraz również nasze cienie: na wyspę szliśmy z Davidem we czwórkę, a wracaliśmy w szóstkę, zarazem usoliptycznieni i rozproszeni przez mnożące się kopie nas samych.

Było to chyba w połowie drogi do Maypole, kiedy ośmieleni pełnią dnia nie potrafiliśmy się dłużej oprzeć pokusie wyjścia dalej w łachę. Skręciliśmy prostopadle do linii brzegowej i ruszyliśmy prosto w głąb morza, pozostawiając za sobą złudne bezpieczeństwo Broomway.

Nigdy nie zapomnę tamtej godziny, kiedy wkraczaliśmy w Doggerland — kiedy do niego powracaliśmy. Nie mieliśmy pojęcia, w którym miejscu piasek rozluźni się w błoto, a mimo to ani przez chwilę nie czuliśmy się zagrożeni czy lekkomyślni. Odpływ trwał w najlepsze, a Księżyc miał dopilnować, że potrwa to jeszcze przez jakiś czas. Mieliśmy dwie godziny na zbadanie rozległego świata, który wyłonił się spod wody: pewnie nie więcej niż dwie godziny, ale z pewnością nie mniej.

Spokój przestrzeni, przez którą się przemieszczaliśmy, wyciszył mnie tak dalece, że czułem się niezniszczalny. Szliśmy więc dalej. Milę od Broomway nadal unosiła się mgła, a ja zacząłem w niej dostrzegać nierealne formy i kształty: flotę wypełnionych wikingami drakkarów z postawionymi wysoko kwadratowymi żaglami; eskadrę feluk, dau i sgothów; miasta (zarys Stambułu, sylwetkę londyńskiego Parlamentu). Kiedy spojrzałem za siebie, brzeg całkowicie zniknął, a woda zmyła nasze ślady. Szliśmy dalej po bezdrożu ku granicy odpływu. W tamtej chwili nie wątpiłem, że linia horyzontu może przyciągać umysł z równie wielką siłą jak to czyni górski szczyt.

W końcu w odległości dwóch mil od brzegu, w obliczu zbliżającego się przypływu i lęku, jaki zaczynał w nas narastać, przebijając się przez pokłady spokoju — czarne błoto wyzierające spod piasku — ruszyliśmy niechętnie z powrotem w stronę wybrzeża, ku Broomway, oddalając się od najdalszego punktu wędrówki. Powróciły wskazania kompasu, zbliżał się ląd, nasze umysły przywykały na powrót do znajomych widoków. Wracając na brzeg, układaliśmy plany ponownego przejścia Broomway, tym razem nocą.

Pokryci zeskorupiałym błotem i ogłupiali od słońca i przebytych mil — dwaj mezolityczni włóczędzy — zeszliśmy z piasku na groblę pod Wakering Stairs. Właśnie tam, na jej postrzępionym krańcu, na skraju Black Grounds stały zatknięte w błocie słupy, tam też, w kępie zostery czekały moje wierne adidasy. Założyłem je i opuściliśmy Doggerland czy jakąkolwiek krainę, którą udało nam się odkryć tamtego dnia. Zeszliśmy z lustra na falochron. Przez wiele dni czułem się potem spokojny, uspokojony, lśniący, wyrównany jak łacha piasku.

CZĘŚĆ II

PODĄŻENIE. SZKOCJA

5. WODA — POŁUDNIE

Nasza krypa — Morskie drogi — Skrzywienie lądowe — Poetyckie dzienniki pokładowe — Najeźdźcy i *peregrini* — Immrama — Baśniowe wyspy — Balast z kamieni — Morskie opowieści i *astar mara* — Bocianie gniazdo w Stornoway — O to, jak słowa ze sobą rozmawiają — Hoil — Dążenie do optymalizacji — Niebiescy Ludzie z Minch — Wyraźne kształty — Przesilenie pływu — Furkot maskonurów — Poświata — Szkliwo wulkaniczne — Wyspomania i granice wiedzy — Surfowanie — Łódź-opowieść — Zjednoczenie substancji — Podróż na północ.

Łódź, którą zmierzaliśmy na południe morskimi drogami, była stuletnią krypą. Pierwszy raz zobaczyłem ją przycumowaną obok trzech innych jednostek w porcie w Stornoway na wyspie Lewis należącej do Hebrydów Zewnętrznych. Przy samej kei rdzewiał stary rybacki trawler, od dawna nieużywany; jego kadłub unieruchomiono cumami o grubości ramienia. Do boku trawlera uczepiono jacht oceaniczny, biały jak pasta do zębów i długi na pięćdziesiąt stóp. Do burty jachtu przywiązano trzydziestotrzystopową łódź motorową z podniszczonym tekowym pokładem i ostro zakończonym dziobem. Do burty łodzi motorowej umocowano naszą łódkę z niepostawionym masztem i żaglem w kolorze terakoty zwiniętym przy ławkach. Od dziobu do rufy liczyła sobie mniej niż trzech mężczyzn leżących jeden za drugim.

Wyglądała jak ponton albo płaskodenna łódź rybacka, ale „Broad Bay", bo tak się nazywała, była w istocie otwartą łodzią z ożaglowaniem lugrowym, której okazały kadłub zbudowano ze szkockiego modrzewia. Burty wznosiły się dwie stopy nad powierzchnię wody. Łodzi brakowało dwóch lat do setnych urodzin, a my zamierzaliśmy pożeglować we dwójkę na południe przez Minch, głęboki morski kanał oddzielający wyspę Skye i Hebrydy Zewnętrzne od kontynentalnej Szkocji. Najpierw mieliśmy się udać w stronę wysp Shiant, w większości dolerytowego archipelagu leżącego pośrodku Minch, a następnie, w razie sprzyjającej pogody i wiatrów, dalej na południe, na wyspy Harris i Uist. Poruszać mieliśmy się po morskich szlakach — czyli *astar mara* w języku gaelickim — którymi ludzie, towary, bogowie, idee i opowieści przemieszczały się tam i z powrotem od niemal dziesięciu tysiącleci.

Jak na moje lękające się morza oko, w „Broad Bay" moglibyśmy bezpiecznie opłynąć co najwyżej port, a nie zapuszczać się na bezlitosne, poruszane potężnymi pływami wody Minch. Nie mieliśmy motoru (a jedynie parę wioseł); nie mieliśmy GPS-u (a jedynie zwykły ręczny kompas); do tego we dwóch zamierzaliśmy kierować łodzią, której załoga powinna liczyć cztery osoby (do do tego jedna z tych osób, czyli ja, była całkowicie niekompetentna). Zaplanowaliśmy najbardziej podstawową formę żeglugi: kadłub miał chronić nas przed falami, a żagiel popychać do przodu, wychwytując podmuchy wiatru.

* * *

W języku staroangielskim *kwael-weg* (droga wielorybów), *swan-rād* (droga łabędzi); po nordyjsku *veger*; po gaelicku *rathad mara* albo *astar mara*; po angielsku *ocean roads* albo *sea lines*, szlaki oceaniczne, morskie drogi wodne. Istnieją ich tysiące, w tym *Rathad chun a' Bhaltaic* — Droga do Bałtyku — która biegnie od przylądka Wrath obok Orkadów w stronę Rosji; Brancaster Roads odchodzące od północnej części wybrzeża hrabstwa Norfolk; „The Road", kanał oddzielający wyspę Św. Marii i Tresco należące do archipelagu Scilly[1]. Mówiąc o szlakach, mamy zwykle na myśli tylko te lądowe, ale przecież na morzach również występują drogi, nawet jeśli woda nie pozwala, aby cokolwiek się w niej odcisnęło. Niektóre odcinki Icknield Way wydeptano w kredzie po raz pierwszy pewnie z pięć tysięcy lat temu, ale na morzu nie zachowają się nawet ślady podróży, którą ktoś odbył zaledwie pół godziny wcześniej. Morskie szlaki to rozpływające się ścieżki, na których podróżni nie zostawiają żadnych śladów poza kilwaterem, chwilowym wzburzeniem wody za rufą. Trwają jako konwencja, tradycja, jako sekwencja współrzędnych, jako seria oznakowań, jako przerywane linie na mapach, jako opowieści i pieśni. „Kiedy Szlakiem po oceanie zmierzamy — pisał John Dryden o angielskich nawigatorach w latach sześćdziesiątych XVII wieku — Którego drogi powinny być równie znajome jak te na Lądzie". Po tych morskich drogach od tysięcy lat podróżowały statki, łodzie, ludzie, przedmioty i języki: listy,

[1] Czasami takie „drogi" mają formę osłoniętych przestworów wodnych (na przykład Carrick Roads w Falmouth albo te prowadzące do estuarium Mersey).

podania ludowe, pieśni morskie, szanty, wiersze, pogłoski, gwary, dowcipy i wizje. Piaszczysty muł Broomway był pośrednim doświadczeniem, prowadził mnie częściowo lądem, częściowo wodą. Teraz przybyłem na Hebrydy Zewnętrzne na spotkanie z człowiekiem, który znał szlaki morskie jak nikt inny z żyjących. Właśnie z nim miałem popłynąć prawdziwymi drogami wodnymi.

Aby zrozumieć szlaki morskie, powinniście sobie przede wszystkim uświadomić, jak bardzo ocean zbliża do siebie odległe miejsca. W dawnych czasach, przed wynalezieniem samochodów i samolotów, łódź była najszybszym środkiem transportu na duże odległości. Nadal jest zadziwiająco szybka. Płynąc małą jednostką w sprzyjających warunkach, przy korzystnych pływach i wiatrach, można przedostać się z Hebrydów Zewnętrznych na Orkady w jeden dzień, a na Wyspy Owcze w dwa, trzy dni. Szacunkowe odległości pokonywane w korzystnych warunkach przez statki wikingów wahają się między 90 a 150 milami morskimi, co oznacza, że podróż z Bergen w Norwegii na Szetlandy można odbyć w dwa dni, a na Islandię dotrzeć w tydzień. Rabusie z pierwszego tysiąclecia nie marnowali zbyt wiele czasu na dojazdy do pracy: wodnymi drogami przemoc rozprzestrzeniała się szybko.

Inną cechą charakterystyczną szlaków morskich jest ich nieprzypadkowy charakter. Istnieją optymalne trasy żeglugi po otwartym morzu, podobnie jak istnieją optymalne trasy poruszania się po otwartym lądzie. Przebieg dróg morskich wynika z kształtu wybrzeża (wyginają się, aby ominąć przylądki, skręcają ku ważnym portom, archipelagom i obszarom szkierowym), a także przez zjawiska zachodzące na morzu.

Prądy powierzchniowe, prądy pływowe i przeważające wiatry tworzą ograniczenia i ułatwienia dla osób podróżujących między określonymi miejscami.

O istnieniu antycznych dróg morskich oraz ich kluczowej roli w dawnych czasach zaczęto mówić dopiero na początku XX wieku. Wcześniej specjaliści od prehistorii i geografii historycznej przejawiali „skrzywienie lądowe"; błąd poznawczy wynikający z przywiązywania nadmiernej wagi do źródeł rzymskich, które koncentrowały się na ruchach wojsk, transporcie towarów i przemieszczaniu się idei — pieszo i między państwami. Nie ulega wątpliwości, że sieć dróg Imperium Rzymskiego odmieniła możliwości przemieszczania się po terenie Europy, a rzymskie drogi z pewnością odegrały kluczową rolę w unifikacji rozproszonych terytoriów imperium, jak również w budowie jego potęgi militarnej i ekonomicznej. „Morze dzieli, ląd jednoczy", mówili Rzymianie. Tyle że przez tysiąclecia przed powstaniem Imperium Rzymskiego było dokładnie na odwrót. Klasyczne źródła wprowadziły w błąd późniejszych historyków — przyczynił się do tego również fakt, że morze wymazuje wszystkie zapisy aktywności podróżujących, podczas gdy ląd je przechowuje.

Dopiero powstanie archeologii prehistorycznej jako odrębnej dyscypliny pozwoliło przedefiniować znaczenie szlaków morskich. Pierwszego przełomu dokonał w 1912 roku Osbert Crawford, który zwrócił uwagę, że rozmieszczenie złotych półksiężyców wyprodukowanych z epoce brązu na terenie dzisiejszej Irlandii wskazuje na to, że przewożono je morzem oraz po tak zwanych przesmykowych drogach: lądowych szlakach używanych przez pierwszych żeglarzy, którzy nie chcieli ryzykować okrążania cypli otoczonych wzburzonymi wodami — na przykład „buta" Kornwalii albo walijskiego przylądka St. David's Head — dlatego wyładowywali towary na jednym brzegu, przewozili je na drugą stronę przylądka, gdzie umieszczali je w innej łodzi. Po przełomowym spostrzeżeniu Crawforda badania nabrały tempa. W czasie pierwszej wojny światowej i tuż po niej uczeni zaczęli rekonstruować mapy tak zwanych zachodnich szlaków morskich, wykorzystując do tego wzory rozchodzenia się przedmiotów i technologii w Irlandii, w zachodniej i północnej Brytanii oraz na atlantyckich wybrzeżach Hiszpanii i Francji.

Wymagało to mrówczej roboty, ale w rezultacie udało się udowodnić zdumiewający fakt: szlaki morskie wykorzystywano do transportu co najmniej od mezolitu, a intensywny ruch pojawił się na nich trzy tysiące lat przed tym, jak Rzymianie wybudowali swoje drogi. W 1932 roku Cyril Fox opublikował słynną mapę pokazującą podstawowe szlaki morskie biegnące od Orkadów przez północną część Szkocji (cieśninę Pentland Firth), wokół przylądka Wrath, dalej na południe przez Minch, Morze Irlandzkie, wokół Walii i Półwyspu Kornwalijskiego, a następnie dalej na południe przez szeroką część kanału La Manche do Bretanii, Zatokę Biskajską i w końcu do północno-zachodniej Hiszpanii. Od tego głównego szlaku odchodziły odnogi, dopływy i drogi przez półwyspy.

Przeprowadzono kolejne badania, sporządzono więcej map i w rezultacie odkryto również wiele krótszych tras: misterną sieć opasującą północną i zachodnią Europę. Fox opisał wspólny atlantycki charakter kultur zamieszkujących połączone w ten sposób wybrzeża i roztoczył wizję prehistorycznych mórz pełnych neolitycznych argonautów pływających w łodziach zbudowanych ze skór, poruszanych wiosłami lub żaglami, pokonujących czasami wielkie odległości. Wiemy na przykład, że mniej więcej pięć tysięcy lat temu ktoś wypłynął na północ z Orkadów — zachęcony być może przedmiotami przynoszonymi przez morze z północy albo widokiem ptaków odlatujących w tamtym kierunku pod koniec dnia — i dotarł na Szetlandy.

Możemy się tylko domyślać nawigacyjnych i szkutniczych technologii, które umożliwiały odnajdywanie drogi pierwszym żeglarzom poruszającym się po morskich szlakach. Jeszcze słabiej rozumiemy powody, które skłaniały ich do podejmowania tych podróży. W znakomitej pracy poświęconej kulturom atlantyckim zatytułowanej *Facing the Ocean* Barry Cunliffe wysuwa tezę, że do podróżowania mogła skłaniać ludzi sama „niespokojność oceanu", a jeśli chodzi o bardziej pragmatyczne powody, wskazuje na podążanie za migrującymi rybami oraz nierówną dystrybucję najważniejszych zasobów. Mogło to zmuszać ludzi do odbywania regularnych podróży morskich. Pierwsi żeglarze posługiwali się naturalnymi technikami nawigacji: kierunkiem porannego przelotu ptaków nocujących na lądzie, na przykład furmali, petreli albo głuptaków; położeniem Gwiazdy Polarnej czy Gwiazdy Północnej, nieruchomego punktu na niebiańskiej panoramie, wokół którego wydają się obracać wszystkie pozostałe gwiazdy; chmurami orograficznymi wskazującymi położenie lądu ukrytego za horyzontem; wzorami fal. Metody te pozwalały wczesnym nawigatorom trzymać się mniej więcej pożądanej trasy, a z czasem zrodziła się z nich wspólna pamięciowa mapa wybrzeża i najlepszych szlaków morskich, przechowywana i przekazywana w formie opowieści i rysunków.

Wiedzę ta skodyfikowano z czasem w formie prymitywnych map i *peripli*, a następnie ksiąg, w których bieg szlaków zapisano w formie opowieści i poematów. Na przykład katalog statków w *Iliadzie* jest mnemotechniczną pomocą przeznaczoną dla pilota wyprawy, podobnie jak *Periplos Massalski* (prawdopodobnie z VI wieku p.n.e.). Słowne mapy szlaków morskich występują w poezji skaldycznej, trafiły również do islandzkich sag (niektóre zawierają wskazówki, jak dopłynąć z Norwegii do Islandii, ze szczegółowymi informacjami na temat przystanków, punktów orientacyjnych i innych kluczowych *landtoninger*, czyli punktów orientacyjnych), a także w poręczniejszych średniowiecznych tekstów islandzkich, na przykład niezwykłej czternastowiecznej *Landnámabók* (Księga osad), która w stu rozdziałach i pięciu częściach opowiada historię zajęcia Islandii przez wikingów oraz zawiera wskazówki dotyczące *verstrveger* — zachodnich szlaków na Atlantyku, prowadzących z Norwegii na Orkady, do Szkocji, na Hebrydy i do Irlandii, a także na Wyspy Owcze, Islandię i Grenlandię. Wszystkie te dokumenty są, jak obrazowo mówi Kenneth White, „poetyckimi dziennikami pokładowymi, pełnymi soli, wiatru i fal". Z czasem przekształciły się w podręczniki dla pilotów zwane *routiers*, *rutters* i *portolani* (te ostatnie zawierały wskazówki na temat tras przybrzeżnych, a nie transoceanicznych, postęp zaś mierzono oznaczaniem przylądków).

Odkrycie dawnych szlaków morskich zmusiło badaczy do gruntownej reinterpretacji historii Europy. Zastanówcie się nad tym sami, teraz. Odwróćcie wasze wyobrażenia na temat mapy Brytanii, Irlandii i zachodniej Europy. Wywróćcie je na drugą stronę. Zamalujcie na biało wnętrza lądów — jakby nie miały żadnych znaków szczególnych. Spójrzcie na nie tak, jak wcześniej patrzyliście na morza. Zachodnie i północne wody wypełnijcie z kolei ścieżkami i szlakami: siecią łączącą porty, wyspy, przylądki, ujścia rzek. Morze przejmuje funkcje lądu w tym sensie, że to właśnie głównie tamtędy odbywa się przewóz ludzi i dóbr: nie jest barierą, ale korytarzem[2].

Kiedy przeprowadzicie taki eksperyment myślowy, kiedy stworzycie sobie w myślach negatyw dotychczasowej mapy, wyniknie z tego wiele konsekwencji. Pierwsza wiąże się z ruchem odśrodkowym. Materia i kultura, wirując, odkładają się na krawędziach. Centrum pustoszeje, a główną rolę zaczynają odgrywać peryferie. Atlantyckie obrzeża Europy przestają być krawędzią Starego Świata, a stają się raczej obszarem, w którym styka się on z Nowym. Nadmorskie osady są teraz miejscami, z których się wypływa i do których się przybywa — tętniącymi życiem skrzyżowaniami. Z racji swego położenia pośrodku sieci handlowych i pielgrzymkowych archipelag Orkadów z odległego punktu zmienia się w centrum.

Po drugie, dzisiejsze granice narodowe drżą w posadach i się kruszą. Spoglądające w morze osady — od Szetlandów i Orkadów po hiszpańską Galicię — nie przynależą do określonych

[2] Kiedy w 704 roku opat Adomnán pisał *Vita Columbae*, pierwszą biografię świętego Kolumby — który w 563 roku przepłynął z Irlandii do Szkocji i założył klasztor na wyspie Iona — jedynym etapem, który wydawał mu się godny wzmianki ze względu na swą niezwykłość, była lądowa część podróży z zachodniego na wschodnie wybrzeże Szkocji.

narodów władających akurat danym odcinkiem wybrzeża, ale stają się ciągłym, jednorodnym terytorium: atlantyckim z charakteru, dysponującym wspólną kulturą, technologiami, rzemiosłem i językami. Można by je nazwać rozproszonym okcydentalnym kontynentem, którego obszary składowe połączyło położenie nad jednym oceanem. Jak przekonuje Cunliffe, wspólna tożsamość kulturowa rozwijała się na wybrzeżach Atlantyku przez dziesięć tysięcy lat, z czego wynika, że Galisyjczycy, Celtowie, Bretończycy i Hebrydowie mieli więcej wspólnego ze sobą niż ze swoimi „śródlądowymi pobratymcami". Kenneth White proponuje odzyskanie „utraconych częstotliwości" i „atlantyckich doznań", sugerując, że pewne sposoby odczuwania i myślenia zostały zainspirowane i ukształtowane życiem na brzegu oceanu. White pisze, że niektóre „zdarzenia umysłu" mogły zajść tylko na atlantyckich wybrzeżach, gdzie „wieją osobliwe wiatry duszy". Jest to odmiana idei, która tak pociągała Edwarda Thomasa: że przestrzenie wewnętrzne są w ogromnym stopniu kształtowane przez przestrzenie zewnętrzne.

Od mezolitu po tych morskich szlakach przemieszczali się ludzie (rabusie, wyznawcy, migranci, handlarze, rzemieślnicy) oraz ich idee (technologie, języki, dialekty, wierzenia i wartości). W neolicie przewożono morzami kubki i topory, owalne naszyjniki i kamienne koraliki, groty włóczni i francuskie krzemienie w kolorze miodu, praktyki grzebalne i techniki budowlane. W epoce brązu doszły do tego ozdobne półksiężyce, barwniki, gagat, bursztyn, miedź, fajans, naszyjniki z brązu i wędrowni rzemieślnicy zajmujący się wykonywaniem przedmiotów z brązu (podróżujący z torbami pełnymi kawałków metalu, woskiem pszczelim i glinką ogniotrwałą). Epoka żelaza dodała kornwalijską cynę, motywy artystyczne, udomowione zwierzęta i cenne kruszce. We wczesnym średniowieczu po morskich szlakach zaczęły kursować pokaźne ilości przemocy, handlu i religii. W średniowieczu przewożono kamienie, wapno, liny, dachówki holenderskie, drewno i techniki jego obróbki, regionalne sposoby gry na skrzypcach, pieśni i melodie (jedna z najdoskonalszych pieśni Roberta Burnsa *The Gallant Weaver* wykorzystuje melodię zapożyczoną ze Skandynawii).

Rozwój Imperium Rzymskiego, a w rezultacie rozbudowa systemu dróg, przekształciły geografię polityczną Europy i na jakiś czas znaczenie szlaków morskich zmalało. Ale już w V wieku nowa forma wiary — fizycznie wymagająca dla wyznawców i oparta na ideale samotności, inaczej *desertum* — rozprzestrzeniła się z Galii i dotarła drogami morskimi do zachodniej i północnej Brytanii. *Peregrini* — wędrowni wyznawcy — pielgrzymowali statkami, docierając do odległych wysp i przylądków (Iony, Rony Północnej) na długo przed wikingami. White opisał szczegółowo ten niezwykły moment w historii chrześcijaństwa, kiedy mnisi — wypływający w morze w poszukiwaniu swojego *desertum* — „zaczęli nagle zapuszczać się dalej, rozpływając się po świecie w wielkiej [...] migracji, z głowami wypełnionymi gramatyką i geografią, formami czasowników i fermentem, bystrością myślenia i poezją".

Powstająca w tamtych wiekach chrześcijańska literatura Celtów przybierała niekiedy postać *immram*. Słowo to można przetłumaczyć chyba jako „cudowną podróż", wyprawę morską ku innym światom[3]. *Immrama* — z których najbardziej znane to: *Immram Maele Dúin* (Żegluga Maele Dúina), *Immram Brain* (Żegluga Braina) i *Navigatio sancti Brendani abbatis* (Żegluga świętego opata Brendana) — rozgrywają się na morzach. Są narracjami przejścia, które praktycznie bez ostrzeżenia przechodzą płynnie między rzeczywistymi i nadprzyrodzonymi wydarzeniami, między znanymi i fantastycznymi geografiami. W opowieściach tych Szkocja, Islandia, Orkady i Szetlandy zostały połączone szlakami morskimi z baśniowymi krainami w rodzaju kraju Hesperyd, Wyspy Błogosławionych, zwanych również Wyspami Szczęśliwymi (archipelag ten umieszczano na mapach zachodniego Atlantyku jeszcze w XIV i XV wieku), Hy-Brazil, wyspą szczęścia leżącą u wybrzeży Irlandii, gdzie nikt nie zapadał na choroby, a wszyscy żyli w szczęściu[4].

Były to zatem wody, na których przenikały się zjawiska geologiczne z teologicznymi, strefy, w których „metafora i rzeczywistość z czasem zlały się ze sobą", jak ujmuje to Cunliffe. Były to wody, na które postanowiłem wypłynąć z Ianem Stephenem.

---

[3] *Immram* znaczy „wiosłować", od gaelickiego *ramh*, wiosło, i może oznaczać — podobnie jak wędrówka u australijskich Aborygenów — albo pragmatyczną podróż, albo mistyczną wędrówkę duchową; *iorram* to żałobna pieśń śpiewana podczas wiosłowania.

[4] Cunliffe przytacza urokliwą historię wizji T.J. Westroppa, archeologa, który w 1912 roku twierdził, że widział Hy-Brazil trzykrotnie za swojego życia: „znajdowały się tam dwa wzgórza, jedno porosłe lasem; między nimi na położonej nisko równinie wznosiły się wieże i kłęby dymu". Wzmianka o Brazylijskiej Skale pojawiała się na wszystkich mapach Atlantyku do 1865 roku.

* * *

Z nabrzeża portu Stornoway wpatrywaliśmy się w niewielką łódź, którą chciał mnie zabrać w morze. Ian stał z rękami w kieszeniach, odprężony. Ja z rękami na biodrach — strwożony.

— W łodziach takich jak „Broad Bay" za balast służyły tradycyjnie kamienie — powiedział Ian. — Byłaby wyładowana bryłami gnejsu. Ludzie stawali w rzędzie i podawali sobie kamienie, które układano wzdłuż kila jak lęg ciężkich jaj.

Ton głosu Iana sugerował, że informacja ta powinna podziałać na mnie uspokajająco. Nie podziałała. Mimo że rozumiałem sens posługiwania się balastem, nie potrafiłem dopatrzyć się go w wyładowywaniu łodzi kamieniami przed wypłynięciem na otwarty ocean.

Iana poznałem mniej więcej rok wcześniej w Stornoway. Jest to... Ian to wielowymiarowa postać. Przede wszystkim jest żeglarzem, kształtowanym przez morze i nastawionym na nie. Żyje głównie z dnia na dzień, zawsze planuje kolejną przygodę. Morze darzy miłością tak wielką, że może się aż wydawać zachłanna, ale więcej jest w niej żaru niż żądzy. Urodził się i wychował na wyspie Lewis. W latach osiemdziesiątych i dziewięćdziesiątych przez piętnaście lat pracował w straży przybrzeżnej w Stornoway; w końcu zrezygnował z tej posady, ponieważ zbyt wiele godzin spędzał za biurkiem. Obecnie jest żeglarzem, artystą, gawędziarzem i prawdziwie wartościowym poetą. Przez większą część życia fascynował się szlakami morskimi wychodzącymi z Hebrydów Zewnętrznych i poświęcił wiele lat na żeglowanie nimi oraz gromadzenie opowieści i pieśni, które po nich krążyły. „Można spotkać różne wersje tych samych opowieści w różnych punktach wybrzeża Atlantyku — mówi. — Kiedy się je słyszy, wiadomo, że mamy do czynienia z opowieściami, które rozprzestrzeniały się szlakami morskimi".

Podążając za tymi opowieściami, Ian odtwarza przebieg szlaków morskich, a pływając po nich, odtwarza szlaki, którymi rozprzestrzeniały się opowieści. Odszukał różne wersje morskich legend — o trzech węzłach wiatru)[5], niebieskich ludziach z Minch[6], Selkie[7] i Finn-Men[8] — które krążyły przez wieki z miejsca na miejsce, przybierając nową postać w różnych dialektach i kulturach. W 2007 roku pomógł w zorganizowaniu wyprawy trzech tradycyjnych łodzi po szlakach opisanych w trzech gealickich pieśniach i opowieściach. Jedną z nich była *Fraoch à Rònaigh*, śpiewana na melodię *pibroch*, której tekst składa się głównie z nazw cmentarzy na wyspie Północny Uist. Była to pieśń wygnańca, lament wyliczający nazwy miejsc, gdzie spoczywali przodkowie autora. Ian uważa, że tradycyjne opowieści, na przykład pieśni, wiele łączy z tradycyjnymi szlakami morskimi w tym sensie, że są niezwykle

[5] Trzy węzły wiatru — magiczny sznur z trzema węzłami, który pozwalał właścicielowi władać morzem i wiatrami (przyp. red. wyd polskiego).

[6] Niebiescy ludzie z Minch — mitologiczne stworzenia zamieszkujące wody między Szkocją a Hebrydami Zewnętrznymi, zwłaszcza cieśninę Minch; mają zdolność wywoływania sztormów, topią też marynarzy i statki (przyp. red. wyd. polskiego)

[7] Selkie — w mitologii celtyckiej istota żeńska, która może przybierać postać człowieka lub foki (przyp. red. wyd. polskiego).

[8] Finn-Men — określenie Inuitów widywanych u północnych wybrzeży Szkocji, kojarzonych z Finfolk, zmiennokształtnymi istotami morskimi z okolic Orkadów (przyp. red. wyd. polskiego).

lokalne, jednocześnie zaś powtarzane na ogromnym obszarze. „Pieśń brzmi inaczej w każdym wykonaniu — twierdzi — a różnice między wiatrami, pływami, statkami i załogami oznaczają, że żadna podróż po morskim szlaku nie będzie taka sama, jak poprzednie". Każdy szlak morski wytyczony w umyśle istnieje najpierw jako plan, potem jako zanikający kilwater i wreszcie jako zapis w dzienniku pokładowym. Na każdą „wpływają izobary / położenie satelitów, napotkane zjawiska / dłonie na sterach". Podoba mi się ta idea; przypomina mi zarówno Pieśni Stworzenia Aborygenów, jak i Thomasową wizję ścieżki jako opowieści, do której każdy wędrowiec dopisuje nowy dźwięk albo wątek.

Wygląd Iana: kędzierzawe srebrzyste włosy, krótki siwy zarost, dwa srebrne kolczyki w lewym uchu, zbyt wymyślne jak na pirackie. Osobowość Iana: szorstki, przebiegły, życzliwy, szelmowski. Głos Iana: melodyjny, pobrzmiewający gaelickimi wpływami. Sylwetka Iana: drobna, niemal chłopięca. Odznacza się pewną młodzieńczością, wydaje się młodszy ode mnie, mimo że jest o dwudzieścia lat starszy. Jego ciało, podobnie jak mowa, jest zwięzłe i żylaste, zbudowane z cum i lin fału, natomiast jego charakter składa się z przewodów elektrycznych. Wchodzi w stan pełnej koncentracji i wychodzi z niego, sygnalizując te przejścia krótkim wyszczerzeniem zębów; zmiana rejestru, leciutka nonszalancja. Nie trawi głupców ani oszustów. Podczas pierwszego spotkania miałem poczucie, że mnie ocenia, wartościuje, próbuje szybko odczytać, kim jestem. Przebiegł po mnie spojrzeniem. Poczułem niepokój, jaki towarzyszy mi normalnie w czasie przechodzenia przez bramki do wykrywania metalu na lotniskach. Zaraz potem — droga wolna. Zielone światło. Nie stwierdzono zakazanych przedmiotów. Niczego nie zataiłem. Zdałem test, przynajmniej chwilowo.

Ian mieszka trzydzieści stóp od nadbrzeża w Stornoway w dawnej komorze celnej, która została przerobiona na hangar dla łodzi, potem na magazyn na sieci, następnie na skład butli z gazem. Przez wiele lat stał opustoszały, w końcu go odremontowano. To jego nadbrzeżne bocianie gniazdo.

Kiedy odwiedziłem go tam po raz pierwszy pewnego wieczoru pod koniec lata, sądziłem, że doszło do włamania. Drzwi stały szeroko otwarte, a ze środka, jak z przepełnionej szuflady, wysypywały się najróżniejsze przedmioty: pompy nożne, nieprzemakalne worki, ubrania, skrzynki z narzędziami, wiosła, kołczan wędek powtykanych do tuby. Kiedy się zbliżaliśmy, promienie słońca przebiegały po nich perlistymi sznurami. Ian kroczył beztrosko przez ten chaos w stronę otwartych drzwi.

— Nie zwracaj na to uwagi — powiedział. — Tu zawsze tak wygląda. Wejdźmy, zobaczymy, kto jest w środku.

Tamtej nocy układaliśmy plany podróży wzdłuż wybrzeża. Jego dom funkcjonował, jak się później przekonałem, w sposób zbliżony do komuny. W wymiarze finansowym — głównie dzięki wymianom i podarkom. Różni ludzie, zazwyczaj żeglarze i rybacy, pojawiali się i znikali, spali na poddaszu, za sofami albo dopływali do swoich łodzi zacumowanych w porcie i spędzali noc na koi. Inni zaglądali do kuchni na godzinę albo dwie, wypijali kawę lub kieliszek czegoś mocniejszego. Spotkałem między innymi Michaela „Krypę", który pojawił się z wiaderkiem pomarańczowych kurek. Michael „Kapelusz" zaprezentował się w tweedowym ubraniu z monografią szkockiego oświecenia przyciśniętą do piersi, jakby przyszedł przeprowadzić inspekcję naszych intelektów. Anglik o imieniu Colin wolał nie zdradzać mi zbyt wielu faktów ze swojego życia poza tym, że w interesach podróżował po wielu krajach („import-eksport" — stare alibi szpiegów) i zręcznie robił w drewnie.

Ian mieszka na wyspie Lewis, ale zdarzało mu się stamtąd wypuszczać w daleki świat. Jest wyspiarzem, który wiódł międzynarodowe życie. Hebrydy Zewnętrzne traktuje jako rozstaje, a nie skraj, i w tym sensie Ian jest żywym dowodem nieustająco dużego znaczenia szlaków morskich. Pod wpływem podróży po oceanie jego wiedza i światopogląd są ściśle powiązane z jednym miejscem, ale kosmopolityczne w swej rozległości. Jego związki z innymi częściami świata można wyznaczyć na mapach za pomocą przerywanych linii biegnących na północ i na wschód od Stornoway ku Norwegii, Wyspom Owczym, Sula Sgeir i Północnej Ronie, ku państwom bałtyckim; a na południe przez Minch ku wyspie Islay, Dublinowi, archipelagowi Scilly i bretońskiemu wybrzeżu. Przyjaciół i braci żeglarzy ma na całym europejskim wybrzeżu Atlantyku. „Jeżeli miałoby w tym chodzić o cokolwiek, to właśnie", pisze w jednym z wierszy:

o smak tych relacji spoza mojego miasta,
o spotkanie z byłymi kompanami z pokładu...

O to, jak słowa ze sobą rozmawiają.
O historię drogi z perspektywy pogody.
O dotyk twoich braci.

* * *

Wypływamy rankiem z portu w Stornoway, zwanego również Hoil (pobrzmiewa w tym *oil*, ropa, i *hooley*, hulanka). Skrzypienie pomostu, smród diesla. Kilwater, który „Broad Bay" pozostawia za sobą w porcie — poszarpana linia, na której ślizgają się plamy ropy. Spod kila wyślizgują się tęcze z resztek paliwa. Gra świateł na falach. Rozcinamy dziobem gulasz portowej wody: krasnorosty, pomarańcze, plastikowe butelki po mleku, morską maź. Tu i ówdzie unoszą się w niej wielkie foki: nosy i oczy ledwie wystają nad powierzchnię, otłuszczone grzbiety przypominają nabrzmiałe anoraki ofiar morderstwa. Pysk w górę, prych, prych, ześlizg pod wodę, żeby się opłukać, w końcu nur uwieńczony pożegnalnym plaśnięciem ogona. Przepływaliśmy — na wiosłach, żaglu i holu — obok zbudowanych za pieniądze z handlu narkotykami ogrodów rozkoszy i zamku Jamesa Mathesona, który w 1844 roku kupił całą wyspę Lewis za pół miliona funtów zarobionych na opychaniu Chińczykom opium. Minęliśmy latarnię morską, minęliśmy cyple. Morze, niczym stożek, rozwierało się przed nami w cieśninę Minch.

Słońce stało na niebie, jasne i wysokie, ale w oddali niebo szybko ciemniało. Na wschodzie rosły czarne rafy z chmur. Morze: grafitowe, lekko wzburzone, pokryte białymi plamkami. Wiatr: prawie południowy, o sile 3 albo 4, z odrobiną wschodniości. Niegroźny dla takiej małej łódki, ale wiejący z najgorszej możliwej strony. Morski szlak prowadził nas na południowy południowy wschód, ale ponieważ nie da się płynąć dokładnie pod wiatr, szliśmy szerokim halsem. Z Hoil wypłynęły z nami dwie inne łodzie: pełnowymiarowa *sgoth Niseach* o nazwie „Au Sùlaire" (Głuptak) z pięcioosobową załogą i morski jacht, który miał czuwać blisko i w razie jakichkolwiek kłopotów udzielić nam pomocy. W drobnej „Broad Bay" znajdowaliśmy się tylko Ian i ja.

— Postawmy żagiel i pokażmy im, że potrafimy porządnie wyjść w morze — zakomenderował Ian. Zerwałem się i wciągnąłem dużą reję na szczyt drzewca, grotszot został naciągnięty i lekko umocowany, terakotowy żagiel chwycił wiatr i wypełnił się nim, a „Broad Bay" popędziła na południe. Serce podskoczyło mi w piersi. Kilwater rozwijał za nami biel, nasz ślad. Woda prześlizgiwała się szybko wokół łodzi z sykiem przywodzącym na myśl przesypujący się piasek.

Tamtego dnia żeglowaliśmy przez niemal dwanaście godzin, niemal na południe, pod niemal południowy wiatr. Do samego końca nie było pewne, czy zdążymy dotrzeć do wysp Shiants — udało nam się to dopiero o zmierzchu. Nasza łódka z dwuosobową załogą nie nadążała za pozostałymi jednostkami. Ledwie wypłynęliśmy kilka mil za półwyspy przy Stornoway, jacht „Au Sùlaire" wysforował się do przodu. Patrzyliśmy na jego wielki skośny żagiel; „Au Sùlaire" wpływał szerokim halsem w połyskującą mgiełkę Minch, w końcu zniknął nam z oczu. Zostaliśmy sami: tylko my, woda i szlak. Mimo że znajdowaliśmy się na otwartym morzu, nie czułem lęku. Wiedziałem, że nie mógłbym płynąć z bardziej doświadczonym żeglarzem, a „Broad Bay" przetrwała sto lat i nie istniał żaden powód, dla którego miałby się rozpaść akurat wtedy.

Pierwsze godziny upłynęły mi na szybkiej nauce, na przypominaniu sobie częściowo zapomnianych umiejętności z wcześniejszych kilku tygodni spędzonych na żaglach, na próbach zwalczania nieporadności.

— Mamy czas do wieczornego odwrócenia pływów — tłumaczył Ian. — Powiedziałbym, że czeka nas kilka godzin ostrych zapasów z odpływem, potem sześć godzin łatwizny, godzina zastoju, a potem... — Pstryknął palcami i z uśmiechem wycelował kciuk do tyłu w stronę Stornoway. — ...a potem wrócimy do Hoil szybciej od wiatru.

Liczył się zatem każdy przebyty jard. Ian postawił mnie u steru, gdzie zwykle trafiają szczury lądowe, a ja szybko nauczyłem się podkradać szybkość z podmuchów wiatru, zwędzić tu i tam kilka jardów, żeglując, na ile się dało, prosto na południe. Jeżeli postawi się łódź zbyt mocno pod wiatr, żagiel się opróżnia, traci się rozpęd, a odzyskanie prędkości zajmuje kilka dobrych minut: surowa kara jak na podróż o tak niewielkim oknie czasowym.

Płynęliśmy długimi i powolnymi halsami, ściegiem krzyżykowym nad prostą linią morskiego szlaku, zygzakiem przez cieśninę Minch w stronę wysp Shiants. Po jednej stronie ciągnęło się szarozielone wybrzeże Lewis z jego zapadniętymi fiordami i wysokimi przylądkami. Na wschodzie słońce oświetlało Torridon Hills; wzgórza wyraźnie odcinały się na tle nieba, że rozróżniałem szczyty znane mi z pieszych wędrówek: Beinn Eighe, Beinn Alligin, Liathach. Doskonale pamiętałem tamtejsze ścieżki. Zmiany oświetlenia przeobrażały substancję morza. Kiedy niebo zaciągało się chmurami, woda nabierała lśniącej, stalowej barwy; w pełnym słońcu uzyskiwała odcień malachitowej zieleni.

Na dzień przed wypłynięciem znajdowałem się po przeciwległej, zachodniej stronie wyspy Lewis, gdzie na atlantyckiej plaży zebrałem szesnaście białych kamyków gnejsu — skromny balast jak na tak długą podróż. Teraz upuszczałem je po kolei za rufą po przebyciu każdej kolejnej mili. Opadały na dno Minch, gdzie mniej więcej 1,2 miliarda lat temu ogromny meteoryt uderzył w ląd noszący obecnie nazwę Wysp Brytyjskich. Eksplozja irydu, stopione skały, metamorfizm uderzeniowy, chmura z pary szeroka na kilkadziesiąt mil, przesłonięcie słońca i skały wyrzucane na wysokość piętnastu mil.

Kiedy Ian stał u steru i nie trzeba było akurat wykonywać żadnych czynności przy linach, odpoczywałem, leżąc na rufie wzdłuż linii kilu z rozłożonymi rękami. Wpatrywałem się w maszt i żagiel rozciągnięte na tle nieba; wydawało się, jakbym niósł na plecach łódź niczym pancerz żuka. Czułem niepokojące łomotanie morza o drewno, pięści Niebieskich Ludzi uderzające o kadłub, zaledwie cal dalej, za modrzewiową deską.

W pozostałych chwilach obserwowałem Iana, próbując się czegoś nauczyć. Jego mobilizowało wyzwanie, jakim było dopłynięcie na czas do celu podróży. Był niesamowicie skoncentrowany: śledził kierunek wiatru, kontrolował trym żagli, spoglądał na kilwater, poprawiał ustawienie rei, optymalizował trasę. Od czasu do czasu, kiedy uważał, że płyniemy z największą osiągalną w danej chwili prędkością, wsuwał ręce do kieszeni ogrodniczek i przysiadał na ławce. Chwilę potem zmiana wiatru albo obierany przeze mnie kurs podrywały go na nogi — i znów szarpał, sprawdzał, poprawiał.

Dążenie do optymalizacji — w tym wypadku prędkości i trasy — jest, jak sobie uświadomiłem, charakterystyczne dla wszystkiego, co Ian robi. W działaniach i mówieniu wykazuje się ogromną precyzją. Ucieleśnia to, co Robert Lowell nazwał kiedyś „wdziękiem precyzji". Wyróżnia ona również jego poezję, która jest minimalistyczna, ale nie popada w sentencyjność, dąży zarówno do wierności, jak i komunikatywności. Nie znajdziemy w niej jakiegokolwiek nadmiaru. Wiersze Iana są krótkie i naprężone jak dobrze postawione żagle. Poezję traktuje nie jako formę wygłaszania efektownych ogólników, ale środek umożliwiający wyrażanie myśli w sposób, który w innym razie pozostawałby dla niego niedostępny. Zauważyłem, że ludzie z otoczenia Iana traktowali jego poezję na równi z innymi jego aktywnościami. Postrzegali ją jako umiejętność podlegającą identycznej ocenie w kategoriach sukcesów i porażek, jak stawianie więcierzy do połowu homarów czy płynięcie przesmykiem wzdłuż brzegu osłoniętego od wiatru. Zauważyłem ponadto, jak często w swoich wypowiedziach i poezji Ian wyraża samego siebie w języku żeglowania i wędrowania. Kiedy w przeszłości pogubił się na jakiś czas jako człowiek, właśnie na morzu szukał sensu i nowego kierunku. „Dryfowanie", „cumowanie", „schodzenie z drogi", „zmiany wiatrów", „zrzucanie cumy": język morza i jego szlaków Ian traktował jako środek samopoznania, osobistą poezję wspominania i wędrowania. Zarówno w tym aspekcie, jak i we wszystkich innych, niezwykle przypominał, jak sądzę, Thomasa: dostrzegali te same związki między ukochanym krajobrazem a wizją samego siebie, wyróżniało ich to samo wyczucie poetyckości jako środka wyrazu istniejącego na skraju świadomości.

* * *

Jako żeglarz poradziłem sobie tamtego dnia w miarę przyzwoicie. Owszem, zdarzyło mi się w czasie halsu zrzucić z dziesięciu stóp reję — dwunastostopowy drąg laminowanej sosny — prosto na ramiona Iana. Co do natury tego incydentu zachowaliśmy odmienne zdanie do dziś. Ja twierdziłem stanowczo, że upadek drzewca był kontrolowany, choć rzeczywiście zbyt szybki. Ian upierał się, kiedy już przestał przeklinać, że reja została przeze mnie zwyczajnie „upuszczona".

W czasie jednego z długich halsów Ian opowiedział mi historię Niebieskich Ludzi z cieśniny Minch.

— W kiepską pogodę albo przy wysokich falach Niebiescy Ludzie przychodzą odebrać ci łódź. Wdrapują się na pokład, ociekając wodą, ucieleśniający sztorm i fale złośliwi trytoni, żeby ściągnąć cię w głębinę. Zanim to jednak nastąpi — ciągnął — dadzą ci szansę na ocalenie życia. Ich przywódca rzuci ci koło ratunkowe. Podaje linijkę wiersza, a wszyscy na pokładzie, od skipera po majtka, muszą odpowiedzieć w podobnym rytmie i metrum. Jeżeli choć jeden członek załogi zawiedzie, szansa przepada, statek zostaje ściągnięty na dno i wszyscy toną. Jeżeli całej załodze uda się udzielić poetyckich odpowiedzi, statek odzyskuje wolność, a Niebiescy Ludzie, te wredne kanalie, ześlizgują się z pokładu i ruszają na poszukiwanie następnej ofiary. — Wyszczerzył zęby. — Jak zatem widzisz, elokwencja potrafi wydobyć człowieka z tarapatów.

Opowieści, podobnie jak drogi, wiążą ludzi na dwa sposoby: opisują i łączą. Na Syberii chantyjskie słowo tłumaczone zazwyczaj jako „opowieść" oznacza również „drogę". Kontrowersyjna etymologia angielskiego słowa *book* (książka) wyprowadza je z wysokoniemieckiego *bok*, które oznacza buk — drzewo, na którego delikatnej korze wycinano oznaczenia i symbole związane z przebiegiem szlaków i ścieżek. Angielski czasownik *to write* (pisać) odnosił się w przeszłości do wytyczania szlaków: staroangielskie *writan* oznaczało „ryć znaki runiczne na kamieniu"; można było *write* linię, przesuwając ostrze po powierzchni — bronując szlak.

Tak jak pióro unosi się nad kartkę między słowami, podobnie stopy wędrowca unoszą się i opadają między krokami. Podobnie jak jeleń biegnie, skacząc nad ziemią, a delfin płynie, nawet jeśli czasami wyskakuje nad powierzchnię morza, tak samo pisanie i wędrowanie są czynnościami wykonywanymi w sposób ciągły, ściegiem na okrętkę. Są trwaniem tego samego ściegu albo strumienia.

* * *

Wczesne popołudnie: ciemne kształty wysp Shiants zaczynają majaczyć na horyzoncie. Ich zarys i faktura powoli się konkretyzują: w wyspy, w strzegące ich skaliste wysepki o kształcie stalówek, zębów, stołów, ścian szczytowych, kaplic. Przelatują nad nami różnokształtneklucze gęsi.

Kiedy znajdowaliśmy się od nich w odległości jakichś trzech mil, ze wschodu na zachód przeszedł pas deszczu, przynosząc mgłę, która przesłoniła oba wybrzeża i wywołała złudzenie, że Shiants zmniejszają się w miarę, jak się do nich przybliżamy. Przez pół godziny płynęliśmy po szarej wodzie i przez szarą mgłę, a mnie wydawało się, jakbym żeglował w stronę mitycznego archipelagu, rozrzuconych na morzu Hy-Brazils, jakbym wypływał z realnego świata i wkraczał do nieweryfikowalnej rzeczywistości. Przypomniałem sobie chmury, które w *immrama* często umożliwiają przejście od znanego w wyobrażone. Przypomniałem sobie chwile dezorientacji na Broomway, poczucie przekraczania gracy, które tamtego dnia stało się możliwe dzięki mgle. Wreszcie wypłynęliśmy za południowy skraj pasa deszczu i naszym oczom ukazały się wyspy: wyraźne w swej prawdziwej postaci.

„Och, teraz widać wyraźnie wszystkie kształty — wykrzyknął Ian, spoglądając przed siebie. Potem dodał cicho pod nosem: — Co za życie, co za życie".

Przypływ zatrzymał się akurat w chwili, kiedy dotarliśmy do wyciągniętego ramienia Eilean Mhuire, południowej wyspy archipelagu Shaints. Wiatr zelżał i „Broad Bay" stanęła niemal w miejscu.

Znieruchomiała woda, niepewna swoich powinności, wezbrana, czekająca na rozkazy. Boczny ruch odpływu wcina się pod pionowy ruch martwej wody. Bąble wody wypływają z głębi, szorując ocean. Prądy kłębią się i przeplatają.

Światło słabnące, zamglone. Ziemia stoi otwarta na oścież, niepewna, w którą stronę zostanie popchnięta. Czas sążnisty i zatrzymany.

Nagle sto jardów za rufą spod wody wyłoniła się czarna, lśniąca płetwa płetwala karłowatego; trzy pokryte żółtymi pasami delfiny wyskoczyły nad wodę i zanurkowały w nią radośnie. Strumień odwracającego się pływu zobaczyliśmy jako bruzdy na wodzie, małe stojące fale świadczące o tym, że woda w cieśninie Minch zaczynała płynąć w przeciwnym kierunku — tryliony ton słonej wody, łańcuch górski wody zmieniający posłusznie kierunek pod wpływem niewidzialnej siły Księżyca, przelewający się powoli na północ i unoszący ze sobą naszą małą łódkę.

Dopłynęliśmy na samym żaglu i wiosłach niemal do samego celu — mimo odpływu — aż w końcu Norman, łagodny i życzliwy skiper jachtu zabezpieczającego naszą wyprawę, podszedł na silniku i wziął „Broad Bay" na hol na ostatnie pół mili, jakie dzieliło nas od miejsca zrzucenia kotwicy. Uwolniony od obowiązku wiosłowania, wykończony całodziennym żeglowaniem, mogłem usiąść i rozkoszować się wejściem na scenę Shiants. Przestrzeń otoczona przez wyspy archipelagu odznacza się niezwykłą dramaturgią. Na północ i wschód leży Eilean Mhuire, niska i porośnięta trawą. Na zachód wznoszą się potężne, postrzępione klify Garbh Eilean, opadające niemal pionowo kilkaset stóp do morza. Połączona z Garbh Eilean wąską plażą sztormową jest długa i wąska Eilean an Taighe.

W zapadającym zmierzchu zbliżaliśmy się do kotwicowiska pod Garbh Eilean. Klif dolerytowych kolumn wznosił się nad wodę; kilka z nich leżało strzaskanych u jego stóp. Nawet w słabym świetle zachodzącego słońca skały lśniły wyraźnie od pomarańczowych porostów, jakby płonęły ogniem.

Z góry dobiegł dźwięk, głośny furkot: bankomat odliczający pieniądze. Był to odgłos skrzydeł maskonurów, tysięcy maskonurów przelatujących w najróżniejsze strony nad naszymi głowami, wracających pośpiesznie na nocne legowiska. Z oddali dobiegały maskonurowe świergoty: wieczorne pogaduszki ptaków siedzących w gniazdach na klifie. Patrzyłem, jak przelatują tak blisko siebie, nie zderzając się ani nawet, jak się zdawało, nie korygując toru lotu. Żyły w ruchliwym nieskoordynowaniu, a jednak zgodnie. Wyobraziłem sobie, że każdy z ptaków ciągnie za sobą nić i tworzy własny wątek na wielkim wspólnym krośnie.

Nad piaszczystym dnem stał na kotwicy „An Sùlaire", który dośmignął na miejsce jedną trzecią szybciej od nas. Obok niego kołysały się dwa jachty, oba ze Stornoway. Ian znał wszystkich, bo jakże by inaczej. Zacumowaliśmy przy tej swobodnej flotylli i przepłynęliśmy pontonem na jeden z jachtów. W upalnym zaduchu kabiny zasiedliśmy przy stole. Podano ciepłe jedzenie, puszczono w koło blaszany kubek z whisky. Wymieniono się opowieściami z minionego dnia, pogratulowano „Broad Bay" udanego pokonania drogi. „Nie sądziliśmy, że wam się uda!". „Dopłynęliście tylko we dwóch, Ian i żółtodziób!". Głosy wzniosły się w pieśni, serdeczne, radosne. Po pokładzie biegał pies — nie, dwa psy. Po długich godzinach spędzonych na morzu wszystko wydawało się cudownie gościnne: opiekuńcze ramię wyspy, paplanina ptaków, radosna atmosfera w kajucie. Nie mogłem przestać szczerzyć zębów w uśmiechu. Na zewnątrz zapadła ciemność, wyspy zmieniły kształt. Zbocza stały się niewidoczne, krawędzie płaskowyżu się rozmyły; z wysp pozostały zarysy, ale i one w końcu całkiem znikły.

Koło północy Ian zawiózł mnie pontonem na ląd. Czarna woda wydawała się oleista jak nafta, lśniła zielonozłotą poświatą. Każde zanurzenie wioseł wywoływało burzę świateł: chmarę świetlików, pożogi języków ognia rozświetlające wiry. Ian dopłynął do plaży sztormowej. Zszedłem na brzeg, kulki dolerytu przetaczały się pod moimi stopami i zderzały z głuchym stukotem snookerowych bil. Odpłynął, pożegnawszy się pośpiesznie. Wspiąłem się na południowe klify, gdzie po dłuższych poszukiwaniach znalazłem łatę trawy długą i szeroką na kilka jardów, gdzie postawiłem namiot i położyłem się spać. Nade mną wisiały wyraźne gwiazdy. Czułem się dziwnie z powrotem na skale, a nie na morzu, wyobrażając sobie, że ziemia pode mną ciągnie się nieprzerwanie aż do dna cieśniny

Minch. Gdy tak leżałem, czułem nadal dzień spędzony na morzu, krew i wodę przelewające się przez mój wór ze skóry, pływowe wybrzuszenie mojego ciekłego ciała, przetaczanie się i kołysanie płynów w czaszce. Mój umysł parł pod prąd na północ, rozmyślając o locie maskonurów, liniach, jakie zostawiamy za sobą, o wielkiej tkaninie, naszym kilwaterze, w końcu przyszedł sen.

* * *

Następny dzień, moje urodziny, należał do najbardziej uroczych w moim życiu. Błękitno-żywiczne niebo, miedziane słońce, biały wiatr. Doświadczyłem głębokiego, łatwego szczęścia rozbitka. Nie miałem żadnych planów poza tym, żeby spędzić czas w najprzyjemniejszy możliwy sposób. Wszystkie łodzie poza jedną opuściły wyspy Shaints wcześnie, rozpływając się w różnych kierunkach. Ian, ja oraz sympatyczna para, Rob i Karen, na których jachcie gościliśmy poprzedniego wieczoru, postanowiliśmy zostać na jeszcze co najmniej jedną noc. Wiatry zmieniały kierunek i nie zdołalibyśmy pożeglować na południe na wyspę Harris, postanowiliśmy zatem nacieszyć się miejscem, do którego już dotarliśmy.

Spacerowaliśmy, penetrowaliśmy, zbieraliśmy przedmioty wyrzucone na plażę, wędrowaliśmy po wzgórzach i po wybrzeżu; początkowo w małej grupce, potem oddzielnie. Zszedłem za zachodni przylądek i ze skalnych płyt — szorstkich od pąkli, śliskich od krasnorostów — które opadały ostro ku wodzie, łowiłem ryby. Złapałem dużego rdzawca, ważącego pięć lub sześć funtów — boki w barwie brązu i srebra, ogon przypominający szuflę do węgla — wywabionego z lasu wodorostów błystką obrotową. W miejscach, gdzie woda była spokojna, robiła się przezroczysta jak żel. Między skałami bryzgała i kichała. Pod łukami i nawisami ciemniała jak szkliwo wulkaniczne.

Wspiąłem się na szczyt Eilean an Taighe i ruszyłem na południe krawędzią południowo-wschodnich klifów. Poniżej znajdowały się smagane falami amfiteatry skalne: rozbrzmiewające echem jaskinie morskie, wypełnione ptakami zatoczki. Co jakiś czas kładłem się na brzuchu i wyglądałem poza krawędź, aby zobaczyć, jak w dole morze czyści pianą skały i wsłuchać się w paplaninę ptaków morskich. Latające stworzenia podzieliły powietrze na warstwy: mewy i fulmary, potem maskonury, wreszcie głuptaki. Ogarnęło mnie poczucie szczerości i obfitości, otwarcia się ciała i umysłu, myśli wypływających poza obręb mojej osoby, a nie kończących się na granicy skóry. Światła „przelewającego się przez krawędź Europy niczym z jazu".

Na szczycie Eilean an Taighe stał hamak ze skał rozgrzanych w słońcu. W południe zaległem na nim, ściągnąwszy koszulę i buty — odprężony Robinson Crusoe — spoglądając na wschód przez cieśninę Minch. Pływy i fale zapisywały niebieską wodę swoimi znakami: białymi wiatrowymi glifami, pozwijanymi od podmuchów powietrza w oznaczenia przywodzące na myśl wzory na grzbietach pająków albo arabskie litery.

Później tego popołudnia siedziałem zwrócony ku wschodowi w stronę opadającego słońca i czytałem znakomitą książkę Adama Nicolsona *Sea Room*, studium tych wysp autorstwa jednego z ich dawnych „właścicieli". Egzemplarz znalazłem w jedynym obecnie domostwie na wyspie, pomalowanej na biało chacie. Nicolson odziedziczył wyspy po ojcu, ale uważał się zawsze jedynie za chwilowego właściciela. Pozostawił je otwarte dla odwiedzających i dbał o to, aby chata znajdowała się w dobrym stanie.

„Wyspy Shiants [...] nie są tak naprawdę odludnym miejscem — zauważa Nicolson w pierwszym rozdziale. — To tylko współczesne złudzenie [...] przez większą część swojej historii [...] utrzymywały głębokie związki z otaczającym światem". Fakt, że znajdowały się pośrodku atlantyckich szlaków morskich, oznaczał, że przez pięć tysięcy lat służyły za przystanek w podróżach morskich, za bezpieczną przystań pośrodku cieśniny Minch. „Błędem jest postrzeganie przez nas, współczesnych, takich [wysp] jako sierot lub wdów, przesiąkniętych swego rodzaju dickensowskim, smętnym opustoszeniem", pisze dalej. Tak naprawdę wyspy te są:

> punktem przesiadkowym dla milionów ptaków i zwierząt, równie dynamicznym jak parkiet giełdy, areną rywalizacji i wymiany doświadczeń. Leżą w centrum swojego własnego wszechświata, pełnią funkcję organizacyjnego węzła w sieci powiązań, zarówno ludzkich, jak i przyrodniczych, która obejmuje przede wszystkim sąsiednie morza, a w dalszej kolejności wybrzeża położone w najróżniejszych kierunkach. Rozciąga się jeszcze dalej, na szlaki morskie biegnące tysiącami mil wzdłuż skrajów Atlantyku i do wnętrza Europy.

Podoba mi się ta wizja „sieci powiązań": szlaków morskich prowadzących, podobnie jak Thomasowe drogi lądowe, „zewsząd do wszędzie", łączących szeroki ocean z przybrzeżnym szelfem, estuariami, rzekami i głębią lądu. Podzielam również poczucie Nicolsona, że „czas spędzony na wyspach" nieustannie go „kształtował". „To miejsce weszło we mnie — pisze z uwielbieniem — i zabarwiło moje życie jak bejca".

Małe wyspy skłaniały często osoby, które się w nich zakochały, do marzenia o pełni wiedzy. Miałem okazję przeczytać prace wielu wyspomaniaków — dogłębne topografie irlandzkich wysp Aran autorstwa Tima Robinsona, Nicolsona piszącego o Shaints i Lawrence'a Durrella o Korfu, a także stworzone przez Nan Shepherd studium jej lądowej wyspy, jakim jest pasmo gór Cairngorm, a także sporządzony przez Gilberta White'a opis jego wsi Selborne w Hampshire. Wszyscy ci ludzie ulegli początkowo złudzeniu całkowitej kompletności, przekonaniu, że zdołają poznać w pełni wybrane przez siebie miejsce ze względu na jego ograniczoność. Wszyscy oni zrozumieli, po długim obcowaniu z obiektem swych zainteresowań, że znajomość jakiegoś miejsca nie prowadzi do pełnej wiedzy, a jedynie do coraz to kolejnych dociekań. Dla Shepherd pasmo Cairngorm okazało się czymś więcej niż tylko krzyżówką do rozwiązania, pełną zaszyfrowanych „poziomów" i „pionów". Nie delektowała się swoimi odkryciami, ale raczej ignorancją: „Umysł nie zdoła unieść wszystkiego, co góra ma mu do zaoferowania — napisała — nie zawsze też uważa za możliwe to, co z niej wyniósł".

Kiedy zaczął zapadać zmierzch, zszedłem na plażę sztormową i spędziłem godzinę na budowie skazanego na zagładę, pustego w środku kopca z dolerytów. Robiłem to dla samej przyjemności, jaką sprawiało mi stawianie tej konstrukcji. Kopiec miał jakieś dwie stopy wysokości. Zwieńczone kroksztynem ściany zbiegały się w dach z pojedynczego kamienia, a otwarte wejście — zwieńczone nadprożem i umocnione przyporą — wychodziło prosto na wschód, aby mogło je zalać wschodzące słońce. Gładkie dolerytowe głazy były lśniącoczarne, kiedy wyciągałem je z morza, ale po wyschnięciu nabierały wilczej szarości. Znalazłem i zatrzymałem ścięty na jednym końcu kawał gnejsu, wielkości pięści, opasany kwarcową opaską. Przeglądając plażę, odkryłem dwa pojedyncze białe kamyki o rozmiarach i kształcie strusiego jaja. Postawiłem je pionowo pośrodku kopca. Byłem zadowolony z ostatecznego rezultatu: moja budowla przypominała miniaturowy kurhan Maes Howe i miała przetrwać do kolejnego dużego przypływu albo kontaktu z butem jednego z gości wyspy.

Po zachodzie położyłem się na moim kawałku trawy i włożyłem ręce pod głowę. Przez krótką chwilę czas wydawał się nie tyle nieobecny (marzenie wyspiarza o ahistorii) ale raczej zwielokrotniony w swych odmianach. Po głazach krążyły pomarańczowe roztocza. *Xanthoria parietina* fotosyntetyzowała. Maskonury mościły się w gniazdach, odpływ zbierał się na północ. Woda z deszczu, który spadł trzy dni wcześniej, wnikała w szczeliny Eilean an Taighe, ciało rdzawca zesztywniało w czarnym koszyku przy drzwiach do chaty, a słońce trysnęło letnim światłem, jak to czyniło przez niezliczone lata, zalewając nim wyspę i moje ciało. Było tak gęste, że chciałem się nim pożywić, przechować je, przerobić na miód na nadchodzącą zimę.

Tamtej nocy Ian upiekł rybę na piecyku w chacie. Częstowaliśmy się whisky. Zapalono ogień, polana trzaskały. Ian opowiadał o przyjacielu, który na *currach*, łodzi o kadłubie wykonanym z leszczynowych witek i ośmiu krowich skór, pływał z hrabstwa Mayo w Irlandii na Ionę leżącą na zachodnim wybrzeżu Szkocji trasą, którą w VI wieku płynął św. Kolumba.

Ogień się dopalił. Popiół zmatowił polana. Światło przygasło. Na horyzoncie pojawiło się złote wieczorne rozdarcie.

Tamtą noc ponownie spędziłem na porośniętym trawą występie skalnym. Słyszałem nawoływania gęsi przelatujących nad siodłem sztormowej plaży.

* * *

Stado delfinów liczące siedemdziesiąt, osiemdziesiąt sztuk nadpłynęło z naprzeciwka, kiedy wraz z porannym odpływem opuszczaliśmy wyspy Shiants. Dziesiątka oderwała się od grupy, zbaczając z obranego wcześniej kursu. Płynęły z nami, wykonując gwałtowne skręty przed i pod dziobem — przez chwilę była to nasza eskadra, nasza policyjna eskorta.

Do „Broad Bay" dowiosłowaliśmy tuż po świcie. Podnieśliśmy żagiel, a potem na wysokiej wodzie przepłynęliśmy nad skalistymi zębiskami, które wystają w północnym prześwicie między Eilean Mhuire i Garbh Eilean. Wiatr był kapryśny, niepookojąco zmienny. Szło przesilenie pogody. Przed nami szalały nawałnice, a wiatr był silniejszy, ale nadal południowy. Zrefowaliśmy żagiel i płynęliśmy z wiatrem, prosto na nadpływające delfiny.

Cóż to była za droga powrotna! Osiągnęliśmy pięć węzłów, chyba maksymalną prędkość, jaką mogła rozwinąć „Broad Bay". Z perspektywy pokładu naszej małej łódki przy tak silnym wietrze wydawało się, że płyniemy jeszcze szybciej. Ian uśmiechał się z dumą, widząc, jak nabieramy szybkości. Nasz błękitnobiały kilwater zanikał niedaleko za rufą, rozmywając się w spienionej powierzchni. Ian nauczył mnie, jak „surfować" łodzią, która płynie z wiatrem na sporych falach.

— Wystarczą dwa delikatne poruszenia rumpla — mówił — o, w ten sposób, żeby zejść odrobinkę z linii wiatru... potem robisz tak i żagiel ponownie wypełnia się wiatrem, łódka dostaje przyspieszenia i łapie przechodzącą pod tobą falę. Wygląda to dokładnie tak samo, jakbyś był surferem ześlizgującym się ze szczytu fali.

Skinąłem niepewnie głową.

— Ale tak naprawdę można się tego nauczyć tylko w praktyce.

Miał rację, a kiedy już opanowałem tę sztuczkę, nie mogłem się nią nacieszyć. Miałem poczucie, jakby od steru w górę mojego ramienia, a potem w dół po kręgosłupie przepływał prąd albo impuls elektryczny, odrobina przywołanej przeze mnie energii oceanu. Wrażenie związku z wodą było ogromne, zapośredniczone przez mięśnie. Wydawało się, jakby Niebiescy Ludzie użyczali swojej siły mojemu ramieniu.

— Noooo... teraz to naprawdę dajemy czadu — stwierdził z zadowoleniem Ian. Ja surfowałem, a on zaczął dzielić się ze mną kolejnymi opowieściami morskimi: sprośnymi i soczystymi, doprawionymi na morskich szlakach.

Kiedy znajdowaliśmy się na wysokości Kebock Head, zaczęło padać. Intensywny deszcz rozpluskiwał morze, bębnił po zaimpregnowanych kreozotem ławkach. Dygotałem za sterem, a Ian starał się odwrócić moją uwagę od myślenia o chłodzie, opowiadając mi wszystko, co wiedział o „Broad Bay": od dzioba poczynając, a na rumplu kończąc. Znał jej biografię tak dobrze, jak się zna wieloletnią kochankę. Wszystkie te wiadomości przedstawiał mi w formie opowieści. O tym, jak łódź została zbudowana w Deerness na Orkadach w 1912 roku i zarejestrowana w Kirkwall. Kadłub zbudowano techniką poszycia zakładkowego, z dziesięcioma zachodzącymi na siebie deskami modrzewiowymi z każdej strony kilu — metodę tę stosowano w niezmienionej postaci od czasów wikingów, a dobrze sprawdzała się w łodziach pływających po północnym i zachodnim Atlantyku, umożliwiając pokonywanie wysokich fal i silnych pływów, a jednocześnie przewożenie pokaźnych ładunków. Lewa i prawa strona kadłuba „Broad Bay" różniły się nieco z powodu indywidualnego podejścia szkutnika do każdej z różniących się nieco modrzewiowych desek.

— „Broad Bay" jest łodzią z rocznika 1912, a przynajmniej właśnie w 1912 roku została zbudowana — mówił Ian. — Z punktu widzenia firmy ubezpieczeniowej dobiega setki, ale tak naprawdę jedynym oryginalnym elementem, jaki w niej pozostał jest kil, czyli kręgosłup łodzi biegnący od dziobu do rufy. Kil i kawałki dziobnicy oraz słupki rufy.

— Składa się w całości z okazji — dodał. — Widzisz te dębowe wstawki przy dziobie, do których przyczepia się haki halsowe? Zostały sklejone z dębiny pochodzącej z domu, który stał przy naszym szlaku, o tam. — Wskazał na zachodnie wybrzeże wyspy Lewis. — Dom należał do Sopwitha, z czego wynika, że dębina należąca do angielskiego magnata lotniczego z Kensington pomaga obecnie w kultywowaniu hebrydzkich tradycji morskich! Z kolei stewy zbudowano z odzyskanego drewna, starego dębu przechowanego w mule, znalezionego w Hoil. Mają elegancki kształt i są niesamowicie wytrzymałe.

Podejrzewam, że pochodzą z jakiegoś starego lugiera służącego do połowu śledzi.

Opisał mi socjologię budowania łodzi, znaczenie łączenia ze sobą przyjaznych albo pokrewnych materiałów.

— Nie należy kłaść ocynkowanych elementów na brązie — powiedział, wskazując na wielokrążek z brązu wieńczący fał na szczycie masztu. — Bliższa będzie mu stal, jego najbliższy kuzyn w rodzinie metali. A już szczególnie trzeba pilnować zgodności elementów drewnianych.

Pomyślałem, że dla Iana przedmioty i materiały, podobnie jak ludzie i języki, odznaczają się weryfikowaną w praktyce przydatnością do określonych zadań. Słowa i ludzie, fały i cumy zostają poddane naciskom otoczenia. Niektóre pękają, rozłupują się i ustępują. Inne wytrzymują — i właśnie je warto mieć pod ręką.

Jakiś czas później — powrót do Hoil. Rumpel wydaje się kościstym przedłużeniem mojego ramienia. Plamy ropy z dużych łodzi układają się w gnejsowe wzory na wodzie. Przepływamy wzdłuż nadbrzeża. Podczas cumowania Ian opowiada już o kolejnej wyprawie — tym razem na północ.

6. WODA — PÓŁNOC

Ludzie z Ness, *guga* i Skała — Zielona Rona, czarna Sula — „Ryzykując własnym życiem" — Czarna magia — Czytanie map jako jasnowidzenie — Historia wiatrów — Okno pogodowe — Wypłynięcie z Port of Ness — Kist Dilwortha — Przebłagiwanie a ofiarowywanie — Grzbiety wielorybów, rwetesy i złomowiska — „Zaburzenia w tym, co oczekiwane" — „Powierzchnia wody" — Ptasi korek — Obszerna ciemność — Kurs na Gwiazdę Północną — Dostojny kadryl — Sula Sgeir na horyzoncie — Opływanie na wiosłach i żaglu — Głuptak w gnejsie — Ściśnięcie serca.

W starożytności irlandzcy uczeni słynęli [...] z praktykowania navigatio *[...] podróży łodzią [...] okrężnej drogi wyjścia i powrotu [...]. Chodziło oto, żeby nabrać wprawy w odczytywaniu oznak osobliwości w nadziei, że będzie się dzięki temu lepiej rozumiało swój własny czas i miejsce — w wymiarze geograficznym, duchowym, intelektualnym.*

RICHARD KEARNEY, 2006

Posłuchajcie mnie uważnie. Posłuchajcie pieśni ludzi *guga* na nagiej skale Sula Sgeir, przygarbionych w kamiennej chacie na wysepce leżącej daleko na północnym Atlantyku, posłuchajcie melodii, jaka zabrzmiała w sierpniowy poranek niemal sześćdziesiąt lat temu. Gdybym tylko potrafił wam ją zanucić albo zagrać, natychmiast bym to uczynił, a że nie potrafię, będzie musiał wam wystarczyć ten opis. Miejsce akcji: prosta chata, w najwyższym punkcie sześciostopowa, zbudowana z płatów gnejsu. Szpary zapchano szmatami. Pośrodku torfowe ognisko, pomieszczenie oświetla dodatkowo wisząca latarnia sztormowa. Pod ścianami twarde kamienne ławy, na których siedzą mężczyźni w tweedowych marynarkach i grubych wełnianych pulowerach. Mamrotanie ognia. Na zewnątrz szaleje wiatr, poddając próbie wytrzymałość chaty.

Rozpoczyna się śpiew. Jako pierwszy odzywa się przewodnik o niskim dźwięcznym głosie. Intonuje słowa po gaelicku: *ach is e an gràdh as mò dhiubh so*, „a największą z nich jest miłosierdzie". Jego głos opada i wznosi się ponownie pod koniec każdego wiersza. Koniec nauki. Przerwa. Odkaszlnięcie. Zaraz potem przewodnik intonuje wysoką frazę psalmu. Jego głos nabiera mocy: czyste dźwięki wyśpiewywane z gardła i z głębi piersi. „Wyrzuca" z siebie melodię. Inni mężczyźni odpowiadają pieśnią; dźwięk narasta, wypełniając chatę. Kolejna melodia, odpowiedź, zakończenie. Jest w tym odrobina pieśni gospel z amerykańskich pól obsadzonych bawełną, jest i krztyna nawoływania muezina. Są to rozgrzewające pieśni o wierze, pocieszeniu i braterstwie. Pieśń jako modlitwa i jako opór stawiany sztormowi. Jest rok Pański 1953, macie przed sobą śpiewających ludzi *guga* z Ness, którzy przybyli na wyspę, aby zapolować na głuptaki.

Sula Sgeir leży około czterdziestu mil na północ od najwyższego punktu wyspy Lewis, w tej samej odległości od Hebrydów Zewnętrznych co archipelag St Kilda. Jej forma jest geologicznym aktem okrucieństwa: postrzępionym czarnym czubkiem z gnejsu, szczytem podwodnej góry. Mieszka na niej około dziesięciu tysięcy par głuptaków i — od kilku lat — jedyne albatrosy czarnobrewe na półkuli północnej[1]. Morze wwierciło się w południową część wyspy, tworząc szereg jaskiń i tuneli. W czasie wielkich atlantyckich sztormów fale przelewają się przez sam czubek Sula Sgeir.

Jedenaście mil na wschód leży siostrzana wyspa Sula Sgeir, czyli Północna Rona. Trudno o większe przeciwieństwa, o bardziej modelową parę jin i jang. Północna Rona to pochyła płyta pokryta zielonym pastwiskiem, na którym od tysięcy lat pomieszkiwali święci, farmerzy, pasterze i przyrodnicy. Jako pierwszy miał się tam osiedlić św. Ronan, jeden z celtyckich chrześcijańskich mnichów, który podróżował szlakami morskimi. Przybył tam, prowadząc poszukiwania „miejsca swojego własnego wskrzeszenia" (jak można przeczytać w jego peregrynacji). Do dziś na wyspie istnieją ruiny kaplicy rzekomo wzniesionej właśnie przez niego.

Żeglarze przez tysiące lat z najróżniejszych powodów obierali północny kurs, wyruszając na szlak morski prowadzący

[1] Albatros Albert Ross po raz pierwszy pojawił się na wyspie Bass Rock w zatoce Forth of Forth w 1967 roku, następnie przeniósł się w 1972 roku do wielkiego siedliska głuptaków na półwyspie Hermaness na wyspie Unst należącej do archipelagu Szetlandów. Wracał tam rok w rok przez ponad dwadzieścia lat. Po dekadzie nieobecności pojawił się na Sula Sgeir między 2005 a 2007 rokiem. Wygląda to trochę tak, jakby odwiedzał kolejne siedliska głuptaków w Szkocji w poszukiwaniu partnerki. Głuptaki do pewnego stopnia przypominają albatrosy, a wszystkie — w liczbie siedmiuset tysięcy — przedstawicielki gatunku, do którego faktycznie należy Albert Ross rezydują, pechowo dla niego, na południe od równika.

od przylądka Butt of Lewis ku Sula Sgeir i Północnej Ronie. Kiedy człowiek po raz pierwszy spogląda od południa na obie wyspy, może się poczuć, jakby wpłynął do świata jakiejś przypowieści. Stoją tam sobie — daleko na Atlantyku, czterdzieści mil od kontynentu i jedenaście od siebie. Wydaje się nieprawdopodobne, że jakikolwiek ląd może istnieć w tym miejscu, na pustych wodach między Szkocją a Islandią, jeszcze bardziej zaskakuje tak wielki kontrast między wyspami. Pastwisko czy Skała — przed takim wyborem staje żeglarz. Pierwsi podróżnicy, co zrozumiałe, wybierali Pastwisko. Siostra św. Ronana, Brenhilda, próbowała rzekomo przeżyć na Sula Sgeir. Znaleziono ją martwą z gniazdem jakiegoś morskiego ptaka zbudowanym we wnętrzu klatki piersiowej. Potraktowano to jako nauczkę. Od czasu Brenhildy pozostawiano raczej Sula Sgeir fokom, fulmarom, maskonurom i głuptakom — a także, na krótki czas każdego lata, mężczyznom z Ness z północnej części wyspy Lewis, którzy przybywali tam na dwa tygodnie, aby polować na *guga*, pisklęta głuptaków.

Pierwsze zapisy dotyczące polowania na *guga* sięgają 1549 roku, kiedy grupa mężczyzn wypłynęła na otwartej łodzi, żeby dokonać uboju głuptaków; ich zwłoki służyły im w drodze powrotnej za balast. Tradycja istnieje do dziś w praktycznie niezmienionej postaci. Różni się tylko liczbami: mężczyzn jest zazwyczaj dziesięciu, czasami tuzin. Na ląd schodzi się nadal w jedynym nadającym się do tego miejscu, w głównej *geo* (zatoce) Sula Sgeir, gdzie do wody zbiega skalna rynna. Operacja przybijania do brzegu wciąż jest niebezpieczna, ale innej możliwości nie ma. Przy najmniejszym wzburzeniu morza *geo* staje się spienioną masą fal poruszających się we wszystkich kierunkach, odbijających się od ścian i wpadających na siebie. Współcześnie chaty są pokryte plastikiem, brezentem, sieciami dociśniętymi kolejną warstwą kamieni. Ludzie nadal dzielą swoje domostwa z wijącymi gniazda w szczelinach nawałnikami (ptakami o barwie węgla drzewnego z ogonami poprzetykanymi białymi pasami, które spędzają cały dzień na morzu i wracają na brzeg wieczorem, głośno pokrzykując). Ludzie nadal owijają w nocy głowy szmatami, żeby do uszu nie wpełzły im gnieżdżące się w chatach skorki. Dwutygodniowy pobyt na wyspie nadal wiąże się z niebezpieczeństwami; niedzielę tradycyjnie przeznacza się na odpoczynek.

Pierwszy dzień na Skale schodzi na urządzeniu się, ale zaraz potem zaczyna się ubój. Mężczyźni otrzymują odrębne zadania: łapania, zabijania, opalania, opłukiwania, oskubywania i układania w stos. Jedni, ubezpieczeni linami, schodzą w dół klifów po śliskich od guana występach, wyposażeni w długie pętle na kijach i pałki. *Podejdź, zarzuć pętlę, pochwyć, skrusz.* Zwłoki wyciągane są na szczyt Sula Sgeir, gdzie funkcjonuje „Fabryka". Ptaki się oskubuje i opala, potem odcina im się skrzydła, szoruje, rozpruwa i oczyszcza z wnętrzności. Tak przygotowane skorupy ciał układa się następnie na „stosie" — wielkim ołtarzu-kopcu z *guga*. I tak dzień po dniu. W niedzielę przypadającą w połowie pobytu mężczyźni odpoczywają, modlą się i śpiewają. Jeżeli nadciąga letni sztorm, przeczekują go w chatach, ponieważ na Skale nie da się pracować przy silnym wietrze ani wysokiej fali. Po ukończeniu dzieła żeglują na południe na wyspę Lewis. Tłumy oczekują na nich w porcie w Ness, aby kupić i zjeść ptaki. Łowca *guga*, któremu wiek nie pozwoli powrócić ponownie na Skałę, w czasie swojej ostatniej wizyty buduje na niej kopiec z kamieni, aby upamiętnić swój związek z wyspą. Kiedy patrzy się na Sula Sgeir z poziomu morza, sylwetka wyspy jest najeżona takimi kopczykami.

Guga, które przetrwały łowy, zczłapują po występach skalnych i wpadają z pluskiem do morza. Przez dwa tygodnie żyją na wodzie, unosząc się na falach i pożywiając, a kiedy stają się dostatecznie lekkie, aby poderwać się w powietrze, wyruszają w dziewiczą podróż: szybują wzdłuż zachodniego wybrzeża Brytanii, północno-zachodnich przylądków Francji, przez Zatokę Biskajską, wzdłuż czoła Atlantyku. Podążają własnymi — migracyjnymi — szlakami morskimi aż do zimowisk w Afryce Zachodniej.

Od wieków mężczyźni przypływali na Sula Sgeir otwartą łodzią, wiosłując albo żeglując. „W Ness żyje grupa niezwykle śmiałych ludzi, którzy od kilku lat, ryzykując własnym życiem, wyruszali [na wyspę] w otwartej, sześciowiosłowej łodzi, nie pomagając sobie nawet kompasem", pisał wielebny Donald McDonald w spisie ludności z 1797 roku. Ostatnia grupa łowców *guga* dopłynęła na Sula Sgeir wyłącznie pod żaglem latem 1953 roku. Od tego czasu podróżują trawlerami, mimo to nadal muszą odbyć trudny, pięciogodzinny rejs. Dokładny moment wypłynięcia łowców *guga* jest zgodnie z tradycją trzymany każdego roku w ścisłej tajemnicy.

* * *

— Czas na godzinę albo dwie czarnej magii — zarządził Ian kilka dni po powrocie z Shiants. Poszedł na piętro i wrócił z trzema mapami, atlasem pływów i czymś, co wyglądało jak mosiężna czaszka głuptaka z korkiem zatkniętym na końcu dzioba. Rozłożył mapy na kuchennym stole, otworzył atlas pływów, wyciągnął korek z dzioba głuptaka i wcisnął kółko na czaszce, wysuwając nóżki cyrkla, które najpierw się skrzyżowały a potem rozłożyły, umożliwiając stawianie kroków na mapach.

Mapy morskie, bardziej nawet niż lądowe, potrafią rozbudzić w człowieku nieposkromioną pychę. Jak na takich połaciach pustej wody mogłoby się zdarzyć cokolwiek złego? Na mapach górzystych terenów można znaleźć ostrzeżenia: zacieniowania pokazujące klify albo biegnące blisko siebie poziomnice wskazujące na stromizny i uskoki. Mapy morskie odnotowują przylądki, wystające z morza skały i niebezpieczne głębiny, ale ponieważ powierzchnia morza jest zmienna — jako chwilowa wypadkowa wiatru, pływu i prądu — nie ma sposobu, żeby ją wiarygodnie zobrazować. Czytanie mapy morskiej, jeszcze bardziej niż czytanie mapy lądowej, polega częściowo na pozyskiwaniu z niej danych, a częściowo wymaga zdolności okultystycznych. Żeglarze, podobnie jak alpiniści, praktykują swoje kartograficzne jasnowidztwo na bazie intuicji i przesądów, a nie tylko suchych faktów.

Przyglądałem się jak Ian przesuwa palcami po mapie, przemierzając potencjalne drogi żeglugi, wyobrażając sobie przyszłe warunki morza, posiłkując się własną pamięcią i umiejętnością wnioskowania. *Biorąc pod uwagę taki wiatr, taką łódź, taką załogę... biorąc pod uwagę taki stan pływu, biorąc pod uwagę tę trasę...* Im bardziej oddalał się od lądu, tym więcej czasu zabierała analiza podróży, tym szybciej mnożyły się hipotetyczne okoliczności. *Gdyby nie udało się nam dotrzeć do tego kanału, tego cypla, przy martwej wodzie, przesileniu pływu, ucieklibyśmy tu, a może tam...* Odczytywał informacje opuszkami palców. Pokrywające mapę blade odcienie niebieskiego i zielonego nabierały w jego umyśle konkretnych kształtów. *Fale w tym miejscu, o takim czasie, w tych warunkach, nie sprawią nam kłopotu; ale tu staną na sztorc i będą twarde jak ściana.* Pod uwagę należy wziąć nie wiatry przyszłe, ale również przeszłe, ponieważ morze potrafi długo przechowywać w pamięci dawne wzburzenia. Jeżeli wiatr od kilku dni wieje mocno z jakiegoś kierunku, ruch morza będzie odzwierciedlał ten fakt nawet po ustaniu wiatru. Musi minąć trochę czasu zanim woda się uspokoi, zanim zmieni swoje skłonności.

Ian zastanawiał się, którędy powinniśmy popłynąć w następnej kolejności. Wiedzieliśmy tylko, że wyruszymy z portu w Ness położonego wysoko w północnej części wyspy Lewis. Stamtąd mieliśmy pożeglować na wschód wokół przylądka Wrath i „przez górkę" — zatokę Pentland Firth — ku Orkadom: trzydzieści, czterdzieści godzin nieprzerwanej żeglugi w jedną stronę. Mogliśmy się też skierować prosto na północ w stronę Sula Sgeir i Rony. Ian położył jedną dłoń na drugiej i oparł je na mapie, następnie spojrzał w zamyśleniu przed siebie. W tle szumiała żeglarska prognoza pogody: *Malin, Hebrydy, Mich. Lekko południowy, 3 do 4. Okresowo cyklonowe odbicie na południowy południowy wschód.*

— Korzystna siła wiatru jak na małą łódź — stwierdził. — Jeżeli już, to nawet odrobinę za lekka.

Decyzję podjął po dziewięćdziesięciu minutach szacowania i przewidywania. W końcu złączył nóżki cyrkla, wepchnął je z powrotem do korka i rzucił na mapę.

Popłyniemy na północ ku Sula Sgeir, Wyspie Głuptaków. Do tego w „Jubilee".

„Jubilee" była *sgoth Niseach*: rodzajem używanych na wyspie Lewis otwartych łodzi, z ożaglowaniem lugrowym, z poszyciem na zakładkę, dwurzędowych, przeznaczonych do żeglugi w trudnych warunkach za Butt of Lewis, gdzie prądy atlantyckie spotykają się z prądami cieśniny Minch. Długa na dwadzieścia siedem stóp łódź została zbudowana w 1935 roku przez rodzinę MacLeodów z Ness i przez wiele dziesięcioleci pozostawała w tym mieście, zanim została przerejestrowana do Stornoway. Była tak naprawdę większą kuzynką „Broad Bay". Właśnie w niej do Sula Sgeir dopłynęli ostatni łowcy *guga*, którzy wyprawili się tam na samych żaglach. „Rozmawiałem z jednym z mężczyzn, którzy popłynęli «Jubilee» na Sula Sgeir — opowiedział mi mój przyjaciel z wyspy Lewis, Finlay MacLeod, zanim wypłynęliśmy z Ness. — Opisał, jak wpłynęli do *geo* w złych pogodzie. Podobno nacisk fal odbijających się od burt dosłownie wciskał je do wewnątrz".

Właśnie w „Jubilee" Ian chciał pożeglować na Sula Sgeir i z powrotem — w jej siedemdziesiąte piąte urodziny. Cieszył się, że odbędzie taką historyczną podróż na Sula Sgeir, podążając ścieżką łowców *guga* oraz trasą przelotu głuptaków.

* * *

Załapaliśmy się na popołudniowy odpływ w porcie w Ness. Zamierzaliśmy płynąć na żaglu nieprzerwanie przez cały wieczór i noc, aby dotrzeć do Sula Sgeir o świcie. Port: turkusowa woda nad piaskiem, zapach diesla, słoneczny skwar na betonowym wybrzeżu, zardzewiałe szczeble drabiny. Krasnorosty wyłażące na powierzchnię, skrzypienie boi i odbijaczy, starzy mieszkańcy wędkujący na pomoście.

Kiedy ładowaliśmy nieprzemakalne worki i skrzynki, w pobliżu zaczęli się gromadzić ludzie, żeby obejrzeć „Jubilee". W północnej części wyspy Lewis rozeszła się wieść, że łódź spróbuje dopłynąć na Sula Sgeir. „Jubilee" ma piękny, lśniąco-czerwony kadłub otoczony naprzemiennymi czarnymi i białymi prostokątami. Drewno w środku pomalowano na czarno. Łódź jest masywna, solidna i uwielbiana. Postawiliśmy maszt, pal z daglezji, do którego podniesienia i umocowania potrzeba czterech ludzi. Następnie wyślizgnęliśmy się z portu na wiosłach i silniku, lawirując między szeregiem falochronów, pokonaliśmy chaotyczne fale przy czubku cypla i wypłynęliśmy na otwarte morze.

Postaw żagiel, zrzuć refy, pociągnij fał, rozwiń szota. Łódź skacze lekko do przodu, popchnięta na północ przez wiatr na wysokich, garbiących się falach. W górę i w dół. Ludzie na cyplu machają na pożegnanie. Słońce połyskuje na niebieskiej wodzie. Długie wypłaszczenia między falami.

Ian wypływał z Lewis od ponad czterdziestu lat, zmierzając swoimi szlakami na St Kildę, Orkady, Szetlandy, do Norwegii, na Bałtyk i do Bretanii. Nigdy wcześniej nie wyprawił się jednak na Sula Sgeir: plany zawsze krzyżowała pogoda. Tamtego dnia był podekscytowany, ale czujny. Prognoza zapowiadała korzystne okno pogodowe — łagodne wiatry, słońce — ale miało się ono zamknąć za dwa dni wraz z nadejściem potężnych wiatrów zachodnich. Na małej otwartej łodzi płynącej po morzu trzeba zachowywać ostrożność, dlatego towarzyszyła nam druga jednostka, nasz dobry pasterz: jacht oceaniczny o nazwie „Hebridean". Miał mieć dla nas oko na pogodę.

Rano w dniu wypłynięcia spotkałem się w Stornoway z moim przyjacielem Stevem Dilworthem. Steve mieszka na południowo-wschodnim wybrzeżu wyspy Harris i jest obecnie jednym z najciekawszych rzeźbiarzy na świecie. Przygotował coś dla mnie — przedmiot, który miałem zabrać ze sobą w podróż na Sula Sgeir. Spoczywał w plastikowym pudełku, owinięty gazetą i folią bąbelkową. Miał kształt dużego spłaszczonego jaja z jednym szpiczastym końcem. W środkowej części był czarny, na obrzeżach biały, rozmiarami dorównywał mojej pięści i był bardzo ciężki. Przypominał głowę nurzyka.

— To *kist* — oznajmił wesoło Steve. — Taki kuferek. Główna część składa się z dolerytu. Wydrążyłem środek i umieściłem tam szklaną fiolkę. Zawiera wodę morską, którą zebrałem w czasie potężnego sztormu dwadzieścia pięć lat temu. Fiolkę osadziłem za pomocą brązowego drutu, a następnie otoczyłem doleryt kawałkiem starej kości słoniowej.

Powierzchnia kistu była chłodna i gładka, nawet w miejscach, gdzie kość słoniowa spotykała się z dolerytem.

Steve wyjaśnił, że jest to dar wotywny: amulet chroniący przed sztormami. Wszystkie kultury morskie wrzucały do wody jakieś przedmioty albo substancje, aby ją uspokoić, kiedy statek znajdował się w niebezpieczeństwie. Za burtę wylewano piwo, oliwę albo krew, aby uspokoić fale. Monetami, ciałami, mieczami, płatami wełny albo wełnianym swetrem próbowano zatrzymać wiry. Istnieją dwa rodzaje darów: przebłagalne i ofiarne. Przebłagalne mają łagodzić żywioły (oliwa wylewana na wzburzoną wodę); ofiarne pełnią funkcję zastępczą — niewielka strata poniesiona teraz (przedmiot wrzucony do morza) zamiast dużej straty później (zatonięcia łodzi). Kist Steve'a należał do darów ofiarnych.

— Uważam, że takie przedmioty powinny być piękne, jeżeli mają służyć jako dary — wyjaśnił. — Musi to być coś, czego będzie ci żal wrzucić w fale.

Poczułem się spokojniejszy, mając przy sobie kist, wiedziałem też, że jeśli morze się wzburzy, bez wahania wyrzucę go za pokrytą czarnymi i białymi prostokątami burtę.

— Pamiętaj, żeby nie jeść żadnych *guga*, jeśli ktoś ci je zaproponuje — ostrzegł mnie Steve tuż przed pożegnaniem.

— Czy to przynosi pecha? — zapytałem.

— Nie — odparł. — Po prostu paskudnie smakują. Oleiste, żylaste i ostre w smaku. Nie mam pojęcia, skąd się wzięło to całe zamieszanie wokół nich. Znajomy zagrodnik z wyspy Lewis na moje pytanie, czy smakuje mu mięso głuptaka odparł: „Dałem kawałek psu, a ten przez tydzień lizał się potem po dupie, żeby pozbyć się jego smaku z pyska".

* * *

Załoga składała się z pięciu osób. Ian. Szesnastolatek z wyspy Lewis, David, który zaciągnął się właśnie do marynarki handlowej. Colin, cieśla okrętowy, którego poznałem w czasie wyprawy na wyspy Shiants. Diyanne, która pływała promami do Ullapool, miasteczka leżącego w zachodniej części Szkocji. Wszyscy kochali morze i stare łodzie. Czworo niezwykle kompetentnych żeglarzy — no i ja.

Kolejny płetwal karłowaty wyprowadził nas spod Butt of Ness, objadając się ławicami dobijaków. Głuptaki pikowały w wodę wokół niego i wyłaniały się z dziobami pełnymi srebrnego pokarmu. W słabym świetle rozkołysana „Jubilee" sunęła na północ po wzgórzach przypływu. Morze przypominało zmięty obrus; łódka wspinała się na pomarszczone garby niebieskiej wody i zsuwała się z nich. Wybrzuszenie unosiło wodę obok burty, ale się nie przełamywało. Przypominało język przesuwający się po wewnętrznej stronie policzka. Zaraz potem stercząca płetwa: samotny delfin.

Ian nazywał długie fale grzbietami wielorybów. Był koneserem fal, a ja zaczynałem poznawać żargon, którym posługiwał się na określenie różnych form występujących na wodzie. „Rwetesem" nazywał spienioną wodę w miejscu, gdzie spotykały się i mieszały prądy. Tam, gdzie się zderzały, powstawało „złomowisko". Małe fale „roztrząsały". Niezwykle wzburzona woda była albo „skoczna" albo „roztrajkotana". „Długimi" nazywał duże, szybkie, płynące w jednym kierunku fale, gładkie na powierzchni, ale nieustępliwe; „drapały się po plecach" kilami łodzi. „Duże długie skurwiele" przynosiły problemy: mówił, że można się z ich strony spodziewać „szorstkiego powitania", przełamania się nad rufą albo dziobem łodzi z niskimi pokładnikami. Dla mnie powierzchnia morza była płynnym odpowiednikiem niezrozumiałego szumu, jakim wydaje mi się klasyczny język chiński. Ian czytał w niej z równą łatwością jak w książeczce dla dzieci.

Zacząłem sobie uświadamiać, że na wodzie Ian znajduje się jednocześnie w dwóch stanach emocjonalnych. Jednym z nich była spokojna, zwykła radość z faktu przebywania na morzu. Drugi miał charakter analityczny i toczył się spokojnie w tle: jego mózg gromadził dane ze źródeł, z których istnienia ledwo zdawałem sobie sprawę; z drobnych zmian wiatru, fal, oznakowań, zapachów, z — jak napisał w jednym ze swoich wierszy — „odbić światła od przypadkowych kawałków lądu" i ze „skomplikowanej kontrfizyki" pływów. Każda nowa informacja zmieniała ogólny obraz sytuacji. Uprawiał pilotaż poetycki i interpretował morze z rabinicznym przejęciem. „Trzeba dostrzegać zaburzenia w tym, co oczekiwane — tłumaczył mi — wypatrywać nieprzewidzianych interakcji".

Obserwując Iana sterującego łodzią, myślałem o Marku Twainie, który szkolił się kiedyś na pilota statków pływających po Missisipi. Dla Twaina rzeka była kapryśnym tekstem, który na równi karze literalistów co alegorystów za niezmienność ich interpretacji. Horace Bixby, doświadczony kapitan parowców, u którego nauki pobierał Twain, wpoił mu potrzebę dostrzegania głębi w zjawiskach zachodzących na powierzchni: drobne zaburzenia mogły świadczyć o głębszych prawdach. Na przykład „długą poprzeczną linię", mówił Bixby, należy odczytać jako rafę, którą „wyprułbyś ze statku bebechy". Pod jego okiem Twain nauczył się przepływać parowcem kołowym obok zmieniających położenie mielizn na rzece oraz unikać sterczących pni drzew i wraków. Bixby obdarzył młodego Samuela Clemensa jego wspaniałym pseudonimem („Mark Twain" to miara głębokości wody; znaczy to tyle, co „dwa sążnie") i zmusił go do nauczenia się rzeki „na pamięć"; Twain stał przez wiele dni na dziobie i „czytał". „Powierzchnia wody — pisał Twain — stała się z czasem cudowną książką, książką, która dla nieświadomego pasażera była rzeczą martwą, ale mnie mówiła o sobie wszystko bez zastrzeżeń [...]. A nie była to książką, którą czytało się raz, a potem odrzucało, bo co dzień miała do opowiedzenia coś nowego".

* * *

Z czasem przywykliśmy do rytmu długiej żeglugi w otwartej łodzi. Rotacyjne zmiany przy rumplu. Kurs prosto na północ, wzdłuż południka. Kto nie stał przy sterze, miał do dyspozycji kanapki i ciepłe napoje. Grafik wacht nagryzmolony na odwrocie koperty. „Harmonogram niespania", nazwał go Ian.

Żagiel łopocze i nabiera powietrza, wciągając lekką bryzę, podrygując niczym umierająca ryba. Piski dzikich kotów dobiegające raz po raz zza burt. Ląd maleje, szczegóły zanikają, Lewis spłaszcza się od klifu, przez pas, aż do linii — wreszcie do niczego. *Łódź, otwarta łódź, wypłynęła poza znane punkty orientacyjne.* Przy słabym wietrze i jednostajnym kursie w otwartej łodzi czas się rozciąga, wydłuża. Wydaje się, jakbyśmy mieli godziny na każdą czynność. Ten brak pośpiechu zaczyna w człowieka wnikać. Wpływaliśmy radośnie w długi północny zmierzch, snując po drodze opowieści, wdrapując się na wodne wzgórza i z nich zjeżdżając, mijając morświny, sunąc pod gąszczem przelatujących mew trójpalczastych. W końcu zapadła ciemność, która wydawała się wznosić z morza, a nie opadać z nieba; czarna farba rozlana na powierzchni, która przesączała się w górę ku bezchmurnemu niebu.

Ian opowiedział historię, starą historię, którą słyszałem już wcześniej. Różne jej wersje powtarzane są przy lęgowiskach głuptaków na wybrzeżach Irlandii i zachodniej Szkocji, odświeżane za każdym razem. Mała otwarta łódka wypływa ku St Kildzie — albo ku Ronie, Blaskets (możecie sami wybrać jakąś odległą wyspę). Na długo po tym, jak ląd znika jej z oczu, łódka napotyka ławicę śledzi tak gęstą, że powierzchnia morza wydaje się dostatecznie twarda, aby dało się po niej chodzić. Śledzie ściągają drapieżniki: wieloryby, delfiny i głuptaki. Te ostatnie — tysiącami. Nurkują z nieba do morza wszędzie dokoła łodzi.

— Nagle — mówi Ian — rozlega się dźwięk przypominający wystrzał. Bach!

Głuptak przez pomyłkę zanurkował w łódź i leży przy dziobie, martwy jak kłoda, ze zwiotczałym ciałem, dziobem wzbitym w drewno kadłuba. Wielkie skrzydła, od czubka do czubka szerokie na dobre dwa jardy, opadły rozpostarte na ławki. Dwadzieścia mil od brzegu, na wielkich atlantyckich falach z dziurą w kadłubie... Powinno się to niechybnie skończyć śmiercią załogi. Ale ta zdała sobie szybko sprawę, że głuptak wbił się w kadłub z takim impetem, że zatkał wybitą przez siebie dziurę.

— Płyną zatem niepewnie dalej z głową głuptaka wepchniętą w kadłub niczym korek.

W końcu dopływają do wyspy Hirta, należącej do archipelagu Kilda, przy coraz gorszej pogodzie i coraz większych falach. Wyspiarze gromadzą się na brzegu, żeby im pomóc, a kiedy ostatnia wielka fala unosi łódź, widzą ze zdumieniem czarny dziób głuptaka sterczący niczym zaostrzony kil.

Ja opowiedziałem historię wyspy Tory leżącej dwanaście mil od wybrzeża hrabstwa Donegal, na którą udałem się dwa lata wcześniej. Pewnej nocy usłyszałem krzyk: „W porcie jest delfin!". Pobiegłem na molo i moim oczom ukazał się niezwykły widok. W wodzie znajdował się labrador, poszczekujący i pływający w kółko, podczas gdy wokół niego krążył ośmiostopowy delfin. Był niebieski, kiedy wynurzał się nad powierzchnię, zielonoszary, kiedy schodził niżej. Dołączyłem do nich, rozebrawszy się do spodenek i pokonawszy stopnie prowadzące do przejrzystej, szarej lodowatej wody. Przez piętnaście minut pływałem z oboma stworzeniami. Delfin był zaciekawiony, towarzyski. Przepływał pode mną na boku, trącając mnie w kostkę, albo wystawiał głowę nad powierzchnię, żeby przyjrzeć mi się swoimi czarnymi, figlarnymi oczami. W pewnym momencie oddalił się na dziesięć jardów, zniknął, po czym pojawił się znowu, sunąc z wystawioną nad powierzchnię wody płetwą jak rekin. Jego skóra wydawała się mieć w dotyku temperaturę krwi i była gładka jak neopren.

Później jeden z wyspiarzy powiedział mi, że delfin ten zaglądał do ich portu przez poprzednie pół roku, szukając towarzystwa po śmierci swojego krewniaka, którego ciało morze wyrzuciło na południowy brzeg Tory. Delfin zaprzyjaźnił się z psem i często pływają teraz razem. Mężczyzna powiedział, że widział kiedyś „z tysiąc delfinów" zmierzających na zachód przez cieśninę Tory. Dorosłe osobniki i ich młode skakały razem idealnie zsynchronizowane, „jakby każde dziecko było przyczepione do boku swojej matki".

* * *

Noc zastała nas już na otwartym oceanie. Pojawiły się pierwsze gwiazdy; potem kolejne — coraz szybciej i szybciej, pokrywając plamkami niebo, dziesiątkami na minutę. Nie potrafię opisać uczucia pustki i odosobnienia, jakie nas wtedy ogarnęło. Wcześniej coś podobnego zdarzyło mi się tylko zimą w wysokich górach. Kończyłem długi całodzienny marsz, słońce zabarwiało śnieg na pomarańczowo, a ja nie znalazłem sobie jeszcze miejsca do spania. „Jubilee" nie miała oświetlenia. Ian od czasu do czasu kierował snop latarki na żagiel, ujawniając naszą pozycję innym statkom, które mogły przepływać obok, niewidzialne dla nas. Poza tym panowały ciemności, a otaczające nas morze wydawało się nie mieć kresu. Płynęliśmy przez, jak by to powiedział filozof William James, „obszerną" ciemność.

Moja wachta zaczynała się o północy. Przeszedłem po omacku do steru nad śpiącymi ciałami. Diyanne przekazała mi rumpel.

— Łatwiej się nawiguje za pomocą gwiazd niż kompasu. Wypatruj Gwiazdy Polarnej; łatwo ją znaleźć, mimo że nie jest najjaśniejsza na niebie. Odszukaj dwie gwiazdy w tylnej części Wielkiego Wozu... widzisz je? Teraz przesuń wzrokiem po nakreślonej przez niej linii. Dalej, dalej. Jedna gwiazda, druga... i tam masz Polarną. Błyszczy wyraźnie. Trzymaj taki kurs, żeby wisiała między fałem a górą żagla.

Z wielką chęcią posłużyłem się tą najstarszą ze wszystkich technik nawigacyjnych. Polecenie ułożyło się w kuplecik — *Płyń kursem prościutko na Północną Gwiazdę, trzymaj ją między fałem a górnym żaglem* — który kołatał mi się po głowie przez całą wachtę. Woda bulgotała i plaskała, zupełnie jakby zrobiła się gęstsza. Pomyślałem o Pyteaszu, greckim podróżniku, który wyruszył na północ z dzisiejszej Francji w 325 roku p.n.e., podążając początkowo uczęszczanymi szlakami — cynowym i bursztynowym — a potem płynął po prostu dalej, zatrzymując się na Lewis, aby zbudować gnomon i dokonać pomiaru wysokości słońca i długości dnia. Stamtąd ruszył jeszcze dalej na północ, aż osiągnął szerokość geograficzną, na której morze pod wpływem zimna zamieniło się w kaszę lodową, a powietrze okrywało podróżników całunem mroźnych mgieł. Atmosfera przypominała tam, jak wyraził się zagadkowo Pyteasz, „morskie płuco" (*pneumon thalassios*).

Słyszałem opowieść żeglarza o przeprawie przez zatłoczone wody kanału La Manche jako niezwykle relaksującym doświadczeniu. W takich chwilach, twierdził, świat zostaje zredukowany do kodu: świateł umieszczonych na różnych jednostkach, wspólnych reguł znanych wszystkim uczestnikom, które określają, kto ma pierwszeństwo przed kim. Liczba strumieni danych zostaje ograniczona do minimum: nocnych szumów VHF, rozbłysków na radarze, sekwencji świateł. Zakładając, że te kody zostaną prawidłowo zinterpretowane przez wszystkich uczestników, tankowce przesuną się w ciemności obok małych jolek, statek wyminie statek i tak wszystko będzie się odbywało zgodnie z obyczajem. Najbardziej, twierdził, przypomina to kadryla — dostojny taniec wykonywany jednocześnie przez wiele osób we wzajemnym porządku. Do tego dochodzi, jak mówił, kojąca dysproporcja między naturą tej gry a jej stawkami, w tym sensie, że o kompetencjach uczestników świadczy jedynie brak katastrofy.

Ale tamtej nocy, daleko na północnym Atlantyku, nie widać było żadnych świateł, jako że nikt poza nami tamtędy nie płynął. Oceaniczne szlaki, którymi poruszały się duże frachtowce, przebiegały znacznie bliżej wyspy Lewis. Jeden z nich,

„Hebridean", przepłynął jakieś pięćset jardów na lewo od naszej rufy. Zielona lampa na sterburcie mrugała do nas, kiedy wznosił się i opadał na falach. Poza tym jedynym źródłem światła były ciała niebieskie. Konstelacje, majestatyczna smuga Drogi Mlecznej. Jowisz, lśniący nisko na wschodzie, tak mocno, że jego światło tworzyło podłużny szlak na wodzie, zapraszając nas do wyjścia na jej rozkołysaną powierzchnię. Wiszący nisko Księżyc w nowiu, intensywnie czerwony, wyznaczał własny szlak na wodzie. Morze było pełne jarzącego się planktonu porywanego ku powierzchni przez nasz kilwater; fluorescencyjna linia zielonych i żółtych pszczół, zupełnie jakby kadłub naszej łodzi podrywał do lotu cały rój. Przy łodzi zbiegały się różnego rodzaju światła, które uginały się i poruszały w miarę, jak zmierzaliśmy na północ.

Po jakimś czasie oddałem ster, przepełzłem w stronę dziobu i próbowałem zasnąć. Łódź nadal wślizgiwała się w noc. Leżałem na plecach z głową na odbijaczu, z dłońmi grzejącymi się w kieszeniach, wpatrzony w niebo. Ostatnia noc Perseidów. Spadające gwiazdy pojawiały się co chwilę: jasne kreski, zadrapania na siatkówce. Naliczyłem setkę i dopiero wtedy dałem sobie spokój.

Nie spodziewałem się tego po nocnej żegludze — tego spokoju, jaki mnie tam przepełniał. Być może przyczyniły się do tego chłód, zmęczenie z pierwszych godzin rejsu i kojący chichot wody. W moim umyśle pojawiły się zbłąkane obrazy, myśli z innych pływów i oceanów. Być może lustrzane podobieństwo gwiazd na niebie i fosforescencji wody sprawiły, że doświadczyłem iluzji bezwymiarowości naszej łodzi i jej załogi. Wydawaliśmy się zrobieni z papieru, porozkładani plackiem na modelu statku, wsunięci przez szyjkę butelki a następnie postawieni do pozycji wyprostowanej jednym pociągnięciem nitki. Wydawaliśmy się sunąć przez wąski mineralny szew łączący powietrze i wodę, na północ, po tej starej, niewidzialnej drodze morskiej.

* * *

Dłoń na ramieniu budzi mnie szarpnięciami. Siadam i widzę, że wpłynęliśmy w zimę. Niecałą milę od nas stoi pokryta śniegiem Sula Sgeir; fala przyboju chlupocze u jej stóp. W czasie czarodziejskiej nocy nadeszła zima; udało nam się w jakiś sposób przepłynąć między sierpniem a styczniem. Ale nie, to oczywiście nie był śnieg — to ptaki. Głuptaki, tysiące białych głuptaków, ich białe guano, ich białe pióra — na każdym występie każdego klifu. Powietrze nad łodzią wypełniało się latającymi głuptakami: ich grubymi szyjami w kolorze nikotynowej żółci, ich szybowaniem na usztywnionych skrzydłach. Między głuptakami niebo przecinały fulmary i mewy trójpalczaste, zakreślając łuki i koła, pozostawiając — w moich wciąż sennych oczach — świetliste ślady, które przypominały linie na prześwietlonej fotografii. Spojrzałem w górę na ptaki, czując zawroty głowy, chwiejność. Przypomniały mi się wersy z wiersza Iana: „Zygzakowate tory / wyprowadzą cię w niebo / jeżeli szerokie stopy nie pozwoliły ci / zassać pokładu".

Ian wskazywał na coś i wołał: „Patrzcie tam, patrzcie tam!". Kilkaset jardów od nas stał na kotwicy podniszczony trawler: „The Heather Isle". Na jego pokładzie stali mężczyźni, niektórzy przodem do nas, inni wpatrzeni w wyspę. Byli to łowcy *guga* szykujący się do spędzenia dwóch tygodni na Skale. Wpływali do *geo*, żeby rozładować zapasy. Przypadkiem się złożyło, że dopłynęliśmy tam razem z nimi w odstępie niecałej godziny.

„Jubilee" kołysała się z chlupotem na fali przyboju. Na wschodzie widniała Rona, klin zieleni. Otaczały nas śmierć i mord. Sula to ziemia przesiąknięta krwią: miejsce spotkań drapieżników i ofiar. Foki przypływają tam po duże ryby, głuptaki po śledzie i dobijaki, wydrzyki po dorosłe głuptaki, a ludzie po *guga*. Obserwowałem jak bandy wydrzyków uganiają się za pojedynczym głuptakiem: wzlatywały nad niego, opadały mu na grzbiet i zmuszały do wylądowania na morzu, gdzie waliły mu w czaszkę dziobami, aż głuptak robił się ogłupiały. Wtedy wpychały jego głowę pod wodę uderzeniami łap; głuptak wypluwał zawartość żołądka, którą zjadały wydrzyki. Tymczasem pozostałe głuptaki prowadziły własne łowy, wpadając pod wodę za niewidocznymi rybami. Przestałem się dziwić, że mogłyby przedziurawić kadłub. Spod wody wyłaniały się niczym rozwijający się kwiat. Zegnij, złóż, zanurkuj, rozwiń: ptasie origami.

* * *

Zaparzyliśmy czarną kawę w kambuzowym kuble, następnie dwóch z nas usiadło do wioseł i poprowadziliśmy „Jubilee" wokół Sula Sgeir. Płynęliśmy jednocześnie na żaglu i wiosłach. Ian zapalił się do pomysłu, żebyśmy dokonali rytualnego okrążenia wyspy, aby zaznaczyć nasze przybycie.

Opłynięcie wyspy zajęło nam godzinę. Kormorany stały niczym krzyże na nisko położonych skałach, susząc skrzydła.

Minęliśmy czubek Pal a' Cheiteanaich, przepłynęliśmy przez niewielki prześwit między czarnymi skałami Bogha Leathainn i Dà Bhogha Ramhacleit, ostrymi kominami, wokół których pieniło się morze. Zostawiliśmy za sobą An Sgor Mhòr, Sròin na Lic, na którym stoi latarnia morska, oraz *geo* i Bealach an t-Suidhe. Z Sula Sgeir, kawałkiem skały, na którym rzadko ktokolwiek mieszka, związanych jest niemal trzydzieści toponimów.

Wpłynęliśmy na wiosłach do *geo* i zobaczyliśmy łowców *guga* stojących na stromej skale, która zbiega do miejsca, gdzie można zejść na ląd. Spoglądali na nas, nie uśmiechając się. Ich przywódca, Dodds, znajdował się pośrodku. Znali łódź, znali Iana, ale ich sylwetki sugerowały wyraźnie jedno: „Trzymajcie się z daleka, to nasz dzień, nasza skała". Ian pomachał im na powitanie, oni odpowiedzieli w ten sam sposób. Wypłynęliśmy z *geo*.

Zakończyliśmy opływanie wyspy przy południowych klifach, gdzie skała sterczała niczym dziób statku. Nad nami szybował nurzyk; jego lśniącoczarna głowa przypomniała mi, że mam przy sobie kist Dilwortha i że okazał się jednak niepotrzebny.

Diyanne wyciągnęła nagle rękę.

— Patrzcie — zawołała — krzyż na skale!

I tak rzeczywiście było: prymitywny krzyż wysoki na jakieś dwadzieścia stóp, wykonany z różowawych skał, wiszący na tle ciemnego gnejsowego dzioba przylądka: geologia jako teologia.

Zaraz potem zawołała ponownie:

— Nie, to nie krzyż, to pikujący głuptak.

I tak rzeczywiście było: zobaczyliśmy, że ma rację. Pionowym drzewcem krzyża zwężającym się ku końcowi były tułów i dziób ptaka, a poprzeczną belką jego skrzydła. Wydawało się, jakby głuptak, niczym ptak z opowieści Iana, zanurkował w gnejs i zarył w skale na dziobie wyspy, gdzie następnie skamieniał. Metamorfizm szokowy. Przypomniało mi się zdanie, które przeczytałem kiedyś w przewodniku geologicznym po wyspach: „*Garnets* [garnety] można czasami znaleźć w lewisowym gnejsie". Tyle że za pierwszym razem odczytałem to zdanie błędnie: „*Gannets* [głuptaki] można czasami znaleźć w lewisowym gnejsie". Teraz mój ówczesny błąd się urzeczywistnił[2].

* * *

„Jubilee" dotarła bezpiecznie na Skałę, ale musiała jeszcze powrócić bezpiecznie z powrotem na Lewis — tymczasem zbliżała się wichura. Zmieniliśmy zatem kurs o 180 stopni i wyruszyliśmy w całodzienną podróż na południe do Port of Ness, z powrotem tym samym morskim szlakiem.

Nasz kilwater przypominał śmietanę i miętę. Sula Sgeir kurczyła się za nami: od góry przez okap dachu do kciuka. Morze pachniało srebrem. Dzień nabierał rozmachu i powietrze coraz bardziej rzedło aż zobaczyliśmy na wschodzie Suilven, Foinaven, Arkle i inne wzgórza Sutherland.

— Woda przed nami może być nieco roztrajkotana — ostrzegł Ian, kiedy tamtego wieczoru wpływaliśmy do portu w Ness. I rzeczywiście: tam, gdzie sterczał klif, pagórki fal

[2] Krzyż-głuptak prawdopodobnie jest pasem gnejsu wzbogaconym przez różowy alkaliczny skaleń, który powstał w czasach prekambryjskich i został ugnieciony do swej obecnej postaci przez późniejszą kompresję.

miały sześć, siedem stóp, a w samym porcie czekała nas jeszcze chlupocząca fala przyboju. Przemknęliśmy jak duchy między falochronami w tak niewielkiej od nich odległości, że żołądek podszedł mi do gardła. Ian był zachwycony. David z wyczuciem sterował łodzią, Diyanne i ja wychylaliśmy się przez dziób niczym dwie drewniane figury, wpatrując się w głębinę oraz odległości od kamieni i betonu, wykrzykując w ostatniej chwili nerwowe ostrzeżenia: „Ster odrobinę w prawo!", „Ciutkę na lewo!". W końcu zrównaliśmy się z wysokim nadbrzeżem i wyrzuciliśmy za burtę wypchane różowe odbijacze, które niczym serca uległy ściśnięciu między burtą a nadbrzeżem. Łódź się zatrzymała.

Wdrapałem się po zardzewiałych szczeblach drabiny falochronu i wyszedłem chwiejnym krokiem na nadbrzeże. Tamtej nocy leżałem w łóżku w Stornoway, śniąc o morzu wciąż przewalającym się nade mną i przeze mnie, o głuptakach przelatujących pod sufitem, podczas gdy na zewnątrz zgodnie z zapowiedzią szalały prawdziwe północne wichry znad Islandii i Norwegii.

7. TORF

Skalna dolina — Odbijanie w poszukiwaniu znaków — Szlak jako pogłoska, szlak jako folklor — Torf i gnejs — Kamienie Manusa — Finlay MacLeod — Libacja i cudzołóstwo — Funkcjonalna sztuka ziemi — Postrzeganie epok historycznych — Współzależność geografii i historii — Fobos — Dopasowanie do miejsca i poruszanie się ścieżkami — Zaburzenia w tym, co oczekiwane — Anne Campbell i Bran — Mostek łabędzia, jajo siewki — Toponimy i szczegółowe mapy — Pieśni Stworzenia dla wrzosowiska — Noc na *beirgh* — Serenada dla foki — Jowisz i Griomabhal — Odkrycie — Jednoznaczne kopce — Kryształki kwarcu — Chodzenie boso — Kopuła i morena — *Tapetum lucidum*: jasny kobierzec — Drogi do Geocrab.

Wiatr, który nie niesie deszczu, nadciąga ze wschodu, ślady jeleni w błocie wrzosowiska, czarne niebo, głuptaki rozbłyskujące na biało niczym race nad powierzchnią morza. Wybrzeże Atlantyku, wyspa Lewis. Szarówka, zimne i blade światło. Przysadziste chmury na wysokości tysiąca stóp, dzień wyłaniający się z mroku. Opuszczam mały półwysep, na którym spędziłem noc, i ruszam w górę, w głąb lądu, na torfowiska, w wiatr, podążając wydeptanymi przez jelenie ścieżkami, które wiją się przez wrzosowisko. Torf staje się coraz cieńszy w miarę jak wychodzę wyżej, spod wrzosów zaczynają wyzierać skały: lewisowy gnejs, najstarsza skała powierzchniowa Europy — licząca 3,1 miliarda lat, pasiasta jak zebra, pobrużdżona i wygładzona przez kolejne lądolody. Wydaje się, jakby zlodowacenie plejstoceńskie zakończyło się ledwie kilka tygodni temu, jakby lód dopiero się wycofał. Teren opadł i się ugiął, wszedłem w szeroką na milę skalną dolinę, zarzuconą głazami, które stoczyły się z góry i które poustawiał tam lodowiec. Przede mną w chmurę wznosił się wielki szary szczyt zwany Griomabhalem. Widać połowę jego północnej ściany; bok niszczyciela. Kruk siedzący na głazie kracze; inny zatacza kręgi nad moją głową. Szkocka kuropatwa wystrzeliwuje spod wrzosu jard od mojej nogi; czerwone plamki nad oczami upodobniają ją do drag queen.

Ścieżka, której szukałem miała prowadzić w górę skalnej doliny pod ścianę Griomabhalu; tyle wiedziałem na pewno. Problem w tym, że co rusz ją gubiłem. Jak to mówili? „Musisz szukać tego, czego nie powinno tam być". Ścieżka nie istnieje tam jako ciągły szlak: jej przebieg wytyczają jedynie oznaczenia na kamieniach. Problem w tym, że teren, przez który szedłem, pokrywały setki tysięcy potencjalnych kamieni z oznaczeniami. Skały wyłaniały się z wrzosowiska w niezliczonych formach: dział i łososi, turbanów, biskupich infuł, mnisich habitów, grzybów i płetw. Raz po raz odbijałem w bok w poszukiwaniu znaków. Szedłem szerokimi zygzakami, próbując wypatrzyć linię kamieni. Bez skutku. Kładłem się na brzuchu przy oznaczeniach, żeby sprawdzić, czy nie zobaczę kolejnego. Nic. Miałem poczucie, że nie umiem rozgryźć zagadki: „Jak znaleźć konkretny kamień w dolinie kamieni; znak na pustkowiu znaków?". Zacząłem podejrzewać, że ścieżka w ogóle nie istnieje.

* * *

Przybyłem z hebrydzkich mórz na hebrydzkie wrzosowiska, aby znaleźć i podążyć na poły zaginioną ścieżką. Wieści o jej istnieniu dotarły do mnie nie w formie linii narysowanej na mapie, ale serii niespójnych pogłosek i wspomnień. Ścieżka biegła na południowy wschód z zachodniej części Lewis ukośnie w dół w Harris, a można ją było przebyć, poruszając się od jednego kopulastego szałasu z kamienia do drugiego, po piktyjskiej zabawie z gatunku „połącz kropki". Nieprawda — tak naprawdę biegła w górę wybrzeża od półwyspu Aird Bheag, górskimi *bealach*, a potem w dół ku zachodniemu wybrzeżu na wysokości opustoszałej wioski Mealasta. Oznaczono ją pojedynczymi głazami. Wcale nie, kopcami w kształcie zigguratów ułożonych na szczycie wielkich głazów. Nieprawda, oznaczenia miały formę *rùdhan*, trzech wąskich, długich kamieni postawionych na końcach i stykających się w powietrzu czubkami, swego rodzaju kopców wzorowanych na hebrydzkiej metodzie układania wyciętych kawałków torfu, aby przyspieszyć jego suszenie na wietrze i słońcu. Ścieżka powstała w latach pięćdziesiątych XIX wieku. Wcale nie, co najwyżej w latach dwudziestych XX stulecia. Wytyczył ją zagrodnik, który sam nauczył się greki i który w latach pięćdziesiątych XX wieku prowadził dziennik z zapisem ruchów brytyjskich okrętów wojskowych wzdłuż tego praktycznie niezamieszkanego wybrzeża. Nie, mówił tylko po gaelicku, ale pewna kobieta w Uig ma jego fotografię...

Owszem, ścieżka ta funkcjonowała jako folklor zanim zaistniała jako teren, a ja podążałem nią jako opowieścią, zanim wyruszyłem nią pieszo, zmierzając od wskazówki do wskazówki jak od kopca do kopca. Podobnie jak pieśni ludowe, przekazywane ustnie poematy czy morskie szlaki Iana, jej trasa zmieniała się nieznacznie z każdym kolejnym powtórzeniem.

Nieuchwytność ścieżki pasowała do terenu, przez który rzekomo przebiegała. Dwie główne substancje, z jakich zbudowane są Zachodnie Wyspy — czarny torf i blady gnejs — z różnych powodów nie sprzyjają tworzeniu się ścieżek. Torf je połyka, a gnejs odmawia im wstępu. Ludzkie stopy nie pozostawiają na nim praktycznie żadnych śladów, był dostatecznie twardy, żeby przetrwać miliony lat geologicznego tumultu. Torf, sprężysty i gąbczasty, wciąga przebiegające po nim ścieżki, jeżeli nie są regularnie uczęszczane. W rezultacie wiele z tysięcy ścieżek przecinających Zachodnie Wyspy nie istnieje pod postacią ciągłych linii na lądzie, ale jako serie kopców albo stojących bloków kamiennych.

Kamiennymi ciągami wytycza się często ścieżki biegnące po torfie (do eksploatowanych granic torfowisk), prowadzące do obszarów objętych dzierżawą, a zwłaszcza do szałasów pasterskich (z miast na wrzosowiska, gdzie każda rodzina miała własny szałas pasterski, czyli kamienne schronienie, w którym mieszkano w czasie letnich miesięcy wypasu). Członkowie rodziny udawali się do szałasu w różnym czasie, a dla dziecka momentem wejścia w dorosłość było pierwsze samodzielne pokonanie tej trasy. Zła pogoda mogła utrudniać orientację w terenie, a na samym wrzosowisku czaiły się niebezpieczeństwa w postaci bagien i głębokich dziur wypełnionych wodą. Właśnie dlatego zaczęto stawiać kopce, które pozwalały na ominięcie *boglach* (terenów w większości pokrytych moczarami), *blàr* (płaskich obszarów wrzosowiska, które potrafią zamienić się w groźne bagno) oraz najniebezpieczniejszych *breunlach* (wciągających trzęsawisk ukrytych pod warstwą kuszącej jasnozielonej trawy) i przeprowadzić wędrowca bezpiecznie do *tulach na h-àirigh* — miejsca, gdzie znajduje się szałas pasterski. Powraca motyw Jasia i Małgosi: kamienie prowadzące bezpiecznie do domu. Wkraczając na ścieżkę, otrzymywało się instrukcje, poradnik użytkownika, opowieści pozwalające na bezpieczne pokonanie trasy: „Zaufaj kamieniom, nie trać ich z oczu. Niech cię nie podkusi zejść niżej, gdzie teren wydaje się bardziej zielony i płaski, bo będzie on zarazem bagnisty i zdradliwy". Odpowiedniki tych praktyk możemy znaleźć w innych częściach kraju: w linii białych kamieni, która biegła przez kornwalijskie wrzosowisko Bodmin Moor z Watergate do Five Lane, ustawionych w połowie XIX wieku przez osobę, która chciała móc pokonywać ten pozbawiony dróg i często spowity mgłą obszar, nie ryzykując, że się zgubi albo wpadnie w bagno.

Większość hebrydzkich ścieżek istnieje tylko na nieformalnych lokalnych mapach oraz mapach pamięciowych przechowywanych w umysłach ludzi, którzy nimi chodzą; w opisach i legendzie. Ale odkąd kultura pasterska przestała niemal całkowicie istnieć na wyspie, a torf wycina się głównie maszynowo, wiele ścieżek zniknęło zarówno z pamięci, jak i z terenu.

Ścieżka, którą próbowałem odszukać, nie istniała na mapach Ordnance Survey. Nosiła nazwę *Clachan Mhànais*, „Kamieni Manusa", ponieważ wytyczające ją kopce zostały poustawiane przez niejakiego Manusa MacLennana, zagrodnika. Tyle udało mi się dowiedzieć ponad wszelką wątpliwość. O ścieżce opowiedział mi Finlay MacLeod, dla którego wiele lat wcześniej po raz pierwszy przybyłem na Hebrydy Zewnętrzne.

* * *

Finlay MacLeod — przyrodnik, powieściopisarz, radiowiec, znawca legend, okazjonalnie zaklinacz selkie i przywoływacz fok, człowiek mówiący równie płynnie po angielsku i gaelicku — jest znany na całych Zachodnich Wyspach i szkockich *gaeltacht* jako jedna z najbardziej elokwentnych i walecznych postaci z wybrzeża Atlantyku. Jest człowiekiem uprzejmym, ale nieustępliwym w dyskusji, zajmuje się opiewaniem pejzażu Hebrydów Zewnętrznych i jest zaciekłym wrogiem wszystkich, których uważa za swoich zaciekłych wrogów. Nie cierpi pełnego hipokryzji, tłamszącego kalwinizmu, który przez tak długi czas trzymał w swoich szponach wyspę Lewis. Jesienią 2009 roku wraz ze swoją żoną Normą z ogromną przyjemnością wsiadł na pierwszy w historii prom wypływający w niedzielę ze Stornoway. Zdarzenie to wzbudziło oburzenie ludzi fanatycznie czczących świętość niedzieli (których było wielu) i uradowało świeckich zwolenników postępu (których było mniej). Kiedy heretycki prom wypływał na Minch, zmierzając na Ullapool, ludzie na na nadbrzeżu odmawiali modlitwy i protestowali. Na pokładzie promu otworzono szampana.

Niski, zwinny, jasnooki — Finlay ma w sobie coś z bajkowej wróżki. Charakteryzuje go pomarszczony uśmiech, a ramiona mu się trzęsą, kiedy się śmieje, czyli często. Nieustannie zachowuje się w bluźnierczy sposób, choć nie przeszkadza mu to w poważnym podchodzeniu do życia. Jedyna forma chrześcijaństwa, jaką aprobuje, to ta, która rozkwitła w XII i XIII wieku na wyspie, przedreformacyjna wiara, w której pogańskie zwyczaje mieszały się z chrześcijańską obrzędowością. „W imię Chrystusa — opowiadał mi kiedyś z lubością, kiedy staliśmy w ruinach kaplicy na jakimś odległym przylądku — wylewano wtedy w czasie libacji piwo do morza, żeby przyspieszyć rozmnażanie wodorostów i ryb, oddawano cześć księżycowi w nowiu, tańczono i cudzołożono!". Religijnym fundamentalizmem pogardza, ponieważ prowadzi do, jak to ujmuje, „zagłady metafory", a on chce czcić Księgę Rodzaju jako ludową opowieść, a nie doktrynę.

Miłość Finlaya do krajobrazu i historii Wysp Zachodnich jest głęboka, ale pozbawiona sentymentalizmu. Filtr, za pomocą którego odsiewa wszelki romantyzm, nigdy się u niego nie wyłącza. Urodził się w Ness na północy wyspy Lewis i wychował w zagrodzie. Jako dziecko słyszał muczenie rodzinnej krowy w obórce na drugim końcu domu. Na feldze z przymocowanym pedałem rowerowym stawiał czajnik nad płonącą bryłą torfu, której miał zadanie doglądać. Jako siedemnastolatek zaciągnął się do marynarki handlowej i popłynął do Australii i Nowej Zelandii. Później dostał powołanie do służby wojskowej. Wysłano go do bazy RAF-u w Yorkshire. Tam, tęskniąc straszliwie za domem, śnił o Wyspach Zachodnich. W ciągu miesiąca zorganizował wymianę z człowiekiem z Yorkshire, który stacjonował na wyspie Lewis (i tęskniąc straszliwie za domem, śnił o Yorkshire).

Swoje życie poświęcił na badanie, archiwizowanie i mapowanie rodzinnego archipelagu, aby zachęcić do jego ochrony resztę świata. Stworzył mapy lokalizacji leczniczych studni, nordyjskich młynów i kaplic na Wyspach Zachodnich. Odszukał repery pozostawione przez Ordnance Survey w czasie opracowywania map wysp w latach pięćdziesiątych XIX wieku, przeszedł mile wrzosowisk w paskudnej pogodzie, żeby odszukać te ponacinane kamienie. Zgromadził i ocalił mnóstwo map Hebrydów Zewnętrznych powstałych od XVI wieku do czasów współczesnych.

Za swojego idola uważa Darwina, a w samym Finlayu jest wiele niezaspokojonej ciekawości twórcy teorii ewolucji, jego systematycznego i dociekliwego umysłu. Podobnie jak Darwin Finlay interesuje się aż wszystkim. Opowiedział mi kiedyś, jak Darwin zbudował ścieżkę z piasku, która wiła się przez lasy i pola wokół jego domu w Downe w hrabstwie Kent. Właśnie w czasie codziennych spacerów tą ścieżką Darwin dokonywał sporej części swoich przemyśleń; mówił na nią „piaszczysta droga" albo „ścieżka dumania". Zdarzało mu się na początku ścieżki układać kilka krzemieni w prosty kopiec i strącać je po kolei kijem po wykonaniu kolejnego okrążenia. Finley twierdzi, że Darwin zaczął dzielić problemy na „trzykrzemieniowe" albo „czterokrzemieniowe", trafnie odmierzając za pomocą przebytego dystansu czas, jaki będzie mu potrzebny do rozwiązania danej łamigłówki intelektualnej.

Jednym z wielu powodów, dla których lubię towarzystwo Finlaya, jest jego umiejętność odczytywania krajobrazów, budzenia ich z powrotem do życia, jednoczesnego postrzegania wielu epok historycznych. Do każdej formacji i nazwy potrafi dobrać jakąś opowieść — geologiczną, folklorystyczną, historyczną, plotkarską. Porusza się swobodnie między różnymi dziedzinami wiedzy i epokami historycznymi, świadomy dzielących je rozbieżności, a jednocześnie miejsc, w których się pokrywają i rymują. W jego opisach z rozrzuconych głazów powstają na powrót tętniące życiem zagrody. Zabrał mnie kiedyś na zielony wzgórek Baile na Cille w środkowej części wyspy Lewis i odtworzył zdarzenie z 1827 roku, kiedy to wielebny doktor Macdonald zgromadził wokół wzgórka siedem tysięcy ludzi i dokonał masowego przejścia na kalwinizm. Gnejsowa wychodnia na wrzosowisku powiodła jego myśli ku holocenowi i wyjaśnieniu, w jaki sposób, kiedy mniej więcej dwanaście tysięcy lat temu lodowce wycofały się z Wysp Zachodnich, warstwy torfu zaczęły się pogłębiać po stronie zawietrznej, odsłaniając grzbiety skał. Dla Finlaya geografia i historia są od siebie współzależne. Trudno sobie wyobrazić niezlokalizowane zdarzenia w tym sensie, że wszystko musi się dziać gdzieś, dlatego jego historia wypływa z geografii w takim sam sposób jak woda ze źródła: nieprzewidywalnie, a jednak w konkretnym miejscu.

Pewnego ranka, na kilka dni zanim wyruszyłem na poszukiwanie ścieżki Manusa, Finlay zaprosił mnie na spacer po plaży nieopodal swojego domu w Shawbost, aby przedstawić mnie swojej, jak się tajemniczo wyraził, „rodzinie". Niewiele wcześniej zaczął się odpływ, więc szliśmy po mokrym piasku, pozostawiając odciski stóp tak wyraźne jak wycięte foremkami kawałki ciasta. Mewy tuptały i trajkotały. „Rodziną" Finleya okazała się kolonia czareczek, która żyła sobie pod głazem nazywanym przez niego Fobosem (od jednego z księżyców Marsa). Odwiedzał je niemal codziennie, niemal od roku, odnotowując ich względne położenie na głazie, ich migracje i powroty. Naszkicował i zmierzył każdą czareczkę, każdej też nadał imię. Miesiącami sporządzał mapy krótkich podróży czareczek po powierzchni Fobosa. Zaintrygowała go ich umiejętność odnajdywania drogi powrotnej do „domu", czyli pozycji zajmowanej na skale. Czyniły to z niezwykłą starannością i precyzją, zupełnie jakby podążały po niewidzialnej ścieżce albo szlaku.

Nie ma chyba większej zagadki w badaniach nad czareczkami, stwierdził z uśmiechem Finlay. Przeprowadzono eksperymenty, aby odkryć tajemnicę zmysłu orientacji tych ślimaków morskich. Badacze wznosili na skałach fizyczne przeszkody i chemiczne kordony, aby uniemożliwić czareczkom powrót na zajmowane wcześniej miejsca tymi samymi drogami, którymi je opuściły. Mimo to one powoli wymijały wszystkie przeszkody, jakie przed nimi stawiano, dowodząc, że nie tylko potrafią wrócić na zajmowane wcześniej miejsce, ale że nie muszą poruszać się po swoich śladach.

Finlay opisał ponadto wyjątkowy sposób, za pomocą którego czareczki adaptują się do środowiska. Tak mocno przywierają do powierzchni skały, ponieważ potrafią stworzyć uszczelkę między obrzeżem muszli a podłożem, do którego się przyczepiają. Uszczelka ta chroni je przed dziobami głodnych mew, które w przeciwnym razie odrywałyby je od skały, a także przed uderzeniami fal. Dzięki uszczelce nie umierają w czasie odpływu. „Tworzą ją — wyjaśnił — delikatnie przekręcając muszelkę to w jedną, to w drugą stronę". Ścierają część muszli, dopasowując ją do wybranego miejsca, przystosowując się błyskawicznie do jego specyfiki.

Dopasowanie do miejsca i poruszanie się ścieżkami to zatem dwie niezwykłe umiejętności czareczek, powiedział Finlay. Nie musiał dodawać, że należały również do jego niezwykłych umiejętności.

* * *

Dzięki pomocy Finlaya udało mi się potwierdzić kolejne fakty na temat Kamieni Manusa i ludzi, którzy je ustawili. Manus rzeczywiście był zagrodnikiem i żył na południowo-zachodnim wybrzeżu wyspy Lewis. Na półwyspie Aird Bheag, którego strome zbocza wcinają się prosto w Atlantyk, od wieków leżała niewielka miejscowość zamieszkana przez zagrodników. Niedługo po pierwszej wojnie światowej uzyskała prawa miejskie. Manus prowadził tam niewielkie gospodarstwo w pierwszej połowie wieku, a w latach dwudziestych oznaczył dwie drogi, którymi mógł wydostać się ze swojego domu i bezpiecznie do niego powrócić. Jedna wiodła na północny wschód od Aird Bheag nad głębokimi torfowiskami leżącymi na południe od dużej rezydencji o nazwie Morsgail. Druga wybiegała na północny zachód i wymagała przepłynięcia łodzią przez często sztormowe ujście Loch Hamnaway do Ceann Chùisil, po czym wspinała się w górę ku przełęczy, schodziła pod północną ścianę Griomabhalu i podążała szeroką na milę kamienistą doliną ku leżącej na zachodnim wybrzeżu wiosce Breanish. Trzeba było przebyć piętnaście mil na piechotę i łodzią — tylko po to, żeby dotrzeć do prawdziwej drogi. Życie na dalekim półwyspie Aird Bheag było naprawdę ciężkie. Ostatni zagrodnik opuścił niechętnie półwysep w 1953 roku.

W Stornoway Finlay przedstawił mnie Chriselli Ross, ciotecznej prawnuczce Manusa.

— Stworzył ten szlak raczej dla innych ludzi, żeby wiedzieli, którędy iść — tłumaczyła mi — niż dla siebie, bo przecież znał tam każdy kamień.

Dwie dekady wcześniej pokonała z mężem tę drogę, przechodząc z Mealasty pod Griomabhal.

— Na ścieżkę weszliśmy na wysokości pokrywy chmur — opowiada — a następnie zeszliśmy w mgłę zalegającą pod górą i reszta świata zniknęła nam z oczu.

Chrisella wygrała niedawno, z ledwością, walkę z nowotworem. Kiedy rozmawialiśmy, nadal dochodziła do siebie. Gdyby miała dość sił, zapewniała, przeszłaby tę drogę ze mną, przynajmniej pierwszą część.

Chrisella wspomniała też o innym człowieku, który znał tę drogę z własnego doświadczenia: o Malkym Macleanie.

— W sumie jest to dzieło sztuki — powiedział mi Malky, kiedy się z nim spotkałem. — Coś jak rzeźba Richarda Longa. Kiedy człowiek nią idzie, musi wypatrywać tego, na co nie powinien się normalnie natknąć: dwóch, trzech białych kamieni ułożonych w jednej linii, głazu stojącego w nieodpowiednim miejscu, gdzie nie pozostawiłby go ani lodowiec, ani grawitacja. Manus zrobił tylko tyle, po prostu... przekomponował trochę krajobraz.

Przypomniała mi się rada Iana, w jaki sposób powinno się wyczytywać z powierzchni morza sygnały zagrożenia. „Trzeba dostrzegać zaburzenia w tym, co oczekiwane, wypatrywać nieprzewidzianych interakcji". Pomyślałem też o Edwardzie Thomasie szkolącym swój wzrok, aby wykrywał „zaburzenia" i piętna pozostawione w krajobrazie, wskazujące na przebieg niemal zatartej ścieżki.

— Ogromnie trudno ją znaleźć — ostrzegał mnie Malky — ponieważ cała okolica jest usiana głazami przypominającymi wielkie rzeźby z marmuru. Idzie się wąwozem kamieni.

* * *

Na zachodnim wybrzeżu wyspy Lewis, w Brager, Finlay zabrał mnie na spotkanie z archeolożką i kartografką Anne Campbell, która znała ścieżkę i zajmowała się tworzeniem szczegółowej kroniki okolicznych wrzosowisk. Przed jej domem leżały zwały bladych gnejsowych głazów, spomiędzy których wypychały się lancetowate liście i pomarańczowe kwiaty montbrecji.

Anne otworzyła drzwi. Miała ciemne włosy i dość szeroko rozstawione oczy, przez co na jej twarzy wydawało się malować lekkie zdziwienie. Szybko zrozumiałem swoją pomyłkę, ponieważ do świata podchodziła z niezwykłym spokojem. Na dwóch ścianach jej salonu wisiały duże mapy. Biurko zalegały otwarte notatniki z wykonanymi ołówkiem szkicami głazowisk, przedmiotów, ze współrzędnymi i zapiskami na marginesach. Do ściany nad kominkiem przybito kartki z przewodnika, przedstawiające ułożone w kolumny sylwetki ptaków z rozpostartymi skrzydłami. Przypominały podręcznik rozpoznawania samolotów, który przeglądałem z zapałem jako dziecko.

Za parą szerokich okien rozciągał się widok na największe wrzosowisko wyspy Lewis, Brindled Moor. Po przeciwległej stronie pokoju stał duży kredens. Jego tylna ściana była lustrem, w którym odbijało się wrzosowisko, podwajając pomieszczenie i wypełniając je aurą przejrzystości. Na gzymsie kominka i na parapetach leżały dziesiątki przedmiotów: ptasich jaj, kości, kawałków poroży i otoczaków. Mostek łabędzia pozbawiony środkowego łączenia. Jajo wydrzyka z wysp Shiants. Bielutkie jajo siewki złotej, delikatne jak bańka z piany. Ciemnobrązowe nasiona wyrzucone przez morze, którym dopłynęły z Karaibów, o wyglądzie małych skórzanych nerek.

— Ilekroć wyprawiam się na Brindled Moor, coś ze sobą przynoszę — powiedziała Anne, omiatając ręką pokój. Słowo *moor* wymówiła przez długie „u", podkreślając dodatkowo kończącą ją literę „r". Usiadła w fotelu, podwijając nogi, pod zielistką, której rozchodzące się łukami ramiona zahaczały o jej włosy i poklepywały ją po ramieniu. W końcu, jakby uspokajając uciążliwe dziecko, odgarnęła ramiona rośliny, żeby jej nie dotykały. Za fotelem powarkiwał i przebierał łapami przez sen jej pies pasterski, Brian.

— Ma intensywne sny — powiedziała.

Na ścianie tuż przy oknie wisiała duża mapa, kartograficzny odpowiednik widoku rozciągającego się za oknem. Był to stożkowaty klin, który rozszerzał się od szpiczastego końca, obrazującego Bragar i wybrzeże, w przód i w tył ku głównej części wrzosowiska. Pokazywał, wyjaśniła Anne, obszar, który zgodnie z lokalnym zarządzeniem pozostawał w gestii powiatu. Spojrzałem na datę: była to mapa wysp wydana przez Ordnance Survey w 1853 roku, sporządzona przez brytyjskich geodetów, którzy zanglicyzowali gaelickie nazwy miejscowości i zmniejszyli zagęszczenie toponimów.

— Na co dzień korzystam z mapy Ordnance Survey — wyjaśniła Anne — ale staram się ją wzbogacać. Dodaję nazwy w miejscach, z których usunęli je saperzy. Dopiski ołówkiem, które pan widzi, to moje dzieło.

— Dlaczego sporządza pani szczegółową mapę tylko powiatu Bragar? — zapytałem Anne.

Wzruszyła ramionami, jakby dawała do zrozumienia, że nie uważała tego w najmniejszym stopniu za dziwne.

— Dla mnie jest to najciekawsze miejsce na ziemi. — Przerwała. — Zależy mi jedynie na przypisywaniu opowieści do miejsc i znajdowaniu powiązań między nimi — tłumaczyła. — Większość czasu spędzam na przemierzaniu dróg prowadzących do szałasów pasterskich, ścieżek, podążaniu wzdłuż strumieni i murów, którymi dzielono niegdyś ziemię. Potem rozmawiam z ludźmi i próbuję powiązać ich wspomnienia z konkretnymi miejscami.

Anne wychowała się w Bragar, a choć opuściła wyspę Lewis, aby studiować archeologię, coś przyciągnęło ją z powrotem w rodzinne strony. W posiadaniu jej rodziny od pokoleń znajdował się szałas pasterski zbudowany pośrodku wrzosowiska. Nadal zjeżdżają się tam na początku każdego lata i przez kilka dni gotują, spacerują i rozmawiają. Kiedy nie jest za zimno — i nie za sucho, bo wtedy wrzosy robią się drapiące — Anne lubi chodzić po wrzosowisku boso.

— Potrzeba jakichś dwóch tygodni, żeby stopy się utwardziły i przestało to być nieprzyjemne. Wtedy staje się rozkosznym doznaniem. Powinien pan spróbować. Zdjąć z nóg te twoje buciska!

Ojciec Anne pokazał jej ścieżki biegnące do szałasu. Teraz wyprawiała się jeszcze dalej na wrzosowisko, opisując jego elementy i nanosząc je na mapę.

— Ojciec nauczył mnie tras, z których korzystali, kiedy wychodzili na poszukiwanie owiec — mówiła. — Wiele z tych ścieżek zdążyło zaniknąć, znikając z ludzkiej pamięci i z wrzosowiska. Koło naszego szałasu przebiega kamienny szlak, który został niemal całkiem wessany przez torf. Ojciec wytyczył go dla bydła, żeby mogło dojść do wody. Nadal jest piękny.

Anne odbyła serię wędrówek ze swoim przyjacielem i byłym partnerem Jonem MacLeodem. Fascynowały ich szlaki przebiegające przez wrzosowisko; świadectwa dawnych zwyczajów i praktyk. Zaczęli więc tworzyć i notować własne Pieśni Stworzenia, zapisywać przebyte szlaki, zdarzenia, które im się przydarzyły lub zostały przez nich zaobserwowane po drodze. Pewnego czerwcowego dnia przeszli między An Talamh Briste, Na Feadanan Gorma, Gleann Shuainagadail i Loch an Ois i natknęli się po drodze na „zaspy połyskującej wełnianki wąskolistnej", „szkarłatne ważki równoskrzydłe", „długi wiatr niosący śpiew ptaków". „Przeszli przez terytorium kwokacza" i „spłoszyli łanię w wysokiej trawie", po czym przystanęli „przy chacie, gdzie orzeł czyścił sobie pióra".

— Szłam powoli, zapisując wszystko, co widziałam w tych miejscach — wspominała Anne. — Przelatującego drzemlika, ważkę suszącą rozłożone skrzydła.

MacLeod zapuścił się dalej, w nieznane; dokonywał spekulatywnych rekonstrukcji atawistycznych pamięciowych map sporządzonych przez „tych, którzy przemierzali ten obszar przed powstaniem torfu i po jego wyrośnięciu, nadając nazwy charakterystycznym punktom orientacyjnym albo upamiętniając opowieści i ludzi".

— Wróciłam szlakiem Manusa z Aird Bheag — powiedziała. — Jeżeli przegapi się go na początku, człowiek jest w wielkim kłopocie, ale kiedy już go znajdzie, naprawdę trudno go zgubić.

Zdjęła z półki mapę, rozciągnęła ją niczym harmonię i rozłożyła na stoliku. Opisała ścieżkę, drobnym palcem wskazała punkty orientacyjne i oznaczenia. Zwróciła mi uwagę na skupisko kropek na mapie, gdzieś daleko na wrzosowisku.

— Możesz się tam przespać, jeżeli tylko zdołasz dotrzeć tak daleko pierwszego dnia po wyjściu z Mealasty. Znajdują się tam kopulaste szałasy z kamienia; porządne konstrukcje piktyjskie, małe kopulaste schrony z torfowymi dachami. Nikt nie wie na pewno, kiedy je zbudowano. Przetrwały w nienaruszonym stanie. Ale nie będzie ci łatwo je wypatrzeć; wydają się zlewać z otoczeniem. Dziś korzystają z nich tylko jelenie.

Tuż przed moim wyjściem Anne powiedziała mi, że jej ojciec, starszy mężczyzna, przebywa w szpitalu, zagubiony w nieoznakowanej krainie alzheimera.

— Ale zdarzyło mu się ostatnio zaskoczyć jednego z odwiedzających — powiedziała — kiedy wyrecytował nagle z pamięci, spontanicznie, jedną z pieśni z Bragar, której się kiedyś nauczył.

Pieśń była dla niego znajomym terenem, szlakiem, którym mógł podążać przez kilka minut, zanim ponownie nie zgubił drogi.

* * *

Wszędzie, gdzie się udawaliśmy, ludzie znali Finlaya. Zatrzymywali samochody na drogach, biegnących przez wrzosowisko i opuszczali szyby, żeby z nim porozmawiać. Odkładali narzędzia na brzegach torfowisk i machali mu na powitanie. Miałem poczucie, jakbym podróżował u boku królowej.

— Chyba trudno byłoby ci się szybko przemieszczać — zauważyłem.

Pod koniec wietrznego, ale słonecznego dnia wiózł mnie wąską drogą wzdłuż zachodniego wybrzeża, prowadzącą od wielkich piaszczystych plaż Uig przez zamieszkałą przez zagrodników wieś Breanish do Mealasty, gdzie droga się kończyła. Z zabudowań Mealasty przetrwały tylko kamienne podmurówki, ale, co osobliwe, wydawały się raczej planami przyszłej wsi, a nie śladami po zanikającej osadzie.

Droga kończyła się nad szeroką zatoczką o nazwie Camus Mol Lìnis: Zatoką Głazów Linis. Uścisnąłem na pożegnanie Finlaya. Odjechał na północ, machając do mnie przez okno. Przeszedłem na niewielki cypel, który wznosił się po południowej stronie zatoczki, znalazłem kawałek trawy i rozbiłem namiot. Półwysep był *beirgh* albo *bheirgh*; termin zapożyczony z nordyjskiego oznaczający „przylądek albo cypel zbudowany z nagiej, zwykle pionowej skały, często z wąskim gardłem". Jego klify różowiły się od skaleni. Nad lądem, blisko Griomabhalu, widziałem orła przedniego z lotkami rozpostartymi niczym delikatne palce, przemierzającego leniwie powietrze w poszukiwaniu wieczornej przekąski. Rybitwa przedzierała się pod wiatr: nożycowe skrzydła; czarna, jakby pozbawiona oczu głowa; lot zakosami, nieprzewidywalny, losowy. Kremowe fale wdzierały się na plaże i skały i z nich ściekały, tworząc niedaleko brzegu tratwy piany unoszącej się na powierzchni i wypryskując w górę ponad dach namiotu. Smagane falami skały infralitoralu, zmywane przypływem skały sublitoralu, mikrotarasy porostów i mchu. W oddali nad morzem słońce świeciło przez wyłomy w chmurach.

Zaparzyłem herbatę i usiadłem, popijając ją i zajadając się kawałem ciasta, zadowolony, że jestem sam. Na powierzchnię morza wypłynęła foka — elegancka samica, dziesięć jardów na północ ode mnie. Próbowałem zanucić foczą pieśń, której rok czy dwa lata wcześniej nauczył mnie Finlay, ale okazało się, że nie pamiętam ani melodii, ani słów, przerzuciłem się więc na wczesny angielski folk, melodię napisaną przez Vaughana Williamsa do *Songs of Travel* Roberta Louisa Stevensona. Foka zanurzyła głowę pod wodę trzy razy, jakby wypłukiwała sobie z uszu moje jazgotanie. Zacząłem śpiewać jedyną inną piosenkę, jaką pamiętałem — *Paradise City* Guns N' Roses. Foka zanurkowała i więcej się nie pojawiła. Zrobiło mi się mocno wstyd.

Słońce zachodziło nad Atlantykiem. Woda, morskie srebro, wypalała oczy; z tego morskiego metalu wyłaniały się czarne, twarde plecy wyspy, odporne na ogień. Nad nimi rozbrzmiewały okrzyki mew i siorbnięcia fal; pod dłonią czułem twardość skały, przyozdobionej misternie koronką z trawy. Na obrzeżach świadomości lokowały się inne elementy tamtej chwili: cierpki, jodynowy zapach wodorostów, poczucie znajdowania się na półwyspie — lądzie jednocześnie wznoszącym się w górę i opadającym ku wodzie.

Na ląd wpełzła mgła znad morza, ograniczając widoczność do pięćdziesięciu jardów. Zwężający się przy lądzie skalisty przylądek zamienił się w wyspę. Miałem poczucie, że pod osłoną mgły może się dziać dosłownie wszystko. Niedługo potem doświadczyłem osobliwego omamu: lekki zachodni wiaterek dolatujący znad morza owiewał mi twarz, a ja znajdowałem się na pokładzie łodzi przedzierającej się w głąb oceanu i rano miałem się obudzić gdzieś daleko na wodach północnego Atlantyku. Zaraz potem za sprawą meteorologicznej sztuczki — zupełnie jakby ktoś wyszarpnął obrus ze stołu, pozostawiając naczynia na swoich miejscach — mgła się rozwiała, odsłaniając bezchmurne niebo i nienaruszoną linię wybrzeża. Od strony lądu majaczyła górna część kopuły Griomabhalu, obok której wisiał ponownie Jowisz, jasny jak latarnia. Na tle księżyca telepały się na zachód chmury.

* * *

Właśnie następnego ranka, podążając za śladami jeleni, wszedłem w kamienistą dolinę, która podchodziła pod północną ścianę Griomabhala. Wiatr dął ze wschodu. Przeszukiwałem dolinę prawie przez dwie godziny, coraz bardziej się w nią zagłębiając i wychodząc coraz wyżej, z coraz mniejszą nadzieją, że znajdę ścieżkę.

Tuż pod północną ścianą, gdzie skała opada pięćsetstopowym urwiskiem ku wrzosowisku, znajdował się Dubh Loch, Czarny Staw. Postanowiłem nad nim odpocząć. Czarna jak smoła woda, szmaragdowe trzciny przy brzegach. Powierzchnię stawu burzył wiatr, tworząc wiry zharmonizowane z podmuchami wiatru zbiegającymi po północnej ścianie Griomabhala. Powstała tam miniaturowa ścieżka cyklonów. Szczyt Griomabhala wyłonił się wreszcie spod chmur, a kiedy zadarłem głowę i przesunąłem wzrok po ścianie, nad którą gdzieś wysoko wisiały chmury, góra wydawała się przewracać prosto na mnie. Urwisko przecinały poziome pasy kwarcu, długie na setki jardów, wystające niczym żyły na ramionach ciężarowca. Spojrzałem na znajdujące się nieopodal wzgórze, zwracając głowę pod wiatr — wtedy zobaczyłem ścieżkę Manusa.

Pstryk. Znaki ustawiły się w jednej linii. Niewyraźna plama wyostrzyła się w zrozumienie. Zobaczyłem szlak: szereg kopców, ledwie widoczny, ale wyraźny, biegnący w górę od brzegu Dubh Loch. Kopce miały w tym miejscu postać *rùdhan*, stosów ułożonych z trzech kamieni, ale widziałem też pojedyncze kamienie, wskazujące kierunek niczym wyciągnięte palce. Poderwałem się z głazu, na którym odpoczywałem i ruszyłem drogą Manusa, podążając na wschód po gnejsowym zboczu.

Kopce znajdowały się od siebie najczęściej w odległości trzydziestu albo pięćdziesięciu jardów, ale na wypłaszczeniu koło przełęczy natknąłem się na siedemnaście kopców oddalonych od siebie nie więcej niż na dziesięć jardów. Malky miał rację: ścieżka Manusa tak naprawdę przypominała rzeźbę Richarda Longa, stworzoną na długo przed Longiem; formą przypominała jego *A Line in the Himalayas*. Wszedłem na drogę wyznaczoną przez kopce i spojrzałem przed siebie. W jedną stronę biegła ku przełęczy. W drugą — ku Mealaście, znikając za gnejsowym grzbietem. Nade mną kruki miotały swoimi przekleństwami.

Dotarłem na grzbiet przełęczy pod północną ścianą Griomabhala. Zatrzymałem się i spojrzałem na jeden z ostatnich wspaniałych dzikich obszarów Wysp Brytyjskich — pełne jeleni lasy wyspy Lewis i Harris, setki mil kwadratowych (znajdujących się w prywatnych rękach) wrzosowisk, na rzeki, jeziora i góry. Kamienne kopce na przełęczy jednoznacznie wskazywały drogę — kierowały oko i stopy w dół wokół tylnej części Griomabhalu w stronę dzikich terenów wrzosowisk.

Byłem wdzięczny *rùdhan* za wskazanie kierunku, w którym powinienem się udać. Ruszyłem za nimi, schodząc stromym zboczem ku wlotowi do Loch Hamnaway. Słońce przebijało się przez chmury, zabarwiając wrzosowisko na czerwono. Przystanąłem nad rzeką, żeby się napić; woda była brązowozłota. Na płyciznach zobaczyłem nierówne białe bryłki kwarcu. Przypomniało mi się słowo, którego nauczył mnie Finlay, jeden z tych licznych poetycko precyzyjnych terminów, za pomocą których hebrydzka odmiana języka gaelickiego opisuje charakterystyczne zjawiska występujące na wrzosowiskach. Słowem *èig*, wytłumaczył mi Finlay, nazywano „kryształki kwarcu leżące na dnie rozlewisk strumieni przepływających przez wrzosowiska, które połyskują w świetle księżyca, a przez to pod koniec lata i jesienią wabią do siebie migrujące łososie". Szedłem przez resztę dnia: szczęśliwe, trudne mile po wrzosowisku i skale, wzdłuż jeziora i rzeki. Tu i tam zatrzymywałem się, żeby zarzucić wędkę. Łapałem małe pstrągi i niosłem je ze sobą, kierując się na południowy wschód w stronę kopulastych szałasów z kamienia, które Anne wskazała mi na mapie. Raz zobaczyłem podwójny rozbłysk światła na zboczu odległego wzgórza: lornetka człowieka pilnującego swojej posiadłości, sprawdzającego, czy nie jestem aby kłusownikiem polującym na jelenie albo łososie. Nie miałem ochoty iść przez otwartą przestrzeń pod czyimś spojrzeniem, więc chętnie skorzystałem z osłony wznoszącego się terenu.

W najcieplejszej części dnia, kiedy torf przybierał najbardziej gąbczastą postać, poszedłem za radą Anne: ściągnąłem buty, skarpetki i przez jakąś godzinę szedłem boso. Torf był śliski i chłodny, a kiedy nadeptywałem na mech, oplatał mi stopę, wilgotny niczym kompres.

„Chodzenie boso wyszło z mody — pisała Nan Shepherd w 1945 roku — ale rozsądni ludzie starają się wskrzeszać ten obyczaj". Takie chodzenie „zaczyna się", zauważała:

> od potoku, przez który trzeba się przeprawić w bród: kiedy już zdejmę buty, nienawidzę ich zakładać ponownie. Jeżeli po drugiej stronie potoku rozciąga się równina porośnięta trawą, idę po niej, rozkoszując się jej dotykiem pod stopami; a kiedy ustępuje miejsca wrzosom, idę również po nich. Wyschnięte błota, rozgrzane słońcem, są cudowne w dotyku; wyściełane i gładkie. Podobnie wysoka trawa o poranku: rozpalona słońcem, ale nadal chłodna i mokra, kiedy stopa zapada się wgłąb, jak jedzenie rozpływające się w ustach w nowy smak.

Na podstawie doświadczeń własnych wędrówek po górach dobrze rozumiałem niechęć Nan do zakładania butów po przekroczeniu strumienia. Przez kilka poprzednich lat prowadziłem własne eksperymenty z wskrzeszaniem tradycji chodzenia boso. Przeszedłem pięć mil po White Peak w Derbyshire: po wypłukanym wodą wapieniu, szklistym jak marmur, wspinając się tarasami szorstkiej trawy zarzuconej pręgowanymi muszlami ślimaków, po porośniętych ostami pagórkowatych pastwiskach, w końcu w dół, ciepłą ścieżką ku rzece, która użyczyła mi jednego ze swoich rozlewisk do obmycia stóp[1].

[1] David, który mi wtedy towarzyszył, próbował pokonać boso zagajniki pokrzyw i opisał je jako „chili do stóp", pozostawiające na nich orzeźwiające ukłucia. Jego zachęty okazały się niewystarczające, abym zdecydował się spróbować tego samemu.

W walijskim masywie Black Mountains szedłem przez większą część letniego dnia ścieżkami w oldredowym piaskowcu, startym na drobniuteńki pył, delikatny niczym róż na policzki. Przez pół dnia chodziłem boso z Mattem, zaprzyjaźnionym archeologiem, po kredowych pagórkach i bukowych lasach na południu Cambridgeshire. Zaraz na początku nasze stopy oblepiła czarnawa żywica, konsystencją przypominająca smołę. Gromadziły się potem na niej próbki z terenów, po których przeszliśmy, jak na wosku na obciążanych ołowiem próbnikach opuszczanych na dno morza. Na naszych stopach zebrały się warstwy nasion, pyłu i fragmentów liści. W Epping Forest w hrabstwie Essex, wędrując w cieniu drzew i po polanach, zacząłem wyczuwać pod stopami zmiany siedlisk: każde z nich, w zależności od ilości dostępnego światła, porastały inne rośliny, w każdym leżąca na ziemi pokrywa z liści osiągała inną temperaturę. W końcu wdepnąłem w liść ostrokrzewu, a próbując uciec, nastąpiłem na gałązkę głogu. Następne pięć minut spędziłem na wciąganiu pęsetą kawałków lasu z mojej stopy.

Tereny, po których chodziłem boso, rzeczywiście zapamiętałem inaczej, choć niekoniecznie lepiej, od tych, które przemierzałem obuty. Pamiętam je głównie jako faktury, doznania, opór, płaszczyzny i zbocza: namacalne szczegóły krajobrazu, które często uchodzą naszej uwagi. Te podnóżki tworzą wspomnienia, które na długo pozostają w pamięci, zrodzone ze spotkania skóry wędrowca ze skórą ziemi. Pamiętam gorącą ścieżkę biegnącą po glinie morenowej: ziemię gładką i pokrytą gwieździstymi spękaniami; stawiałem tam stopy na konstelacjach i liniach uskoku. Pamiętam przejście przez świeżo zaorane pole, gdzie brona zmiażdżyła ziemię, a słońce ją ogrzało, więc wydawało się, jakbym brodził w popiele pozostałym z dopalonego kilka godzin wcześniej pożaru. Idąc boso, człowiek wyczuwa kierunek zaczesania krajobrazu. Trawa wydaje się nieoczekiwanie szeroka i wypolerowana: łodygi rozpłaszczają się, tworząc chłodną powierzchnię.

Nie wszystkie z moich bosych wędrówek były przyjemne. Przejście przez spalone słońcem zaorane pole, przez utwardzone w skwarze bruzdy, przypominało kroczenie po morzu mieczy. Kiedyś w sierpniu próbowaliśmy z moim przyjacielem Leo przejść nieobuci kawałek wrzosowiska w Suffolk. Wydawało się, że mamy przed sobą najłagodniejszy z możliwych terenów do bosej wędrówki: suche, piaszczyste wrzosowisko. Tyle że po przejściu pięciu kroków podskakiwaliśmy już z bólu: pod wrzosami i mchem kryły się miniaturowe kolcolisty. Kontynuowanie spaceru przypominałoby próbę przechadzania się po poduszeczkach do szpilek albo grzbietach jeży.

Nadzwyczajna czułość nagiej stopy zrodziła tradycję wspinaczki nazywanej „Reek Sunday", podczas której katoliccy pielgrzymi wchodzą na górę Croagh Patrick w hrabstwie Mayo w Irlandii. Pomysł pokonywania boso tej trasy zasadza się na przekonaniu, że umartwienie stopy prowadzi do uwznioślenia duszy. W tym przypadku bosa wędrówka staje się pokutą, maceracją, testem: kamienie tak dotkliwie rozcinają stopy pielgrzymów, że spomiędzy palców wypływa krew, wsiąkając w ziemię.

Innym udało się odkryć praktyczniejsze związki między poruszaniem się boso a świadomością. W latach 1934–1936 szkocki przyrodnik Frank Fraser Darling podążał śladem stada kilkuset jeleni przez Wester Ross w północno-zachodniej

Szkocji. Przełom w jego umiejętności zrozumienia zachowania tych zwierząt nastąpił, kiedy postanowił zdjąć buty. „Latem 1935 roku — pisze w *A Herd of Red Deer* (1937) — ruszyłem boso, a po dwóch tygodniach dyskomfortu zostałem wynagrodzony. Moja świadomość wzrosła skokowo, nigdy nie czułem się zmęczony, a obserwacja stała się znacznie łatwiejsza". Niekonwencjonalne metody Darlinga odmieniły współczesną etologię: w miejsce traktowania jeleni jako zwierząt kierujących się odruchami, przejawiających ograniczoną liczbę wyuczonych reakcji na środowisko, zaproponował dynamiczny model stada, w którym odbieranie terenu za pomocą zmysłów wpływało na sposób życia każdego z tych zwierząt. Darling twierdził, mówiąc w skrócie, że jelenie „były zdolne do z r o z u m i e n i a", a jego zrozumienie ich zrozumienia wynikło z empatycznej decyzji o zdjęciu butów. Badania Darlinga dowiodły, że istnieje wiedza, do której dostęp mogą dać tylko stopy, podobnie jak wspomnienia miejsc, które tylko one potrafią przywołać.

Dotyk jest działaniem zwrotnym, gestem wymiany ze światem. Pozostawiając po sobie ślad, sami stajemy się podłożem, na którym coś pozostaje, a nasze stopy, ukształtowane przez naciskane przez nie powierzchnie, same stają się krajobrazami pokrytymi zdartymi kanałami i szlakami. Najbardziej przypominają pewnie fałdy i otwory odsłaniane przez odpływ na płaskich łachach piasku. Nasze pięty pokryte są bruzdami przypominającymi fale uderzeniowe eksplozji. Podbicie, gdzie wycięcie stopy osiąga największą wartość, pokrywa siatka płytkich fałdek. Na kłębie palucha znajdziemy równoległe zmarszczki. Cała stopa jest dokumentacją ruchu, sporządzoną w czasie powtarzanych czynności. Dzieci — od pierwszych płodowych tupnięć, wciskania stópki w ścianę macicy, obracania się na podobieństwo astronautów unoszących się w czarnej przestrzeni kosmosu — mają pomarszczone stopy na długo przed przyjściem na świat.

* * *

Anne miała rację, zachwalając przyjemności bosych spacerów, nie myliła się również w kwestii trudności z odnalezieniem kopulastych szałasów. Tuż przed zmierzchem, w obliczu pogarszającej się pogody i tracących siły nóg, zacząłem się wdrapywać na zbocze doliny w stronę miejsca, gdzie na mapie widniały czarne kropki oznaczające szałasy.

Tyle że tam, gdzie pokierowała mnie mapa, znalazłem tylko spiętrzenie morenowe: dziesiątki wielkich, porośniętych trawą krecich kopców czy muld, wznoszących się nie wyżej niż na osiem, dziesięć stóp. Sprawdziłem ponownie oznaczenia na mapie. Nie ulegało wątpliwości, że znajdowałem się we właściwym miejscu.

W końcu mnie oświeciło. Szałasy były pagórkami czy raczej zostały zamaskowane jako pagórki. Ich prawdziwą naturę zdradzały zarysy drzwi. Obok siebie stały tam dwie kamienne chaty o kopulastych dachach, niemal w pełni zakryte torfem, jedynie z niskimi, umieszczonymi na poziomie gruntu wejściami, w których ledwie bym się zmieścił. Forma chat tak bardzo korespondowała z kształtem kopców, że musiały być na nich wzorowane: architektura jako kamuflaż i lokalny żargon.

Wcisnąłem się na czworaka do północnego szałasu. W środku było sucho i cicho. Czułem się dziwnie, przebywając pod dachem po całym dniu spędzonym na wietrze wrzosowiska. Miałem poczucie, jakbym natknął się na tolkienowskie Shire. Za pomocą własnego ciała zmierzyłem wnętrze chaty: miała siedem stóp szerokości, a dach wznosił się w najwyższym punkcie może na pięć.

Dopiero po wejściu do środka mogłem pojąć prostą, choć wyjątkową architekturę chaty. Została zbudowana z płyt gnejsu, które idealnie zachodziły na siebie, tworząc kroksztyn. Górę obłożono torfem, który pełnił funkcję wiatrochronu, izolacji i zaprawy murarskiej: żyjący dach, który zrósł się, wiążąc gnejs w stabilną konstrukcję.

W południowym szałasie upiekłem pstrąga. Po kolacji wypełzłem na zewnątrz. W powietrzu nie latały muszki. Łagodniejszy wiatr, rozległe niebo; poczucie skrajnej pustki. Czerwonawy połysk Loch Reasort, światło dnia utrzymujące się jeszcze długo po nadejściu nocy. W ostatniej fazie zmierzchu w niewielkiej odległości minęły mnie trzy jelenie; szły pod wiatr. Jeden z nich zerknął w moją stronę, a jego oczy rozbłysły cudzoziemską srebrzystością. Właśnie to miała na myśli Nan Shepherd, kiedy zastanawiała się nad spoglądaniem o zmierzchu w oczy zwierząt w „ciemności lasu": czy „bladozielony" kolor ich oczu nie jest „zielenią jakiejś nieznanej pustki… rozbłyskiem zewnętrznych promieni odbitych od wnętrza oka albo objawieniem wewnętrznego światła".

Jeżeli spojrzeć na tę kwestię z punktu widzenia anatomii, oczy ptaków i zwierząt lśnią osobliwymi kolorami w słabym świetle za sprawą *tapetum lucidum* („jasnego kobierca"), lustrzanej błony zbudowanej z opalizujących komórek, która znajduje się za siatkówką. Światło przechodzi najpierw przez pręciki i czopki siatkówki, następnie pada na wspomnianą błonę i odbija się z powrotem w stronę swojego źródła. W ten sposób zwierzę wykorzystuje dwukrotnie dostępne promienie. W takim „lśnieniu oczu" widzimy w istocie barwę samego *tapetum lucidum*, przybierającą odmienną postać u różnych gatunków i w różnym oświetleniu; u sów często jest czerwona, u krów bladoniebieska a kotów zielonkawozłota. Błona ta występuje nawet u ciem i pająków, a ich oczy można czasami zobaczyć w ciemności jako maleńkie srebrne gwiazdy.

Spałem w północnej chacie, korzystając z suchego i ciepłego legowiska, wdzięczny, że odnalazłem te starożytne szałasy na starym przestworze wrzosowiska. W nocy obudziłem się tylko raz, na dźwięk zachrypniętego kaszlu, który rozległ się gdzieś w pobliżu; hausty powietrza wylatujące z płuc jelenia.

* * *

Świt: kolejne dwa orły przednie krążą w górze. Silny wiatr wschodni spotyka się z zachodnim, morskim; niebo nad kopulastymi szałasami z kamienia pełne zderzającego się powietrza. Tamtego dnia szedłem na południowy wschód ku wyspie Harris. Podążałem drogą prowadzącą do szałasów, drogą zagrodników, drogą poganiaczy bydła i drogą prowadzącą przez las, zszywając z nich ciągły szlak. W jakimś nieoznakowanym punkcie przekroczyłem sporną granicę między wyspami Lewis i Harris, opisaną na mapie Zachodnich Wysp z 1630 roku jako „granica między dwoma państwami". Mniej więcej w połowie poranka słońce przepaliło się przez chmury i zalało wrzosowisko ich cieniami: *rionnach maoim* — kolejny hebrydzki termin z języka gaelickiego odznaczający się cudowną precyzyjnością, oznaczający „cienie rzucane na wrzosowisko przez cumulusy płynące po niebie w jasny, wietrzny dzień". Później, idąc mokrą, asfaltową drogą, przy której stały częściowo pozapadane w torf zardzewiałe wraki samochodów i traktorów, dotarłem do położonej na półwyspie wioski Rhenigidale. Spędziłem noc w tamtejszym hostelu, z wdzięcznością kładąc się na łóżku.

Następnego ranka ruszyłem tak zwanym zielonym szlakiem w stronę Tarbert, największego miasta wyspy Harris. Opisano go jako „najpiękniejszą drogę na Wyspach Brytyjskich", a tamtego dnia trudno byłoby podważyć tę przechwałkę. Szlak meandrował nad morskimi zatokami. Na zboczach nadal można było zobaczyć garby *feannagan*, zwane *lazy beds*; pozostałości po dawnych zagrodnikach. Po przejściu mili ścieżka schodziła ku osłoniętemu nadbrzeżnemu wąwozowi Trollamaraig, gdzie w miejscu osłoniętym od morskich wiatrów znalazłem bujny karłowaty las wierzb i osik, wiciokrzewów, naparstnic i kosmatek. Niedługo potem zaczęła się wznosić, pokonując trawersem wschodnie zbocze wzgórza zwanego Scrìob. Dalej wychodziło się na łagodniejszy odcinek, który prowadził prosto na zachód między parą przypominających sutki szczytów o nordyckich nazwach: Trolamal i Beinn Tharsuinn.

Z przełęczy ukazał mi się nagle pejzaż środkowej części wyspy Harris — labirynt skarp, fiordów i wrzosowisk, rozłożony przede mną niczym mapa z zaznaczonymi cieniutkimi ścieżkami. Schodziłem do Tarbert po lśniących dróżkach, pod tęczami, a stamtąd udałem się jeszcze dalej na południe i wschód ku wybrzeżu wyspy Harris, aż w końcu zapukałem do drzwi Steve'a Dilwortha — artysty, półmaga, twórcy ścieżek — ofiarodawcy kistu, który zabrałem ze sobą na północ na Sula Sgeir i w którego domu zatrzymałem się na kilka dni. W mojej pamięci przybrały one formę bajki: poruszającemu się pieszo podróżnemu zostaje zaoferowana gościna w domu pełnym mrocznych cudowności, najprzedziwniejszych sił i zachwytów oraz szklaneczki, która wydawała się sama napełniać ginem.

8. GNEJS

Wisząca postać — Wołowina jako ciało, grzywa jako włosy — Czaszki, skóra, sperma, kamień — Kryptozoologia i szamanizm — Aura wewnętrznych przestrzeni — Trzymany w dłoni, trzymana dłoń — Mag, morderca — Foczy tłuszcz, fiszbiny, ślimak — Jednorożce? Hipogryfy? Smoki? — „Materiał, z którego zrobiony jest świat" — Zmumifikowany krogulec — *Atticus atlas* — Mordowanie łabędzi i manekiny ze świńskiej skóry — *Black Lamb and Grey Falcon* — Laputa, siedlisko głuptaków — Ścieżka do świętego pejzażu — Głazy eratyczne — Sto kilogramów najlepszego niemieckiego smalcu — Zamrożone światło — Ostatni kist.

Twierdzę, że jednoczę w sobie gnejs, węgiel, długowłosy mech [...] jadalne korzenie.

WALT WHITMAN (1855)

Na południowo-wschodnim wybrzeżu wyspy Harris, w złożonej z trzech domów wiosce Geocrab, za płotem z fuksji, w chłodnym warsztacie o cienkich ścianach, na haku zwieszonym z krokwi, na który normalnie zatykano mięso, wisiał ludzki szkielet. Dwieście sześć kości utrzymywanych przez ścięgna z wodorostów, które po obu stronach kręgów zapleciono lewa nad prawą i prawa nad lewą. Do kości poprzyszywano kawałki mięsa z martwego cielaka, które razem tworzą zarys powłoki skórnej. Kiedy je przyszywano — tuż po tym, jak zostały zakonserwowane za pomocą roztworu formaldehydu i fluorku sodu, wstrzykniętych końską strzykawką i zmieszanych w proporcji wypracowanej przez członków wyprawy zoologicznej, która w latach dwudziestych XX wieku dotarła do Amazonii — płaty mięsa odznaczały się wciąż pewną pulchnością. Z czasem wyschły, pomarszczyły się, a ich włókna połączyły się w odrębne wiązki, przez co teksturą przypominają wyużywaną linę cumowniczą. W otworach szkieletu osadzono sękate serce, wątrobę, parę wyschniętych oczu i tchawicę; wszystkie pobrane z tego samego cielaka. Szkielet został skrępowany linami z wodorostów, a jego obwiązane ręce rozpostarto w rozmodlonej albo błagalnej pozie. Na czaszce wykwita groteskowa peruka z końskich włosów, czarnych i jasnych, które opadają na wysokość łopatek.

Steve Dilworth nabył szkielet w 1978 roku. Skontaktował się z dostawcami elementów anatomicznych z noszącego stosowną nazwę miasta Gravesend (*grave* — grób, *to send* — wysyłać). Udając profesora anatomii, kupił od nich szkielet za sto funtów, sumę, która przekraczała jego ówczesne możliwości. Kości przysłano w pudle do piętnastowiecznej chaty pod Cirencester, gdzie pracował dorywczo jako ogrodnik. Przez kilka tygodni nawiercał i łączył kości za pomocą zwojów trawy i sznurków, kolejne tygodnie poświęcił na uzupełnianie szkieletu narządami pobranymi z cielaka i ubieraniu go w cielęce mięso, tygodniami zakładał też pętle i krępował szkielet. Rezultat końcowy — swojego kozła ofiarnego, swój fetysz voodoo, swojego człowieka z Grauballe, swojego przyjaciela — nazwał Wiszącą Postacią.

Kiedy Steve i jego żona Joan przeprowadzali się w kolejne miejsca, Wisząca Postać podróżowała z nimi. W końcu w 1985 roku zeszli na brzeg wyspy Harris, w nadbrzeżnym mieście Geocrab, gdzie od tego czasu wiodą we trojkę szczęśliwy żywot.

* * *

Do drzwi Steve'a zapukałem po przejściu przez wrzosowisko na wyspie Lewis, z obolałymi stopami, spocony, przepełniony lekkim niepokojem. Z wnętrza domu dobiegły odgłosy szurania nogami i stukoty. Drzwi się otworzyły i wypełniła je ludzka sylwetka. Ręka wyciągnęła się na powitanie. Steve miał na sobie długi płaszcz rodem z *Matrixa* i kapcie. Jest rosły i jasnowłosy, ma wysokie kości policzkowe i nastroszone żółte brwi, przez co przypomina czarownika albo wojownika wikingów. Gdybyście oceniali Steve'a tylko na podstawie jego twórczości i wyglądu, wzbudziłby w was lęk; zrobiłby na was wrażenie człowieka surowego i nieprzystępnego. W rzeczywistości odznacza się łagodnym usposobieniem i skłonnością do błazenady — i całe szczęście. Szaman pozbawiony dystansu do siebie byłby nie do wytrzymania.

Kilka minut później siedziałem przy kuchennym stole z kawą w jednej dłoni i ginem z tonikiem w drugiej, opowiadając Steve'owi i Joan o nocy w kopulastych szałasach z kamienia i znalezieniu drogi Manusa. Wypchany nurzyk spoglądał na mnie z niejakim zdziwieniem z powieszonego na ścianie głośnika. Na wychodzącym na południową stronę, głębokim na trzy stopy parapecie leżało coś, co przypominało wykonaną z brązu czaszkę modliszki o długości ponad dwóch stóp i o wyłupiastych oczach. Pod oknem stały dziesiątki gablot z wydmuszkami ptasich jaj; wykonane z ciemnego sosnowego drewna, przykryte szybami, podzielone eleganckimi drewnianymi listewkami, z wełnianymi gniazdkami czekającymi na kolejne wydmuszki, z zapisanymi kaligraficznie karteczkami identyfikującymi poszczególne gatunki: szczygieł kwokacz, rybitwa czerwonodzioba.

Dilworthowie przybyli na Hebrydy Zewnętrzne, ponieważ było to jedno z niewielu miejsc na Wyspach Brytyjskich, gdzie stać ich było na zakup — wybłaganie, pożyczenie, zbudowanie — domu. Wyspa Harris okazała się również znakomitym źródłem surowca dla rzeźb Steve'a. Trafił na wybrzeże, po którym mógł się codziennie przejść i sprawdzić, co też wyrzuciło na nie morze, gdzie mógł żyć niewielkim kosztem w krajobrazie wypełnionym zwierzęcymi rytuałami, megalitami, dramatycznymi wydarzeniami pogodowymi i przednią whisky słodową.

„Kiedy po raz pierwszy zaproponował, żebyśmy przeprowadzili się na Harris, myślałam, że powiedział Paris — wspominała kiedyś Joan. — Oczywiście z miejsca się zgodziłam. Dopiero po jakimś czasie zorientowałam się w pomyłce".

Najlepszy opis sztuki Steve'a, jaki słyszałem, pochodzi od niego samego: „Poświęciłem życie na wytwarzanie przedmiotów rytualnych dla nieistniejącego plemienia". Do materiałów, z których korzysta, należą czaszki, dzioby, ciała, oczy, skóra i skrzydła czapli, strzyżyków, nurzyków, głuptaków, słonek, fulmarów, łabędzi, sów, krogulców, myszołowów, mew siodłatych, wron siwych, maskonurów, dobijaków, piotroszy i ważek; łój, smalec, foczy tłuszcz, sperma; woda morska zebrana w czasie równonocnych wichur, słodka woda wydobyta z głębokiej studni, stojące powietrze zebrane w kaplicy, powietrze sztormowe pochwycone na występie wielkiego głazu; wiatr północny i wiatr południowy; kości, fiszbiny i zęby wielorybów; kręgi morświnów i owiec; brąz, mosiądz, nikiel, miedź; doleryt, gnejs, granit, steatyt, alabaster; dębina, orzech, morwa, palisander zatopione przez dziesięć tysięcy lat w torfie; dziób łodzi rybackiej; przynęty na sokoły; nasiona wyrzucane przez morze, jeżowce z rzędu *clypeasteroida* i inne; jajka, pióra i piasek.

Wykonał między innymi kist z dolerytu i kości słoniowej, który zabrałem na północ na Sula Sgeir, aby udobruchać fale sztormowe; ołowianą szkatułę ożebrowaną kośćmi wieloryba i obwiązaną liną; długą na stopę komnatę z drzewa morwowego w kształcie ziarna kawy ze stalowymi ożebrowaniami, zawierającą ciało kosa; skrzynkę z drewna gwajakowego osłoniętą tarczą z kości wieloryba, wypełnioną zębami delfinów, obwiązaną liną rybacką; sarkofag z łupiny orzecha włoskiego, kanciasty i zasklepiony mosiądzem, wypełniony ptakiem wykonanym z czarnego dębu wydobytego z torfu, z dziobem i ogonem z brązu; parę czapli, zdobyczy z gospodarstwa rybnego, połączonych w uścisku, ze skrzydłami obwieszonymi setkami haczyków, z nogami skrępowanymi cienkim czarnym sznurem (archeopteryksowy fetysz; powietrzny taniec sado-maso). W jego pracach powraca motyw krypt i komnat; aura wnętrz, zasugerowana, ale niedowiedziona. Wewnętrzne, często niewidoczne aspekty takich przedmiotów traktuje na równi z ich zewnętrznymi powierzchniami. Jeden z wielu mieszczących się w dłoni przedmiotów Steve stworzył dla przyjaciółki, która umierała na raka. Steve pobrał wodę z morza w dniu, kiedy panował na nim absolutny spokój, zamknął ją w fiolce, fiolkę zamknął w wypolerowanym i wydrążonym kawałku dębiny, dębinę oplótł liną i włożył ją w dłoń przyjaciółki — jej palce stały się trzecią warstwą albo skorupą.

Steve'a fascynowały ścieżki i ich oznaczenia. Kiedy usłyszał mój opis drogi Manusa, opowiedział, jak ze swoją córką Alexe odszukali, a następnie przemierzyli stare trumienne szlaki, które biegły w poprzek wyspy Harris od miast na wschodnim wybrzeżu, gdzie torf był zbyt płytki, aby dało się w nim pochować ciało, ku żyźniejszym i głębszym ziemiom zachodniego wybrzeża, w których dało się zakopać zwłoki, zapewniając im godne miejsce spoczynku.

— Podobnie jak droga Manusa — mówił Steve — również trumienne szlaki nie przybierały formy ciągłej linii biegnącej po lądzie. Oznaczano je kopcami. Niektóre to po prostu kilka kamieni złożonych w kształt trójkąta, ale zdarzają się i wielkie, co najmniej mojego wzrostu, naprawdę porządnie wykonane z prawdziwie rzeźbiarskim wyczuciem. Zdarza się, że trzy albo cztery takie kamienie stoją na jakimś wzniesieniu, a kiedy patrzy się na nie z większej odległości, przypominają, o zgrozo, grupę ludzkich postaci stojących pośrodku wrzosowiska.

Podróż ze wschodu na zachód może się wiązać z koniecznością pokonania sześciu albo siedmiu mil po bardzo trudnym terenie.

— Samo przejście tamtędy w słoneczny dzień z plecakiem nie należało do najłatwiejszych — wspominał Steve — mimo że urządziliśmy sobie po drodze sympatyczny piknik. A przecież ci ludzie poruszali się tamtędy ze zwłokami w trumnie, z trumną na ramionach, ślizgając się na torfie, przechodząc po niewygodnych kamieniach. Trudno to sobie nawet wyobrazić. No ale musieli gdzieś grzebać zwłoki.

Wstał od kuchennego stołu.

— Chodź, pokażę ci warsztat — powiedział, otwierając skrzypiące drzwi w głębi kuchni. Poszedłem za nim i chwilę później znalazłem się w pomieszczeniu, które jako żywo przypominało kryjówkę mordercy albo powstańca. Dziesiątki ciał — głównie ptasich — leżały wszędzie w różnych stanach rozkładu, rozczłonkowania i skrępowania.

Na otwieranej od góry zamrażarce spoczywała ludzka czaszka, której kości policzkowe były częściowo zrekonstruowane z gipsu i żywicy — w odróżnieniu od nosa, z którego pozostała tylko stercząca łopatka chrząstki. Na półce stała drewniana sowa z lśniącą liną albo metalowym sznurem wystającym z otwartego dzioba. Na krokwi przyczepiono na metalowym haku Wiszącą Postać.

Pod dwoma ścianami ciągnęły się stoły warsztatowe. Za biurka służyły beczki. Każdy cal powierzchni był zastawiony jakimiś przedmiotami. Stożkowymi buteleczkami, szklanymi kloszami, retortami, strzykawkami — przyborami aptekarza albo szalonego wynalazcy. Zakorkowane fiolki, pudełeczka po kliszach filmowych. Zauważyłem słoik, na którego dnie znajdował się cal czerwonej maści, jakby lśniącej od środka. Podniosłem go i obróciłem, żeby przeczytać etykietę: FOCZY TŁUSZCZ. Kołysał się na dnie słoika, pozostawiając na szkle rubinową linię spływu.

W pomieszczeniu znajdowały się garnki wypełnione piórami, głównie z ogona i skrzydeł, podzielonymi z grubsza według gatunków. Na ławkach zalegały narzędzia: zaciski, szczypce, suwmiarki, rękawice. Sprężynopodobny zwój fiszbiny płetwala karłowatego, długi na stopę, czarny i wypolerowany. Ślimak z ucha pływacza szarego.

Na jednej z ław stał kosz wypełniony rogami, zębami, kośćmi i dziobami niezidentyfikowanych istot. Jednorożców? Hipogryfów? Smoków? Podniosłem go, odsłaniając płytką skrzynkę zawierającą z pięćdziesiąt pustych skorup jeżowców, białych łupinek z ich tajemniczymi kropkowanymi wzorami. Między nie wciśnięto skorupę pancernika, lekko pomarańczową i delikatnie złączoną w jedną całość, pokrytą bladymi drucianymi włoskami. Wziąłem ją do ręki. Spoczywała na mojej dłoni niczym bańka.

— Odłóż pancernika na miejsce, zamknij oczy i wyciągnij ręce — powiedział Steve. Wyciągnąłem w jego stronę dłonie wewnętrznymi stronami do góry, złączone w nadgarstkach, jakbym miał zostać zakuty w kajdany albo związany.

— Gotowy?

Skinąłem głową. Poczułem na dłoniach chłodny kamienny przedmiot. Ręce ugięły się pod jego ciężarem.

— Zrobione z tego samego materiału, co cały świat.

Było to skrzydło, półtorastopowe kamienne skrzydło, wykonane z wypolerowanej czarnej skały poprzetykanej zielonymi drobinkami. Przez kamień biegł twarogowaty biały kręgosłup przypominający kość słoniową.

— Kręgosłup to kość wieloryba, kawałek żebra, które wyciąłem z cielska wyrzuconego tu niedaleko przez morze na brzeg. — Steve wskazał na okno, za którym wznosił się płot z fuksji, a za nim rozciągała się zatoka.

— Lotki i cała reszta są wykonane z dolerytu — wyjaśnił. — Wydobyłem go po zachodniej stronie wyspy w miejscu, gdzie, jak zapewniali mnie archeologowie, w czasach wikingów znajdował się kamieniołom. Za cholerę nie rozumiem, czego wikingowie używali do wycinania skały. Ja musiałem podjechać tam z podłączoną do generatora wycinarką z diamentowym ostrzem, która o mało się nie połamała na tym dolerycie.

Pióro było chłodne w dotyku i absurdalnie ciężkie. Wydawało się mieć nadnaturalną gęstość. Chciało upaść, ciągnąc moje ręce w dół. Jako przedmiot było cudownym zaprzeczeniem samego siebie — pióro spragnione ziemi, przedmiot służący do wzbijania się w powietrze przeładowany grawitacją.

Steve wyjął mi je z rąk. Poczułem się, jakby ktoś oswobodził mnie z kajdan.

Podszedłem do beczki po ropie, na której stała zawiązana na supeł torba termoizolacyjna. Wewnętrzna strona plastikowych ścianek zaparowała, ale przez przezroczyste kropelki wody zobaczyłem jakieś czarne, kanciaste kształty. Podniosłem torbę i do mojego nosa natychmiast wdarł się smród zgnilizny. Rozchylając kciukami supeł, dostrzegłem krótkie dzioby i czaszki z piórami i kawałkami mięsa, oblepione humusem z krwi i kawałków mięsa.

— Nurzyki — wyjaśnił, szczerząc zęby, Steve. — Muszą się jeszcze trochę pokisić. Wracam za chwilę. Chcę ci coś pokazać.

W czerwonej plastikowej skrzynce leżało dziesięć ciał krogulców. Jedenaste zostało zamienione w mumię za pomocą taśmy maskującej. Wziąłem do ręki jednego z ptaków. Miałem poczucie, jakbym podnosił łupinę nasiona albo sklejony model samolotu — był tak lekki, że wydawał się ciągnąć moją dłoń w górę. W warsztacie nic nie ważyło tyle, ile powinno. Wszystko zostało wydrążone przez upływ czasu albo wiertło, wypełnione ołowiem lub kamieniem. Krogulec miał ożebrowaną klatkę piersiową, miodowozłota sieć na szarym tle, rozchwiane linie przypominające zapis elektrokardiogramu. Stary ptak miał zamknięte oczy, głowę zwrócił w bok jakby w zawstydzeniu albo w geście obrony przed ciosem.

Zaczęła mi się udzielać magia pomieszczenia. Przeszedł mnie dreszcz. W głowie zaczęły mi się wykluwać baśnie.

— Mało co napawa mnie taką dumą — powiedział niespodziewanie Steve; podskoczyłem ze strachu. Nie słyszałem, jak wracał. Niósł czerwononiebieski karton z owiniętym celofanem plastikowym słojem po mieszance cukierków Woolworths Pick'n'Mix.

— Ostatni! — oświadczył z dumą.

— Co jest w środku? — zapytałem, spodziewając się, że usłyszę coś w rodzaju: „język salamandry" albo „stopa dodo".

Steve zrobił zdziwioną minę.

— Cukierki — wyjaśnił. — To ostatni słój mieszanki Pick'n'Mix, jaki został na półce w ostatnim dniu wyprzedaży w zamykanym sklepie Woolies w Tarbert. Teraz to już zabytek.

Postawił ostrożnie pudełko na półce między kłem z kości słoniowej i słoikiem opisanym jako „Woda sztormowa sprzed czterech tysięcy lat".

* * *

Tamtego wieczoru Joan, Steve i ja siedzieliśmy przy stole, podczas gdy resztki jasności mijającego dnia przygasały nad zatoką aż do pojedynczej linii poświaty na horyzoncie. Na północnej ścianie kuchni przywieszono szklany pojemnik z białą ćmą wielkości kosa: przywieziona z Indii *Atticus atlas*. Jej rozpostarte skrzydła miały barwę lnu. W kącie moręgowaty kociak dręczył starego białego kota.

Po kolacji Steve odsunął krzesło od stołu, przyrządził kolejne drinki i zaczął mówić. Większość jego opowieści dotyczyła zabijania i jedzenia dzikich zwierząt. Bieda, ciekawość i nieprzejednanie mięsożerne upodobania kulinarne skłoniły go do skosztowania mięsa większości istot. Zdobywał pożywienie na własną rękę na długo zanim stało się to modne. Jako student na akademii sztuk pięknych przynosił wiatrówkę na zajęcia z rysunku z natury, siadał przy otwartym oknie wychodzącym na kępę traw i strzelał do wiewiórek. Kiedy żył na wsi, miał w zwyczaju nosić strzelbę z krótką lufą pod kurtką na wypadek spotkania z jakimś poruszającym się jedzonkiem.

— Jadłeś kiedyś czaplę? — zapytałem.

— Och, tak. Najlepiej smakują w czasie pełni, bo wtedy są najpulchniejsze. Ich mięso ma bardzo, ale to bardzo rybi smak. Bardziej nawet niż nurzyka. Jest to jeden z najbardziej rybich ptaków, jakiego jadłem, poza głuptakiem.

Czy spróbował kosa? Oczywiście, w cieście. Kulika? Tak. Mają więcej mięsa, niż można by się spodziewać. Gołębie? Tak. Mają mniej mięsa, niż można by się spodziewać. Orła? Nie, orła nie, jeszcze nie. Łabędzia? Steve aż się rozpromienił. Wspomnienia przesuwają się przed jego wewnętrznym okiem niczym nakręcony przed laty film z bliskimi. Opowiada mi historię, której nie mogę tu powtórzyć, bo za mordowanie łabędzi nadal grozi surowa kara. Główne role w niej grają manekin ze świńskiej skóry, krzesło elektryczne, dwa łabędzie, kominek i pośrednik w handlu nieruchomościami.

Tamtej nocy, wyczekując snu z umysłem wypełnionym obrazami zwłok i wypchanych zwierząt, przypomniałem sobie fragment z *Black Lamb and Grey Falcon*, w którym Rebecca West opisuje zabójstwo arcyksięcia Franciszka Ferdynanda, zapalonego myśliwego, który ponoć zabił w życiu pół miliona zwierząt. W dniu śmierci książę przebywał w salonie w swoim pałacu w Sarajewie — w tym czasie Princip i pozostali zamachowcy zajmowali pozycje na trasie przejazdu kawalkady — a ściany owego salonu były, pisze West:

> obwieszone pod karmazynowo-złote sklepienie niczym stalaktytami futrzastymi i pierzastymi duchami, umieszczonymi blisko siebie ze względu na ogromną liczbę: jeleniami z porożami, między którymi upchano słonki, przepiórki, bażanty, kuropatwy, głuszce i tym podobne; zjeżonymi dzikami rozwieszonymi od ściany do ściany, pod których szerokie podbrzusza wpakowano rzędy zajęcy i królików.
>
> Zwierzęce oczy, czyste i ciemnie jak woda, spoglądały wesoło na ostatnie chwile ich zabójcy, który miał skończyć dokładnie tak, jak one.

Pomyślałem o tym, że kiedy myśliwi polujący na *guga* odpływali z Sula Sgeir, amputowane skrzydła martwych głuptaków — cztery tysiące skrzydeł z dwóch tysięcy ptaków — pozostawiano na szczycie wyspy, a podczas najbliższego z potężnych jesiennych sztormów i najbliższego porywistego wiatru dującego z południa albo z zachodu, tysiące odciętych skrzydeł unosiły się z powierzchni wyspy. Kiedy patrzyło się na to od strony morza, musiało się wydawać, że sama skała próbuje poderwać się do lotu — że cała wyspa wzbija się w powietrze niczym Swiftowska Laputa.

* * *

W niedzielę Steve zabrał mnie na pielgrzymkę do swojego najświętszego pejzażu.

Wcześniej siedziałem pogrążony w lekturze na wiktoriańskim krześle dentystycznym w pokoju dziennym u Steve'a. Siedzisko było umocowane do słupa osadzonego w masywnej podstawie. Obito je różowym sztruksem z perkalowym obszyciem. Pacjent mógł oprzeć nogi na żeliwnej kratownicy ze słowem AUSTRAL otoczonym wzorem kwiatowym. Zaplamioną na ciemno sośninę podłokietników wyślizgały dziesięciolecia nerwowych palców. Dźwignie i pedały umożliwiały ustawienie krzesła w wielu pozycjach. Był to bardzo złowieszczy i bardzo wygodny mebel.

Usłyszałem za plecami zbliżającego się Steve'a.

— Gdyby cię to ciekawiło, mam też komplet narzędzi do tego krzesła — zapewnił mnie.

Potem:

— Masz ochotę na niedzielny spacer? No dalej, zirytujmy kalwinistów. Możesz zabrać swoją wędkę i spróbować szczęścia w którymś z wewnętrznych jezior. Pokażę ci ścieżkę, którą sam wytyczyłem, i miejsce, gdzie ostatecznie trafi Wisząca Postać.

Wyszliśmy przez drzwi warsztatu i podążyliśmy wzdłuż strumienia. Ledwie dostrzegalna ścieżka, którą Steve sam stworzył i pielęgnował, prowadziła nas w górę, w głąb lądu. Było popołudnie. Niebo zasnuła czerń przybrana szarością:

nadciągał deszcz. Czajka skręciła i przekoziołkowała nad naszymi głowami, zmierzając w stronę wybrzeża, emitując piski niczym stary radioodbiornik.

— Czajki mają cudowne łyżkowate skrzydła — powiedziałem. — To jedne z moich ulubionych ptaków.

— Niewiele na nich mięsa — rzucił Steve.

Po przejściu pół mili odbiliśmy od strumienia i zaczęliśmy się wspinać na wysoki skalisty grzbiet. Ścieżka Steve'a wprowadziła nas swoim niepozornym biegiem między wrzosy. Z grzbietu otwierał się widok na wnętrze wyspy Harris: tysiące hektarów pokrytych jeziorkami, strumieniami, wyrzeźbionymi przez lodowce graniami, wrzosowiskami i torfowiskami. Stojąca woda przyciągała i odbijała światło, przypominała lód. Był to pejzaż, który sam z siebie natychmiast przechodził w czystą formę. Droga i domy składające się na Geocrab były już niewidoczne, zniknęły kilka minut po tym, jak je opuściliśmy. Wiatr szarpał, huczał. Trudno było cokolwiek usłyszeć albo powiedzieć. Za plecami widziałem silną falę przyboju rozbijającą się o wschodni brzeg wyspy, wyrzucającą w górę dymopodobne smugi kropelek wody, przez co wydawało się, jakby na wybrzeży wybuchły pożary.

Wyszliśmy na gładką platformę gnejsową rozświetloną błyskawicą kwarcu. Steve nachylił się do mojego ucha i zawołał, przekrzykując wiatr:

— Patrz! Tam, gdzie pokazuję. — Wskazywał na odległe punkty, przesuwając palcem po panoramie.

— Tam. Tam. Tam. Tam i... tam.

Oczy miałem załzawione od wichury, ale dostrzegłem, że wskazuje na serię potężnych głazów wyróżniających się nawet w tak skalistym terenie. Każdy z nich ustawiono na jakimś wzniesieniu, każdy był jaśniejszy od otaczających go skał, a razem wydawały się tworzyć z grubsza okręg o średnicy trzystu, może czterystu jardów. W południowej części okręgu znajdował się najbielszy głaz, a w sercu okręgu — największy.

Był to krąg megalitów. Nie trafiły tam za sprawą ludzkich rąk ani nie zostały przez nie postawione. Były to głazy eratyczne przyniesione w te miejsca przez lodowce żłobiące powierzchnię wyspy Harris w plejstocenie. Kiedy stopniały, głazy zostały delikatnie posadzone w miejscach obecnego spoczynku: linia upuszczonych kamieni tworząca szlak. Obeszliśmy okrąg, podążając wąską ścieżką, która wiła się między kolejnymi głazami.

Steve przygotował każdy z głazów w identyczny sposób. Wiele lat wcześniej podpalił jeden z nich, oblewając uprzednio jego powierzchnię terpentyną. Ogień podłożył o zmierzchu: głaz jako ognisty kopiec, latarnia morska. W hołdzie Josephowi Beuysowi południowy głaz wysmarował tłuszczem. „Sto kilogramów najlepszego niemieckiego smalcu!". Ten zwabił mewy, które kłębiły się wokół niego przez wiele dni, wydziobując tłuszcz.

— Wyglądało, jakby próbowały podnieść głaz w powietrze!

W końcu dotarliśmy do wielkiego kamienia stojącego pośrodku tej przypadkowej megalitycznej struktury. W najwyższym punkcie miał z osiem stóp, z grubsza kształt rombu i stał na jednym z wierzchołków. Steve pochylił się i podniósł kawałek kwarcu leżący u jego podstawy.

— Lapońscy szamani nazywają kwarc zamrożonym światłem — powiedział. — Trzymaj.

Wziąłem kamyk, ciesząc się z talizmanu. Miał duże kryształowe ścianki i kształt rekiniego zęba albo górskiego szczytu.

Wdrapałem się po ścianie głazu i stanąłem na pochyłym szczycie. Był to punkt obserwacyjny drapieżników, często wykorzystywany przez myszołowy albo orły. Znalazłem tam duże czarne i białe guana, dziesiątki wydalonych ptasich i zwierzęcych kości. Rósł tam miniaturowy las porostów, liściastych i łuseczkowatych. Zsunąłem się niezdarnie na ziemię i schroniliśmy się przed wiatrem za głazem, pod najbardziej stromym występem.

— Oceniam go na dziewięć ton! — wykrzyknął Steve, dotykając głazu. — Planuję odciąć mu czubek — powiedział. — Potem wytnę w środku cylinder, jakbym usuwał gniazdo nasienne z jabłka. W otworze umieszczę Wiszącą Postać. Potem nałożę ponownie odcięty czubek. Wszystko to będzie dość skomplikowane. Ale nacięcie będzie tak cienkie, że w zasadzie pozostanie niewidoczne, zresztą i tak szybko zagoi się porostami i działaniem żywiołów, więc praktycznie nikt nie będzie miał pojęcia, gdzie znajduje się moja Postać. Z wyjątkiem mnie, ciebie i kilku innych osób.

Przerwał.

— Będzie to jego ostatni kist. A dla mnie powrót do źródeł. Będzie to najważniejsza rzecz, jaką zrobiłem.

Miałem poczucie, jakby głaz zmienił nad nami położenie, napierając na wiatr. Siedzieliśmy w miejscu, które domagało się wypełnienia, a ja przez krótką chwilę wyobraziłem sobie, że wiatr zaburza równowagę głazu i skała nas zgniata, zasklepiając pod sobą. Emocjonalny związek Steve'a z głazem i jego światem był chłodny, surowy i czuły, spragniony zarazem oddalenia i zespolenia: paradoks zrozumiały tylko dla tych, którzy doświadczyli kiedykolwiek pewnego szczególnego rodzaju miłości.

Dokończyliśmy wędrówkę wzdłuż okręgu, wracając do punktu wyjścia na gnejsowej platformie. Potem Steve ruszył w stronę domu, a ja poszedłem powędkować w jednym z położonych wysoko ciemnych jezior, żeby sprawdzić, cóż takiego się w nim kryje. Złapała mnie tam ulewa, która przez godzinę zalewała mnie wodą, co uznałem za znak od Boga, że zachowałem się grzesznie, łowiąc ryby w niedzielę. Niedługo potem zostałem nagrodzony dwoma pstrągami, co uznałem za znak od Boga, że kalwiniści zachowali się grzesznie, zakazując łowienia ryb w niedziele. Siedząc z wędką w dłoni, rozmyślałem o pejzażu Steve'a: o tym, że każdy z wielkich głazów w okolicy miał swoją historię, a zbudowana przez niego ścieżka łączyła je razem w rytualnej pradakszinie. Wnętrze wyspy Harris było jego uświęconym terytorium, w które tchnął wiarę i poświęcił nieistniejącemu plemieniu, równie dla mnie tajemniczemu i poruszającemu jak kamienne monumenty z Callanish albo Avebury.

Do domu wróciłem o szóstej, tuż przed zmrokiem, opuszczając dzikie tereny ścieżynką schodzącą w stronę wybrzeża. Było za wcześnie na kolację, więc Steve, Joan i ja usiedliśmy razem na sofie i, popijając wino, oglądaliśmy *Antiques Roadshow*. Tymczasem Postać wisiała sobie w warsztacie.

9. GRANIT

Rytualna wędrówka — Mój dziadek — „Ciekawe czasy" — Cud na wodzie — Pierwszy most — *Via viridis* — Poganiacze i strumienie zwierząt — Arktyka Wysp Brytyjskich — Uporządkowane do kwadratu, przypadkowe — „Przeniesienie miłości" — Na granit — Lairig Ghru — Przekraczanie granicy, przechodzenie przez portal — Wieczne śniegi — Plutonowa skała — Krajobrazy, które nosimy w sobie — W drodze na przełęcz — Oczy góry — Kroczenie po przezroczystym ciele — Ogień na wododziale — Pogrzeb — Ostatni przemarsz.

Skoro podążać szlakiem znaczy pamiętać, którędy biegnie, poruszanie się w teraźniejszości samo w sobie jest wspominaniem przeszłości [...] ruch do przodu sam w sobie jest powrotem.

TIM INGOLD I JO LEE VERGUNST (2008)

Była to rytualna wędrówka przez pasmo Cairngorm, z południa na północ. Po drodze zetknęliśmy się z następującymi rzeczami: szarymi polodowcowymi głazami narzutowymi, piaskiem rzecznym, czyżykami, sosnowymi szyszkami, muszkami, białymi otoczakami, szkieletem kruka, ścieżkami, drogami pasterskimi, ścieżkami jeleni, martwymi drzewami, smutkiem, zaokrąglonymi górami i ogniem. A oto najróżniejsze skały, po których szliśmy: wapień, dioryt, kwarcyt, granulit, granit, łupek, ryolit i łupek mikowy. Ogień? Och, ogień pojawił się w wieczornym mroku na samej przełęczy — w zapadających ciemnościach doszło do zapłonu — i ogień, podobnie jak wędrówka, był na cześć mojego dziadka, który zmarł na drugim końcu tych gór i na którego pogrzeb szedłem. Upamiętniałem go i wspominałem, podążając starymi drogami w górę wododziału, przez wielką przełęcz Lairig Ghru, a potem w dół przez sosnowy las porastający północne zbocza Cairngorm.

* * *

Dziadek w czasie swojego niezwykłego życia odwiedził wiele miejsc i wszystkie te miejsca przemierzał pieszo. Był dyplomatą i wspinaczem, który przez pięćdziesiąt lat podróżował po świecie. Gdziekolwiek go wysyłano, odszukiwał górzyste tereny, otwarte przestrzenie i ścieżki. W 1940 roku w Bułgarii, zaledwie kilka tygodni po przystąpieniu tego kraju do Osi i wyrzuceniu brytyjskich dyplomatów, dziadek zajmował się przemierzaniem pasma górskiego Riła. W 1943 roku razem z zaprzyjaźnionym wspinaczem Robinem Hodgkinem wszedł na szczyt Demirkaziku (13 323 stopy nad poziomem morza) w tureckim paśmie Ala Dag. Sądzili, że dokonali tego jako pierwsi, potem jednak znaleźli flagę ze swastyką pozostawioną przez austriacką wyprawę kilka lat wcześniej (dziadek z wrodzoną dla siebie czujnością zabrał flagę, aby wykorzystać ją do celów propagandowych i przekonać mieszkańców okolicznych wiosek, że naziści zamierzają zaanektować górę). Placówką, o której marzył, ale której nigdy nie otrzymał, był Teheran. Fascynowała go polityka Iranu, choć trzeba przyznać, że nie aż tak jak tamtejsze góry, wznoszące się nad miastem ośnieżone szczyty. Polityka i dzikie tereny były dwoma głównymi wątkami jego niezwykłego życia. Teraz umarł, zaledwie kilka miesięcy po babci, w domu stojącym u podnóża pasma górskiego, które poznali razem lepiej niż ktokolwiek inny. Ja z kolei, przeszedłszy wyspę Lewis z północy na południe, zamierzałem teraz przejść z południa na północ przez wznoszącą się pośrodku lądu wyspę pasma górskiego Cairngorm.

Mój dziadek nazywał się Edward Peck i miał skłonność do pojawiania się w tych momentach historii, które Eric Hobsbawm nazwał „ciekawymi czasami". Był w Wiedniu w czasie anszlusu w marcu 1938 roku i widział Hitlera, jadącego przez Mariahilferstrasse w paradzie na cześć unii obu państw. Widział Żydów z Leopoldstadt, pakujących w pośpiechu walizki i uciekających w stronę czechosłowackiej granicy w Bratysławie. Późną wiosną tego samego roku zobaczył drobną sylwetkę cesarza Hajle Selassje, eskortowanego do siedziby Ligii Narodów, gdzie chciał zaprotestować przeciwko inwazji Włoch na Etiopię. Jego pierwszym oficjalnym przydziałem była Barcelona, gdzie trafił w ostatnich miesiącach wojny domowej. Powiększył pulę znanych sobie języków o hiszpański. Agenci Franco zaprowadzili go do izb tortur z przesiąkniętymi krwią ścianami. Twierdzili, że używali ich republikanie, ci z kolei zapewniali, że działali w nich ludzie Franco. W targanej wojną Turcji znalazł się niezwykle blisko tak zwanej operacji Cycero, w którą zamieszany był służący ambasadora; w Berlinie zajmował się aresztowaniem rosyjskich szpiegów przed ogrodem zoologicznym oraz zakończoną powodzeniem brytyjsko-amerykańską akcją budowy „tuneli nasłuchowych" pod wschodnimi Niemcami (których tajemnicę zdradził później George

Blake). W 1947 roku został nazwany „faszystowskim psem" w „Prawdzie", a KGB wpisało go na czarną listę, uniemożliwiając mu wjazd na terytorium Związku Radzieckiego, zresztą ku jego wielkiej uldze. Języki łapał jak kamienie; ulatywały mu potem z pamięci jak opadające piórka, bardzo powoli. Myślę, że u szczytu swoich możliwości znał dwanaście języków. Kiedyś poradził mi, żebym nauczył się tureckiego, ponieważ, jak twierdził, opanowuje się w ten sposób niemal automatycznie co najmniej sześć innych tureckich dialektów[1].

Dla pejzaży żywił wielkie uwielbienie, ale nie był mistykiem krajobrazu. Jego analityczny umysł wybiegał na zewnątrz, ku wyjaśnieniom geopolityki i tektoniki historycznej. Akurat w tej kwestii nieco się różniliśmy; mnie zawsze bardziej interesowały związki między krajobrazem a życiem poszczególnych ludzi oraz to, w jaki sposób jesteśmy kształtowani przez miejsca, w których mieszkamy. Dziadek raczej nie potrafiłby wyjaśnić, dlaczego pewne krajobrazy tak wiele dla niego znaczyły. Nie dlatego, że nie był zdolny do przeprowadzenia takiego rozumowania. Zwyczajnie uważał te sprawy za oczywiste: zwłaszcza piękno górzystych terenów; towarzystwo innych ludzi, z którymi pokonuje się wspólne określone typy krajobrazu; hartujące działanie trudów zsyłanych przez naturę; dostojną tradycję naukowca wspinacza, do której sam dopisał pokaźny rozdział. Dziką przyrodę hołubił ze wszystkich wymienionych powodów, w jakiejkolwiek części świata udawało mu się ją znaleźć. Po górach poruszał się bez zbędnego zamieszania wyposażony w ogromny, choć nieobciążający ładunek wiedzy

[1] Nie udało mi się tego zrobić.

kulturowo-historycznej. Pokonywał znaczne odległości, a jego wytrzymałe nogi i sześciostoppowe drewniane narty zabrały go na szczyty Himalajów, Alp, na Kilimandżaro i Kinabalu, na wszystkie pasma górskie Brytanii.

Po przejściu na emeryturę osiedli z babcią w dawnej leśniczówce nieopodal wioski Tomintoul na północny wschód od pasma Cairngorm. Ich dom — któremu nadali nazwę Torrans — stał w sosnowym lesie nad rzeką Avon, której źródła znajdują się w samych Cairngormach. Pomijając kilka ostatnich lat życia, kiedy coraz słabszy wzrok i kalectwo uniemożliwiały mu zapuszczanie się wyżej, przemierzał ścieżki wokół swojego domu i górskie szlaki. Na jednej ze ścian domu wisiała wielka mapa okolicznych gór w skali 1:50 000, na której charakterystycznym różowym kolorem Ordnance Survey zaznaczono ścieżki; przesuwaliśmy po nich palcami, planując wyprawy[2]. To właśnie wpływ dziadka i rodziców sprawił, że od dziecka ciągnęło mnie w góry; to właśnie dziadek przyczynił się do tego, że górzyste i dzikie tereny rzuciły na mnie swój urok.

* * *

Wędrówkę przez Cairngorms zacząłem w Blair Atholl, godzinę po świcie. Nieruchome powietrze, gorące i żółte, nieco chłodniejsze od wilgoci. Ciemne chmury deszczowe na północy. I tym razem towarzyszył mi David. Ruszyliśmy razem w górę

[2] Co opisałem w piątym rozdziale *Mountains of the Mind*. Moi dziadkowe i ich świat rozpoczynają pierwszą z moich książek. Wydaje się jak najbardziej właściwe, aby powrócili również w tej.

doliny Glen Tilt, biegnącej niemal dokładnie na północny wschód i wcinającej się w niższe południowe partie Cairngorms. Pierwszych kilka mil prowadziło przez las. Rzeka Tilt wcinała się w skałę, a ścieżka wiła się wysokim zboczem doliny. Czyżyki migotały na żółto pośród zieleni. Różne ptaszki kwiliły w koronach drzew. Wiało akurat na tyle mocno, aby poruszać odłażącymi kawałkami naskórka na pniach sosen. Muszki kłębiły się w powietrzu, mobilizując nas do raźniejszego marszu. Rzeka wyzierała co chwilę spoza zimozielonych drzew i brzóz. Zobaczyłem nurka z jego białym śliniaczkiem przypominającym frakową koszulę pianisty, który polował w miejscu, zbiegania się nurtów rzeki, gdzie rozlegał się huk bystrzy wpadających w położone niżej rozlewiska. Te były niekiedy tak szerokie i leniwe, że tylko piruety unoszących się na powierzchni sosnowych igieł zaświadczały o istnieniu nurtu.

Warkot silnika za naszymi plecami, potem ryk klaksonu: land rover kombi przetoczył się obok nas w podskokach, nie zwalniając nawet zbytnio, żeby dać nam czas na uskoczenie z drogi. Tył samochodu był otwarty, ale zakratowany. Dwóch posępnych młodych mężczyzn w czapkach z daszkiem obrzuciło nas spojrzeniami, nie zmieniając ani na moment wyrazu twarzy, kiedy samochód toczył się w górę doliny. Przyuczają się na myśliwych, pomyślałem, choć wyglądali raczej na więźniów przewożonych między zakładami karnymi. Milę dalej minęliśmy chatę myśliwską. Czterej mężczyźni, zapewne klienci, stali sto jardów dalej pod modrzewiem. Uniosłem rękę, przesyłając im krótkie pozdrowienie. Obrzucili nas obojętnymi spojrzeniami i wrócili do rozmowy. Wyglądało to tak, jakbyśmy przypadkiem weszli na plan serialu *Więzień*. Chwilę później z ulgą opuściłem prywatne tłuczniowe drogi i wkroczyłem na dzikie ścieżki prowadzące dawnymi szlakami pasterskimi w górnej części doliny Tilt.

Urządziliśmy sobie postój przy długim rozlewisku w ruinach dawnych szałasów pasterskich rozrzuconych po okolicy. Wielki łosoś wyskoczył nad powierzchnię i zrobił fikołka do tyłu, rozbryzgując wodę niczym wrzucona do nurtu kłoda. Nurek furkotał między kamieniami, po czym zapikował; patrzyłem jak jego ciemna sylwetka przekopuje się przez wodę. David rozebrał się i wszedł do rzeki, zmywając z siebie przebyte od rana mile. Dopłynął do płaskiego głazu, który leżał tuż pod powierzchnią wody, i spoczął na nim w pozycji kwiatu lotosu, unosząc się w magiczny sposób na powierzchni wody jak uśmiechnięty od ucha do ucha jogin. Niedługo potem przepędziły nas stamtąd muszki. Kłębiły się, jak to one, tysiącami, wznosząc się niczym dym znad mijanych przez nas wrzosów: silna zachęta do spędzenia całego dnia w trasie.

Szliśmy dalej, doliną zakręcającą na północ, po chwiejnym moście nad szerokimi Pools of Tarf, gdzie postawiono tabliczkę upamiętniającą chłopca, który utopił się tam sto lat wcześniej. Na północny zachód, potem kolejne trzy mile, aż wreszcie wyszliśmy na otwartą przestrzeń szerokiej przełęczy, pierwszego z dwóch wielkich wododziałów, które mieliśmy przebyć tego dnia. Była to szeroka dolina porośnięta żółtą trawą, po której wiła się nasza ścieżka, podążając trasą dawnego szlaku pasterskiego. Góry, oglądane z daleka, miały uśrednioną, wytłumioną barwę; fiolety i zielenie wrzosów, wypłowiała trawa. Oglądane z bliska wrzosowisko zamieniało się w kobierzec kolorów: złocistości pięciornika kurzego ziela, zieleni i róży torfowców, jasnych gwiazd tłustoszy i rosiczek, szarej zieleni woskownicy.

Otwarta przestrzeń przełęczy pełniła funkcję jednego ze „stanowisk" pasterzy: miejsca odpoczynku położonego nieopodal wody, równego terenu, gdzie ludzie mogli się przespać, a bydło popaść. W szkockich górach istnieje niewiele dolin, które na jakimś etapie historii nie były wykorzystywane przez ludzi pędzących bydło, których profesja była jednym z głównych elementów górskiego i wyspiarskiego życia między Aktem unii, który w 1707 roku zjednoczył Anglię i Szkocję, a spadkiem znaczenia handlu w pierwszej połowie XIX wieku. Tradycja nielegalnego pędzenia bydła, którego dopuszczali się głównie *reavers* (złodzieje bydła), sięga jeszcze XVI wieku, a edykty z XIV wieku wspominają o *via viridis*, czyli, jak się wydaje, polnych drogach o dostatecznie miękkim podłożu i odpowiedniej szerokości, aby dało się nimi pędzić bydło. Ale dopiero rewolucja w rolnictwie i podporządkowanie górzystych terenów Szkocji generałowi Wade'owi po rebelii z 1715 roku doprowadziło do znaczącego rozwoju cechu licencjonowanych poganiaczy. Bydło było główną formą ruchomego majątku w górzystej Szkocji, a należało je sprowadzać z górskich i wyspiarskich pastwisk na targowiska na nizinach. Branża ta zrodziła złożoną sieć szlaków, ścieżek i praktyk.

A.R.B. Haldane opisuje w *The Drove Roads of Scotland* (1952), klasycznej pracy poświęconej temu zagadnieniu, jak w czasie drugiej wojny światowej, zaintrygowany „samotnym zarośniętym trawą szlakiem prowadzącym przez wzgórza" za jego domem w Perthshire, zaczął się interesować historią kilkusetletniej tradycji pędzenia bydła. Na ile potrafił, zrekonstruował mapę głównych szlaków używanych przez poganiaczy, mimo że zanikały one na jego oczach. Sam przeszedł wieloma z nich, starając się zrozumieć tamte czasy; powracał do nich w lekturach i w marszu. Jego książka — choć stroniąca od nostalgii i rygorystyczna pod względem historiograficznym — ma w sobie coś z trzymanej na wodzy elegii na tamte czasy. W jego opisach poganiacze, choć zahartowani trudami podróży, bynajmniej nie byli niewrażliwi na ich piękno. Delektowali się — przynajmniej niektórzy — tym, co Haldane nazywa „uwielbieniem ruchu i przyrody". Pozostawili po sobie ślady tych fascynujących czasów:

> Brązowe żagle statków z bydłem wypływały z cieśniny Minch. Pochylnie i mola, od Skye po Kintyre, porasta zawciąg zapuszczający korzenie w szczelinach między kamieniami, niegdyś gładkimi i wypolerowanymi od uderzeń kopyt. Na pustych dziś solniskach, gdzie niegdyś pasło się bydło z wysp Uist, na przełęczach i wrzosowiskach górzystej Szkocji, podobnie jak w naszych umysłach, mijające lata coraz bardziej zacierały i przesłaniały oznaczenia i wspomnienia o ludziach i zwierzętach, którzy podróżowali niegdyś po pasterskich drogach Szkocji.

* * *

Pasmo górskie Cairngorm to pejzaż pokryty grubą warstwą historii i śniegu — dwóch substancji, które mój dziadek kochał chyba bardziej niż cokolwiek innego. W wymiarze klimatycznym Cairngorms są Arktyką Wysp Brytyjskich. Zimą wiatry o prędkości dochodzącej do stu siedemdziesięciu mil na godzinę smagają górne księstwa tego pasma, a lawiny szorują osłonięte od wiatru stoki. Z wychodzących na północ okien swojego domu dziadek mógł zobaczyć drżenie zorzy polarnej: wydęte kurtyny zielonego, sporadycznie czerwonego, światła. W niektórych miejscach płaskowyżu wieńczącego masyw Cairngorm wiatr wieje z taką siłą i nieustępliwością, że tamtejsza roślinność zredukowała się do wymiaru bonsai: sosny osiągają zaledwie kilka cali wysokości; wierzby mają postać karłowatą; a miniaturowe płożące się azalie z gatunku *Loiseleuria procumbens* — które należały do ulubionych alpejskich roślin dziadka — tworzą między kamieniami dywany grube zaledwie na cal; trzymają nisko głowy, leżąc plackiem na ziemi (*procumbens*). Pasmo Cairngorm to obszar ukształtowany przez, jak się kiedyś wyraziła Nan Shepherd, „żywiołowe siły". Pejzaż górski wydaje się tam chaotyczny w swoim przemieszaniu, niemniej w istocie są to niesamowicie logiczne krajobrazy, uporządkowane przez skrajności klimatyczne i surowe przejawy grawitacji: uporządkowane do kwadratu, tak bardzo, że wydają się przypadkowe.

Anna „Nan" Shepherd urodziła się w Aberdeen w 1893 roku i zmarła tam w 1981 roku. Podobnie jak moi dziadkowie, w czasie swojego długiego życia spędziła setki dni, pokonując pieszo tysiące mil szlaków biegnących przez pasmo Cairngorm. Jej literacka reputacja opiera się na trzech modernistycznych powieściach opublikowanych między 1928 a 1933 rokiem: *The Quarry Wood*, *The Weatherhouse*, *A Pass in the Grampians*, ale według mnie jej najważniejszą pracą jest ta najmniej znana — osiemdziesięciostronicowa, prozatorska medytacja nad górami Cairngorm, a dokładniej nad związkami człowieka z krajobrazem — zatytułowana *The Living Mountain*, napisana w latach czterdziestych, ale opublikowana dopiero w 1977 roku. Trudno scharakteryzować tę książkę. Czy jest peanem prozą? Geopoetyckimi poszukiwaniami? Filozoficznymi dociekaniami nad naturą wiedzy? Żaden z tych opisów nie oddaje jej istoty, choć wszystkie są prawdziwe. Sama Shepherd nazwała tę książkę „przeniesieniem miłości" między nią a górami.

Styl książki jest jednocześnie rozkosznie materialistyczny — autorka emocjonuje się zmiennością cairngormskiego granitu, górą-światem, która „nie robi nic, absolutnie nic, tylko jest sobą" — i niemal animistyczny w opisach interakcji między umysłem i górą. Shepherd rozumie — podobnie jak Thomas i wiele innych przywołanych tu przeze mnie postaci — że krajobraz od dawna dostarczał nam wygodnych narzędzi pozwalających na odkrywanie siebie przed samym sobą, skutecznych środków kształtowania wspomnień i nadawania formy myślom. Podobnie jak Thomas, Shepherd myślała topograficznie i podobnie jak Thomas uważała, że sama do pewnego stopnia jest wymyślana przez miejsce. Na górze, pisała, zdarzają się takie chwile, kiedy „coś porusza się między mną a nią. Miejsce i umysł mogą się przenikać, aż natura obu ulega przemianie. Nie potrafię określić, czym jest to poruszenie, a jedynie je opisać".

Shepherd, lepiej niż jakikolwiek autor, którego miałem okazję czytać, „opisywała" potęgę górskiego krajobrazu Szkocji, budując zażyłość między nim a czytelnikami, i pokazywała, jak określone miejsca mogą umożliwiać narodziny określonych myśli. Również moi dziadkowie mozolnie budowali tego rodzaju zażyłość z pasmem Cairngorm. Ich dom, Torrans, i otaczające go tereny pełniły funkcję pośrednika między dzikością górnych partii a ucywilizowaniem dolin. Z elementami krajobrazu zawierali często zaskakujące ugody i kompromisy. Wokół głazów eratycznych zbyt ciężkich, aby dało się je ruszyć, babcia budowała skalniaki i sadziła w nich górskie sukulenty. Dziadkowie mieli za domem akr ziemi wznoszącej się ku skrajowi lasu oraz siedem akrów nierównego, bagnistego pastwiska, które z jednej strony opadało w wyrzeźbiony przez strumień wąwóz z trzema wodospadami, porośnięty wiśniami ptasimi, a po drugiej obniżało się ku brzegowi rzeki Avon, której nurt wzbierał na wiosnę roztopami z pasma Cairngorm i w której rozlewiskach zatrzymywały się latem połyskujące pod wodą łososie, odpoczywając w czasie wędrówki ku źródłom. Kiedy woda robiła się dostatecznie ciepła, co jednak zdarzało się sporadycznie, spływaliśmy z bratem w dół rzeki, z maskami i rurkami, z głowami pod wodą, wypatrując cieni ryb. Na skraju wrzosowiska, które rozciągało się na południe od Torrans kolcolisty prezentowały swoje żółcie, a molwy purpury. Przysiadały tam czasem stada kulików, rozsyłając w dolinę swoje wysokie, modulowane okrzyki.

Dom i pastwisko stały na nietypowym wybrzuszeniu szkockiego wapienia, który w dolinie rzeki Avon leży nad pokładami twardego łupku mikowego i pod wielkim granitowym batolitem, jakim jest samo pasmo Cairngorm. Wapień czyni ziemię niezłym podłożem dla pastwisk, więc latem przyprowadzano na nie owce i bydło. Dziadkowe obsadzili swoją ziemię również drzewami, zarówno tymi występującymi naturalnie w Szkocji, jak i egzotycznymi gatunkami, którymi upamiętniali kraje, w których przyszło im w niegdyś żyć. Posadzili wiele wierzb, czereśni, olch i brzóz, a także pojedyncze sztuki:

Nothofagus antarctica, *Metasequoia glyptostroboides* (odpowiednik latimerii wśród drzew, żywa skamieniałość, którą przez długi czas uważano za wymarłą, a następnie odkryto w Chinach w 1950 roku), choinę zachodnią, jodłę koreańską, jodłę szlachetną i tybetańską wiśnię o czerwonej korze. Stopniowo powoływali swoją ziemię do życia za pomocą nazw: „Potok Torrans", „Krokodyl", „Głupota Allison", „Avoński ekspres". Drobne akty werbalnej architektury krajobrazu, czasowego objęcia terenu w posiadanie. Przez cały czas zmagali się też z ingerencjami dzikiej przyrody: śniegiem nanoszonym zimą przez wiatr przy ścianie domu na wysokość dziesięciu stóp, wyjadaniem sadzonek przez jelenie i króliki, rodziną kun leśnych, które pewnego roku zamieszkały w dachu i lubiły sobie podokazywać w szufladzie z bielizną babci.

* * *

Gdzieś na wrzosowiskach pierwszego wododziału przeszliśmy z łupków na prawdziwy cairngormski granit: mieszankę kwarcu, skalenia i drobnych arkuszy ciemnej połyskującej miki, która pod wpływem warunków atmosferycznych przybiera z czasem szarobrązowy odcień, ale po rozłamaniu albo zarysowaniu ujawnia różowawy miąższ. Właśnie po granicie wkroczyliśmy do Lairig Ghru.

Lairig Ghru to wielka, wyżłobiona przez lodowiec dolina, która przecina pasmo Cairngorm z północy na południe i której najwyższy punkt — ponad 2600 stóp — wznosi się wyżej od szczytów większości gór Wysp Brytyjskich. Należy również do najbardziej wstrząsających miejsc, jakie znam. Wchodząc do Ghru od północy albo od południa, miałem zawsze poczucie, jakbym przekraczał portal albo granicę. Ludzie umierali w dolinie Lairig Ghru, a jeszcze częściej na szczytach wznoszących się po obu jej stronach. Jedna z uczennic Shepherd zaginęła w śnieżycy, „zboczywszy znacznie ze ścieżki". Jej ciało znaleziono wiele miesięcy później — kiedy stopniały śnieżne zaspy — z otarciami na kolanach i dłoniach, którymi musiała szorować po chropowatych granitowych głazach, przygnieciona do ziemi skrajnym zmęczeniem, śniegiem i wiatrem.

Przez Lairig Ghru prowadził główny szlak, którym pędzono bydło na południe do Braemar. Owce z wyspy Skye przeprowadzano niekiedy przez przełęcz, a ostatni raz zdarzyło się to w 1873 roku. Dolina była wyzwaniem dla poganiaczy ze względu na swoją długość, srogą pogodę i rodzaj podłoża. Każdej zimy powstawały nowe osuwiska, a w wyższych partiach zalegały niewygodne dla kopyt i długich nóg bydła kamienie, na których łatwo można je sobie było połamać. Co roku wysyłano więc późną wiosną ludzi na przełęcz, aby poprzenosili głazy i otworzyli szlak.

Wkroczyliśmy z Davidem do Lairig Ghru od południa, wspinając się po płaskich różowych stopniach z granitu, między którymi przepływają, rozdzielając się i łącząc, początkowe strużki rzeki Dee. Przeszliśmy między szczytami stojącymi na warcie u wlotu do doliny: Devil's Point na zachodzie, z ukośnymi przebłyskami rumowisk, i Carn a' Mhaim na wschodzie, o czarnym zboczu, którym tysiące stóp nad naszymi głowami biegła cienka linia białej wody. Oba szczyty sterczały nad nami, bliskie i budzące grozę, a ja poczułem ciarki, jakie towarzyszą zwykle wkraczaniu na dzikie tereny.

Wkrótce przebyliśmy tę granicę i weszliśmy w dolinę. Jej dno porastała bujna i wonna okrywa roślinna: woskownice, łomki, pachnące ginem jałowce, płożące się azalie, karłowate sosny, skalnice, czarne jagody i wrzosy. Zacząłem układać bukiety z tej cairngormskiej flory: jeden zamierzałem położyć na trumnie dziadka, drugi spalić na przełęczy. W miejscach, gdzie rzeka zawijała bliżej ścieżki, zatrzymywaliśmy się i obmywaliśmy stopy. Muszki nadal wzbijały się w powietrze niczym dym, nadal doprowadzały nas do szału.

Wstawaliśmy zatem szybko i pokonywaliśmy kolejne cztery, pięć mil ku najwyższemu punktowi Ghru, ku przełęczy. David szedł przodem, a mnie, pozostawionego samemu sobie, uderzył nagle obuch smutku. Spoglądając na zachód, widziałem śniegi Braeriarch. Na ocienionych północno-wschodnich cyrkach lodowcowych i graniach tej wielkiej góry śnieg zalega czasami przez cały rok, ściskając się powoli w lód, zawieszony w mroźnym bezruchu, rodzący własną małą epokę lodowcową. Przypomina, że zima tak naprawdę nigdy nie opuszcza pasma Cairngorm, że w takich miejscach mróz wzbiera ponownie każdego roku, że się z nich wylewa. Przypomina również, że dwanaście tysięcy lat temu szczyt Lairig Ghru nie był wododziałem, ale lododziałem: miejscem, z którego lodowce spełzały ku morzu na północy i na południu, wyszorowując znany nam dziś kształt górskiego pejzażu Szkocji, ryjąc w granicie.

Granit był ukochaną skałą dziadka. Przypominał w tym jednego ze swoich idoli, Goethego, z którego dziełami zapoznał się w czasie studiów na Oksfordzie w połowie lat trzydziestych; uczył się wtedy u Waltera Ettinghausena, który zakładał później służbę dyplomatyczną Izraela. Goethe jako młody człowiek napisał esej zatytułowany *Über der Granit*, esej poświęcony (*über* — „o") zagadnieniom związanym z granitem, ale również dotyczący dosłownie bycia na (*über* — „na") granicie. Granit — magmowa skała występująca w postaci wyniesień i pni wulkanicznych — interesowała Goethego z racji jego związków z gorącym jądrem Ziemi. Shepherd ceniła go z podobnych powodów. Pewnej październikowej nocy spała na granitowym płaskowyżu w powietrzu „bezbarwnym niczym jedwab", a po zapadnięciu w półsen poczuła, że sama upodobnia się do skały, „osadzona [...] w [...] nieruchomości". W upalne letnie dni kładła się na ziemi i wyczuwała pod sobą „centralne jądro ognia, z którego wypchnięta została ta pomrukująca, zgrzytająca masa plutonowej skały. Nade mną niebieskie powietrze, a między ogniem skały i ogniem słońca — rumowisko, ziemia i woda, mech, trawa, kwiat i drzewo, owad, ptak i zwierzę, wiatr, deszcz i śnieg: całość góry".

Po ukończeniu osiemdziesiątego roku życia dziadek coraz rzadziej zapuszczał się na granity, coraz rzadziej wyczuwał ogień skały i ogień słońca. Zrezygnował ze szczytów na rzecz przełęczy, potem z przełęczy na rzecz dolin, wreszcie z dolin na rzecz wapiennego terenu wokół domu. Poruszał się z coraz większą trudnością, tracił wzrok. Szlaki pasma Cairngorm, które tak dobrze znał z pieszych wędrówek, mógł przemierzać tylko w wyobraźni. Na drodze do wąwozu zamocowano balustrady, żeby zapobiec poślizgnięciom i upadkom. Przełazy stawały się dla niego coraz większym wyzwaniem. Mimo to nawet po dziewięćdziesiątce widywano go czasami na biegówkach — długich drewnianych nartach wyprodukowanych w Austrii w latach trzydziestych — sunącego w górę i w dół po podjeździe przed domem. Nawet kiedy jego nogi słabły, a wzrok coraz bardziej go zawodził, jego pociąg do pagórków — do zakrętu ścieżki, do następnego pagórka — nie osłabł ani trochę. Nie mogąc samemu chodzić w góry, zaczął żyć opowieściami dzieci i wnuków, karmić się relacjami z wypraw innych ludzi albo wspomnieniami własnych wspinaczek i wędrówek. Nawet w największych głębinach swojego wieku, kiedy stopniowo tracił kontakt z rzeczywistością, zdarzały mu się chwile całkowitej przytomności, przejrzyste rozlewiska w rzece jego umysłu, kiedy przedstawiał wierne pod względem topograficznym skręty pewnych himalajskich dolin albo wyliczenia gór widocznych z określonych szkockich szczytów.

Przywykliśmy myśleć, że krajobrazy wywierają na nas największy wpływ, kiedy się w nich albo na nich znajdujemy, kiedy dają nam możliwość poznawania ich bezpośrednio zmysłami dotyku i wzroku. Ale istnieją przecież również krajobrazy, które nosimy w sobie *in absentia*, miejsca żyjące w naszej pamięci na długo po tym, jak usunęły się z naszej rzeczywistości. Miejsca te — do których powracamy najczęściej wtedy, gdy znajdujemy się od nich najdalej — należą do najważniejszych krajobrazów, jakimi dysponujemy. Adam Nicolson pisał o „potężnej nieobecności", którą odciskają się na nas zapamiętane krajobrazy, niemniej istnieją one również jako potężna obecność, która pozwala nam na zachowanie głębokich i trwałych związków z miejscami. Kto wie, czy właśnie w takich krajobrazach nie żyjemy najdłużej, mimo że są wypaczone przez upływ czasu i zerodowane przez odległość. Pocieszenie, jakie czerpiemy z zapamiętanych miejsc, znajduje często wyraz w opisach sporządzanych przez tych, którzy — jak emigranci, więźniowie, chorzy, starsi — nie mogą dłużej fizycznie wracać do miejsc, niegdyś stanowiących źródło siły. Kiedy Edward Thomas pojechał walczyć na froncie wschodnim, jedną z rzeczy, jaką ze sobą zabrał, było wspomnienie jego „Południowej Krainy". „Stanąwszy przy wejściu do swojego okopu", pisała po jego śmieci Helen, wdowa po Thomasie:

> spojrzał na północ i zobaczył, a może wyśnił, Sussex z jego łagodnie pofalowanymi wzgórzami usianymi szarymi głazami przypominającymi pasące się owce, ciernistymi drzewami powykrzywianymi i udręczonymi przez wiatr, zagłębieniami, do których watr nigdy do docierał; zobaczył Kent, z jego krainą Weald, której gliny są tak uwielbiane przez dęby, chmiele i jabłonie, do której młodniaków ciągną słowiki; zobaczył Hampshire z jego rozłożystymi koronami buków i cisów, choinami, jarzębami mącznymi i chatką u stóp wzgórza.

Kenn, młody bohater powieści Neila Gunna *Highland River* (1937) dorasta nad rzeką Dunbeath w górzystym regionie Caithness w Szkocji. Rzekę zna tak dobrze, że kiedy zostaje wysłany do okopów, aby walczyć w pierwszej wojnie światowej, „łatwiej jest mu wyobrazić sobie znany mu fragment rzeki niż układ szańców, po którym się plącze. W chwilach największej rozpaczy dorzecze stawało mu przed oczami, wyraźne niczym mapa przedstawiająca główny nurt wraz z dopływami". John McGahern opisywał, jak Irlandczycy więzieni przez Brytyjczyków w czasie wojny o niepodległość odpędzali więzienną nudę i upokorzenia, dzieląc się wspomnieniami o rzece Shannon, „wychodząc razem w wyobraźni na spacer jej brzegiem o poranku i wracając drugą stroną wieczorem, przypominając sobie nawzajem o rzeczach, które przegapili po drodze". „Znali przecież — podsumowuje McGahern — odcinki tej rzeki równie dobrze, jak własne życie". Kiedy malarz John Nash przebywał w okopach frontu zachodniego z zaprzyjaźnionym Romem z Buckinghamshire, omawiali dawne szlaki i polne drogi Anglii, opowiadając sobie historie, po których oprowadzały ich znajome ścieżki. Obiecali sobie, że jeśli uda im się ujść z życiem z błota okopów, przewędrują je razem.

* * *

Kiedy zbliżaliśmy się do najwyższej partii Lairig Ghru, biegnąca po ubitej ziemi ścieżka zwęziła się do wąskiej nitki, aż w końcu całkiem zniknęła w chaosie rumowiska. Dopiero po jakimś czasie — na podobnej zasadzie, jak droga Mansa ukazała się mi w dolinie kamieni na wyspie Lewis — nauczyłem się dostrzegać ścieżkę, która miała teraz postać cienkiej linii różowego granitu; zdartego przez buty i raki pasa brązowej patyny z kamieni. Shepherd zauważyła podobne zjawisko: granit „lśnił czerwienią świeżo powstałej skały" w miejscach, gdzie ludzie stawiali kroki.

Podążaliśmy szlakiem nowo utworzonych skał, który zaprowadził nas do Pools of Dee, dwóch małych stawów zasilanych wodą z deszczu i śniegu, która przefiltrowuje się przez granity przełęczy. Widziałem te stawy wiele razy, a poza jedną zimą, kiedy całkiem zamarzły, ich woda była zawsze cudownie przejrzysta. W moim umyśle tworzą niemal nadnaturalny byt, kojarząc się z wytartymi z kurzu lustrami z buddyjskiego symbolizmu albo ze „studnią na końcu świata" z powieści Neila Gunna; studnia zawierała wodę tak czystą, że była niewidzialna dla oka i o jej obecności można się było przekonać wyłącznie za pomocą dotyku.

Tamtego dnia, w chaosie głazów, srebrne tafle stawów były zaskoczeniem, a klarowność ich wody budziła raczej zdumienie. Wydawały się spoglądać w niebo przejrzystymi i lustrzanymi oczami samej góry. Stanąłem na skraju pierwszego. Kamienie leżące na płyciźnie wydawały się spoczywać pod powierzchnią lustra. Zielone wodorosty na dnie przyciągały światło i odbijały je w górę. Pochyliłem się i zanurzyłem dłoń. Woda oblepiła moje palce chłodem.

„Góra ma wnętrze", napisała Shepherd. Jest to teza całkowicie sprzeczna z intuicją, jako że zwyczajowo wyobrażamy sobie górę w kategoriach jej zewnętrznych powierzchni i form zwróconych ku reszcie świata: urwisk, płaskowyżów, szczytów, grani i skarp. Ale o istocie gór stanowią również ich wnętrza: cyrki lodowcowe, jaskinie, wklęsłości i doliny oraz głębokość ich rzek, jezior i stawów. Kiedy nasze oczy przyzwyczają się postrzegać góry jako byty złożone na równi z nieobecnej przestrzeni co z masywnej obecności, będziemy potrafili sobie wyobrazić, że nie wchodzimy „na" górę, ale „w" górę. Shepherd zawsze patrzyła „w" krajobraz górski. Raz za razem zagląda pod powierzchnie: do szczelin w skałach, do świetlistych głębin stawów i rzek. Weszła nago do stawu Avon, wsadzała palce w mysie nory wykopane w pokrywie śnieżnej, wspominała, że jako dziecko bawiła się w stawach pod wodospadami, „wrzucając do nich najmniejsze kamyki, jakie udawało mi się znaleźć i obserwując, jak powoli opadają rozkołysane na dno".

W *The Living Mountain* przyimek „w" uzyskuje — używany po wielokroć — moc czasownika. Shepherd wyruszała w góry nie w poszukiwaniu wielkich otwartych przestrzeni, ale frapujących „wnętrz", głębokich „wnęk".

Wędrując pieszo godzina za godziną, pisze Shepherd, człowiek „kroczy po przezroczystym ciele". „Na górze — stwierdza w zakończeniu *The Living Mountain* — wykraczam poza pragnienia. To nie jest ekstaza... Nie wychodzę poza siebie, ale wchodzę w siebie. Jestem. To najwyższy z możliwych względów, jakim obdarza mnie góra". Była to jej wersja kartezjuszowego *cogito*: Idę, więc jestem. Sławiła metafizyczny rytm pieszej wędrówki, jamb „jestem", rytm stawianej i unoszonej stopy.

* * *

Ostatnie pół mili do wododziału. Ciężkie nogi, powolne stopy. Powietrze gęstnieje od niebieskiego zmierzchu. Teren się zwęża, przybierając kształt komina. Widoczność ulega stopniowemu ściśnięciu, linie wzroku się zbiegają, oczy widzą coraz mniej... i wtedy nagle docieramy na przełęcz. Świat otwiera się przed nami ziewnięciem, porośnięte sosnowymi lasami północne ziemie rozpościerają się przed nami i pod nami. Kładę naręcze woskownicy, azalii, jałowca i suchego wrzosu na naturalnej podkładce z granitu i je podpalam: krótka pomarańczowa pochodnia w zapadającym zmroku, sygnał wysyłany w dal ogniem rozpalonym na przełęczy.

Szliśmy dalej w gęstniejącym mroku, schodząc po wielkim północnym zboczu masywu, podtrzymując w sobie ducha opowieściami. Potem ścieżka zaprowadziła nas do rozległego sosnowego lasu Rothiemurchus, który o zmierzchu zamienił się w bajkową puszczę wypełnioną cieniami i muchomorami. Światło księżyca połyskiwało na sosnowych igłach i zbiegało się w łzach żywicy wypłakiwanych przez sosny. Schodziliśmy tak na północ, niebo nad nami było nadal niebieskie i niesamowite, nasze nogi coraz bardziej zmęczone, a nasze tempo coraz wolniejsze.

* * *

Pod koniec życia dziadek nie był w stanie przejść nawet do parowu, przez który płynął strumień. Jego nogi — które zaniosły go tak daleko w tak wielu krajach — opadły z sił, punkt ciężkości w jego ciele przesunął się do góry, pojawiły się problemy z utrzymaniem równowagi. Zamaszysty marsz skrócił się w szuranie nogami, szuranie w dreptanie, dreptanie w pojedyncze kroki. Nieodzowną pomocą w chodzeniu stały się laski, które od lat trzymali z babcią przy tylnych drzwiach i których używali do rozrąbywania pokrzyw i wskazywania odległych elementów krajobrazu.

Akurat wtedy, gdy dziadek tracił zdolność do poruszania się, umiejętność tę opanowywały moje dzieci — jego pierwsze dwa prawnuki. Pojedyncze kroczki wydłużyły się do dreptania, dreptanie do szurania nogami, szuranie do zamaszystego marszu. Pięć dni po śmierci dziadka mój trzyletni syn i pięcioletnia córka weszli na szczyt swojej pierwszej prawdziwej góry, Darling Fell, niedaleko Loweswater w Lake District. Ostatnie zbocze prowadzące na szczyt pokrywa wyskubana przez owce trawa, w której poprzedni wędrowcy pozostawili szeregi głębokich, wyraźnych śladów. Dzieci wyprzedziły mnie i same wspinały się na to ostatnie zbocze, wstawiając stopy w odciśnięte w ziemi ślady, przyjmując zaproszenie wydrukowanego szlaku. Patrząc, jak się oddalają, pomyślałem o tym, że sam byłem takim dzieckiem, obserwowanym przez rodziców, że również moja mama była jednym z takich dzieci, obserwowanym z kolei przez dziadków. Po wejściu na szczyt usiedliśmy razem, wypiliśmy po kubku słodkiej herbaty i patrzyliśmy na znikające w oddali górskie grzbiety, zbyt liczne, aby dało się je zliczyć.

* * *

Pogrzeb mojego dziadka odbył się w skromnym kościółku w wiosce Tomintoul. Stałem przy drzwiach z moim bratem i naszymi kuzynami. Wymieniliśmy szeptem słowa i uściski dłoni z ludźmi, których nie znaliśmy w ogóle albo których kojarzyliśmy, ale nie z imienia. Kondukt czarnych garniturów, przepełnione szacunkiem słowa. Mężczyźni, którzy mieli nieść trumnę, założyli czarne rękawiczki; kojarzyli mi się z Myszką Miki. Organista zaczął grać. Żałobnicy wchodzili do środka, zasiadali w ławkach z ciemnego drewna. Wysoko w północno-wschodniej części pasma Cairngorm kwarc i granit lśniły w słońcu; połyskiwała zatopiona w granicie mika. Piana w rozlewiskach rzeki Avon, liście olchy obracane na powierzchni przez wiry. Przeszedłem na przód kościoła, gdzie czekała trumna. Na sosnowym wieku złożono bukiet z goryczki, wrzosów i ostróżki. Wsunąłem w niego gałązkę płożącej się azalii.

Rozpoczęło się nabożeństwo. Pastor powiedział: „Tym, co po nas przetrwa, jest miłość". W Lurchers Gully w Northern Corries pasma Cairngorm porusza się rumowisko. Spada kamień, w końcu się zatrzymuje. „Tym, co pozostanie po Edwardzie i Alison jest miłość", mówi pastor. „Poznanie innego nigdy się nie kończy — napisała Shepherd. — To, co można wiedzieć wzrasta wraz ze zdobywaniem wiedzy". Prawie się rozpłakałem; nie potrafię powiedzieć, dlaczego tego nie zrobiłem.

Kiedy zaczęliśmy wychodzić z kościoła, organista zaintonował *The Road to the Isles*. Jest to znana szkocka piosenka ludowa, którą po raz pierwszy śpiewano w dziewiętnastowiecznych teatrach rewiowych. Jest naszpikowana pseudogaelicyzmami i zabarwiona jakobityzmem, a opowiada o wyśnionych zachodnich pejzażach, prowadzącej do nich drodze i pieszej wędrówce. Podróż na zachód ku Hebrydom przedstawia jako drogę ku stracie, ku zachodzącemu słońcu. Mojej mamie śpiewała tę piosenkę jej mama, a ona z kolei śpiewała ją mnie swoim wysokim głosem jako kołysankę i jako piosenkę marszową.

A far croonin' is pullin' me away
As take I wi' my cromack to the road.
The far Coolins are puttin' love on me
As step I wi' the sunlight for my load.

Wabi mnie odległe nucenie,
Kiedy wychodzę z kijem na szlak.
Odległe melodie rzucają na mnie zaklęcie,
Kiedy kroczę obarczony słońcem.

Organista fałszował od pierwszej do ostatniej nuty, ale melodia była łatwo rozpoznawalna, a zapamiętane przed laty słowa rozbrzmiewały mi w głowie wraz z muzyką. Wyszliśmy na chodnik i na słońce. Kolejne wyszeptane słowa, kolejne uściski dłoni. Światło słoneczne, tynk kamyczkowy, warkot samochodów, dym z palonego drewna. Ludzie krzątali się i rozmawiali, teraz już głośniej, tymczasem organista grał odważnie dalej. Karawan lśnił. Wierni odbijali się w jego wypolerowanych bocznych drzwiach. Z kościoła wyprowadzono na wózku trumnę. Raz, dwa, trzy, w górę — trumna została podniesiona i wsunięta przez tył karawanu. Przesunęła się o lekko w każdą stronę, trącając gumowe bufory, które przytrzymywały ją jak rodzic obejmujący w ochronnym geście swoje dziecko.

Sure by Tummel and Loch Rannoch and Lochaber I will go
By heather tracks wi' heaven in their wiles.
If it's thinkin' in your inner heart the braggart's in my step,
You've never smelled the tangle o' the Isles.

Wiadomo, przejdę obok Tummel, Loch Rannoch i Lochaber,
Po wrzosowych szlakach, które potrafią wyczarować niebo.
Jeżeli głębią serca nie czujecie zuchwałości mego kroku,
Znaczy, że nie powąchaliście nigdy splotów Wysp.

Jeden z karawaniarzy wyszedł na środek jezdni i uniósł dłoń, zatrzymując ruch siłą autorytetu nadaną mu przez śmierć i czarny strój. Samochody zwolniły, zatrzymały się, zaczął się z nich tworzyć sznur. Z wnętrza kościoła płynęły ostatnie linijki *The Road to the Isles.*

The blue islands are pullin' me away
Their laughter puts the leap upon the lame;
The blue islands from the Skerries to the Lewis
Wi' heather honey taste upon each name.

Wabią mnie niebieskie wyspy,
Ich śmiech nadaje sprężystość kuśtykaniu;
Niebieskie wyspy od Skerries po Lewis,
O nazwach ociekających miodowym smakiem wrzosu.

Kondukt rusza drogą. Prowadzi go mistrz ceremonii. Kroczy kilka jardów przed karawanem, toruje drogę. Porusza się powoli i miarowo z pełną szacunku sztywnością ciała i kroku. Słońce połyskuje na ciemnej drodze, karawan sunie powoli do przodu, a grabarz wykonuje za dziadka jego ostatni przemarsz; podróż odbywa się w rytm miarowo stawianych i unoszonych stóp.

CZĘŚĆ III

WŁÓCZĘGA. ZAGRANICA

10. WAPIEŃ

Raja Shehadeh — Kalustrofobia i konflikt — *Sarha* — Chodzenie jako opór — Depresje lądu, depresje ducha — Przybycie do Ramallah — Mecz koszykówki męczenników — Dziwny układ świateł — Przez Wadi'qda — Dziury po kulach i łuski — *Natsch* — Podział ziemi na strefy — *Qasr* i samiec lisa — Ścieżka uedem — „Skorupy przekleństw", „skalne kości" — Kazanie imama — Rodzina Zalatimosów — Kamyki *taboun* — Clemens Messerschmid — Wygodne ścieżki — Rogowcowe oczy i kochliwe kameleony — Źródełka kontaktu i dobroczynność — Walk, Don't Walk.

Miesiąc po pogrzebie dziadka mój przyjaciel Raja Shehadeh, prawnik, obrońca praw człowieka i zapalony przemierzacz ścieżek, przyjechał do Cambridge ze swojego domu w Ramallah w Palestynie, żeby wybrać się ze mną na wędrówkę. Przez dwa dni włóczyliśmy się ścieżkami i starymi drogami we wschodniej Anglii: po anglosaskim wale ziemnym Fleam Dyke, który przypomina wypiętrzoną linię naturalnego krajobrazu przecinającą kredową dolinę na południe od Cambridge, między polami dojrzałej kukurydzy i jęczmienia. Przeszliśmy przez te pola z uniesionymi rękami, jakbyśmy chcieli się poddać, przeszliśmy po ścieżkach biegnących nad klifami wzdłuż podmywanego wybrzeża Suffolk, aż wreszcie weszliśmy na kamienistą mierzeję Orford Ness, gdzie w przeszłości przeprowadzano testy broni nuklearnej i gdzie budynki i pozostałości po kilku dekadach zimnej wojny niszczeją w przesyconym solą powietrzu. „Chciałbym doczekać czasów — powiedział Raja — kiedy krajobraz w moim kraju będzie w takim samym stopniu zdemilitaryzowany, a jako Palestyńczycy będziemy traktowali takie relikty wojny jako eksponaty muzealne, a nie realne zagrożenie dla naszego życia".

Idąc, rozmawialiśmy o różnicach między chodzeniem po Wyspach Brytyjskich a chodzeniem po Palestynie. Opowiedziałem mu o tym, jak przeszedłem przez Lewis i Harris, o rytualnym okrążeniu Sula Sgeir (łodzią) i megalitowego kręgu Steve'a (pieszo), o kopulastych szałasach, w których spałem, o obserwatorze z lornetką, który śledził moją wędrówkę, o pokonaniu masywu górskiego w drodze na pogrzeb dziadka, o tym, jak zajrzałem w głębinę Pools of Dee.

Raja opowiedział mi z kolei o klaustrofobii, ograniczeniach w poruszaniu się i konflikcie. Jako Palestyńczyk wiedział, że nie należy wychodzić poza teren największych miast, a kiedy ktoś się już na to zdecyduje, nie powinien zabierać za sobą mapy, aparatu fotograficznego albo kompasu, ponieważ w przypadku napotkania izraelskiego patrolu każdy z tych przedmiotów wzbudziłby natychmiast podejrzenia, zostałby skonfiskowany albo mógł wręcz skłonić żołnierzy do aresztowania ich właściciela. Przyjaciel Raji trafił do więzienia na jedenaście dni za robienie zdjęć w czasie wędrówki po północnym Izraelu, niedaleko Wzgórz Golan.

Raja wędruje po wzgórzach i ścieżkach regionu Ramallah od ponad czterdziestu lat. Na początku, jeszcze przed wojną sześciodniową w 1967 roku, wzgórza wyglądały w dużej mierze identycznie jak za czasów rzymskiej okupacji, a on mógł się po nich poruszać w zasadzie bez przeszkód: robić to, co w języku arabskim nazywa się *sarha*. Czasownik ten pierwotnie znaczył: „wypuścić wcześnie rano bydło na pastwisko i pozwolić mu na swobodne poruszanie się i wypas". Później zaczęto go odnosić do ludzi, by nazwać zachowanie wędrowca, który porusza się bez ograniczeń albo bez określonego planu. Za angielski odpowiednik można by uznać *stroll* (przechadzać się), *amble* (przechadzać się wolnym krokiem) albo *ramble* (wędrować), ale słowa te nie oddają w pełni idei ucieczki, radości i improwizacji, które zawierają się w *sarha*. Bliższe byłoby *wander* (wędrować, włóczyć się), zwłaszcza ze skrywającym się tuż za nim *wonder* (zachwyt), podobnie jako szkockie *stravaig*, które oznacza wędrować bez celu, niemniej za najtrafniejsze należałoby chyba uznać *saunter* (przechadzać się), od francuskiego *sans terre*, skróconą formą *à la sainte terre*, co znaczy „do świętego miejsca", czyli „piesza pielgrzymka". *Saunter* i *sarha* w pierwszym czytaniu kojarzą się z bezcelowością, ale przemycają też konotacje z duchowością.

Od rozpoczęcia przez Izrael okupacji terytorium Palestyny w 1967 roku Raja obserwował, jak otwarte tereny wokół Ramallah stają się coraz bardziej niebezpieczne i coraz mniej dostępne. Z coraz większą trudnością przychodziło mu znajdywanie niedaleko swojego domu ścieżek, których nie przecinałaby droga prowadząca do osiedli osadników albo które nie przebiegałyby zbyt blisko poligonów czy posterunków izraelskiej armii. Osiedleńcza polityka Izraela na Zachodnim Brzegu doprowadziła do powstania ogromnej liczby dróg, z których korzystać mogli zwykle tylko Izraelczycy; wstępu na nie pilnowało wojsko. Z kolei w samym Ramallah poluzowano ograniczenia budowlane i miasto rozpełzło się na boki, połykając coraz więcej okolicznych terenów.

W związku z tym *sarha* stało się dla Raji praktycznie niemożliwe. Wzgórza, które w przeszłości oznaczały dla niego wolność, wydawały mu się raczej zagrożone i niebezpieczne. Mimo to nadal wybierał się na wędrówki: co najmniej raz w tygodniu, zwykle częściej. Czasami pokonywał zaledwie dwie mile, kiedy indziej dziesięć albo dwanaście, jeśli udawało mu się znaleźć drogę pozbawioną wspomnianych ograniczeń. Ścieżki, które przez wiele wieków łączyły wioskę z wioską albo wioskę z miastem, zostały pozamykane przez Izraelczyków; konieczne stało się szukanie obejść. Im trudniej spacerowało się po okolicy, tym większego nabierało to dla niego znaczenia — było sposobem przeciwstawiania się zacieśnianiu przestrzeni wynikającemu z okupacji; drobnym, niemniej regularnie powtarzanym aktem obywatelskiego nieposłuszeństwa.

Chodzenie pozwalało czasami Raji zapomnieć na krótką chwilę o trudnej sytuacji Palestyńczyków. Opowiadał o przyjemności, jaką sprawiało mu wypuszczanie się poza posterunki, mury i szlabany, o poczuciu „szalonej radości", jaką odczuwał pod otwartym niebem. Świadectwa okresów geologicznej historii tamtych terenów, świadomość, że idzie po wapieniu, który powstał na dnie pradawnego morza, zgniatały czasami jego frustracje do postaci cienkiego opłatka. Napisał książkę o życiu na Zachodnim Brzegu zatytułowaną *Palestyńskie wędrówki* (2011), w której przemierzanie ścieżek zostało przedstawione jako akt czysto polityczny, chodzenie zaś jako środek oporu. Tyle że chodzenie jest również dla Raji sposobem odbywania wewnętrznych podróży, a poruszanie się po krajobrazie traktował jako głęboko prywatne i jednocześnie wysoce polityczne doświadczenie. Krajobraz — depresje Morza Martwego i Rowu Jordanu, wyniesień ramallańskich wzgórz — był jednocześnie przyczyną, jak i korelatem głębokich przemian zachodzących w jego duszy.

Niedługo po tym, jak Raja udał się ze mną na wędrówkę po wschodniej Anglii, pojechałem na Zachodni Brzeg, aby odbyć z nim *sarha*.

* * *

Do Ramallah dotarłem tuż przed zmrokiem. Wijące się tarasowe wzgórza z wapienia, ustępujące marglowej kredzie. Na przedmieściach miasta sterty gruzu i śmieci. Jaśminy, drzewa cytrynowe i bugenwille rosnące przy ulicach, wypełniające powietrze swoimi woniami. Wrony siwe przeszukujące sterty śmieci, podskakujące na dwóch nogach. Słupy telefoniczne oblejone afiszami „29. meczu koszykówki męczenników". Mury poznaczone zielonymi, czerwonymi i czarnymi graffiti. Pod przekwitającymi bugenwillami setki tysięcy białych płatków, welinowych karteczek zbijających się w stosy na chodnikach.

Siedziałem na krześle pod drzewem cytrynowym na dziedzińcu domu Raji, regenerując się po trudach podróży. Otoczony ścianami budynków kwadrat nieba nad moją głową był usiany gwiazdami. Nie miałem szczęścia do odprawy na telawiwskim lotnisku. Mój paszport został zatrzymany, a bagaż przeszukany. Byłem przesłuchiwany przez półtorej godziny przez kolejnych urzędników w kolejnych, coraz mniejszych pomieszczeniach: w hali lotniska, przylegającej do niej salce, pokoju na tyłach budynku, w kabinie. Przesłuchujący z wyjątkową podejrzliwością podeszli do krzemieni, które przywiozłem jako prezent dla Raji i innych znajomych z Zachodniego Brzegu (później odkryłem, dlaczego). W końcu mnie wypuszczono, a ostatni z urzędników odprowadził mnie z powrotem do hali lotniska, mrucząc pod nosem przeprosiny za tę drobną niedogodność. Wyrażał nadzieję, że rozumiem sytuację, konieczność. Wyrażał nadzieję, że mój pobyt w Izraelu okaże się udany.

Zostawiłem go i starałem się iść przez halę pewnym krokiem, jak człowiek prawdomówny, choć na nogach z galarety. Przypominałem pijanego kierowcę, który próbuje przejść prosto po pasie jezdni, aby dowieść, że jest trzeźwy. Wyobraziłem sobie, że przez lśniącą, wyłożoną płytkami posadzkę biegnie ścieżka, z której nie mogę zboczyć. Pozwoliło mi to nieco wyrównać krok.

Raja i jego żona Penny słyszeli wiele wersji tej opowieści. Uspokoili mnie, postawili w odpowiednim kontekście drobne niedogodności, które mnie spotkały.

Później tamtego wieczora Raja zawiózł mnie nieoświetloną drogą, która biegła po wzgórzu na południowy zachód od Ramallah. Tuż za krawędzią jezdni teren opadał stromo kolejnymi tarasami. Wysiedliśmy i staliśmy przez chwilę, sycąc się widokiem.

— Stąd wyruszymy jutro — powiedział.

Rozciągającą się u naszych stóp dolinę skrywała ciemność. Za nią widać było dziwne skupisko świateł. Najbliżej nas, na tej samej wysokości, widniały spłaszczone elipsy z sunącymi po nich wstęgami podwójnych świateł. Między elipsami, trochę poniżej, lśniły pola rozrzuconych światełek. Dalej łuk sodowego pomarańczu, za nim całkowita ciemność. Przypomnieli mi się aborygeńscy biegacze z Australii, znający doskonale Pieśni Stworzenia. Ta wiedza pozwalała im na poruszanie się po ciemku z dużą prędkością, ponieważ widzieli blask pieśni równie wyraźnie, jakby biegli jasno oświetlonymi drogami.

— Tylko w tym kierunku jest ich dwanaście — powiedział Raja.

— Dwanaście?

— Osiedli. Kręgi świateł to żydowskie osiedla na wzgórzach. Prowadzą do nich dobrze oświetlone drogi. Mniejsze światła, te poniżej, to palestyńskie wioski. Łuk w oddali to wybrzeże dzisiejszego Izraela. Ciemność to Morze Śródziemne. Tam widać Jaffę, gdzie moja rodzina mieszkała przed *Nakba.*

Wszystko to wydawało się malutkie, absurdalnie malutkie. Ze środka Zachodniego Brzegu rozciąga się widok na cały Izrael aż do Morza Śródziemnego. Miałem poczucie, że gdybym rzucił kamieniem z miejsca, w którym stałem, doleciałby do najbliższego osiedla.

— Jutro będziemy musieli mieć się na baczności — oznajmił Raja, kiedy tak spoglądaliśmy w ciemność i światełka. — Tam poniżej — wskazał na dolinę — zostaliśmy raz z Penny przygwożdżeni do ziemi ogniem z karabinu.

Wybrali się na spacer w burzliwych czasach drugiej intifady; w pewnym momencie kule uderzyły w skały nad ich głowami. Schowali się za jakimś głazem, tymczasem rykoszety i odłamki skały świstały im koło uszu. Nie byli to izraelscy osadnicy, ale palestyńska milicja — wprawiali się w strzelaniu, wyszukując żywe cele.

Zdarzyły się inne groźne incydenty: z mieszkańcami palestyńskiej wioski, którzy wzięli Raję za izraelskiego osadnika; z izraelskimi osadnikami, którzy wzięli Raję za mieszkańca palestyńskiej wioski. Trzy lata wcześniej, w czasie spaceru z angielską przyjaciółką Louisą Waugh, spotkał dwóch młodych Palestyńczyków, anonimowych pod okrywającymi ich głowy kefijami. Byli uzbrojeni w pałki. „Gdyby nie ty, zatłuklibyśmy ją na miejscu — powiedzieli, wskazując na Louisę. — Naszym *halal* jest zabijanie grzesznych Anglików".

* * *

Następnego ranka, niedługo po wschodzie słońca, wyszliśmy z domu Raji i rozpoczęliśmy pierwszą z naszych wędrówek długim, krętym uedem Wadi'qda, który ciągnie się na zachód w stronę wybrzeża i przez który przebiega szlak. Brzegi doliny przerobiono na setki wykutych w wapieniu tarasów, porośniętych drzewami oliwnymi i dębami, poprzetykanych beżowokremowymi pasemkami ciężkiego marglu, który miesza się z wapieniem. Byłem mocno spięty.

Opuściliśmy skraj drogi biegnącej wysoko nad dnem doliny i zaczęliśmy schodzić słabo oznakowanym szlakiem, który prowadził serpentynami w dół. Niemal natychmiast natknęliśmy się na zły omen: cienką ścianę z pustaków żużlobetonowych pokrytą cementem, którą ktoś przerobił na strzelnicę. Tarcze wyskrobano na cemencie: koncentryczne koła pokryte otworami po kulach. Na szczycie ściany ustawiono zielone butelki. Większość miała odstrzelone szyjki. Zacząłem nucić pod nosem *Ten Green Bottles*; nie mogłem się opędzić od tej piosenki przez resztę dnia.

— Milicja czy policja? — zapytałem Raję.

— Trudno powiedzieć. Najpewniej policja.

Dopiero w poprzednich trzech latach udało się stworzyć faktycznie, działające palestyńskie siły policyjne, które przejęły od gangów kontrolę nad większością miast Zachodniego Brzegu. Gdzieś musiały się szkolić.

Jakieś sto jardów dalej droga się skończyła, wysychając przy częściowo ukończonej willi. Wkroczyliśmy na nierówny teren i ruszyliśmy ścieżką w dół tarasów, w stronę dna uedu. Skwar stawał się coraz silniejszy, ale łagodził go mocny, zachodni wiatr. Pod drzewem oliwnym leżał stos dużych łusek po pociskach. Wyglądały jak pozostałości po jakimś zwierzęciu: odchody AK-47.

Promienie słoneczne paliły jak ogień. Tu i ówdzie spomiędzy drzew oliwnych wyrastały duże dęby ostrolistne. Przestęp ze swymi barokowymi liśćmi w kształcie serc wkradał się w kępy szczeci sukienniczej, tworząc zaskakujące botaniczne rymy z kredowym regionem Anglii, Południową Krainą Thomasa. Majeranek, szałwia lekarska, tymianek i hizop. Wszędzie panoszył się *natsch*. Ten karłowaty kolczasty oset porasta na wysokość kostki cały Zachodni Brzeg. *Natsch* służy izraelskim prawnikom za skrótowe określenie nieużytków — jego występowanie świadczy, że na danym terenie nic nie jest uprawiane ani nie wykorzystuje się go do innych celów. Po uznaniu jakiegoś obszaru za nieużytek można go przeklasyfikować na „publiczny", co ułatwia jego zarekwirowanie, kiedy okazuje się potrzebny Izraelowi. Wszystko jest tu upolitycznione, nawet flora.

Ziemia na Zachodnim Brzegu została podzielona przez Izrael na trzy strefy: A, B i C. Strefa A obejmuje głównie palestyńskie miasta. Do B zaliczono wsie. Reszta Zachodniego Brzegu, niezamieszkane tereny, należy do strefy C. Tam Palestyńczycy nie mają wstępu. Raja wyjaśnia mi to z pewną satysfakcją, kiedy wkraczamy do Strefy C i zgodnie z izraelskim prawem stajemy się intruzami.

Duży samiec lisa wyskoczył z kryjówki po drugiej stronie doliny, popędził skokami w dół i zniknął między skałami, budząc do życia jałowe zbocze. Po przejściu jakiejś mili po tarasach dotarliśmy do wieży zbudowanej z wapienia, który dodatek marglu pokrył żółtawobrązowym kolorem. Był to *qasr*, tradycyjna budowla używana jako schronienie przez farmerów i pasterzy. Wzgórza Zachodniego Brzegu są usiane *qasr*; w większości zrujnowanymi. Ten akurat zachował się w stanie nienaruszonym, miał nawet kroksztyny i natychmiast skojarzył mi się z szałasami pasterzy. Wszedłem do środka na czworaka przez wąski otwór. Raja za mną.

— W sumie warto wcześniej ostrzec o swoim przybyciu — powiedział. Jego głos odbił się echem od chłodnych ścian. — Wrzuca się do środka kamień, żeby przepłoszyć węże i skorpiony. Można to potraktować jako wyraz uprzejmości, coś w rodzaju zapukania do drzwi.

Raję cechuje precyzja wypowiedzi i ruchów. Fizycznie jest drobny, przypomina ptaszę. Kiedy szuka odpowiedniego słowa, pociera palec wskazujący i kciuk, jakby rozgniatał w nich coś kruchego. Kiedy się zastanawia, przechyla lekko głowę na bok. Na cudze spostrzeżenia, które nie wymagają komentarza, reaguje milczeniem. Dopiero po jakimś czasie nauczyłem się brać je nie za naganę, ale przejaw konwersacyjnej ekonomii. W jego pokorze brak jest jakiejkolwiek sztuczności. Nie odznacza się angielską skromnością, która świadomie ukrywa świadectwa osiągnięć, aby mogły one wyjść na jaw później ze zdwojoną siłą. Skromność bierze się u niego z przekonania, że jego życie zawsze będzie drugorzędne w stosunku do poważniejszych kwestii związanych z regionem, w którym mieszka.

Raja ma również talent do odnajdywania drogi. W czasie kilku dekad *sarha*, pisze, „zacząłem zauważać zarówno przecinające je dawne ścieżki, jak i [...] wąskie ścieżyny". Niedaleko *qasr* wypatrzył jakąś niewątpliwie starą ścieżkę, która prowadziła na dno doliny, do wyschniętego uedu. Tam łączyła się z wyschniętym korytem, podążając naturalną trasą, którą dawniej poruszali się wędrowcy i woda. Gdy wychodziliśmy z piasku zalegającego na dnie koryta, minęliśmy zwoje drutu kolczastego. Kolejne łuski po pociskach przypominały, że w dolinie toczono walki w czasie wojny w 1967 roku, że Ramallah było oblegane i bombardowane jeszcze w 2003 roku.

Idąc ścieżką przez ued, Raja opowiadał mi różne historie. Mówił o ludziach, których przyprowadził do tej doliny, o ich reakcjach na okoliczny krajobraz. Mówił o zmieniających się w ciągu roku barwach doliny; tamtego dnia żółtej i fioletowej. Wskazał na kępę ciemnych, palczastych cyprysów w odległości jakichś dwóch mil, nietypową wertykalną formę w niemal całkowicie horyzontalnym pejzażu.

— Przez wiele lat nie dało się przychodzić do tej doliny, ponieważ stacjonowało koło nich wojsko — powiedział. — Prowadzili pomiary doliny i zatrzymywali każdego, kto się tylko napatoczył. Teraz przenieśli się bliżej Dolev, więc znów można tędy chodzić.

Uedem wiał mocny zachodni wiatr, wypełniając dolinę świeżym powietrzem. Szliśmy pod prąd rzeki wiatru. Para pustułek pokrzykiwała na odległym zboczu doliny podczas przemierzania swoich łownych szlaków. Dwie gazele — o identycznych ciemnych i jasnych brązach jak wzgórza — pojawiły się pod pustułkami, wbiegając na wzgórze z taką lekkością, jakby nie używały nóg, a były płynem, który nie podlega sile grawitacji. Wtem — ktoś nas obserwuje. Palestyńczycy, stojący przy drodze w odległości pół mili. Zwrócili się w naszą stronę, rozmawiali. Raja wpatrywał się w ludzi, którzy wpatrywali się w nas, ale nie powiedział ani słowa. Zmienił jedynie nieznacznie trasę naszej wędrówki: odbił nieco w górę i oddalił się od ludzi. Czułem się obnażony, oceniany. Przepełniła mnie idiotyczna obawa, że się potknę i upadnę.

* * *

Podróżni przybywający do Ziemi Świętej zawsze poruszali się po krajobrazach swojej wyobraźni. Szybko zapominali o faktycznym terenie (traktowanym jako niewygoda albo nieznaczący element) albo go odrzucali (jako martwy i odrażający). Zachodni pielgrzymi, badacze i kartografowie postrzegali wzgórza Palestyny w identyczny sposób: jako jałowe, makabryczne. William Thackeray przyjechał do Palestyny w latach czterdziestych XIX wieku i zganił tamtejszy krajobraz jako „wypalony", „dziki", „nieopisanie koszmarny i wymarły", opisywał go jako miejsce naznaczone jedynie „strachem i krwią, zbrodnią i karą", terenem, na którym nieprzerwanie dokonywano krwawych rytuałów: „Gdziekolwiek zwrócilibyśmy wzrok, możemy mieć pewność, że w tym miejscu dopuszczono się brutalnego uczynku albo dokonano masakry". Dekadę później Hermanowi Melville'owi tamtejsze wapienie skojarzyły się z miejscem pochówku rozciągającym się na tysiące mil kwadratowych. W swoim dzienniku wyrzucił z siebie potok zbulwersowanych epitetów: wzgórza były „wybielone", przypominały mu „trąd", „skorupy przekleństw — starego sera — skalnych kości — rozkruszonych, obgryzionych i wyssanych".

Raja uważał chodzenie i wędrowanie za metodę obalania tego rodzaju niedouczonych interpretacji jego wzgórz, metodę snucia opowieści i odkrywania historii, których przedmiotem nie były morderstwa i jałowość. Podobnie jak Finlaya na wyspie Lewis, Raja interesowała kartografia regionu; zgromadził pokaźną kolekcję map Zachodniego Brzegu i Ziemi Świętej. Nie przepadał jednak za korzystaniem z map w czasie wędrówek — przez wojsko mogłoby to zostać uznane za podejrzaną działalność, ale również dlatego, że wszystkie oficjalne mapy (przygotowane przez Izrael albo Brytyjski Mandat Palestyny) wyrażały interesy kolonizatorów i zawierały przekłamania. Raja wolał tworzyć „mapę w głowie", na której punktami orientacyjnymi były osobiste wspomnienia i odniesienia. Pokazał mi narysowaną przez siebie mapę wzgórz i uedów otaczających Ramallah. Była zapełniona nagryzmolonymi komentarzami, arabskimi nazwami miejsc oznaczającymi skarpy, wychodnie i ujścia uedów oraz niewielkimi notatkami po angielsku z opisami różnych zdarzeń: „Gdzie Penny i Raja zostali ostrzelani z karabinów"; „Gdzie Aziz, młody krewniak Raji podniósł z ziemi niewybuch"; „Gdzie spotkałem żydowskiego osadnika z pistoletem"; „Gdzie znalazłem odcisk stopy dinozaura". Skojarzyły mi się z napisanymi przez Anne Campbell Pieśniami Stworzenia na temat wrzosowiska na wyspie Lewis: „Gdzie ważka rozłożyła skrzydełka, żeby je wysuszyć"; „Gdzie orzeł czyścił pióra".

Wędrowanie między takimi miejscami było dla Raji sposobem na łączenie zdarzeń w opowieści. W czasie spacerów odkrył i oznaczył na swoich mapach lokalizacje palestyńskich wiosek wymazanych z powierzchni ziemi przez izraelskie siły w czasie Nakby z 1948 roku. Zdarzało się, że ich dawne położenie zdradzały tylko migdałowce. Były to zatem swego rodzaju miejsca cienie. Opisując swoje wędrówki, Raja próbował ocalać w języku ginący świat albo odtwarzać w języku świat już nieistniejący.

* * *

Kilka mil dalej opuściliśmy Wadi'qda i weszliśmy w inną dolinę o nazwie Wadi Kalb. Palestyńska wioska A'yn Qenya znajdowała się na północny zachód, a za nią, pół mili dalej na wzgórzu, leżało izraelskie osiedle Dolev z posterunkiem wojskowym i wieżą strażniczą przy głównym wjeździe.

Niebo zasnuły gęste, nietypowe jak na tę porę roku chmury deszczowe. W powietrzu pojawiła się duchota, napięcie. Podobnie wokół nas. Nagle rozległ się trzask. Huk odbił się echem od ścian doliny. „Zagrzmiało", pomyślałem, ale natychmiast przyszła mi do głowy inna myśl: „Wybuchła bomba". Ale nie, zaraz potem rozległ się zgrzyt sprzężenia w mikrofonie. W meczecie A'yn Qenya włączono głośniki. Cisza, potem fanatycznie żarliwy głos zaczął wykrzykiwać: „Bóg jest wielki! Bóg jest wielki! Mahomet jest jego prorokiem! Allah Akbar!".

Piątkowe nabożeństwo. Osiem głośników zamontowanych na minarecie, po dwa w każdym oknie wychodzącym na każdy z punktów kardynalnych. Raja delikatnie westchnął.

— Dawniej kazania nie odznaczały się taką żarliwością. Ale że teraz ludzie nie mają co liczyć na wiele przyjemności w życiu doczesnym, całą nadzieję zwrócili oczywiście ku następnemu. Od kiedy zapanowało tu zniechęcenie, w kazaniach pojawiło się więcej gniewu.

Przeszliśmy nad dwoma martwymi psami rozciągniętymi na ziemi. Zatrzymałem się, żeby je obejrzeć, zaintrygowany cudownym grzybniowym pejzażem pleśni, która wykwitła na ich skórze.

— W Ramallah Penny i ja nie jesteśmy w stanie spać w czasie nabożeństwa o czwartej rano. Imam wygłasza coraz bardziej nawiedzone kazania, a kiedy ludzie zaczynają narzekać, uspokaja się na chwilę, po czym znów się zapomina i zaczyna wrzeszczeć.

Wspinaliśmy się po tarasach porośniętych ciernistymi gruszami. Chodzenie po takim terenie przypomina odwróconą grę w pachinko. Przechodzi się kawałek, a potem ukształtowanie terenu stawia nas przed wyborem: zsuwasz się z ziemią obsypującą się z jednego z wyższych tarasów, wchodzisz wyżej po wystającym głazie. W bok po równym, w górę, w lewo i kawałek po równym, w górę, w prawo i po równym — zawsze ku przejściu na wyższy poziom. Tarasy drzew oliwnych, cytrynowych, pomarańczy, granatów; przejrzałe owoce na tych ostatnich rozłupujące się kusząco na gałęziach, ziemia wokół pni zasłana plastikowymi butelkami, opakowaniami po jedzeniu i ludzkimi odchodami.

Imam pomstował i grzmiał. „Do naszych najchwalebniejszych czynów należąy zjednoczenie wszystkich muzułmanów, a w szczególności Palestyńczyków! Nie idźcie w ślady tych, którzy pławią się w dyskusjach, albowiem spotka ich surowa kara!".

Zaczęło padać. Nigdy wcześniej nie widziałem tak wielkich kropli; na wapieniu zostawiały ślady wielkości dwufuntowych monet. Z powodu zachodniego wiatru ślady po kroplach przybierały rozciągnięty, eliptyczny kształt. Wydawały się również spadać zachodzącymi na siebie kwadratami, zupełnie jakby deszcz omijał pewne korytarze, którymi teoretycznie moglibyśmy iść, nie narażając się na zmoknięcie.

Marglowa ziemia zrobiła się lepka od deszczu. Nie minęło wiele czasu, a podeszwy naszych butów obrosły pękatymi grudami żółtego błota; zrobiły się tak ciężkie, jakbyśmy założyli obciążniki używane przez nurków. Deszcz obudził zapach szałwii, ale również gnijącego zwierzęcego mięsa i ludzkich odchodów, które niemal przeważały nad wonią szałwii.

— Schowajmy się w willi — powiedział Raja i ruszył energicznie do góry. Podążałem za nim w wolniejszym tempie. Willa znajdowała się jakieś sto jardów w górę zbocza i była jednym z punktów orientacyjnych na trasie naszej wędrówki. Do 1967 roku, opowiedział mi wcześniej tamtego dnia Raja, dom należał do rodziny Zalatimo, znanych w całej Palestynie cukierników. Wielki taras przesłaniał mi akurat widok na willę, ale wiedziałem z grubsza, gdzie się ona znajduje. Ponieważ deszcz smagał, postanowiłem pójść na skróty. Przebiegłem przez jakieś poletko, wdrapałem się na wapienną skarpę wysokiego tarasu — i zamarłem.

Jakiś człowiek biegł po otwartej przestrzeni przed domem, aby schronić się pod jego dachem. Nie był to Raja. We wnętrzu zobaczyłem innego mężczyznę. Miał na sobie jakiegoś rodzaju wojskowy strój. Na piersi połyskiwał mu przewieszony przez ramię przedmiot. Drzwi i okna willi były czarne niczym oczodoły.

Osunąłem się szybko po wapiennym zboczu. „To na pewno osadnicy albo żołnierze, pomyślałem. Zaraz potem uświadomiłem sobie co innego: „Muszę ostrzec Raję". Pobiegłem za nim, minąłem dąb wiecznie zielony i zobaczyłem, że mój przyjaciel zmierza już ścieżką do domu.

Jeszcze chwila, a znajdzie się pod drzwiami. „Nie mógł widzieć, że w środku znajdują się ludzie", stwierdziłem. Otworzył drzwi. Rozległ się krzyk. Jeden z mężczyzn podszedł szybko do Raji — i go objął. Usłyszałem jak Raja wykrzykuje:

— Basel! Ale mamy szczęście!

Pierwszym, co zobaczyłem po wejściu do willi, był biały koń. Podwójne drzwi na tyłach budynku otwarto na oścież, a koń stał w progu. Odwrócił głowę do tyłu i spoglądał na mnie. W środku znajdowało się również pięcioro ludzi. Trzech mężczyzn, dwie kobiety. Jeden z mężczyzn, najwyraźniej przyjaciel Raji, miał na piersi nosidełko z dzieckiem; połyskiwały metalowe sprzączki zmoczone deszczem.

Byli to członkowie rodziny Zalatimo, którzy przyszli zobaczyć swoją dawną posiadłość.

— Wpadam tu mniej więcej raz na miesiąc — powiedział Basel, przyjaciel Raji, który mieszkał teraz w Jerozolimie. — To moja matka, która nie była tu od wielu lat, a to ciotka, która przyjechała tu po raz ostatni.

Basel i jego matka popatrzyli się na siebie znacząco. Ciotka uśmiechnęła się szeroko i skinęła nam głową na powitanie. Na zewnątrz przetaczał się grzmot.

Rodzinę Zalatimo zmuszono do opuszczenia willi w 1967 roku, po wojnie sześciodniowej. Budynek popadł w ruinę. W oknach sterczały szklane kły, podłoga była zasłana sosnowymi igłami i żołędziami, wszystkie ściany zabazgrano graffiti. Odwiedzający willę osadnicy z Dolev i mieszkańcy wioski A'yn Qenya toczyli ze sobą tekstową dysputę. Na ścianach widniały namalowane na czarno kałasznikowy plujące pociskami w Gwiazdę Dawida, swastyka, serce ociekające czarną krwią, a także wiele napisanych alfabetem łacińskim imion, które nic mi nie mówiły, oraz słowa w języku arabskim i hebrajskim, których nie potrafiłem nawet odczytać.

Z dużego położonego centralnie holu wchodziło się do dwóch pomieszczeń z kopulastymi sufitami. Odgarnąłem butem pył z podłogi, odsłaniając lśniącą posadzkę, nienaruszone płytki z zazębiającymi się ukośnymi motywami. Podeszła do mnie matka Basela.

— To absolutne wyjątkowa powierzchnia — powiedziała przepraszającym tonem, zupełnie jakby posadzkę zostawiono niezamienioną na jeden dzień, a nie na czterdzieści dwa lata. — Wystarczy przemyć płytki mopem, a lśnią, jakby zostały nabłyszczone!

Opowiedziała mi, że w 1959 roku wyjechała z Palestyny do Kuwejtu, a potem do Ameryki; od tego czasu rzadko wracała na Zachodni Brzeg. Zaprowadziła mnie z powrotem do holu i pokazała resztę domu, zupełnie jakbym był pierwszym gościem, który zwiedzał go po generalnym remoncie.

— Tu trzymaliśmy worki z mąką. — Wskazała na jeden z kątów w holu. — A tu układaliśmy worki z ryżem.

Zbliżyła się do mnie, rozłożyła dłoń i pokazała dwa nierówne brązowe kamyki, zupełnie jakby była iluzjonistą prezentującym monetę, która w magiczny sposób pojawiła mu się w dłoni.

— Nie mogłam się powstrzymać, wzięłam dwa kolejne.

— No nie, kolejne kamyki, mamo? — powiedział Basel z drugiego pokoju.

— Chciałbyś zobaczyć piec do chleba, który zbudowali mój ojciec i wujek?

Wyprowadziła mnie tylnym wyjściem na zewnątrz. Minęliśmy konia i — w deszczu — podążaliśmy błotnistą ścieżką.

— Chodź, chodź, oto on.

Spodziewałem się wielkiego pieca; paleniska wbudowanego w zbocze góry. Zobaczyłem mały, zardzewiały otwór w kształcie litery L, w którym z ledwością można się było dopatrzyć jego dawnego przeznaczenia.

— Tak się go otwiera — powiedziała, odchylając skrzypiące, wygięte drzwiczki. W środku leżały stosy brązowych kamieni.

— Właśnie stąd je pani wzięła?

— Tak, wiele zabrałam stąd, całą siatkę. Inne z Hebronu, Hajfy, Jerycha, Jerozolimy, co najmniej po jednym z każdej części Palestyny. Zawiozłam te kamienie do domu i rozłożyłam na dnie mojego piekarnika w Ameryce. Piekę na nich chleb, więc kiedy podnoszę gotowy bochenek, na jego odwrocie znajduje się odcisk Palestyny. Można kupić takih chleb w Ramallah, nazywa się *taboun*. Polecam!

Zmarszczyła brwi.

— Izraelczycy ukradli nam tę ziemię, są złodziejami. Napisałam kiedyś list do Ronalda Reagana. Wiedziałam, że trafi do kosza, ale musiałam to z siebie wyrzucić. Zaczynał się: „Szanowny Panie Prezydencie..."

Przestałem słuchać. W dolinie stadko kuropatw poderwało się z kryjówki i zafurkotało, pokrzykując, na tle jednego ze zboczy. Jakiś mężczyzna wyszedł z domu w niższej części doliny i wyrzucił śmieci z wiaderka na stok. Przyszedł mi do głowy ukuty przez Johna Bergera zwrot „ziemia odarta ze skóry", którym opisywał obszary konfliktów zbrojnych. Zwrot ten mówi „o miejscu lub miejscach, w których wszystko, materialne i niematerialne, zostało zniszczone, zrabowane, wymiecione, wywrócone, wszystko poza nieszczęsną, namacalną ziemią".

— Moja ciocia na szczęście pamięta to miejsce — powiedział mi Basel, kiedy zbieraliśmy się do wyjścia. — Na przejściu granicznym na moście Króla Husajna dali jej jednotygodniową wizę. Przekroczyliśmy ją o dwa tygodnie. Ale nie ma to znaczenia. Ma zaawansowanego alzheimera.

Ciocia uśmiechnęła się do mnie. Zabrzmiał grzmot. Osioł zaryczał. Imam pomstował. Lało. Jakieś wiertło terkotało jak karabin maszynowy. W wyższej części doliny ued zaczął się wypełniać wodą, a stara ścieżka, którą szliśmy wcześniej, zamieniła się w nową rzekę.

* * *

Następnego dnia wyszliśmy z Rają ponownie, na kolejną nielegalną wycieczkę po Strefie C. Tym razem wystartowaliśmy z wioski Ras Karkar. Przeszliśmy starymi ścieżkami i dnami uedów z Ras Karkar do położonego na wzgórzu obozu dla uchodźców, następnie zeszliśmy długą, sinusoidalną doliną, Wadi Zarqa, zasilaną przez liczne źródła. Wioska Ras Karkar zasłynęła oporem, jaki stawiała Brytyjczykom w pierwszych latach mandatu. W przeszłości bogata i szanowana — dziś jest niezwykle biedna. W ścianach domów zatapiano plastikowe butelki z wodą, żeby zaoszczędzić na betonie. Ogrodzenia buduje się ze skrzynek po piwie, połamanych krzeseł i ciernistych gałęzi.

Wychodziliśmy z Ras Karkar zachodnim zboczem wioski, czyli zboczem slumsowym. Deszcz wyżłobił dziwaczne wapienne rzeźby, które sterczały z niego jak ghule albo bajeczne kominy. Pod nimi leżały dziecięce spodenki, martwe psy, japonki i tysiące pieluch — wszystko to wyrzucono z balkonów domów położonych wyżej. Większość pieluch zdążyła pęknąć i zgnić, a zawarty z nich chłonny żel wypłynął, tworząc szare, skrystalizowane jęzory.

Towarzyszył nam niemiecki geolog Clemens Messerschmid. Naprawdę tak się właśnie nazywał. Messerschmid był wysoki. Miał siwe i długie włosy. Ich kosmyki opadały mu na twarz, a on odgarniał je swoimi małymi palcami za uszy. Poruszał się sprężystym, wygłodniałym krokiem. Jego pasją była geologia i nie rozmawiał w zasadzie o niczym innym. Od wielu lat badał poziom przepływu źródełek i rzek w Wadi Zarqa. Izraelczycy nie chcieli, żeby pracował na Zachodnim Brzegu, ale on nauczył się nie zwracać na siebie uwagi, kiedy wyprawiał się w teren, udaremniając próby utrudniania mu badań.

Messerschmid wiedział chyba wszystko o regionie, przez który szliśmy. Znał każdą ścieżkę i każdą boczną dolinkę. Oceniał je w skali relatywnego ryzyka spotkania osadników i żołnierzy.

Lubił opisywać geomorfologię kolejnych obszarów, czynił to nieskrępowanie lirycznym językiem. Rysował dla mnie poglądowe wykresy krótkimi machnięciami czarnego pióra. Uwielbiałem go słuchać. Opowiadał cierpliwie o „antyklinowym przekroju poprzecznym" Zachodniego Brzegu oraz lokalizacji dwóch ogromnych i niezwykle ważnych warstw wodonośnych, które nawadniały ten suchy ląd. Wyjaśniał mi pochodzenie kolorów tamtejszego pejzażu: luźne atomy żelaza w ziemi zostają pobudzone pod wpływem suchego klimatu, przez co barwią ziemię na pomarańczowo i brązowo. Pokazał mi trzy główne powierzchniowe formacje skalne regionu: twarde wapienne i marglowe horyzonty formacji „Betlejem", margiel formacji „Yatta" i krasowe wapnie formacji „Hebron", z ich przypominającymi szwajcarski ser dziurami, o których z taką pogardą wyrażał się Melville.

Geologowie mówią, że odznaczająca się rozpuszczającymi właściwościami woda deszczowa tworzy w skałach wapiennych „preferencyjne ścieżki". W czasie deszczu krople wody krążą po powierzchniach, trawiąc w nich korytarze zawartymi w sobie kwasami węglowymi. Po pierwszych kroplach pozostają płytkie kanaliki, którymi chętnie spływa woda podczas kolejnego deszczu, jeszcze bardziej żłobiąc skałę. Za sprawą takiego działania wody cienka rysa zamienia się z czasem w kanalik, z niego powstaje szczelina, która w końcu staje się krawędzią skarpy.

W krajobrazie, gdzie wapień jest główną formacją skalną, jak to jest na Zachodnim Brzegu, większe szczeliny odgrywają często kluczową rolę w powstawaniu tarasów i ścieżek. Ludzie i zwierzęta szukają dla siebie dróg w ramach istniejących skłonności terenu. Chodząc, tworzą wygodne dla siebie ścieżki, które z kolei przyciągają większą liczbę wędrowców, tworzą szlak swoimi stopami. W tym sensie droga, którą krople deszczu spływały po skale tysiące lat temu, może wyznaczać trasę, którą porusza się współczesny wędrowiec.

Szliśmy w górę uedem w stronę obozu dla uchodźców. Kamienie na jego dnie zostały wypłukane, poodwracane i poukładane przez przepływającą tamtędy od czasu do czasu wodę, więc mieliśmy wrażenie, jakbyśmy szli brukowaną ulicą.

— W takim krajobrazie są to najbardziej naturalne drogi, a z pewnością najstarsze — powiedział Messerschmid.

Zobaczyłem zaokrągloną bryłkę rogowca; pochyliłem się, żeby ją podnieść. Przypominała białą gałkę oczną owiniętą w kilka warstw brązowego płótna. Messerschmid wziął ją od mnie, obejrzał dokładnie i zważył z namysłem w dłoni.

— Ładna.

Opowiedziałem mu o przesłuchaniu, jakiemu zostałem poddany w Tel Awiwie w związku ze znajdującymi się moim bagażu kawałkami krzemienia. Uśmiechnął się.

— Może tego nie wiesz, ale rogowiec, czyli skała krzemionkowa, jest ulubionym kamieniem intifady!

Podrzucił gałkę oczną i ją złapał.

— Młodzi Palestyńczycy opowiadali mi, że rogowiec to ich ulubiona skała służąca do rzucania, że jest najlepszym pociskiem. Jest ostra, twarda i dobrze leży w dłoni.

Podrzucił. Złapał.

— W czasie pierwszej intifady młodzi ludzie, którzy atakowali izraelską armię rogowcem, zostali nazwani „kamiennymi dziećmi".

Messerschmid odgarnął kosmyk włosów za ucho. Raja szedł ścieżką, stawiając ostrożnie kroki. Bilbil poderwał się z furkotem z pobliskiego eukaliptusa. Padający poprzedniego dnia deszcz przesiąkł przez rurki krasowe do warstwy wodonośnej leżącej czterdzieści milionów lat pod naszymi stopami.

— Niedaleko stąd — oznajmił Messerschmid — natknąłem się raz na dwa kameleony uprawiające seks na drzewie figowym. Jeden z nich przybrał czarny kolor, drugi czerwony. Trudno było stwierdzić, któremu cała sytuacja sprawiała większą przyjemność.

* * *

Kilka mil dalej w Wadi Zarqa zatrzymaliśmy się przy korycie wyrzeźbionym w wapiennym zboczu, do którego ściekała woda ze źródełka. Messerschmid pochylił się, nabrał trochę wody w złączone dłonie i wypił.

— Nazywają je krwawiącymi albo płaczącymi wzgórzami — powiedział, wskazując na źródełko — ponieważ ronią wodę. W styczniu, w lutym, kiedy potrafi tu porządnie popadać, woda płynie z wielu źródełek. Powstają na styku warstw geologicznych, w miejscach, gdzie krasowy wapień spotyka się z marglem, gdzie Hebron spotyka się z Yattą, gdzie woda nie może wsiąkać głębiej. Wtedy właśnie wypływa na powierzchnię jako źródełko. Źródełka się uaktywniają, a wzgórze płacze.

Wskazał swoim małym palcem na ciemną plamę na wapieniu.

— Nazywamy je „źródłami kontaktu". Powstają w miejscach spotkania dwóch różnych formacji skalnych. Skała przepuszczalna i nieprzepuszczalna leżą na sobie, co ma swego rodzaju dobroczynne skutki.

Zostawiliśmy źródełko i ruszyliśmy na zachód przez gorące, nieruchome powietrze, wzdłuż świeżo zaoranego pola.

Na brwiach zbierały mi się kropelki potu. Komary brzęczały wokół mojej głowy. Mijaliśmy kępy eukaliptusów z obłażącą korą, gatunek sprowadzony tam przez Brytyjczyków, a potem przeszliśmy wzdłuż nawadnianych tarasów obsadzonych bakłażanami i czerwonym pieprzem, obstawionych sznurkowymi klatkami obwieszonymi winoroślą. Roślinność odcinała się wyraźnie na tle opalonej ziemi. Przypomniałem sobie, że snajperów z brytyjskiej armii uczono, aby tuż przed oddaniem strzału spojrzeli na jakiś jasnozielony obiekt. Był to najlepszy sposób na oczyszczenie wzroku.

Na zachodnim horyzoncie pojawiły się postacie; podświetlone od tyłu sylwetki. Dreszcz niepokoju przeskoczył między Rają i Messerschmidem. Osadnicy? Zaraz potem do postaci dołączyła sylwetka osła. Beduini. Raja się rozluźnił.

* * *

Tamtego wieczoru po powrocie do Ramallah chodziłem ulicami, rozkoszując się chłodnym powietrzem i poczuciem ograniczenia, jakie zapewniają miasto i ciemność po całym dniu spędzonym w otwartej przestrzeni. Przy ruchliwej czteropasmowej ulicy minąłem stojący na poboczu kontener na gruz, z którego wydobywała się zmieniająca co chwilę kierunek kolumna czarnego dymu. Za krawędź kontenera zwisała tenisówka połączona sznurówką z niewidoczną partnerką. Przystanąłem, żeby przejść przez ulicę; przede mną światła przejścia dla pieszych migały rozkazami: WALK, DON'T WALK; WALK, DON'T WALK.

11. KORZENIE

Na pielgrzymce — *Bees of the Invisible* — Reguła wspólnoty — Biblioteka Lasu — Wyraz dominacji — Maska Henry'ego Moore'a — Zimowa burza — *Zarzamora virgen* — *Senderismo, cañadas* i *caminos* — Przetrwanie dawnych szlaków — Wiedźmy z Galicii — Dolina jako ojczyzna — Łagodny Zielony Ludek — Wieczne światło, żywiczne powietrze — Obserwatorium Miguela — Poduszki z mchu — Sępnik czarny — Cud lewitacji — Magiczny ogród zen — Prometeusz nieskowany — Pod gorącą monetą słońca — Kąpiel w rzece — Prysznic z pyłków — Pióro sępa na ścieżce — Wkroczenie do Segowii — Miasto ptaków — Na północny zachód w rozedrgane powietrze.

„Jesteśmy — pisał w 1942 roku poeta Edmund Blunden — w coraz większym stopniu na pielgrzymce". My również jesteśmy w coraz większym stopniu na pielgrzymce. W Hiszpanii średniowieczne gospody wzniesione przy drogach prowadzących do Santiago, zamknięte przez wiele wieków, otwierane są na nowo, aby obsłużyć klientów poruszających się po drodze św. Jakuba, czyli Camino. Tego rodzaju odrodzenie obserwujemy w całej Europie: liczba pielgrzymujących stale rośnie, mimo że liczba osób chodzących do kościoła systematycznie spada. Niedługo po powrocie z Palestyny natknąłem się na angielski przekład pięknego, krótkiego eseju czeskiego pisarza Václava Cilka zatytułowany *Včely Neviditelného* (Pszczoły Niewidzialnego). „Liczba cichych pielgrzymek rośnie — zaczyna. — Miejsca zaczynają się poruszać. Na kamieniach i w lasach człowiek natyka się na drobne ofiary — bukieciki pszenicy, pióro w pęczku wrzosów, okrąg z muszli ślimaków". Znałem dobrze te insygnia podróżowania — drobne uporządkowania świata pełniące funkcję tymczasowych punktów orientacyjnych — jako że sam spotkałem wiele z nich w czasie swoich wędrówek. Wydawało się nawet, że w każdym miesiącu przemierzania dawnych szlaków spotykałem osobę lub słyszałem opowieść o kimś, kto wyruszał w trasę nie tylko po to, by się przemieścić albo zrelaksować, ale dla kogo cel podróży miał w jakimś stopniu uświęcony charakter. Odnoszę wrażenie, że ludzie wykonują tysiące takich zaimprowizowanych pielgrzymek, często niepowiązanych z żadną z głównych religii, traktowanych z mniejszą lub większą powagą i odznaczających się mniejszym lub większym uświęceniem. Lądy zapełniały się ekscentrykami, którzy wyruszali na wędrówki w poczuciu, że wyjście w świat może pozwolić na wejście w siebie.

Słowa „pielgrzym" i „pielgrzymka" zostały skalane, przynajmniej dla świeckich, denerwującą pobożnością. Tymczasem ludzie, których spotykałem w czasie moich wędrówek byli ciekawymi, skromnymi poszukiwaczami. Wszyscy traktowaliśmy chodzenie jako formę poszukiwania sensu — jedni w prosty sposób, inni w wymyślny; niektórzy poświęcali temu chwilę, inni podporządkowywali całe życie — a ja nie potrafiłem znaleźć na nich lepszego określenia niż „pielgrzymi": Raja na swoich *sarhas*, Finlay MacLeod i Anne Campbell na wrzosowiskach wyspy Lewis, Steve przemierzający ścieżkę wzdłuż kręgu kamieni, Ian żeglujący po szlakach morskich w sztormie i w słońcu, nawet Clemens Messerschmid próbujący zrozumieć politykę za pomocą geologii. Wśród zmarłych byli to Thomas, Shepherd i dziesiątki innych.

Docierały do mnie opowieści o innych „cichych pielgrzymach" wyruszających w swoje nieśpieszne podróże. Młody człowiek, zainspirowany George'em Borrowem, wyruszył z Cambridge do St David's w hrabstwie Pembrokeshire; poruszał się tylko ścieżkami i polnymi drogami. Troje piosenkarzy folkowych, Ed, Will i Ginger, sprzedało dobytek, opuściło domy i wyruszyło na wędrówkę drogami Anglii. Spali w lasach i zarabiali na jedzenie, śpiewając ludowe piosenki, których nauczyli się po drodze. Jakaś kobieta szła przez rok z Paryża do Jerozolimy; po drodze poznała męża. Pewien mężczyzna przeszedł granicami i ścieżkami hrabstwa Northamptonshire (ośrodka brytyjskiego przemysłu obuwniczego); spał w stodołach i przedsionkach kościołów. Kiedyś w czasie rozmowy ze znajomym miłośnikiem chodzenia zauważyłem, że ma wytatuowany wokół ramienia najsłynniejszy chyba wers z poezji hiszpańskiej: *No hay camino, se hace camino al andar* — „nie ma drogi, tworzysz ją ze swych kroków".

Jakiś nieznany mi człowiek z Dorset przysłał mi opis długiej wędrówki po Ridgeway w towarzystwie bliskiego przyjaciela, który zakończył właśnie czteroletnią odsiadkę w więzieniu. Dostałem nieostre fotografie zrobione w rozedrganym od upału powietrzu, przedstawiające kredowe ścieżki, które wbiegały na zielone pagórki położone w nieokreślonej odległości. „Dawne szlaki — napisał — raz przebyte, zamieszkują w nas. Nawet tutaj, teraz, na zielonym, równinnym południowym zachodzie, zdarza mi się często skierować wzrok w górę w poszukiwaniu ubitej kredowej ścieżki i wspominać dni tego osobliwego wyzwolenia". Nie odważyłem się zapytać, za jakie przestępstwo jego przyjaciel zapłacił takim wyrokiem. Kiedyś przeszedłem w ciągu dnia dwadzieścia pięć mil z młodym mężczyzną, który nazywał się Bram Thomas Arnold. Po śmierci ojca wyruszył z Londynu i przeszedł do St Gallen w Szwajcarii (gdzie mieszkał w dzieciństwie), niosąc prochy ojca. Spał w namiociku, który rozbijał na skraju lucernowych prerii i łanów zboża w północnej Francji. Obóz rozbijał po zmroku i zwijał go jeszcze przed świtem, aby uniknąć rolników i policji.

Wspomniany Cilek, geolog specjalizujący się w rzadkich minerałach, urodził się w kraju nazywanym przez niego Bohemią. Trzydzieści lat wcześniej zaczął wędrować po swoim kraju, odczuwając niewytłumaczalne pragnienie poznawania „podziemnych imperiów". Nie czynił tego w żadnym konkretnym celu. Nie poszukiwał zrozumienia ani doświadczenia: był „pielgrzymem, nie zdobywcą". W ciągu poprzednich dziesięciu lat ta intrygująca potrzeba urosła do obsesji, a on zaczął poświęcać każdą wolną chwilę na chodzenie po uświęconych miejscach, zamkach, klasztorach i kościołach. Przez tydzień przemierzał trzydziestomilowy podziemny labirynt kopalni w Monkton Farleigh niedaleko Corsham. „Przekonałem się, że znacznie lepiej rozumiem te krajobrazy i miejsca, gdzie mogę zejść pod ziemię albo przynajmniej spędzić noc na łonie przyrody", napisał. Cilek zaproponował kilka „reguł pielgrzyma". Najciekawsze z nich to „reguła wspólnoty": „mniejsze miejsce, z którym odczuwamy jakąś wspólnotę jest ważniejsze od miejsca wielkiej pielgrzymki"; oraz „reguła korespondencji": „miejsce będące częścią krajobrazu koresponduje z miejscem w sercu".

Przeczytałem reguły Cilka niedługo po powrocie z Palestyny, a wkrótce potem pojechałem do Madrytu, aby przejść po jednym z odgałęzień najsłynniejszego szlaku pielgrzymkowego świata, Camino de Santiago, biegnącym z Madrytu na północ przez sosnowe lasy gór Guadarramy, następnie w dół ku średniowiecznej Segowii i dalej przez wypalone słońcem żółte *meseta* — wysokie płaskowyże — ku Santiago. Chciałem również poznać Miguela Angela Blanca, który stworzył jedną z najniezwyklejszych bibliotek w celu archiwizowania i dokumentowania setek jego cichych pielgrzymek.

* * *

— Wybierz trzy książki z biblioteki — powiedział Miguel, zakreślając ręką łuk po ścianach gorącego pomieszczenia. — Pierwsza powie ci coś o twojej przeszłości, w drugiej znajdziesz informacje na temat swojej teraźniejszości, a trzecia będzie znała twoją przyszłość.

Piwnica w Madrycie: ściany od podłogi do sufitu obwieszone półkami. Na półkach setki drewnianych pudełek: od wąskich kasetek na cygara do płaskich skrzyń na skarby. Wszystkie pudełka były otwarte od frontu, gdzie widniał wypalony numer identyfikacyjny. W każdym leżał prosty płócienny grzbiet, jak się wydawało, książki; niektóre grzbiety były grubsze od jakiejkolwiek znanej mi książki. We wnętrzach pudełek wycięto otwory, aby znajdujące się tam książki dało się chwycić i wysunąć w taki sposób, jakby ktoś wyciągał obluzowaną cegłę ze ściany. Na grzbietach książek nie było żadnych liter, miały za to różne kolory: pomarańczowy, morwowy, szarobrązowy, czarny, szkarłatny. Powstał z tego postmodernistyczny barok: wielki *Wunderkammer*, gabinet osobliwości, w kolorach Pompidou.

— Nie musisz się specjalnie przejmować — powiedziała, uśmiechając się, Elena, żona Miguela. — To książki wybiorą ciebie, a nie na odwrót.

Kolekcja Miguela Angela Blanca nie przypomina zwykłej biblioteki. Książek nie uporządkowano ze względu na tematykę, nie szuka się ich też za pomocą klasyfikacji dziesiętnej Deweya. Jej pełna nazwa brzmi Biblioteka Lasu, *La Biblioteca del Bosque*. Niedługo minie ćwierć wieku, odkąd zaczęła powstawać, a w czasie ostatniej inwentaryzacji liczyła ponad tysiąc sto książek. Tyle że tamtejsze książki są nie tylko książkami, ale również relikwiarzami. Każda z nich zawiera relację z odbytej pieszo podróży, a także przedmioty i substancje zebrane przy określonej trasie: wodorosty, skórę węża, płytki miki, kryształki kwarcu, nasiona wyrzucone na brzeg przez morze, kawałek sosnowego drewna przypalonego przez piorun, skrzydło kuropatwy, poduszki z mchu, ociosany krzemień, kostki pirytu, pyłki kwiatów, żywicę, miseczki żołędzi, liście dębu wiecznie zielonego, buka i wiązu. W czasie swego długiego istnienia zbiory biblioteki rozrastały się ilościowo i pod względem zajmowanej powierzchni. Obecnie zajmują cały parter i piwnicę kamienicy w północnym Madrycie. Wchodząc do pomieszczeń biblioteki, człowiek ma poczucie, jakby wkraczał na karty opowiadania Jorge Luisa Borgesa: *Biblioteka Babel* skrzyżowana z *Ogrodem o rozwidlających się ścieżkach*. W Museu Nacional de História Natural e da Ciência w Lizbonie znajduje się drewniana skrzynia z pięćdziesięcioma sześcioma szufladkami, którą Vasco da Gama podarował królowi Portugalii. Każda z szufladek została wykonana z innego gatunku tropikalnego drewna, a każdy z nich można było w owym czasie spotkać w którejś z portugalskich kolonii. Choć skrzynia opierała się na identycznym pomyśle co Biblioteka Lasu, zbudowano ją w zupełnie odmiennym celu. Skrzynia da Gamy traktuje drzewa jako kolonialnych poddanych, których zdobycie i uporządkowanie w tej formie było sposobem wyrażenia dominacji — dowodem na zjednoczenie wielu światów pod jednym berłem. Biblioteka Miguela ma odwrotne zadanie: rozprasza swego twórcę w naturze.

Wyciągnąłem pierwszą książkę, moją „przeszłość", z jej przytulnego drewnianego pudełka. Była niewielka, rozmiarów powieści wydanej w miękkiej oprawie. Opatrzono ją numerem 95. Miguel wziął ją ode mnie.

— Ah! — powiedział. — *La Máscara de Henry Moore*!

Wymienili z Eleną spojrzenia. Miguel zaniósł książkę na biurko, położył ją w kręgu światła rzucanego przez lampę na przegubowym pałąku i otworzył okładkę. W pierwszej chwili wydawało się, że mamy przed sobą zwykłą książkę. Na początku znajdowały się cztery kartki lśniącego papieru zapisane grubym czarnym odręcznym pismem.

— Są wykonane z papieru roślinnego — wyjaśnił, przesuwając palcami po chropowatej powierzchni.

Kiedy odwrócił czwartą kartkę, książka zamieniła się w pudełko. Pod szklaną witrynką leżał pasek przerdzewiałego metalu z dwoma wygniecionymi romboidalnymi otworami, kilka kawałków białej ceramiki i dwa kawałki białego kwarcu. Spoczywały na posłaniu przypominającym piasek zmieszany z żywicą. Spojrzałem na gospodarzy w nadziei na wyjaśnienie, ale Miguel tylko podniósł dłonie, jakby chciał powiedzieć: „Tylko ty możesz wiedzieć, co to znaczy". Pomyślałem o wielu szlakach białych kamyków, z jakimi się spotkałem, i o bryłce kwarcu, którą Steve znalazł dla mnie pod swoim głazem.

Biblioteka Lasu zawdzięcza swoje istnienie burzy i śniegowi. Między 30 grudnia 1984 roku a Nowym Rokiem 1985 potężna zimowa wichura uderzyła w góry Guadarrama, sierrę z granitu i gnejsu, która przecina z północnego wschodu na południowy zachód wysokie płaskowyże Kastylii, oddzielając leżący na południu Madryt od leżącej na północy Segowii. Połamała tysiące sosen, porastających zbocza Guadarramy. W czasie tych porywistych dni Miguel siedział uwięziony w swoim domku w Fuenfría, w jednej z południowych dolin Guadarramy. Kiedy nawałnica w końcu zelżała i przyszła odwilż, Miguel wyruszył w dolinę. Podążał znajomą ścieżką, ale miał poczucie, jakby wkroczył do nowego świata: wysokie na piętnaście stóp zaspy, kratery i sterczące korzenie w miejscach, gdzie wichura powaliła drzewa, polany w niespodziewanych miejscach. Idąc, zbierał przedmioty leżące przy ścieżce: sosnowe gałązki, żywicę, szyszki, kawałki kory, czarne i białe pionki do gry w warcaby. Po powrocie do domu umieścił znaleziska w sosnowym pudełku, przykrył je szybką, umocował ją smołą, przykleił taśmą do pudełka kilka kartek i oprawił całość w płótno naklejone na tekturę.

W ten sposób powstał pierwszy tom z jego biblioteki. Miguel zatytułował go *Deshielo*, czyli odwilż, a książka stała się źródłem, z którego popłynął strumień kolejnych prac. Sposób konstruowania książek pozostaje do dziś w swej istocie niezmienny. Wszystkie zawierają przedmioty zgromadzone przez Miguela w czasie pieszych wędrówek; wynik przypadkowych spotkań albo świadomych poszukiwań. Przedmioty umocowywane są w pudełkach za pomocą drucików i nitek albo wciskane w posłania z ziemi, żywicy, parafiny czy wosku. Każda przygotowana w milczeniu książka-pudełko stanowi symboliczny zapis spaceru, przebytej ścieżki, pieszej wędrówki oraz napotkanych po drodze obiektów. Biblioteka istnieje jako wielowymiarowy atlas — nieustannie rozrastająca się mapa korzeni, szczególnego rodzaju kronika nieustające podróży.

Odniosłem *La Máscara de Henry Moore*, książkę opowiadającą o mojej przeszłości, do pudełka. Wsuwając ją do środka, czułem między palcami wypychane ze środka powietrze.

— A teraz twoja teraźniejszość! Niech przemówi wyrocznia! — powiedział Miguel. Wybrałem większe pudełko oprawione w fioletowe płótno: numer 588. Otworzyłem je na biurku w plamie światła. Na stronie tytułowej widniały słowa: *Zarzamora virgen*. Przerzuciłem kartki i odsłoniłem szybkę. Dno pudełka pokrywała stężała żółta substancja, przypominająca zakrzepnięty tłuszcz. Wystawało z niego trzydzieści albo czterdzieści zakrzywionych rogów, zupełnie jakby rekiny wystawiły płetwy nad powierzchnię lipidowego morza. Podobnie jak pierwsze pudełko, które wybrałem, również to odznaczało się wyrazistością, było przepełnione agresją i mrokiem, fascynujące, lecz ohydne. Miguel zmarszczył brwi.

— Nie jestem pewien, jak je nazwać — powiedział, wskazując na rogi, które mnie przypominały wielkie kolce jeżyn — ale będziemy się co chwilę natykać na tę kolczastą roślinę, tę zarzamorę, spacerując przez kilka dni po Guadarramie.

Mimo poczucia, że mam do czynienia z wesołomiasteczkowym jasnowidztwem, nie mogłem oprzeć się wrażeniu, że z jakiegoś powodu znam te pudełka, tę wielką milczącą bibliotekę, książki, które rzekomo otwierałem ja, ale które w istocie otwierały mnie.

Korespondowaliśmy z Miguelem od wielu lat, ale wtedy po raz pierwszy przyjechałem do Hiszpanii, żeby spotkać się z nim i obejrzeć jego bibliotekę. Chciałem dowiedzieć się więcej o jego obsesji związanej z chodzeniem i wędrowaniem, o niekonwencjonalnych sposobach dokumentowania podróży, a także o hiszpańskiej praktyce *senderismo*, czyli „podążania ścieżkami". Hiszpania może się poszczycić niezwykłym bogactwem i różnorodnością dawnych szlaków. Przecinająca kraj sieć *cañadas*, dróg służących do pędzenia bydła, liczy osiemdziesiąt tysięcy mil, zajmuje niemal milion akrów ziemi publicznej, determinując kształt prywatnych działek (zwłaszcza na równinach). Nadal zresztą służy do przepędzania bydła. Należy do nich między innymi Cañada Real, droga łącząca León z Estremadurą, która skręca na zachód od Guadarramy a następnie obiera niemal dokładnie północno-wschodni kierunek w stronę kraju Basków. W niektórych częściach księstwa Asturii czerwone krowy hodowane na północy — *vacas rojas* — łażą swobodnie stadami w poszukiwaniu cienia i pastwisk, wydeptując w krajobrazie szerokie, trwałe drogi. Istnieją lokalne, świeckie odpowiedniki pielgrzymki do Santiago, tak zwane *romeria*, tradycyjne wspólne przejścia, które zrodziły się z tradycji pielgrzymowania do Rzymu. Obecnie wykonuje się je zazwyczaj ze środka wioski do pobliskiego świętego miejsca. Ludzie piją i jedzą po drodze, świętując odrodzenie się przyrody po zimie. W Górach Kantabryjskich, gdzie wciąż żyją niedźwiedzie i wilki, spotyka się różnego rodzaju relikty: pasterzy nomadów przemieszczających się ze stadami po ścieżkach, które, jak się uważa, powstały jeszcze w epoce brązu. Dziesiątki tysięcy ścieżek zbiegają z nadmorskich pasm górskich, wijąc się ku portom i zatokom, łącząc głąb lądu z morzem. Podobnie jak górskie doliny odprowadzały topniejący śnieg, tak samo te ścieżki przez wieki kanalizowały przepływ pielgrzymów, handlarzy, kupców i innych wędrowców.

Obfitość ścieżek, sława otaczająca pielgrzymkę do Santiago i pikarejska tradycja włóczenia się w poszukiwaniu przygody rozsławiona przez Don Kichota przyciągały od momentu zakończenia wojny na Półwyspie Iberyjskim na początku XIX wieku do Hiszpanii wielu angielskich i irlandzkich wędrowców. Należał do nich oczywiście George Borrow, ale także Laurie Lee, V.S. Pritchett, Walter Starkie, Richard Ford, Gerald Brenan, a ostatnio artysta wędrowiec Hamish Fulton, który w ramach swojego projektu nieustannej aktywności fizycznej przemierzył Hiszpanię kilkadziesiąt razy, pokonując dziesiątki tysięcy mil i oznaczając swoje trasy czarnym markerem w dużym atlasie samochodowym. Jeden z moich dawnych studentów, Matt Lloyd, przeszedł jesienią całą drogę św. Jana z plecakiem i ukelele, niczym współczesny Lee zarabiając na podróż swoimi talentami muzycznymi i żywiąc się owocami rosnącymi przy drogach. „Czterdzieści dni przemierzania ku zachodowi całej szerokości Hiszpanii — pisał do mnie po powrocie — w poczuciu, jakby cały kraj obracał się pod moimi stopami, od francuskich gór, do hiszpańskiego morza, i zarabiania po drodze śpiewaniem na kolację".

Pojęcie szlaku nadaje sens bibliotece Miguela.

„Każda z moich książek — mówi — opisuje fizyczną podróż, ale również *camino interior*, wewnętrzną drogę".

Przeszedł kiedyś Camino Francés — tradycyjny szlak przecinający Pireneje i kastylijskie równiny — i zebrał mech z fasady katedry w Santiago de Compostela, który wykorzystał do stworzenia Książki nr 632. Pod koniec lat dziewięćdziesiątych mieszkał w wiosce Brion w Galicii, mniej więcej dziesięć mil od Santiago de Compostela. Poznał wtedy galisyjskie *meigas*, wróżki nazywane przez niechętnych „wiedźmami", a przez sympatyków „zielarkami". *Meigas* szybko przyjęły Miguela do swojego grona i zaczęły mu przekazywać wiedzę o leczniczych ziołach. On umieszczał te „wiedźmowe" rośliny w sporządzanych tam pudełkach, tworząc, jak mówi, „zielnik cieni". W czasie kilku miesięcy wytyczył ponadto alternatywną, pogańską *camino*, którą nazwał Camino de Santa Maria. Szlak ten rozpoczyna się i kończy w starym lesie, gdzie funkcję nastawy ołtarzowej pełni wielki dąb rosnący pośrodku gaju. Miguel po raz pierwszy przeszedł trasę w czasie pełni Księżyca 17 kwietnia 1998 roku, a następnie pokonywał ją ponownie dzień po dniu, dopóki nie wyżłobił własnej ścieżki.

Prawdziwą ojczyzną Miguela są jednak góry Guadarrama. Poświęcił im setki książek, zbierając przedmioty na szczytach, w strumieniach, na ścieżkach, stromych zboczach i w sekretnych zakątkach. Dolinę Fuenfría zna od drugiego roku życia, a chodzenie po tamtejszych lasach stało się do dla niego sposobem odbywania metafizycznych i dosłownych wędrówek, podobnie jak pływanie po morskich szlakach pomogło Ianowi Stephenowi obrać dla siebie właściwy kurs w świecie.

„Całe życie — stwierdza Miguel — spędziłem w bliskim towarzystwie drzew, które uważałem za równe sobie. W nich też widziałem swoje przeznaczenie". Opisał mi kiedyś siebie samego jako istotę „zakorzenioną" w dolinie Fuenfría; twierdził, że kiedy tam wraca, staje się „częściowo drzewem". Tego rodzaju stwierdzenia są dla Miguela czymś równie naturalnym, jak zaproponowanie gościowi herbaty albo skomentowanie pogody. Nie ma w nim ani cienia błazeństwa, ponieważ jest również całkowicie wolny od napuszenia. O takich sprawach wspomina bez ostentacji, jaką cechowałyby się wypowiedzi osoby, która postanowiła ujawnić swoją starannie pielęgnowaną ekscentryczność. Jego animizm jest tak nieskrępowany, że nie tyle graniczy z naiwnością, ile poza nią wykracza. Miguel jest łagodnym Zielonym Ludkiem, a ja miałem wielkie szczęście go poznać.

Otacza go również aura wielkiego, zaraźliwego spokoju, osadzonego w świadomości, że poświęcił życie czemuś wartościowemu. Biblioteka nadaje porządek jego życiu minionemu i życiu przyszłemu. Jego wiara w wartość całego przedsięwzięcia jest niezachwiana, ale bezpretensjonalna. Pieniądze wyraźnie go nie pociągają, już dawno przestał sprzedawać swoje prace galeriom. Za istotniejsze uważa utrzymywanie biblioteki i ochronę jej integralności. Melancholijna wzniosłość biblioteki wynika z całkowitego zaangażowania Miguela w projekt oraz z braku zainteresowania własną osobą. Jej artyzm istnieje nie tylko w detalach, nie tylko w poszczególnych pudełkach — mimo całej ich cudowności — ale w całościowym geście. Miguel stworzył pamiętnik wyzbyty całkowicie egotyzmu, autobiografię, w której sercu znajduje się wyłącznie przyroda.

— To moje życie, przechowalnia mojej pamięci — powiedział mi. — Będzie nadal istniała, kiedy mojej pamięci zabranie.

— A teraz twoja przyszłość! — zawołała Elena. Wybrałem numer 818. Książka nosiła tytuł *Pizarras, Espejo de los Alpes* (Łupki, lustro i Alpy) i z całej trójki odznaczała się najbardziej konwencjonalnym urokiem. Ucieszyłem się, że po złowrogich kolcach i zadziorach pierwszych dwóch książek wybrałem właśnie ją. Pierwsze strony sporządzono z lekkiego i przezroczystego papieru roślinnego, na którym widniały odciśnięte skały i skamieniałości. Pod szybą leżały warkocze wodorostów. Książka upamiętniała wędrówkę po Alpach z 2001 roku i zwracała uwagę na paradoksalny fakt, że szczyty Alp były kiedyś dnem morza: kokolity odwzorowane na papierze przywoływały przekształcenie się millenia temu świata podwodnego w świat przestworzy.

Przeglądałem książki zgromadzone w bibliotece jeszcze przez dwie godziny. Na zewnątrz dzień chylił się ku końcowi. W pobliskich drzewach odezwały się cykady. Elena i Miguel siedzieli, pogrążeni w cichej rozmowie, popatrując na mnie. Nie pierwszy raz byli świadkiem, jak komuś udziela się magia biblioteki.

Ostatnie pudełko, do którego zajrzałem, nosiło tytuł *Luz Eterna*, „Wieczne światło". Było uderzająco piękne. Wnętrze książki wyłożono złotym liściem, na który wylano warstwę żywicy utoczonej z guadarramańskiej sosny, miodowej w swym połysku. Ta złocistość pełniła podobną funkcję co *tapetum lucidum* zwierzęcego oka, sprawiając, że światło dwukrotnie przenikało przez żywicę. Złoto odbijało, żywica powiększała, a pudełko wydawało się lśnić w pogrążonym w mroku pokoju.

Zamknąłem książkę zupełnie jakbym wyłączył światło. Opuściliśmy bibliotekę.

* * *

Wcześnie rano następnego dnia wyszliśmy w góry. Pojechaliśmy na północ od Madrytu, którego przedmieścia ustąpiły w pewnym momencie miejsca buszowi z dębów wiecznie zielonych. Milami jechaliśmy przez równiny spękanej ziemi. Jej jednorodność zaburzały granitowe zęby i palce. Kamienne mury dzieliły krajobraz tam, gdzie w przeszłości stały druciane ogrodzenia. Góry Guadarrama sterczały na zamglonym horyzoncie, delikatnie pobrużdżone i nierzeczywiste: zrodzone w trzeciorzędzie i znacznie starsze od Pirenejów i Alp. Sosny pojawiały się pojedynczo albo w parach, potem po kilka sztuk, w końcu w kępach: niebieskozielone igły, pomarańczowawa kora. Minęliśmy skrzyżowanie, gdzie szosę przecinała droga służąca do pędzenia bydła, Cañada Real: miejsce to oznaczono szlabanami i oznakowaniami; wyraz szacunku nowej drogi do przecinającego ją ukośnie starego szlaku.

W końcu dojechaliśmy do wioski Cercedilla u wylotu doliny Fuenfría, a stamtąd wyruszyliśmy pieszo w górę, między sosny. Miguel wyraźnie rozkoszował się spacerem na świeżym powietrzu, ja podobnie. Słońce stało już wysoko i mocno paliło. Las miał piżmowy, antyseptyczny zapach.

— Spaceruję codziennie, w przeciwnym razie czuję się podle — powiedział Miguel. Poruszał się lekkim, sprężystym krokiem. Ja niosłem ciężki plecak i gramoliłem się za nim.

Przemierzaliśmy dolinę, poruszając się ścieżkami, które na niektórych odcinkach były widoczne jedynie dla Miguela. Prowadził mnie wzdłuż bocznych strumieni, które zasilały rzekę. Któregoś roku przeszedł wzdłuż wszystkich cieków wodnych w dolinie i sporządził ich mapę.

Miguel opowiadał głównie o drzewach, zapoznając mnie z poszczególnymi gatunkami w taki sposób, jakby przedstawiał mi dobrych znajomych: żywotnik zachodni, para rozłożystych ostrokrzewów, co jakiś czas jeden z podgatunków dębu, *Quercus petraea*, pozostałość po dębach, które niegdyś porastały to pasmo górskie. Przy starym kamiennym mostku skręcił ku rzece, aby pokazać mi dwa cisy, które wrosły w siebie. Ich połączone listowie było usiane półprzezroczystymi czerwonymi jagodami, które wyglądały jak wynuplane wiśniowe landrynki.

— Są to najstarsze istoty żywe w górach Guadarrama, nie licząc porostów — powiedział, poklepując pień jednego z cisów.

Przypomniało mi się, że Thoreau pisał w swoim dzienniku, jak nie potrafi opędzić się od pragnienia, aby przejść osiem mil i przywitać się z pewnym drzewem.

Ulubionymi drzewami Miguela były sosny.

— Tam rośnie *pino piñero*. A tam *Pinus nigra*, sosna czarna. Tu mamy *Pinus pinaster*, sosnę nadmorską. *Pino vigía*, sosna wartownicza, najstarsza dziko rosnąca sosna w dolinie Fuenfría, z powykrzywianymi konarami. No i oczywiście *Pinus sylvestris*, sosna zwyczajna, której pień jest tak prosty, że Kolumb kazał z nich zrobić maszty swoich karaweli. Tam wyżej możesz zobaczyć *pino carrasco*, której korona przypomina chmurę. Cały okoliczny las jest usiany *carrascos*, a ja czasami chodzę od *carrasco* do *carrasco*.

Wyszliśmy później z cienia lasu na leżącą wysoko halę, na której pasły się cierpliwie krowy o długich, nagich jęzorach. Ich dzwonki wygrywały leniwą muzykę. Darń, zażółcona od palącego słońca, była usiana różowymi jesiennymi krokusami, między którymi krążyły motyle. Miguel poprowadził mnie przez pastwisko, potem przez granitowe głazy ku skalistej wychodni, która kończyła się niewielkim urwiskiem. Martwa sosna wychylała się za krawędź, ogołocona z kory przez wiatr i słońce aż do warstwy grafitowego kambium. Miguel wyciągnął rękę i chwycił jedną z niskich gałęzi sosny, jakby witał się z nią uściskiem dłoni. Potem oparł się przyjacielsko o jej pień.

— To moje obserwatorium — powiedział Miguel. — Znałem to drzewo, kiedy jeszcze było zielone. Teraz jest... *seco*, suche. To jeden z moich najstarszych przyjaciół.

Spoglądaliśmy na zalesioną nieckę doliny Fuenfría. Jej północno-wschodnią krawędź wyszczerbiało siedem nagich granitowych szczytów. Miguel nie zwracał uwagi, świadomie czy nie, na graffiti przedstawiające penisa, które wykonano czarnym sprayem na pobliskim głazie, ani na wysoki na czterdzieści stóp nadajnik telewizyjny umieszczony w wykonanej z drutu kolczastego klatce, szumiący kilka jardów od nas. Naskórek sosny był płynnym srebrem, prądami słojów pokrytych zmarszczkami i wirami, dziurami po sękach sterczącymi niczym skały w strumieniu przepływających linii słojów. Żuki drewnojady uwijały się na sośnie podziurawionej tunelami które rozbiegały się we wnętrzu pnia, łącząc się w niewidocznych dla nas miejscach.

* * *

Dolina Fuenfría zwęża się ku wysokiej przełęczy — Puerta de la Fuenfría — która od stuleci służyła za jedną z głównych przepraw przez góry Guadarrama. W rezultacie przez dolinę wiją się stare szlaki z różnych okresów historycznych. Znajdziemy tam rzymską drogę, Calzada Romana, której budowę zarządził cesarz Wespazjan między 69 a 79 rokiem n.e. Biegnie tamtędy jedno z odgałęzień Camino, prowadzące z Madrytu do Santiago de Compostela, pokrywające się w dużej mierze z rzymską drogą. Mamy tam również Calzada Corbónica, zbudowaną w XVIII wieku dla hiszpańskich monarchów, aby mogli przemieszczać się między terenami łowieckimi na północnej stronie Guadarrama a Madrytem. Te dwa główne szlaki wiją się w górę doliny niczym siostrzane strumienie, raz po raz się przecinając. Kostki brukowe, których użyto do budowy drogi Burbonów, zostały wygładzone przez kilka wieków intensywnego ruchu na podobieństwo lśniących stopni Via Dolorosa w Jerozolimie.

Weszliśmy z Miguelem na rzymską drogę na dnie doliny i podążaliśmy nią na samą Puerta w coraz mniejszym cieniu pośród coraz mniejszych sosen. Szlak wił się bardziej niż jakakolwiek znana mi rzymska droga, przechodząc raz za razem nad rzeką, między granitowymi skałami ubranymi w sweterki z zielonego i szarego mchu, który w dotyku był równie miękki jak aksamit wyściełający kasetkę na biżuterię.

— Mnisi z pobliskich klasztorów zbierali poduszki z tego mchu — powiedział Miguel, naciskając go koniuszkami palców — i spali, kładąc na nich głowy. Mech wyciągał z umysłu złe myśli i wchłaniał mroczne sny.

Podobał mi się ten pomysł: mech jako pochłaniacz koszmarów sennych, sukno do ścierania negatywnych emocji.

Kawałek dalej znalazłem, jak mi się wydawało, duże pióro sójki, znacznie większe od tych, które widywałem w Anglii, na przemian lazurowe i czarne przy górnym skraju[1].

— Widzisz, nie muszę wcale przejść trzydziestu mil, żeby znaleźć coś ciekawego — powiedział nagle Miguel. — Sześć kroków wystarczy. Jest takie hiszpańskie powiedzenie — dodał, uśmiechając się szeroko: — *Caminar es atesorar!*, co znaczy „Chodzenie jest wielkim skarbem!".

* * *

Miguel zostawił mnie na jednym z zakrętów drogi, jakąś godzinę od przełęczy. Patrzyłem, jak zmierza w dół szybkim krokiem, aż ścieżka wyprowadziła go z mojego pola widzenia. Siedziałem przez jakiś czas w cieniu, popijając wodę, po czym zarzuciłem plecak na ramiona i ruszyłem w górę. Upał działał usypiająco. Nie mogłem się doczekać, kiedy znajdę miejsce nadające się nocleg, a wcześniej może także na sjestę. Noc planowałem spędzić na jakiejś wysmażonej w słońcu skale, która — jak kamień włożony do ogniska — po zapadnięciu zmroku oddawałaby mi wchłonięte w ciągu dnia ciepło.

Wchodziłem w górną partię sosnowych lasów. Zniknęły czereśnie i dęby, którymi poprzetykane były niższe partie doliny. W prześwicie między koronami zobaczyłem orła z białymi skrzydłami; znacznie wyżej, w błękicie, błysk samolotu. Czułem się szczęśliwy między tymi drzewami. Cieszyłem się, że Miguel mi wcześniej towarzyszył, ale z przyjemnością zosta-

[1] Później odkryłem, że było to pióro lazurowoskrzydłej sroki.

łem w tym lesie sam. Moje stopy stąpały z chrzęstem przez zaspy czerwonozłotej kory. Bogatki zwyczajne i czubatki europejskie śmigały z gałązki na gałązkę.

Z jednej z polan spojrzałem na zbocze góry po przeciwnej stronie doliny; znajdowało się co najmniej dwie mile ode mnie. Nad koronami drzew szybował ptak tak wielki, że jego cień prześlizgiwał się po gałęziach poniżej. Światło odbijało się od jego płaszcza i skrzydeł. Był to sępnik czarny, symbol gór Guadarrama. Wielkie samice często osiągają dziewięciostopową rozpiętość skrzydeł; największe mają nawet dziesięć stóp. Wśród ptaków drapieżnych tylko kondor wielki może się pochwalić większą rozpiętością skrzydeł. Do sosnowych lasów gór Guadarrama przybył pod koniec XIX wieku żołnierz i kolekcjoner jaj Willoughby Verner. Zabrał jaja z gniazda zbudowanego na szczycie sosny (niemal legendarny wyczyn wśród miłośników ptaków, mający w sobie coś z epickości wspięcia się przez Sindbada do gniazda Ptaka Roka).

Na Puerta de Fuenfría wspiąłem się około drugiej po południu. Spocząłem w gorącym cieniu. Zjadłem trochę wędzonej szynki, świeżego chleba i owczego sera, które spakowali mi na drogę Miguel i Elena. Nabrałem chłodnej wody ze źródełka i łapczywie ją wypiłem. Z przełęczy ruszyłem na północny wschód stromym, zalesionym zboczem, w stronę Siete Picos, Siedmiu Szczytów, które wypatrzyłem z obserwatorium Miguela. Ścieżka biegła zygzakami, wyznaczały ją kopczyki z białego granitu, które ustawiano tam, gdzie akurat było miejsce: na ziemi, na płaskich głazach, nawet w zgięciach młodych drzew. Nigdy wcześniej nie spotkałem się z takim sposobem oznaczania szlaku. W miarę, jak wspinałem się coraz wyżej, sosny rzedły, aż w końcu całkiem zaniknęły.

Z ich opiekuńczych objęć wyszedłem na otwarte połacie granitu. Sterty roztrzaskanych głazów, gdzieniegdzie jakieś zarośla, słońce uciskające niczym metalowy hełm. Krzaki jałowca przybierały kształt przypominający grot strzałki; *jara*, pachnące i lepkie zarośla. Stada ptaszków wystrzeliwały we wszystkich kierunkach niczym szrapnel, kiedy się do nich zbliżyłem, po czym zlatywały się z powrotem kilkanaście jardów dalej. Wiele mil stąd, na wysokim szczycie widniał industrialny ośrodek narciarski; przypominał bazę księżycową z szeroką rakietą, identyczną do tej czerwono-białej, którą Tintin wzbija się w powietrze w komiksie *Kierunek Księżyc*.

Na północ, nad zboczami, które porastały sosny, widziałem *mesa* — ochrowe równiny ciągnące się po horyzont. Wyrastała z nich Segowia, stercząca niczym bajkowe miasto, zamknięte w całości w swych średniowiecznych murach, oświetlone pomarańczowym słońcem. Nad równinami unosiło się rozedrgane od skwaru powietrze. Wzlatywało z podstawy murów Segowii, przez co na krótką chwilę doświadczyłem przemożnej iluzji, że również miasto wznosi się nad równinę. Nie zdziwiłem się zupełnie, kiedy odkryłem później, że najsłynniejszy z cudów związanych z Segowią wiąże się z lewitacją: pewnego listopadowego dnia 1602 roku nad żeńskim klasztorem Santa Cruz zobaczono jasne światło, a tłum, który pośpieszył w stronę jego źródła, zobaczył dominikanina, teologa Melchora Cano, „pogrążonego w modlitwie na kolanach, ale unoszącego się dobre cztery stopy nad ziemią".

Wszedłem na pierwszy z siedmiu szczytów i trafiłem do skalnego ogrodu zen. Ziemię pokrywał biały kwarcowy żwir, z którego wyłaniały się skarłowaciałe od wiatru krzaki jałowca, wysokie na trzy stopy sosenki i granitowe głazy. Alpejskie sukulenty o mięsistych liściach wpychały się zuchwale w załomy skalne. Ze żwiru sterczał również sam wierzchołek góry, granitowy zamek o wysokości sześćdziesięciu, siedemdziesięciu stóp. Skała została wygładzona przez erozję w opadające kaskadami zaokrąglone fałdy, wyolbrzymione, poduszkopodobne — czysty Henry Moore.

Mimo że było dopiero późne popołudnie, wiedziałem od razu, że resztę dnia i noc spędzę w tym magicznym ogrodzie na grani, z Madrytem połyskującym daleko na południu i pomarańczem Segowii na północy. Zdjąłem plecak, ściągnąłem skarpetki i buty, zostawiłem je w cieniu pierwszego szczytu i wyruszyłem zbadać grań, powspinać się na wystające skały. Szedłem ścieżkami z białego kwarcu, które owijały się wokół głazów i drzew. Drugi szczyt od zachodu był jeszcze większym granitowym zamkiem. Wspiąłem się po jego zboczu na wierzchołek. Jaszczurki rozbiegały się na boki nagłymi, krótkimi smyrgnięciami, przystając głowami w dół pod występami skalnymi, zupełnie jakby popisywały się przylepnością swoich łap.

Znalazłem szeroki, wyżłobiony w skale kanał, przypominający rynnę na kręgielni. Położyłem się w nim na plecach. Góra przyjemnie tuliła moje ramiona, w stopach czułem mrowienie od chropowatej, gorącej skały. Granit rozciągał się pode mną na tysiące lat, a tysiące stóp wyżej dwa sępniki czarne wirowały powoli w kominie termicznym góry. Ciepło granitu wniknęło w moje ciało. Przysnąłem.

Po przebudzeniu zobaczyłem sępnika pięćdziesiąt stóp ode mnie. Wykonywał kontrolny przelot. Miał rozmiary paralotniarza, żółwią szyję i głowę pokrytą pofałdowaną skórą. Mijał mnie na trzeszczących skrzydłach. Odniosłem wrażenie, że próbuje się zorientować, czy jestem padliną, a przynajmniej jakąś odmianą Prometeusza, przykutego do skały i bezbronnego. Wyprostowałem się i zacząłem dawać energiczne znaki, że żyję i jestem wolny. Sępnik odleciał. Sam sobie świetnie radzę z niszczeniem mojej wątroby.

Później tego popołudnia, między pierwszym a drugim wierzchołkiem, licząc od zachodu, a szóstym i siódmym, licząc od wschodu, natknąłem się na naturalną jaskinię w bocznej granitowej wychodni, na tyle dużą, że pomieściłaby dwie leżące obok siebie osoby. Została częściowo zaadaptowana na schronisko. Jeden koniec zastawiono stosem kamieni. W środku znajdowały się dwie świeczki i butelka wypełniona do połowy wodą. Nie mogłem natrafić na lepsze miejsce, które zapewniłoby mi jednocześnie schronienie i znajdowało się z dala od świata. Przeniosłem rzeczy do jaskini, a kiedy po zmroku zapaliłem świeczki, moje cienie migotały na skalnych ścianach.

Noc: biały jak mleko półksiężyc, chłodne powietrze. Sowy w lasach poniżej, pohukiwanie przebijające się przez półmrok. Delikatny szum wiatru między sosnami. Unoszący się dźwięk, dwie spadające gwiazdy.

* * *

Świt nie przyniósł rosy. Kiedy słońce wzeszło, zalała mnie fala złota, paląca w twarz; *lux eterna* Miguela rozlewające się w powietrzu. Zjadłem jabłka, chleb i ser, patrząc jak światło zagarnia ziemię. Kiedy dotarło do ciemnych sosen po drugiej stronie doliny, wydawało się, jakby zadrżały. Odczuwałem nieskomplikowaną radość, że znajduję się w tym miejscu i o tym czasie.

Dobry nastrój towarzyszył mi przez cały długi, leniwy dzień, który upłynął na przemierzaniu ciężkim krokiem jednej z licznych ścieżek biegnących przez las. Nade mną unosił się cytrynowy plasterek księżyca i rozpalona moneta słońca. Lśniący świerszcz siedział w skrawku cienia przy ścieżce. Sowa przycupnęła wysoko na sośnie, brązowa i obła jak dziki ul. Znalazłem ruiny pałacu, w którym królowie i królowe nocowali w czasie przeprawy przez góry. Samica sokoła wzbiła się w niebo serpentyną, po czym opadła lotem pikującym. Śledziłem ją wzrokiem, a kiedy zleciała z błękitu nieba poniżej linii drzew, nabrała ich koloru i stała się brązowa.

Między żywymi sosnami w lesie sterczało wiele martwych. Nie miały kory, lśniły: duchy pośród zieleni. Na jakąś godzinę obrałem je sobie za oznaczenie szlaku, nieistniejącego wcześniej, i szedłem od jednego do drugiego. Srebrne i powykrzywiane przypominały zamarznięte kolumny wody, które ktoś nalał spod ziemi. Podobnie jak na Broomway, miałem poczucie jakbym przemierzał podbrzusze ziemi, a nie jej powierzchnię.

Tamtego popołudnia, kiedy słońce paliło najmocniej, a muchy uwijały się najżwawiej, zszedłem tysiąc stóp poniżej grani do miejsca, gdzie według Miguela miałem znaleźć nadające się do kąpieli rozlewiska rzeki. Wydawało się niemożnością, żeby płynęła tamtędy jakakolwiek woda, ale po jakimś czasie usłyszałem jej wesoły szmer, a niedługo potem zobaczyłem niebieski strumień wijący się między głazami. Szedłem wzdłuż niego; nabierał mocy. Niedługo potem natknąłem się na kilka głębokich rozlewisk. Rozebrałem się i wszedłem do wody, ochając i achając z powodu jej zimna. Położyłem się potem na płaskim kamieniu leżącym na brzegu rzeki, oddając się w objęcia ciepła słońca i skały.

Tamtą noc spędziłem w gęstwinie lasu, otoczony rozstrojoną orkiestrą świerszczy. O zachodzie światło nabrało bursztynowej barwy i padało pod ostrym kątem między sosnami. Widziałem miliony drobinek opadających w powietrzu, ozłoconych światłem słonecznym; nieustający deszcz drzewnego pyłu, który osadzał się na mojej skórze i zamieniał powietrze w kipiel.

„Kiedy obserwuję [świat] — pisała Nan Shepherd w 1945 roku — wygina on swój grzbiet i wszystkie warstwy krajobrazu się zjeżają". Jest to błyskotliwa obserwacja na temat aktu obserwacji. Shepherd wiedziała, że „krajobraz" nie jest czymś, co należy oglądać i podziwiać z oddali, na panneau we fryzie albo na płótnie rozpiętym na ramie. Nie jest biernym obiektem naszego spojrzenia, ale ulotnym uczestnikiem — partnerem, który wygina się i zjeża na nasz widok, zjeża się w nas. Słowo „krajobraz" nadal kojarzy nam się nadal często z czymś stałym, ze scenerią, z nieruchomym malarskim decorum[2]. Wolę trak-

[2] *Landscape* (krajobraz) jest zanglicyzowanym pod koniec XVI wieku holenderskim słowem *landschap*, które pierwotnie oznaczało „jednostkę albo obszar ziemi", ale w XVI wieku zaczęło się tak silnie kojarzyć z holenderskim malarstwem pejzażowym, że kiedy zostało zaadaptowane przez język angielski, kojarzyło się już głównie z „malarskim przedstawieniem widoku". Fizyczny krajobraz zaczęło oznaczać dopiero w 1725 roku. [Również w języku polskim występuje takie podwójne znaczenie: *landszaft* to obraz przedstawiający pejzaż, ale też (rzadziej) krajobraz — przyp. tłum.].

tować to słowo jako rzeczownik, zawierający w sobie ukryty czasownik: wywołuje ruch i zamieszanie, rzeźbi nas i kształtuje nie tylko w perspektywie całego życia, ale również chwila po chwili, zdarzenie po zdarzeniu. Wolę uważać „krajobraz" za zbiorcze określenie na temperaturę i ciśnienie powietrza, kąt padania światła i jego odbicia, faktury i powierzchnie skał, ziemi i budynków, dźwięki (odgłosy świerszczy, nawoływania ptaków, wiatr między drzewami), zapachy (żywicy sosnowej, gorącego kamienia, rozgniecionego tymianku) i inne nieprzebrane przelotne zjawiska i doznania, które składają się razem na *namacalną* obecność danego miejsca w danej chwili.

Tamtego wieczora dwie pary zwierzęcych oczu, pomarańczowe i zielone, wyzierały na mnie z głębokiego mroku sosnowego lasu.

* * *

Obudziłem się przyprószony pyłkami. Niebo nad górą było błękitnobrązowe. Przez kilka godzin od świtu wisiało nad drogami wijącymi się przez sosnowy las, potem nad otwartą przestrzenią i zaroślami. „Santiago 587 km" głosił jeden ze znaków, które minąłem, opatrzony dodatkowo symbolem pielgrzymki po Camino, muszelką przegrzebka. Za daleko dla mnie.

Na jednym z zakrętów ścieżki znalazłem piękne brązowe pióro o długości półtorej stopy; na dutce znajdowały się lepkie plamki krwi. Pochodziło z ogona albo skrzydła sępa. Podniosłem je, wydawało się nic nie ważyć: odwrócone echo dolerytu Dilwortha i rzeźby przedstawiającej kość wieloryba. Górne chorągiewki były szorstkie i miały brązowy odcień mnisiego habitu, ale bliżej dutki z chorągiewki wychodził zmierzwiony puch; każde pasemko tak delikatne, że nie czułem go pod palcem.

Do Segowii doszedłem spieczonymi równinami; z obłokami pyłu wzbijanymi przez każdy krok, z pyłem w ustach, z pyłem w oczach. Nad moją głową przelatywały zaciekawione kanie rude z rozwidlonymi ogonami. Segowia już dawno temu rozlała się poza obręb średniowiecznych murów; w południowej części znajdują się kompleksy magazynów i nowy, lśniący budynek dworca kolejowego. Mimo to miasto wydaje się żeglować po otaczającej ją równinie, a kiedy zbliżałem się do niego, miałem poczucie, jakbym docierał do kresu alegorycznej podróży: pokonałem porośnięte sosnami pasmo górskie, przemierzyłem szereg starożytnych dróg, spałem przy drodze pod niebem pełnym sępów, a na koniec wkraczałem pieszo do otoczonego murami średniowiecznego miasta, które widziałem wcześniej ze szczytu góry, unoszące się na spieczonej równinie.

Katedra nadal służyła mi za przewodnika i punkt orientacyjny, choć teraz widziałem też pinakle Alcázaru, zamku przycupniętego na północnym skraju starego miasta. Minąłem starszego Hiszpana, który w południowym upale rozebrał się do pasa. Jakiś mężczyzna z opaską na nagim brązowym brzuchu zapytał, czy idę do Santiago de Compostela. Odpowiedziałem, że przeszedłem przez góry od strony Madrytu i Cercedilli, że zmierzam na północny zachód, ale mało prawdopodobne, abym miał zajść aż do Santiago. Skinął aprobująco głową i przez jakiś czas towarzyszył mi w milczeniu, w końcu skręcił, uchylił biodrem bramkę, prowadzącą na nieobsiane niczym pole.

Późnym popołudniem dotarłem na rynek przed katedrą w samym sercu Segowii. Usiadłem w cieniu i odpoczywałem, obserwując plac. Gołębie zrywały się do oklasków małymi grupkami; uderzenia skrzydeł odbijały się echem od murów. Kamienne sępopodobne gargulce z zakrzywionymi dziobami wychylały się za obręb murów katedry. Na głównej kopule siedziały setki gołębi, szpaków i wron; wyglądało jakby zamierzały lada chwila unieść budynek w powietrze.

Tamtej nocy z południowych szańców miasta patrzyłem na długi, niski zarys gór Guadarrama, nad którymi wisiał czerwony księżyc.

Z Segowii wymknąłem się tuż przed świtem i ruszyłem drogą Camino na północny zachód, wychodząc na *meseta*. Powietrze znów się poruszało, rozedrgana ziemia próbowała się wzbić w niebo, a ja wyobraziłem sobie pielgrzymów w najróżniejszych miejscach w Hiszpanii i Francji, którzy kierowali się ku wspólnemu świętemu miejscu, Santiago de Compostela, przemierzając krajobraz jednocześnie realny dla stopy i mirażowy dla umysłu.

12. LÓD

Kajlas & Minya Konka — Pielgrzymi i wspinacze — Polowanie na pandy — Jon Miceler — Śmierć Charliego — Syndrom Piotrusia Pana — Brak słońca — Teoria gier prowadzenia samochodu Karima — W górę Dadu — Ekspedycja z 1932 roku — *Darshan!* — Misjonarz z Kangdingu — Świętość kwarcu — Za palisadą u Jatso — Góry piramidy i ich moc zauraczania — Ku rzece — Lodowa zbrojownia — Choroba wysokościowa — Wypalony zimnem — *Gomchen* i *tumo* — Milarepa i jego Pieśni Stworzenia — Zsakralizowany krajobraz — Ukończenie *kora* — Śmierć na górze — Delikatność lodowców — Deszcz strzał z wrończyków — Cokoły stóp — Spotkanie ze swoim wcześniejszym ja — Widmowa ścieżka.

Spośród wielu świętych gór buddyzmu, najświętszy jest leżący w zachodnim Tybecie Kajlas, pod którym swe źródła mają Ganges, Brahmaputra, Indus i Satledź. Podnóże tej góry od tysięcy lat okrążają znani ze swej żarliwości pielgrzymi. Najbardziej ekstremalna forma tej *kora* — tybetańsko-buddyjski termin oznaczający rodzaj pielgrzymki, której uczestnik okrąża święte miejsce w kierunku przeciwnym do ruchu wskazówek zegara — wymaga od pielgrzyma składania na całej trasie wędrówki pokłonów do ziemi w odstępach równych długości jego ciała: *pochyl się, klęknij, połóż plackiem na ziemi, zaznacz miejsce pod swoimi palcami, wstań, odmów modlitwę, dojdź do miejsca oznaczonego palcami, pochyl się, klęknij*... i tak przez trzydzieści dwie mile nierównej, kamienistej ścieżki, która przechodzi przez przełęcz Drölma na wysokości 18 000 stóp nad poziomem morza.

Kajlas to najsłynniejsza ze świętych gór, nie jest jednak — przynajmniej na moje oko — tą, która odznacza się największym wdziękiem. Ten zaszczyt powinien przypaść Minya Konka, „Białemu śnieżnemu szczytowi Królestwa Minyak", górze w kształcie piramidy, która wznosi się samotnie na wschodzie jako najwyższe wzniesienie pasm górskich Azji Środkowej. Minya Konka to wielka góra: wysoka na 24 700 stóp nad poziomem morza, prawie 1500 stóp wyżej od Kajlasu. Z jej ostrego szczytu zbocza opadają cztery mile w pionie do obszarów zalewowych prowincji Syczuan. Z kotliny Syczuanu widać czasami, kiedy akurat rozwieją się chmury, szczyt wznoszący się tak wysoko, jakby nie dotykał stopami ziemi.

Od XIII wieku buddyjscy pielgrzymi chodzili i jeździli pod Minya Konka. Niektórzy wykonywali długą *kora* całego masywu; podróż zajmowała wiele tygodni. Inni przybywali do klasztoru leżącego na zachód od szczytu, w którym mieszkały ponoć reinkarnacje Buddy z Minya Konka. Klasztor zniszczyła Czerwona Gwardia podczas rewolucji kulturalnej. Inni chcieli tylko zobaczyć samą górę. „Moc tych gór", pisał buddyjski uczony Lama Govinda o szczytach himalajskiego buddyzmu:

> jest tak wielka, [że] ludzie przybywają pod nie z bliska i z daleka, zupełnie jakby przyciągał ich tam jakiś niewidzialny magnes. Narażają się na nieopisane trudy i niedostatki, aby zrealizować tę niezrozumiałą potrzebę zbliżenia się [...] do ośrodka świętej mocy. To niezwykle religijne [...] nastawienie nie opiera się na

> faktach naukowych, na przykład wartościach wysokości, które zaprzątają głównie umysł współczesnego człowieka, nie powoduje nimi również pragnienie „zdobycia" góry.

Minya Konka przyciągnęła również innego rodzaju wyznawców. Od lat dwudziestych XX wieku — kiedy górę po raz pierwszy zobaczyło dwóch synów Teddy'ego Roosevelta, którzy pojechali do Syczuanu, aby dowieść swojej męskości, strzelając do pand — pod Minya Konka przybywali wspinacze, „zupełnie jakby przyciągał ich tam jakiś niewidzialny magnes", i próbowali wejść na jej ostro zakończony, pożłobiony lodem wierzchołek. Wielu zginęło w trakcie tych prób, ponieważ Minya Konka jest niezwykle trudna do zdobycia. Do 1999 roku więcej ludzi zginęło, próbując na nią wejść, niż stanęło na szczycie.

Oba gatunki ludzi wielbiących górę są swoim wyraźnym przeciwieństwem. Akt *kora* odznacza się pokorą, która stoi w sprzeczności z autoegzaltacją wspinacza, który myśli tylko o tym, aby wejść na najwyższy punkt. Okrąg i obchodzenie, potencjalnie niemające końca, kłócą się z symboliczną skończonością wierzchołka. Pielgrzym odbywający *kora* zadowala się zawsze spoglądaniem w górę i zaglądaniem w siebie w poszukiwaniu tajemnicy, podczas gdy wspinacz chciałby spojrzeć w dół i w dal ku wiedzy.

* * *

Wczesną zimą mój przyjaciel Jon Miceler zadzwonił, żeby zapytać, czy nie chciałbym dołączyć do jego krótkiej ekspedycji pod Minya Konka. Zamierzał przebyć szlak łączący niegdyś herbaciane regiony Syczuanu z Nepalem i Tybetem, a następnie drogi pielgrzymkowe — liczące niekiedy ponad siedemset lat — docierające pod górę. Coraz bardziej interesowałem się pielgrzymkami, a moja tęsknota za wysokimi górami od dawna przybierała zawstydzające rozmiary. Nie przychodził mi do głowy żaden lepszy pomysł, dlatego pojechałem do Chengdu, stolicy prowincji Syczuan w zachodnich Chinach. Jona spotkałem w jego tamtejszym mieszkaniu. Dopiero co wrócił z trwających trzy tygodnie prób przebycia samochodem Burma Road.

— Nie udało się — stwierdził z żalem. — Ciężkie błoto. Kłopoty z pozwoleniami. I zdecydowanie za dużo pijawek.

Jon jest tybetologiem, człowiekiem renesansu i podróżnikiem; jednocześnie pielgrzymem i wspinaczem. Amerykaninem z urodzenia, ale wychowanym przez matkę buddystkę i ojca lekarza. Od niemal dwudziestu lat bada kultury i krajobrazy wschodnich Himalajów jako przewodnik, historyk, a ostatnio jako regionalny dyrektor World Wildlife Fund. Fascynuje go właśnie ta niezwykła fałda świata — pogranicze Birmy, Chin, Tybetu i Indii, a zwłaszcza jej historia naturalna i duchowość. Mówi płynnie po chińsku, zna przyzwoicie tybetański, a buddyzm, zwłaszcza himalajski, zgłębia niemal przez całe życie.

Nie mógłbym sobie wymarzyć lepszego przewodnika po tym regionie. Jon jest niezwykle wysportowanym erudytą. Mierzy sześć stóp i trzy cale, jest szczupły i silny, ma piegowatą, wypolerowaną od słońca twarz, nosi okulary bez oprawki, a jego głowę zdobią ciemne, kręcone włosy. Po płaskim terenie porusza się sprężystym krokiem, którym połyka szybko kolejne mile; wzniesienia pokonuje jodełką, która połyka kolejne jardy. Obszedł Kajlas cztery razy i ma na koncie mnóstwo, jak mówią ekologowie, „pieszych transektów": wędrówek odbywanych w celu zebrania danych (w wykonaniu Jona trwały czasami miesiącami). Piesze transekty umożliwiają zdobycie unikatowej wiedzy na temat danego regionu: wędrujący zapisuje i oznacza na mapie zaobserwowane zjawiska: gatunki, odchody, odpadki, pogodę, erozję. Do zalet tej metody należą przypadkowe spotkania wynikające z poruszania się po danej linii. Dwadzieścia lat nieustannego przemierzania himalajskich szlaków pozwoliło Jonowi na zdobycie wyjątkowej wiedzy z pierwszej ręki — którą Grecy mogliby nazwać *metis*, a Chińczycy *nei heng*: oba terminy określają „wiedzę zdobytą przez doświadczenie" — z którą się wszakże nie obnosi i którą się chętnie dzieli.

Idolami Jona są kolekcjoner roślin Frank Kingdon-Ward, poeta Gary Snyder i legendarny biolog terenowy George B. Schaller, z którym Jon i ja mieliśmy okazję się zaprzyjaźnić. To właśnie Schaller zabrał w latach siedemdziesiątych pisarza Petera Matthiessena w północno-zachodnie nepalskie Himalaje na poszukiwania *bharal*, himalajskiej owcy niebieskiej. Z wyprawy tej zrodziła się słynna książka Matthiessena *Śnieżna pantera* (1978). Schaller słynął z niezwykłej wytrzymałości i całkowitego oddania zbieraniu danych w terenie. „Muszę Cię ostrzec — napisał przyjaciel Matthiessena, dowiedziawszy się, że ten ma towarzyszyć Schallerowi w wyprawie w wysokie góry — że mój poprzedni przyjaciel, który wybrał się na wędrówkę z George'em po Azji, wrócił — a raczej zawrócił — kiedy jego buty były pełne krwi". Matthiessen przeszedł test Schallera, podobnie Jon, który w 2001 roku towarzyszył biologowi w wyprawie na płaskowyż tybetański zwany Chang Tang, gdzie odkryli tereny godowe zagrożonego wymarciem tybetańskiego koziorożca, *chiru*[1]. Ja z kolei się niepokoiłem, czy zdołam zdać test Micelera.

* * *

Plan wyprawy Jona był prosty, choć niepewny w realizacji. Mieliśmy podróżować z niewielkim bagażem, licząc na dobrą pogodę.

— Czasami nawet w środku himalajskiej zimy otwierają się okna pogodowe — powiedział. — Jeżeli dopisze nam szczęście, będzie sucho, widno i potwornie zimno. Jeżeli szczęście nas zawiedzie, wejdziemy w śnieżycę, chmury zakryją całe niebo i będzie potwornie zimno.

Drogi mieliśmy wybierać w miarę posuwania się do przodu, ale zawsze z myślą o tym, że naszym celem jest dojście do zachodniej ściany Minya Konka i znajdującego się tam klasztoru. Wejście na górę nie wchodziło w rachubę, niemniej zacząłem się zastanawiać, czy nasza wyprawa nie mogłaby posłużyć

---

[1] Podczas innej wyprawy Schaller i Miceler pojechali do regionu Arunachal Pradesh w północno-wschodnich Indiach, aby wykonać transekt niezbadanego wcześniej obszaru. Na jego dalekim północno-zachodnim krańcu jako pierwsi ludzie napotkali śnieżną panterę w regionie Arunachal Pradesh. Zwierzę wisiało za łapy z drąga niesionego przez czterech mężczyzn, którzy zatłukli je pałkami wcześniej tamtego popołudnia. Schaller i Miceler zeszli z nimi do pobliskiej wioski, gdzie w milczeniu patrzyli, jak zwierzę zostaje obdarte ze skóry.

za rekonesans przed atakiem na szczyt w lecie. Jon od razu wyperswadował mi tego rodzaju myśli.

— Nigdy nie wejdziesz na Minya Konka, nie chciałbyś nawet próbować. Kiedy dojdziemy w miejsce, z którego będzie widać górę, opowiem ci historię, która rozwieje twoje wszelkie wątpliwości.

Nasza wyprawa miała się składać z dwóch namiotów, dwóch kuców i czterech ludzi. Jona, mnie, Tybetańczyka wynajmującego nam konie i młodego kanadyjskiego wspinacza, Erika, który był smukły jak witka i jeszcze wyższy niż Jon. Sam miałem sześć stóp dwa cale wzrostu, a mimo to byłem najniższy z całej trójki. Czułem się jak sosna, która zapuściła się do lasu sekwoi. Niewątpliwa fizyczna wytrzymałość Erika kontrastowała z jego marzycielską naturą i urokliwym charakterem. Miał zaledwie dwadzieścia cztery lata, ale zdążył już sobie wyrobić nazwisko jako specjalista od wspinaczki po skale i lodzie. Dorastał na kanadyjskich równinach i zjadł zęby na wytyczaniu nowych tras po zamarzniętych wodospadach w okolicy jeziora Ontario. Niektórzy z jego znajomych lubowali się we wspinaczce na góry lodowe unoszące się na Morzu Baffina. Marzył, aby wspiąć się na którąś z supertrudnych gór jak Minya Konka.

Jon był za młodu zatwardziałym wspinaczem i przeszedł trudne ściany w parku narodowym Yosemite oraz dokonał pierwszych wejść na różne szczyty w Himalajach. W górach stracił również wielu przyjaciół.

— Jeden z nich — opowiadał, upychając sprzęt do powlekanych gumą toreb ustawionych w kącie mieszkania — zaginął zaledwie kilka miesięcy temu. Zabiła go lawina, zresztą niedaleko miejsca, w które się udajemy. Kiedy się o tym dowiedziałem, byłem początkowo zszokowany i zasmucony, ale potem zrozumiałem, że Charlie właśnie tak chciałby umrzeć. Nie potrafię sobie wyobrazić, że mógłby być szczęśliwy jako starzejący się człowiek.

Wielu wspinaczy i odkrywców cierpi na syndrom Piotrusia Pana, pragnienie, aby nigdy się nie zestarzeć, a tego rodzaju marzenia mogą ziścić się w ponurych okolicznościach wraz ze śmiercią na dużej wysokości albo wysokiej szerokości. Silny mróz spowalnia procesy rozkładu i zapewnia kriogeniczną nieśmiertelność ciała — zwłoki George'a Mallory'ego znaleziono siedemdziesiąt pięć lat po jego śmierci na górnych stokach Everestu; skóra i mięśnie na plecach nadal trzymały się mocno jakby to była marmurowa rzeźba. Kapitan Scott pisał jeden z ostatnich listów do J.M. Barriego, zamarzając w swoim małym namiocie na płaskowyżu na Antarktydzie, dosłownie kilka mil od zapasów jedzenia, bezpiecznego schronienia i ciepła. Ciała załogi Franklina na wyspie Beechey ekshumowano z lodu sto trzydzieści osiem lat po śmierci. Mieli szkliste oczy i usta wyszczerzone w uśmiechu; zaskoczone twarze ludzi, których wybudzono z głębokiego snu. Sam Barrie w wygłoszonym w 1922 roku wykładzie na temat swojej pracy *Courage*, powiązał Piotrusia Pana, Scotta i niezwykłą konserwującą moc lodu. „Kiedy myślę o Scotcie — mówił słuchaczom — przypomina mi się przedziwna alpejska historia o młodym człowieku, który wpadł w szczelinę lodowca i zginął. Jeden z jego towarzyszy, naukowiec, obliczył, po jakim czasie ciało pojawi się ponownie… wiele lat później. Niektórzy z ocalałych uczestników wyprawy powrócili na lodowiec, aby sprawdzić, czy przepowiednia się spełni. Byli już wtedy starymi ludźmi. Ciało pojawiło się równie młode, jak w dniu, kiedy widzieli je po raz ostatni. Scott i jego towarzysze wyłaniają się z białego bezkresu, zawsze młodzi".

* * *

Wyjechaliśmy na zachód z Chengdu pod brudnym, zasnutym niskimi chmurami niebem, na równiny Kotliny Syczuańskiej.

— Słońce niemal nigdy nie świeci na równinach Syczuanu — powiedział Jon. Erik, który mieszkał tam od roku, skinął ze współczuciem głową.

— Zachowało się wspomnienie misjonarza podróżnika z lat siedemdziesiątych XIX wieku — ciągnął Jon — w którym opisuje, że kiedy słońce wyszło tu kiedyś zza chmur, psy zaczęły na nie szczekać, ponieważ nie miały zielonego pojęcia, co to takiego.

Karim, nasz kierowca, miał na sobie czarną skórzaną kurtkę z wyszytym na piersi logo Eagles. Wysokim głosem wyśpiewywał jakąś tybetańską piosenkę popową. Krajobraz przesuwał się obok nas. Tarasowe poletka ryżowe z misternym systemem nawadniania. Zagajniki bambusa, z których na podobieństwo anten sterczały pojedyncze łodygi. Rzędy krzaków herbaty poprzycinanych tak równo jak żywopłoty w renesansowych ogrodach. Karim prowadził szalenie ryzykownie, bawiąc się w „kto pierwszy stchórzy" z nadjeżdżającymi z naprzeciwka ciężarówkami. Wolniejsze pojazdy wymijał od wewnętrznej, a wtedy samochód podskakiwał na nierównym poboczu. Kiedy Jon zapytał, dlaczego opiera swoją filozofię prowadzenia samochodu na teorii gier, Karim odparł, że wciąż żyje, co należy uznać za dowód, przemawiający za jego umiejętnościami w tej dziedzinie. Wyjaśnił to w dość długim wywodzie, oglądając się do tyłu przez ramię i pomagając sobie gestykulacją obu rąk w podkreśleniu co ważniejszych punktów. Serce załomotało mi mocniej, kiedy kolejna ciężarówka śmignęła obok nas z przeraźliwym trąbieniem. Odwróciłem się i od tej pory siedziałem ze wzrokiem skierowanym nad wybrzuszeniem zapasowego koła. Za tylną szybą zawsze panował idealny spokój.

Połykaliśmy kolejne mile w drodze ku górom. Tłuste muchy uderzały w przednią szybę jak plwociny. Rosnące przy drodze topole szu-szu-szały za otwartym oknem. Szara droga, szare niebo. Teren się wznosił, a droga opadała ku rzece Dadu, dopływowi Jangcy. Zamulone wody wyżłobiły przełom w piaskowcu. Zbocza przełomu przesłaniały słońce, jechaliśmy więc w wilgotnym cieniu, popatrując ku belkom wspornikowym światła, które podtrzymywały jego sklepienie.

— Kiedy pierwsza amerykańska ekspedycja przybyła tu w 1932 roku, żeby wejść na szczyt Minya Konka, przepłynęli w górę Dadu — opowiadał Jon. — Zostali ostrzelani z brzegów. W okolicy roiło się od watażków. Wszystko rozumiem, że ale żeby zostać ostrzelanym zanim w ogóle dotarło się pod górę…

Wyjrzał przez okno i zamrugał z zachwytem w oczach, wyobrażając sobie czasy, kiedy można było przeżyć coś takiego.

Widoki migały za oknami. Świnia wisi za kostki na gałęzi drzewa, mężczyzna rozcina jej podbrzusze nożem, po ręce ześlizgują mu się jardy niebieskich wnętrzności. Kobieta przechodzi przez oświetlony pas ziemi, z przodu ma dziecko w nosidełku. Po pięciu godzinach natrafiliśmy na tunel, z którego wiele mil dalej wyjechaliśmy na lśniące słońce, pod rozdzwonione niebo. Na horyzoncie odcinała się bielą Minya Konka, znacznie wyższa, niż sobie ją wyobrażałem. Karim zatrzymał się na poboczu, wysiedliśmy z samochodu. Smuga kryształków lodu i chmur rozwijała się ze szczytu niczym jedwabny tybetański szal ceremonialny.

Tunel przeprowadził nas przez wododział do nowego świata. Wydawało się, jakbyśmy przeszli z sepii w kolorowy świat Kodaka. Przyszedł mi na myśl E.M. Forster, który powiedział o dworcach kolejowych, że są to „wrota prowadzące we wspaniały, nieznany świat. Przez nie przechodzimy, dążąc ku słońcu i przygodzie". Tunel, przez który przejechaliśmy, podobnie wydawał się bramą do olśniewającej krainy, trudnej do wyobrażenia, gdy przebywa się po drugiej stronie. Padające na nas światło było intensywne i srebrzyste; Matthiessen nazwał je „ostrym światłem" Himalajów.

— W sanskrycie jest takie słowo *darshan* — powiedział Jon, kiedy wpatrywaliśmy się w Konkę. — Służy do opisania spotkania twarzą w twarz ze świętością na ziemi; z fizycznym ucieleśnieniem świętości.

Nie słyszałem wcześniej tego słowa, ale ucieszyłem się, że je poznałem. *Darshan* wydawało się niezłym zamiennikiem dla „łał!", którym reagowałem zwykle na widok jakiejś uderzająco pięknej góry.

Ruszyliśmy dalej drogami, które na przemian opadały i się wznosiły przez doliny o zboczach porośniętych sosnami. Słońce przepalało się przez mroźne powietrze; jasna aureola kryształków lodu; sosnowe igły lśniące w ostrym świetle.

O szóstej wieczorem dojechaliśmy do miasta Kangding, liczącego setki lat węzła komunikacyjnego, przez który przechodziły szlaki, którymi transportowano herbatę do Lhasy. Herbatę uprawianą w prowincjach Junnan i Syczuan zwożono do Kangdingu, a następnie uzbrojone karawany przenosiły ją do Batangu, Chamdo i w końcu Lhasy.

Jon spotkał wspinacza z Tajwanu i dowiedział się od niego, które przepustki będą nadal ważne w tej części zimy. Dostaliśmy też radę, żeby udać się do leżącej od odludziu wioski Yulongxi i znaleźć człowieka o imieniu Batso, który ma dobre konie i jest godny zaufania. Później jedliśmy kluski z młodym mężczyzną o imieniu Kris, który od dwóch lat mieszkał w Kangdingu, prowadząc chrześcijański pensjonat. Urodził się w Sri Lance, a edukację odebrał w indyjskich Himalajach. Oczy miał wilgotne jak u foki. Mówił po syngalesku, w hindi, po chińsku i tybetańsku, a także po angielsku.

— Nie jestem misjonarzem — zapewnił łagodnym tonem Kris — ale moja wiara wpływa na wszystko, co tu robię.

— To misjonarz — powiedział Jon, ledwie wyszliśmy z baru.

Następnego ranka ruszyliśmy w dalszą podróż. Ostre serpentyny biegły z Kangdingu na przełęcz Zheduo położoną na wysokości ponad 16 500 stóp nad poziomem morza. *Chorten* i flagi modlitewne łopotały na wietrze. Porcelanowy śnieg. Na zachód rozciągała się szeroka dolina, sucha i księżycowa, przez którą biegła rzeka białego lodu i błękitnej wody. Długie godziny nagiego, brązowego pejzażu. Śnieg zalegający pasami na polach, wytopiony na grzbietach garbów powstałych od pługa, ale bielący się wciąż w bruzdach. Stada jaków z zadami uwalanymi łajnem. Dobiegający z oddali głuchy dźwięk kamieni toczonych przez prąd po dnie rzeki. Solidne tybetańskie domy z kamienia z misternie wymalowanymi okapami. Krążki lodu na powierzchni rzeki. Flagi modlitewne przywiązane do mostów i bram, jaskrawe w stonowanym krajobrazie.

Jechaliśmy wiele godzin, coraz lichszymi drogami, które pod koniec wydawały się niemal całkowicie zanikać. W czasie niekończącej się, jak się zdawało, przeprawy przez tę dolinę zatrzymaliśmy się w świętym miejscu: przy niskim, przypominającym landrynkę kopcu o rozmiarach niewielkiej zagrody, obłożonym setkami kamieni *mani*: kamiennych płytek z wyżłobionymi modlitwami. Z kopca *mani* sterczało kilka wysokich drewnianych tyczek, na których furkotały flagi modlitewne również zapisane jakimiś słowami. Z tyłu stał kopczyk z białych kamieni o wysokości kilku stóp.

— Białe kamienie mają wyjątkową moc dla Qiangów, mieszkających w północnym Syczuanie — powiedział Jon. — Zbierają biały kwarc oraz kawałki marmuru i układają je w kopce, czasami ogromne! Widziałem takie szerokie na kilkadziesiąt jardów. Oznaczają nimi najświętsze miejsca.

Wziąłem do reki dwa białe kamienie. Oba były trójkątnymi ostrzami z białego kwarcu poprzetykanego pasemkami różu.

Przez ostatnie dwie godziny jasności szukaliśmy doliny prowadzącej do Batso.

— Kawałek dalej — mówiono nam raz za razem. Gest głową albo machnięcie ręką w stronę północy. Znaleźliśmy go, kiedy zapadł już zmrok. Nazywał się Jatso, nie Batso, i mieszkał w zbiorowisku domów zbudowanych pod wykwitem czerwonej skały na wysokości 13 000 stóp. Na spotkanie z nami schodził powoli ubitą drogą, ani trochę niezaskoczony naszą obecnością w jego dolinie. Był ode mnie młodszy i niedorzecznie przystojny w stylu Johnny'ego Deppa. Palisada z ciernistych gałęzi odgradzała jego pole uprawne. Dom, w którym mieszkał z rodziną, stał po stronie wychodzącej na Minya Konka, ale sam szczyt przesłaniało wysokie pasmo górskie na wschodzie.

Pięć budynków tworzących osadę Jatso miało szerokie mury i dachy pokryte grubymi dachówkami, schodzące prawie do ziemi, przygotowane do odpierania kolejnych zim. Szeregi flag modlitewnych powiewały na rogach domu. Każda z drewnianych okiennic pokrywających małe okienka była pokryta misternymi żłobieniami i pomalowana na niebiesko, złoto i czerwono. W ścianach domu umieszczono dekoracyjne linie pomarańczowej skały, przypominały warstwy geologiczne. Wieczorne światło lśniło odcieniami złota na krawędziach dachówek i świeciło srebrzyście na wysokiej trawie, która kołysała się na wietrze. Ptak, którego nie potrafiłem nazwać, przeleciał nad doliną na południe. Dwa altocumulusy lenticularis wisiały nad polami śniegowymi na zachodzie.

Tamtego wieczora rozbiliśmy namioty na podwórku Jatso, tuż poza zasięgiem uwiązanego na łańcuchu psa. Niebo było bezchmurne i usiane większą liczbą gwiazd, niż miałem okazję kiedykolwiek zobaczyć. Z wnętrza domu dobiegał śmiech dzieci. Zadarłem głowę z szeroko rozdziawionymi w zachwycie ustami; poczułem nagły ból w szyi. Śnieg leżący na szczytach gór odbijał poblask księżyca. Pies Jatso ujadał nieprzerwanie przez całą noc.

* * *

Dzwonki koni, chrzęst stóp, mój własny nierówny oddech: normalka na 15 000 stóp. Krok za krokiem, wytrwale, walcząc z wyczerpaniem, idziemy nagą ścieżką. Świat ograniczony do kolejnego kroku, potem rozwierający się przy spojrzeniu w górę. Słońce złoci się na niebie, zalewając nas niedającym ciepła światłem; twardy śnieg, wysokie albedo.

Z domu Jatso wyszliśmy wcześnie; po błękitnym niebie nad osadą krążyły dwa kruki. Przeszliśmy przez rzekę po rozchwianym drewnianym moście; woda zamarzała na skrajach nurtu, pośrodku była głęboka i zielona. Potem w górę dzikiej doliny, porośniętej kępami jałowca, z sępami zataczającymi koła nad naszymi głowami, z niezdobytymi szczytami — głównie trójkątnymi, bez wyjątku granitowymi — odcinającymi się na północnym niebie. Na śniegu, po którym szliśmy widniały drobne ślady zwierząt kopytnych, a także tropy lisa i odchody nieznanych mi istot. Odciski ptasich stóp przypominały małe strzałki albo oznaczenia szlaku: *w tę stronę, w tę stronę!*

Czterogodzinny wysiłek doprowadził nas na przełęcz. Tam pojawiła się przed nami — w odległości dwóch mil i niemal dwie mile wyżej — Minya Konka, znacznie bliższa, niż się tego spodziewałem. *Darshan!* Usiadłem na śniegu pod liną z wypłowiałymi flagami modlitewnymi, łapczywie wciągając powietrze, oszołomiony widokiem góry, próbując zrozumieć jej architekturę. Wierzchołek dzielił się na trzy główne grzbiety rozgałęziające się na pomniejsze granie ze zwieńczonymi blankami wierzchołkami, od których odchodziły kolejne grzbiety. Ta dendrytyczna zasada zrodziła strukturę o niezwykłej złożoności. Zbocza głównych grzbietów były mocno postrzępione; żłobkowanie ścian dobrze widoczne nawet z tej odległości.

Z szerokiej południowo-zachodniej ściany ześlizgiwał się biały lodowiec. Pośrodku tego labiryntu wznosił się główny wierzchołek; ostry jak ząb rekina, wgryzający się w niebo.

Kiedy patrzy się od zachodu, z tamtej przełęczy, Minya Konka przypomina wykonany przez dziecko rysunek góry: piramida białego lodu i czarnej skały. W tym sensie łączy ją pokrewieństwo z innymi wielkimi górskimi piramidami świata: Ama Dablam w nepalskich Himalajach, Mount Assiniboine w kanadyjskich Górach Skalistych, na który wspiął się mój brat (powrócił ze złamaniami podbić obu stóp); z Matterhornem — na którym stanął mój dziadek w tweedowej marynarce i nabijanych ćwiekami butach — i Chan Tengri w kazachstańskich górach Tienszan, wznoszącym się na 23 000 stóp marmurowym wierzchołkiem, który w wieczornym świetle lśni czasami na fioletoworóżowo. Takie piramidy ucieleśniają platońską wizję góry, wyobrażenie o tym, jak powinna wyglądać. Doskonałość formy zwiększa wzbudzane przez nie doznania. Zbliżając się do takiej góry, człowiek ma poczucie, jakby wkraczał do świata baśni albo poematu epickiego. „Wpływ, jaki ten przedziwny Matterhorn wywiera na wyobraźnię, jest w istocie tak wielki — pisał John Ruskin w 1856 roku — że nie potrafią mu się oprzeć nawet najwięksi filozofowie". Właśnie te góry zaskarbiały sobie zawsze największą liczbę wyznawców i pozbawiały życia najwięcej ludzi.

Kiedy siedziałem na przełęczy, szczyt Minya Konka wydawał się nierealistycznie łatwy do zdobycia. Widziałem, że Erik myśli o tym samym. Zupełnie jakbyśmy mogli po prostu przejść odcinek terenu dzielący nas od góry, wbiec w podskokach na jej wyszorowane lawinami zbocza, przejść z rozpostartymi rękami po graniach, przelecieć nad ptysiowymi lodowcami, dotknąć tego czarownego szczytu… Potrząsnąłem głową, żeby odpędzić od siebie takie idiotyczne myśli. Przełęcz była całkowicie wymieciona przez wiatr i rozsądek podpowiadał, aby nie zatrzymywać się tam na dłużej. Daleko pod nami leżał przełom rzeki, oddzielającej nasze pasmo od masywu Konki. Od snu w dolinie dzieliło nas jeszcze wiele mil drogi.

A zatem w dół: stromo w dół, przez łupkowe zbocza, kamienie ścieżki płynące w słońcu. Konie ślizgają się na przednich kopytach, hamują tylnymi, torby z jeleniej skóry wyskakują do przodu, dzwonki brzęczą gwałtownie na alarm. Szliśmy z tyłu za wgłębieniem wyżłobionym przez strumień, który opadał gwałtownie w dół z przełęczy. Zaprowadził nas między młode sosny i himalajskie dęby, które sięgały nam do kolan. Strumień był częściowo zamarznięty: zatrzymany w pół skoku w skomplikowanych formach — żyrandolach, kleksach, piórkach w kapeluszu. Po zachodniej stronie doliny czubki dalekich dębów lśniły w słońcu mosiężnym blaskiem. Jakiś jasny ptaszek wzleciał na sękatą sosnę. Urządziliśmy postój na polanie przy szałasie pasterskim. Siedziałem oparty plecami o ciepłą ścianę, zwrócony ku słońcu i naszej górze, mrużąc oczy.

Kilka godzin później wyszliśmy z lasu na brzeg głównej rzeki. Kawałek dalej znajdował się zamarznięty wodospad, wysoki na kilkaset stóp i równie szeroki, zwisający z pionowego zbocza przełomu. Ustawione pionowo dzidy i lance lodu połyskiwały w świetle popołudniowego słońca: zbrojownia. Na niebo wszedł księżyc. Znaleźliśmy kawałek wyrównanego przez powodzie brzegu, gdzie spomiędzy piasku i kamieni wyrastała trawa. Zmieściły się tam dwa namioty. Jatso spętał konie i poszedł nazbierać drewna na ognisko; my zajęliśmy się rozbijaniem namiotów. Liście dębów kręciły się wolno pośrodku rzeki unoszone szybkim nurtem.

Kiedy uporaliśmy się z podstawowymi obowiązkami, wybrałem się w górę strumienia. Szedłem przez zarośla tak długo, aż znalazłem się poza zasięgiem wzroku pozostałych, rozebrałem się do naga, rozłupałem lód przy brzegu i wykąpałem się pośpieszenie, spłukując z siebie pot zgromadzony w czasie całego dnia wędrówki.

— Typowy Brytyjczyk — skomentował Jon, kiedy wróciłem z nieco posiniałymi ustami, ale zadowolony. — Zawsze szukacie okazji, żeby wskoczyć do jakiejś górskiej rzeki. Tilman nie uważał dnia za zamknięty, dopóki się nie wykąpał.

Jon zbudował obramowanie ogniska z płaskich kamieni i rozpalił ogień. W środku zrobił trójnóg z kamieni, na którym postawił duży metalowy czajnik z wrzącą wodą. Usiedliśmy i rozgrzewaliśmy bose stopy, wystawiając je w stronę ogniska.

Pół godziny później poczułem uderzenie choroby wysokościowej; wydawało się, jakby ktoś uderzył mnie obuchem toporka. Jeżeli zdarzyło wam się kiedyś doświadczyć choroby wysokościowej, znacie to obezwładniające uczucie. Nudności, ból kości, ból czaszki. Średniowieczny hełm służący do torturowania zaciskający się na głowie. Ostry atak choroby wysokościowej może zakończyć się śmiercią. Łagodny zamienia człowieka w istotę niemą jak ryba i rzygającą jak kot. Ilekroć wychodzę w góry i dostaję choroby wysokościowej, przysięgam sobie, że nigdy więcej nie wdrapię się tak wysoko. Kiedyś, siedząc w szałasie we francuskich Alpach, uwieczniłem to postanowienie na papierze i podpisałem się pod nim — oświadczenie pod przysięgą dla swojego przyszłego ja — ale potem do tego stopnia straciłem orientację, co się ze mną dzieje, że zgubiłem ten dokument. Na wysokości 21 000 stóp w nepalskich Himalajach szedłem kiedyś ścieżką w śniegu zbryzganą po obu stronach krwią i wymiocinami poprzedników; wysokość spustoszyła ich organizmy. Tradycyjnym remedium na chorobę wysokościową jest szmatka albo gąbka zamoczona w moczu i przytknięta do nosa i ust. Jakoś nigdy tego nie spróbowałem.

Dwie godziny później odzyskałem mowę. Siedzieliśmy wokół ogniska w gęstym mroku; czajnik pluł wodą w płomienie, a one na niego posykiwały. Z nocy dobiegł zimny brzęk końskich dzwonków.

— Jak to powiedział Kerouac? — powiedział Jon, zanim rozeszliśmy się do namiotów. — „Śpijmy przy rzekach i oczyszczajmy sobie uszy".

Ze wszystkich nocy, które spędziłem w terenie w czasie moich wędrówek, ta była z pewnością najzimniejsza. Temperatura spadła do minus dwudziestu stopni: suchy mróz, ale przenikający do kości. Żaden z nas tak naprawdę nie spał, poza Jatso, z którym dzieliłem namiot. Jego apetyczne chrapanie dobiegało spod sterty koców przez bite dziesięć godzin. W pewnym momencie wypełzłem z namiotu, żeby wtrząsnąć sobie z powrotem trochę ciepła w kończyny. Niebo było obramowane czarnymi zboczami doliny. Przeleciała spadająca gwiazda, potem jakiś satelita, mrugając w ciemności. Złotoszare pulsowanie żarzących się resztek ogniska. Zsiadła żółć księżyca. Pradawna kraina, wysokie granie, cisza, księżyc, ogień i poczucie głębokiego spokoju i zjednoczenia.

Kiedy wyszedłem ponownie z namiotu w pierwszych promieniach świtu, cała dolina była oblamowana szronem. Wyciągnąłem z namiotu śpiwór, okazało się, że zamarzł w sztywny kokon. Oparłem go o drzewo. Rozejrzałem się za spodniami, ale one również zamarzły. Postawiłem je obok śpiwora. Było tak zimno, że nawet Jatso zasłonił sobie chustką nos i usta, po czym wepchnął nogawki spodni w skarpetki.

Ale przecknąć się w takiej dziczy, w taką pogodę, w taki poranek? Brak snu i wychłodzenie organizmu wydawały się błahostką. Jon pobudził do życia ognisko. Usiedliśmy wokół płomieni i opaliliśmy nagie stopy z lodu. Benzyna w pojemnikach stężała do postaci galarety, więc Eryk włożył jeden z nich do ognia, żeby przywrócić jego zawartości użyteczną postać. Światło słoneczne odbijało się od wysokich szczytów na zachodzie, w końcu samo słońce wzeszło nad wschodnie szczyty i dolinę zalała fala ciepła i jasności.

Zapytałem Jona o życie dawnych świętych buddyzmu: ludzi, którzy w okolicznych twierdzach żyli w takich warunkach niemal przez całe życie. Jak to wytrzymywali?

— Właśnie po to tu przybywali — odparł. — W porośnięte gęstym lasem doliny, nad huczące rzeki, w ciszę nieba. Właśnie tego ci *gmochen*, wielcy medytatorzy, potrzebowali, aby osiągnąć odpowiedni poziom koncentracji. Jednym z nich był Milarepa, pustelnik z XI wieku, który przełożył swoje duchowe wędrówki na wiersze. Stworzył rozległą i złożoną sieć Pieśni Stworzenia o wysokich Himalajach, które śpiewane są do dziś.

— Milarepa nauczał odmiany tantrycznej jogi o nazwie *tumo*. Osoby, które ją praktykowały, były w stanie, po osiągnięciu najwyższego stopnia wtajemniczenia, wytwarzać ogromne ilości ciepła za pomocą swoich organizmów. Stworzona przez Milarepę sekta tantrycznego buddyzmu słynęła właśnie z tego powodu, że jej członkowie nosili w każdych okolicznościach tylko jedną warstwę białej bawełnianej szaty. Wewnętrzne ciepło *tumo* miało im pozwalać na przebywanie i medytowanie nawet w najsurowszych warunkach.

— Byłem raz — ciągnął Jon — w północno-zachodnich Indiach u grupy ladakhijskich pustelników, którzy mieszkali w jaskiniach i praktykowali podobną odmianę buddyzmu. Słynęli z tego, że wybranym obcokrajowcom, choć nie mnie, pokazywali pewną sztuczkę. Na wysokości ponad 13 000 stóp zanurzali swoją szatę w wodzie, po czym siadali na zimowym wietrze i o d p a r o w y w a l i materiał do sucha. Wyobraźcie sobie! Ich *tumo* było wewnętrznym paleniskiem, tak gorącym, że zamieniało wodę w parę.

— Przydałoby mi się trochę tego *tumo* minionej nocy — powiedziałem.

Kilkugodzinny marsz pod górę, ledwie widoczną ścieżką przez połyskujące lasy dębowe i sosnowe, należał do najwspanialszych chwil, jakie kiedykolwiek spędziłem w lesie. Przenikające przez listowie promienie słońca przecinały ukośnie ścieżkę. Leżący poniżej wylot doliny niknął we mgle. Wznosiło się nad nim jakiś niezidentyfikowane pasmo górskie. Wydawało się, jakbyśmy maszerowali przez chiński obraz namalowany na zwoju. Dolne partie lasu gęstniały od rododendronów, których liście lśniły na brązowo, kiedy promienie słońca padały bezpośrednio na nie. Przechodziliśmy przez zamarznięte strumienie, przez tunele z pochylonych dębów, podążając za ścieżką z liści i ziemi. Jej trasę wyznaczały kopce z kamieni, niektóre wypełnione główkami kwiatów, liśćmi i piórami.

— Weszliśmy na szlaki pielgrzymów — powiedział Jon.

I tak godzinami w górę i w górę, aż wreszcie ścieżka odbiła ostro z powrotem na północ, a jej górne obrzeże zaczęło dostarczać kolejnych, łatwo widocznych świadectw pielgrzymek — zapisanych modlitwami kartek papieru przyłożonych kamykami; ubrań zrzuconych w czasie głębokich pokłonów; sznurków z flagami. Naszą ścieżkę wchłonął główny szlak pielgrzymkowy, jakby była strumieniem wpadającym do rzeki. Nowa droga, podobnie jak rzeka, rozdzielała się w zetknięciu z przeszkodami, znajdując różne sposoby obejścia głazów, drzew, stup i kamiennych murów *mani*, wokół których pielgrzymi odbywali miniaturowe *kora*, wydeptując koliste ścieżki w suchej ziemi. Zaskoczyło mnie, jak bardzo uczęszczana wydawała się droga do Minya Konka, bo przecież chińska kolonizacja Tybetu w latach pięćdziesiątych i późniejsze represje wobec tamtejszego buddyzmu utrudniły pielgrzymowanie, zwłaszcza zwykłym Tybetańczykom. Drastycznie spadła wtedy liczba osób odbywających *kora*.

Czułem ekscytację, idąc szlakami, które przez stulecia przemierzyło tylu pielgrzymów, których coś przyciągnęło do tej wielkiej i świętej góry. Przez myśl przebiegały mi, w rytm moich kroków, słowa hiszpańskiego palindromu poświęconemu pielgrzymowaniu: *La ruta nos aportó otro paso natural* — Droga podsuwa kolejny naturalny krok. Krzyżowa forma tego stwierdzenia zmyślnie wyraża transformatywne skutki pieszej pielgrzymki, która prowadzi wędrowca ku jego źródłom i skłania go do refleksji nad nią samą, przez co kończy ją pozornie niezmieniony, a jednocześnie podążający w całkowicie nowym kierunku. Przypomniała mi się praktykowana przez Thomasa metoda jednodniowych wycieczek odbywanych „z grubsza po okręgu", opartych na przekonaniu, że „wykonując serię skrętów w lewo albo serię skrętów w prawo, [...], wchłonie duże ilości piękna w zaskakujących miejscach [...] i powróci do punktu wyjścia".

Brzęknięcie dzwonka — zaraz potem zza rogu wyłania się człowiek na kasztanowym koniu, we wspaniałym stroju z brokatów i jedwabi, rzecznozielonych, czerwonych i niebieskich, pozszywanych i poukładanych w smoki i sploty. Jedwab połyskiwał w słońcu jak zbroja. Mężczyzna chwycił lejce w lewą dłoń, uniósł prawą w geście powitania, po czym wyminął nas na zakręcie drogi, wracając do czasów, z których przybył. Jego wygląd idealnie pasował do magicznego lasu, w którym się znajdowaliśmy.

W końcu wyszliśmy z łuku drzew i tuż przed nami pojawił się klasztor Minya Konka, przycupnięty na krawędzi wąwozu. Tuż nad nim, jak się zdawało, wznosiła się sama góra, którą przez cały poranek skrywały przed nami zbocza i drzewa.

Nigdy wcześniej nie trafiłem w górski krajobraz tak całkowicie zsakralizowany, w którym każdy wytwór rąk człowieka byłby albo wyrazem oddania, albo hierofanią. Wszystko zwracało się ku szczytowi góry. W zachodnie zbocza powtykano rzędy drewnianych tyczek, wysokich na dziesięć, piętnaście stóp, obwieszonych białymi flagami modlitewnymi, które furkotały na wietrze, rozsiewając we wszystkich kierunkach mantrę *om mani padme hums*. Szerokie kamienie oznakowane krzyżami albo odciskami stóp wyznaczały miejsca, gdzie lewitowali lamowie, tworząc obrazy samych siebie za pośrednictwem intensywnej medytacji. Znajdowały się tam również kamienne kopce *mani*. I oczywiście sam klasztor, którego okna i drzwi wpatrywały się w Minya Konka.

— *Nayri* — powiedział Jon. — *Nayri* to tybetańskie słowo, którym opisuje się tego rodzaju święte miejsce: *ri* znaczy „góra", a tych znajdziecie mnóstwo w całym Tybecie; z kolei *nay* znaczy coś w rodzaju „ucieleśnienie świętości". *Nay* można znaleźć w serii skał albo w drzewie, ale najczęściej występuje w górze.

Zrzuciliśmy plecaki, uwiązaliśmy konie i siedzieliśmy w milczeniu w słońcu na trawiastej skarpie nieopodal klasztoru. Szarobure morenowe zbocza prowadziły wzrok w górę, ku południowemu grzbietowi Minya Konka, który wznosił się wytwornie ku szczytowi. Pod nami kruki przelatywały na północ wąwozem. Ziemia odsłonięta przez ścieżkę miała barwę terakoty. Promienie słoneczne owijały się i skupiały na pancerzu niebieskiego żuka, który zmierzał po wyboistym terenie w stronę klasztoru. W koszykach tliły się kadzidełka, pierścienie pomarańczowego ognia spełzały po nich w dół, niebieski dym wznosił się spiralą w nieruchome powietrze. Mnich chodził tam i z powrotem przed budynkiem klasztoru, poruszając czubkami palców rząd ciężkich, wykonanych z brązu młynków modlitewnych. Poczułem znajome mrowienie w żołądku, mieszaninę strachu i czegoś na kształt pożądania, które często wyzwalały we mnie wysokie góry.

W *The Living Mountain* Nan Shepherd pisze, jak zmieniała się jej relacja z górami. Jako młoda kobieta miała skłonność do tęsknoty za „cierpkim smakiem wysokości", a pasmo Cairngorms traktowała egocentrycznie; mówiła, że doceniała wyłącznie „wpływ, jaki wywierały na mnie". Z czasem nauczyła się wychodzić w góry dla samego wyjścia w góry, „żeby być z nimi tak, jak się odwiedza przyjaciela, bez żadnego celu poza wspólnym spędzeniem czasu", albo do „obchodzenia" góry, „żeby się przekonać, czy jest to dobre miejsce". Okrążanie zastąpiło u mniej gorączkę zdobywania szczytów; płaskowyż przejął funkcje wierzchołka. „Myślę, że teraz w jakimś niewielkim stopniu rozumiem — napisała w ostatnim akapicie swojej ostatniej książki — dlaczego buddysta udaje się na pielgrzymkę w góry". Zaczęła praktykować własne *kora*, a Cairngorms postrzegała jako miejsce dla niej święte w materialistycznym sensie: jako byt nieustająco cudowny, a zarazem tylko częściowo wytłumaczalny. Siedząc tam na słońcu i spoglądając w górę na Minya Konka, pomyślałem, że przeszedłem podobną przemianę: za młodu wyrywałem w stronę górskich szczytów, pragnąc wyjść w nieopisane na mapach i nieprzebyte wcześniej tereny, teraz czerpię większe zadowolenie ze szlaku, z podążania śladami innych.

Mężczyzna i kobieta posuwali się z wysiłkiem w naszą stronę, prowadząc między sobą konia, na którym siedział chłopiec opatulony futrem i pikowanymi kocami. Zatrzymali się, żeby z nami porozmawiać. Koń skubał rzadką trawę rosnącą na skraju drogi. Mężczyzna trzymał w luźnej dłoni kantar, w który wpleciono złote nitki. Jego żona uśmiechnęła się, składając przed sobą dłonie. Buty mieli znoszone i zakurzone. Byli rolnikami, mieszkali w odległości jakichś stu mil. Mężczyzna wyjaśnił Jonowi, że właśnie tego dnia ukończyli pełną *kora* Minya Konka. W wyjaśnieniu tym nie pobrzmiewała duma ani przechwałka, a jedynie spokojna rzeczowość zabarwiona zmęczoną radością.

— Pozwól, że opowiem ci tę obiecaną historię — powiedział Jon, wskazując na Minya Konka po odejściu pielgrzymów. — Tę, która na zawsze zniechęci cię do próby wyjścia na szczyt. Musisz bowiem wiedzieć, że każda trasa na szczyt prowadzi również częściowo do grobu. W 1980 roku Chiny, po raz pierwszy od 1949 roku, otworzyły drzwi dla zachodnich wspinaczy. Bardziej zorientowani himalaiści pośpieszyli, aby zdobyć co większe skarby. Mimo że w tamtym czasie wiele gór było wciąż niezdobytych, Minya Konka przedstawiała jedno z największych wyzwań. Na jej szczycie stanął po heroicznych wysiłkach zespół Amerykanów w 1932 i 1933 roku, a następnie Chińczyków w 1956. I tyle. Tak więc w 1980 roku mój przyjaciel Rick Ridgeway, pierwszy Amerykanin, który stanął na szczycie K2, wraz z przewodnikiem Kimem Schmitzem, Yvonem Chouinardem, założycielem firmy Patagonia, i młodym fotografem górskim Jonathanem Wrightem, przybył tu, aby wejść na Minya Konka. Do klasztoru dotarli w koszmarną pogodę, a po założeniu obozu na morenie przystąpili do trudnej wspinaczki po skale i lodzie. Takich trudów wymagało samo dojście pod północno-zachodnią grań. Nawet stąd powinieneś zobaczyć, jak trudne było to podejście.

Jon wskazał na grań: nabrzmiałe pola śniegowe, zdradzieckie uskoki.

— Dotarli ledwie w dolne partie ścian niższego grzbietu, kiedy w grupę uderzyła potężna lawina. Śnieg poczynił koszmarne szkody. Kim miał w kilku miejscach złamany kręgosłup. Rick połamane żebra. Yvon uszedł bez poważniejszych obrażeń. Za to Jonathan Wright skręcił sobie kark. Rick doczołgał się do niego, a Jonathan skonał na jego rękach, wysoko na tamtej ścianie.

W jakiś sposób znieśli ciało Jonathana. Pochowali go w lodowcu, opuszczając zwłoki do głębokiej szczeliny. Z miejsca pochówku widać było szczyt. Oznaczyli je kopcem z kamieni. Oczywiście zrezygnowali z kontynuowania wyprawy. Kim uszedł jakoś stamtąd cało z wielokrotnym złamaniem kręgosłupa i w końcu odzyskał w pełni sprawność.

W 1999 roku Rick skontaktował się ze mną, a ja pomogłem mu przygotować kolejną wyprawę na Konka. Tym razem nie planował zdobywania szczytu, ale innego rodzaju pielgrzymkę. Rickowi towarzyszyła córka Jonathana Wrighta, Asia, która w chwili śmierci ojca była jeszcze niemowlęciem. Zamierzali dojść w miejsce, w którym zabiła go lawina. Dziewczyna chciała zrozumieć, dlaczego ojciec ryzykował życiem i ostatecznie stracił je w tych górach, a Rick zgodził się jej w tym pomóc. Dotarła tu na piechotę.

Potwornie się namęczyli, zanim w ogóle doszli pod samą górę. Trafili na koszmarne warunki pogodowe, burze, błyskawice, pioruny, ale w końcu dotarli do klasztoru, a stąd Rick i Asia wyruszyli na lodowiec. W końcu Rick doprowadził ją w miejsce, gdzie pochował ojca.

Z przerażeniem pomieszanym z fascynacją Rick odnalazł tam nie tylko kopiec, ale również połę goreteksu wystającą spod kamieni. Natychmiast zrozumiał, co się stało. Lodowiec się przemieścił, wraz z nim przemieścił się kopiec, ale ciało Jonathana zostało wypchnięte na powierzchnię z zaskakującą delikatnością właściwą lodowcom.

Jon zamilkł.

— Rick powiedział Asi, żeby zaczekała w pewnej odległości, po czym zapytał ją, czy na pewno chce zobaczyć ojca. Chciała, więc podeszli do niego razem. Zobaczyła go: nie tyle powstałego z grobu, ile przez ten grób wystawionego. Mogła zobaczyć go takim, jakim był za życia, ponieważ wyglądał niemal równie dobrze jak w dniu, kiedy zginął. Mogła dotknąć jego twarzy, co też uczyniła. Odcięła pukiel jego włosów. Niedługo potem pochowali Jonathana ponownie, dwadzieścia lat po jego śmierci.

* * *

Tamtego popołudnia Erik i ja poszliśmy na zachodnią morenę Minya Konka w stronę grobu Jonathana Wrighta. Nie biegła tamtędy żadna ścieżka. Obszar pokrywał labirynt kamieni i sieć strumyków płynących po topniejącym lodowcu; topografia zmieniała się nieustannie wraz z jego ruchami. Przeskakiwaliśmy między kawałkami białej skały, wielkimi jak biurka, większe strumienie przechodziliśmy w bród albo po kładkach z pni. Zobaczyliśmy ślady pozostawione w szarym mule przez, jak się zdawało, jakiegoś dużego przedstawiciela kotowatych. Patrzyłem, jak pięć piżmowców wspina się na główną morenę Konka, przechodzi jej krawędzią, a następnie zmierza w dół eleganckim skosem po stromym rumowisku.

Szliśmy wzdłuż największej rzeki, mijając głazy pokryte lodem w kolorze kości słoniowej, ociekającym po nim jak wosk z kościelnej świecy. Stado wróblowatych poderwało się z brzegu rzeki, wydając przenikliwe okrzyki.

Z najwyższego punktu naszej wycieczki mogliśmy nieco dokładniej przyjrzeć się zdradzieckiemu pięknu północno-zachodniego grzbietu: kruchym żłobieniom, wybrzuszeniom lodu szerokim na kilkaset jardów, na których zginął Wright. Nie odczuwałem najmniejszego pragnienia wspięcia się na tę górę; wystarczało mi, że mogę ją obejrzeć w taką pogodę i w takim oświetleniu. Ułożyłem dwa stosy: oba z coraz mniejszych kamieni ustawionych jeden na drugim, aby upamiętnić obserwację wierzchołka.

Kilka dni później opuściliśmy region Minya Konka inną przełęczą. Gdy się na nią wdrapywaliśmy, spłoszyliśmy wielkie stado gołębi białobrzuchych, które poderwały się, bijąc mocno skrzydłami. Kiedy zawróciły, słońce odbiło się od ich lodowych brzuchów. Trzy godziny trudnej wspinaczki na przełęcz. Na południu rozchodziły się postrzępione linie skalistych i śnieżnych szczytów. Śnieg na trasie potworzył zaspy, stopił się, ponownie zamarzł, więc był twardy i lśniący jak biały winyl. Deszcz strzał z wrończyków, z ich jasnymi dziobami i zwartymi ciałami, przeświergotał nad naszymi głowami, przyciągając moje spojrzenie z powrotem ku dolinie. Nadal widzieliśmy stado gołębi, które wznosiło się i zataczało kręgi na tle Minya Konka niczym podrzucona w powietrze garść odłamków kwarcu. Jatso mruczał pod nosem mantrę, *om mani padme hum, om mani padme hum*. Przeszliśmy przez przełęcz i zaczęliśmy schodzić z powrotem ku ziemi.

Na polu śniegowym w pewnej odległości ciągnął się długi ślad pozostawiony przez samotnego wędrowca. Ślady stóp nie odcisnęły się w śniegu, ale wznosiły się nad jego powierzchnię: rząd niskich piedestałów, wysokich na trzy, może cztery cale. Nie były to ślady stóp ale cokoły stóp; świadectwo pozostawione po nieznanym piechurze, który wkroczył do świętej przestrzeni masywu Minya Konka.

* * *

Stopa opada na śnieg — ludzka albo zwierzęca — i swoim ciężarem go wgniata, pozostawiając odcisk. Sypki śnieg otaczający ślad zostaje wypalony przez słońce albo wydmuchany przez wiatr. Powierzchnia śniegu stopniowo obniża się do poziomu dna śladu, potem jeszcze dalej, aż w końcu ściśnięty pod ciężarem stopy śnieg zaczyna wystawać ponad powierzchnię. Ślady te są sprzeczne z intuicją, ponieważ skierowany ku dołowi nacisk stopy wydaje się w y c i ą g a ć powstałą w ten sposób strukturę z ziemi, kpiąc sobie z grawitacji. Są palindromiczne w formie: to, co zostało wgniecione, ulega wyniesieniu, a odcisk ulega odwróceniu w wybrzuszenie.

Zdarzyło mi się kilka razy, kiedy wracałem zimą z góry tą samą drogą, którą się na nią wspinałem, że napotykałem własne ślady wyniesione do postaci cokołów stóp. Nierzeczywistość takich chwil bierze się z napotkania odmienionych śladów swojego wcześniejszego ja. Świat uległ delikatnej, choć istotnej przemianie między wcześniejszym przejściem a powrotem, co współgra z lepiej nam znanym doświadczeniem bycia odmienionym przez wysoki świat gór oraz przez godziny i mile dzielące wspinaczkę od zejścia. Zdarzało się, że takie wystające ślady wydawały mi się śladami jakiegoś niewidocznego wędrowca z krainy duchów, którego stopy odciskają je na elastycznej powłoce tworzącej powierzchnię ziemi, pozostawiając wyniesione ślady po naszej stronie świata: odwrócona duchowa istota przemierzająca materialny świat z równą łatwością, jak my unosimy się w materialnym powietrzu.

Po powrocie z Minya Konka pojechałem z Davidem i trzema innymi przyjaciółmi do Szkocji, w pasmo górskie Grey Corries leżące na wschód od szczytu Ben Nevis. Przez trzy dni przemierzaliśmy góry starą drogą, którą dawniej pędzono bydło, zapuszczając się też na tamtejsze szczyty i grzbiety. Trafiliśmy na niezwykłą pogodę: duże ilości świeżego śniegu, jasne zimowe słońce i wyjący wiatr, który porywał śnieg do życia. Przeszliśmy przez obszar tak całkowicie pokryty sadzią, że zaniknęło w nim całkowicie pojęcie kierunku poza tym wyznaczanym przez siłę grawitacji. Widzieliśmy tumany śniegu wysokie na sześćdziesiąt jardów podrywające się w kierunku północnym ze szpiczastego wierzchołka góry Stob Coire Easain; przypominały ceremonialny szal kryształków lodu, który rozwijał się ze szczytu Minya Konka. We wschodnim cyrku lodowcowym ukształtowanie powierzchni podkręcało wiatr, który porywał małe śnieżne cyklony, wysokie na pięćdziesiąt albo i więcej jardów, wędrujące potem po zboczu góry. Raz czy dwa trasa któregoś z nich przecięła się z naszą: jego nadejście zwiastował narastający szum, przenikliwy świst płatków śniegu w nosie i oczach; kiedy znikał, zapadała cisza. Mieliśmy poczucie, jakby przeleciał przez nas duch.

Ostatniego dnia, schodząc z ostatniej grani ostatniej góry, natknąłem się na ślady. Podążyłem za nimi, choć teraz żałuję, że to uczyniłem, ponieważ wyprowadziły nas na manowce. Zaczynały się pośrodku pustego pola śnieżnego, zupełnie jakby powstały za pomocą markera, który opadł na ziemię z powietrza i nie tyle odcisnął je w śniegu, ile wyciągnął nad jego powierzchnię.

Nie powinienem był podążyć za tymi śladami w dół grzbietu, po coraz bardziej stromym zboczu, ale oczywiście to właśnie zrobiłem, ponieważ kiedy człowiek nie jest pewien, czy idzie w dobrym kierunku, łatwo przychodzi mu zaufać poprzednikom. Poszedłem zatem za tymi śladami, a pozostali ruszyli za mną.

Pod śniegiem rosły wrzosy, których druciane blade łodygi nie zapewniały żadnej przyczepności; rosła tam także śliska, lśniąca trawa, jaką spotyka się na wrzosowiskach. Po niedługim czasie nachylenie stoku wynosiło już czterdzieści stopni, potem pięćdziesiąt, wreszcie sześćdziesiąt. Wystające spod śniegu skały pokrywał lód, z którego ześlizgiwały się nasze ręce i stopy. Wszystko opadało coraz szybciej w dół, tymczasem ślady zmierzały spokojnie w poprzek zbocza, w niezmiennych odstępach: prowadząc nas, wyprowadzając i sprowadzając.

Nie powinienem był podążać za nimi, mimo to nie zawróciłem. Wiodły nas zatem dalej, po wąskim porośniętym wrzosami tarasie, który mógł być szlakiem jeleni. Ślady doprowadziły nas do dziesięciostopowej rynny pokrytej twardym lodem, która kończyła się na kolejnym wąskim tarasie wiszącym nad siedemdziesięciostopowym skalnym urwiskiem. Ślady zbiegały w dół rynny.

Nie powinienem był schodzić tą rynną, ale zszedłem. Ześlizg, wbicie nóg w śnieg, zarycie piętami, żeby powstrzymać wypadnięcie za krawędź. Pozostali zeszli pojedynczo. Ruszyliśmy dalej tarasem. Szedłem na przedzie, od pewnego momentu przodem do zbocza, mimo że taras coraz bardziej się zwężał i przypominał już raczej występ skalny. Wiatr smagał zbocze góry. Mózg chronił się przed nim, odwracając głowę; śnieg kłół igłami promieni słońca. Głazy spychały nas ze zbocza. Urwisko zasysało i przyciągało. W uszach rozbrzmiewało łomotanie krwi.

W końcu występ zwęził się tak bardzo, że zupełnie zaniknął; zostały tylko wrzosy i skała o nachyleniu jakichś dwudziestu stopni. Nie odzywaliśmy się już wtedy do siebie, koncentrując się tylko na tym, czego się chwycić i gdzie stawiać stopy. Pod sobą mieliśmy urwisko, za sobą drogę, której raczej nie zdołalibyśmy przebyć w przeciwnym kierunku, a przed sobą, jak się wydawało, niemożliwe do pokonania zbocze, po którym biegły ślady stóp — w tej samej równej odległości od siebie, układające się w ten sam zachęcający trop. Zatrzymałem się. Inni zatrzymali się za mną. Zrobiło mi się niedobrze. Zalew adrenaliny, panika przemieszana z chwilami spokoju, ukłucia przerażenia w skroniach. W dolinie pod nami życie toczyło się normalnym trybem: zobaczyłem odblask słońca na szybie samochodu jadącego drogą, spacerowicza przy jeziorze, mewę zakreślającą łuk nad brzozami.

Staliśmy tak, przywierając do tarasu, przez jakieś trzy minuty ciągnącego się w nieskończoność koszmaru. Nie chcieliśmy ani iść do przodu, ani zawracać. Przypomniałem sobie, co to prawdziwy strach w górach i jak bardzo nie lubiłem tego uczucia. W końcu uznałem że śmierć czeka nas raczej przed nami niż za nami. Powoli, krok za krokiem, wydrapaliśmy się z powrotem z kłopotów, wczepiając się palcami w załomy lodowej rynny, podążając własnymi śladami w górę stromego zbocza ku grzbietowi, gdzie wszystko się zaczęło. Kiedy stanęliśmy ponownie na bezpiecznym gruncie, położyłem się na chwilę na śniegu. Śmialiśmy się i ściskaliśmy sobie dłonie, a David zaczął śpiewać piosenkę zespołu Blondie. Ruszyliśmy za innymi śladami na zachód. Do dziś nie mam pojęcia, w jaki sposób powstały tamte ślady, zbiegające po niemożliwym do przebycia terenie, jakby sunęły w powietrzu.

CZĘŚĆ IV

POWRÓT DO DOMU. ANGLIA

13. ŚNIEG

Prehistoryczna sztuka krajobrazu — Święta architektura — Teatr krajobrazu i spektakl percepcji — Czarne konie, biały koń — Wiltshire jako Antarktyka — Iluzje latania — Eric Ravilious — Niedopasowanie — Grawerowanie jako szlakotworzenie — Spłaszczające światło, wabiąca droga — Smętny poblask słońca — Latająca wyspa — Na północ — Życie w punkcie zamarzania — Kieł narwala — Turbulencja, zaginięcie — Saneczkarze — Para lśniących oczu.

Niedługo po tym, jak przeszliśmy za widmowymi śladami w Szkocji, śnieg przysypał południową Anglię i postanowiliśmy z Davidem pokonać odcinek Ridgeway, który obiega łukiem Marlborough Downs w hrabstwie Wiltshire: od Białego Konia z Uffington, obok tajemniczego kopca Silbury Hill do wioski Avebury. Mianem Ridgeway określa się zwykle liczący setki mil neolityczny szlak biegnący przez kredowe pagórki. Icknield Way jest — w zależności od tego, jaką wersję prehistorii przyjmiemy — jego częścią składową albo późniejszym przedłużeniem.

Wspomniany odcinek Ridgeway przebiega przez najbardziej zsakralizowany obszar Anglii. Trzy albo cztery tysiące lat temu dokonano w tamtejszym krajobrazie zakrojonych na dużą skalę zmian o charakterze religijnym. Zbudowano megality i kręgi, poustawiano bloki sarsenu, usypano wały ziemne. Wtedy też wzniesiono tajemniczą konstrukcję zwaną Silbury Hill — duży ścięty kopiec z ubitej kredy. W Avebury i Silbury, podobnie jak w przypadku Minya Konka, dochodzi do automatycznego zjednoczenia topografii i wiary. Ścieżki, szlaki i neolityczne wały stanowią nieodłączny element tego neolitycznego teatru krajobrazu. Archeolog Christopher Tilley w swojej pionierskiej pracy *The Phenomenology of Landscape* przekonuje, że aby zrozumieć święte krajobrazy neolitycznej Brytanii, musimy najpierw zdać sobie sprawę ze znaczenia starożytnych szlaków, które przebiegają między nimi i obok nich. Chodzenie, zarówno z zamiarem dojścia, jak i przejścia, odgrywało kluczową rolę w spektaklach percepcji: tamtejsze „silne szlaki" służyły według Tilleya do „porządkowania" relacji „między miejscami i ich lokalizacjami".

David i ja postanowiliśmy pokonać tamtego dnia odcinek Ridgeway nie pieszo, ale na całkowicie nieprehistorycznych nartach biegowych. Narciarstwa biegowego nie łączy ze zjazdowym absolutnie nic poza podstawową mechaniką ruchu. Nie korzysta z wyciągów, domków wynajmowanych przy stokach, armatek śnieżnych ani funduszy powierniczych. Narciarstwo przełajowe pozwala na przemierzanie terenów, które nie zostały do tego przystosowane, a jedynie przysypane śniegiem. Na biegówkach można podejść pod górę, a także z niej zjechać. Obdarzają człowieka rozkoszną swobodą i mobilnością.

Tuż po świcie białą furgonetką Davida wyjechaliśmy z Londynu na zachód szosą A40. Zwały starego oleiście czarnego śniegu wzdłuż jezdni; niebo zaciągnięte niskimi chmurami;

ukryte słońce rzuca słabe, ulotne światło. Gdzieś pod Swindon zostawiliśmy furgonetkę przy zaśnieżonej odnodze i przypięliśmy narty. Ruszyliśmy szeroką biegnącą jarem drogą, nad którą chyliły się z obu stron czarne głogi. Zmierzaliśmy ku szczytom kredowych pagórków, którymi przebiega Ridgeway.

Na grani było pięć stopni poniżej zera, a tak naprawdę jeszcze zimniej z powodu wiatru, który ciągnął od wschodu, poruszając żywopłotami. Trzy czarne konie stały niczym posągi pośrodku zaśnieżonego pola. Kontrast i odległość spłaszczyły je do tego stopnia, że wyglądały jak wycinanki z papieru. Z zachodu dobiegły odgłosy wystrzałów, zniekształcone przez ukształtowanie terenu, nad którym przeleciały. Poruszaliśmy się w rytmie narzucanym przez biegówki: ślizg, szum, odbicie, krok, zjazd.

Słabe światło przesycało krajobraz monotonną poświatą, która nigdy nie gęstniała do blasku, niemniej wydobywała odcienie błękitu z zalegającego od dawna śniegu. W miejscach, gdzie wyzierało spod niego kredowe podłoże, przybierał żółtawy odcień futra niedźwiedzia polarnego albo kolan starego człowieka. Było w tym coś posępnie pięknego: powietrze przybite do ziemi, światło jako jego pochyłość. Sunięcie na nartach nad starożytną drogą wydawało mi się jednocześnie czymś absurdalnym i cudownym.

Przez pierwsze dwie godziny nie zobaczyliśmy żywej duszy. Mróz i mrok oczyściły krajobraz z ludzi. Wkroczyliśmy w innego rodzaju ksenotopię: hrabstwo Wiltshire jako Antarktyda. Przekroczenie tej granicy umożliwiły nam przedziwne warunki atmosferyczne. Powietrze wydawało się drgać w wyczekiwaniu nadciągającej śnieżycy, mimo to śnieg nie zaczynał padać. Po obu stronach drogi ciągnęły się rzędy posadzonych buków. Na wzgórzach i płaskowyżach narty przejeżdżały dwa jardy dalej za każdym wymachem nogi i mogło nam się wtedy wydawać, jakbyśmy lecieli; leżący pod nami śnieg służył za wizualny odpowiednik białego zamglonego powietrza, pogłębiając to wrażenie.

Teraz wiem, że doświadczyliśmy dobrze udokumentowanej iluzji spotykanej w pagórkowatym pejzażu Anglii — jednego z wielu figli, jakie ten krajobraz płata umysłowi człowieka — która przydarza się na równi wędrowcom i narciarzom. Virginia Woolf porównywała przemierzanie tych grzbietów do lotu w powietrzu. Thomas miał poczucie, że jego wyobraźnia ulatuje wysoko, kiedy patrzył na polujące nad jego głową pustułki. W.H. Hudson napisał w 1900 roku, że na grzbietach angielskich pagórków jego umysł „stawał się zwiewniejszy, mniej obciążony grawitacją" i że to „pragnienie wzbicia się w powietrze" nachodziło go „najczęściej [...] na tych zielonych wzgórzach". Czasami zdawało mu się, pisał, że „mógłby rozłożyć swoje wielkie, czaplopodobne skrzydła i wzlecieć bez wysiłku ku innym punktom widzenia".

Tamtego dnia zrozumiałem, dlaczego na falistych kredowych pagórkach budzi się w ludziach marzenie o lataniu. Linie krajobrazu są jednocześnie odsłonięte i ciągłe, tworzą falę z zagłębień i wzniesień. Mało co zakłóca swobodny bieg spojrzenia albo wyobrażony swobodny ruch ciała: nie ma tam żadnych wąwozów ani skarp, które by nas przytrzymały, niewiele jest lasów, w których mógłby zaplątać się wzrok. Powtarzalność pagórkowatego pejzażu sugeruje nieskończone odległości i brak granic. Efekt wzmaga nawet porastająca podłoże trawa:

kakaowy dywan z roślinności, która sprężystością przewyższa nawet torf, dzięki czemu stopa odbija się w górę przy każdym kroku. Na tych terenach żyją również gatunki ptaków, które naprawdę wzbijają się w powietrze i szybują: myszołowy, sowy, pustułki, skowronki, gawrony i jerzyki, które nieustannie towarzyszą nam gdzieś wysoko nad głowami.

Tętniące od latających istot kredowe pagórki od dawna przyciągały bezskrzydłych wędrowców, niedoszłych aeronautów, powietrznych marzycieli i innych wyznawców podwyższonej perspektywy. Najbardziej fascynujący z nich wszystkich wydaje mi się Eric Ravilious (1903–1942), angielski artysta krajobrazu i pasjonat wędrowania, który kochał kredowe obszary Anglii, zwłaszcza zaśnieżone, i który malował ich zawijasy i szlaki we wszystkich porach roku. Kiedy próbowałem sobie wyobrazić, jak Edward Thomas postrzegał angielskie pagórki, często myślałem o obrazach — a raczej myślałem obrazami — Raviliousa.

* * *

Ravilious był akwarelistą, rytownikiem i muralistą, jednym z najbardziej znanych angielskich artystów lat trzydziestych; wędrowcem przemierzającym dawne ścieżki i szlaki; wyznawcą bieli i oddalenia; wizjonerem codzienności. Nieznajomi mówili o nim Eric. Przyjaciele — Ravilious. Bliscy przyjaciele nazywali go „Chłopcem". Przezwisko nawiązywało do Piotrusia Pana. Urok przeciwstawiało starzeniu się, charyzmę — śmierci. Był przystojny: kanciasta twarz, duże ciemne oczy, rzymski nos, ciemne włosy, długie palce, w których zawsze trzymał pędzel, długopis albo papierosa. Lubił tenis, bilard, propellery, zimę, bezcienistość światła na morzu, północność, ceramikę, drewno bukszpanowe, szkło kryształowe i lód. Był pedantyczny, a jednocześnie impulsywny, miał zwyczaj wystawiać głowę przez okna pociągu i tracić kapelusze, które porywał mu wiatr.

Wychowywał się na angielskich nizinach, a zanim nieodwracalnie zakochał się w lodzie i świetle dalekiej północy, wielbił kredę i południe. Dzieciństwo spędził w Eastbourne. Tuż za miastem wybrzuszały się pagórki południowej Anglii. W weekendy i wieczorami w dni powszednie, kiedy jego ojciec ślęczał nad Starym Testamentem, opatrując go własnymi komentarzami (głęboko przeżywane i prywatne egzegezy sporządzał przez większą część dorosłego życia), Ravilious, pozostawiony sam sobie, poznawał okoliczne tereny. Urządzał wyprawy, spędzał noce na dworze (skulony pod żywopłotami albo z sufitem z gwiazd nad głową), chodził godzinami, podążając za wabiącymi liniami pagórków: prowadzącymi wzrok grzbietami, wijącymi się strumykami i kredowymi ścieżkami, które biegły zakolami przez krajobraz. Czytał *Przygody Tomka Sawyera* i *Przygody Hucka*, marzył o przygodach na rzecznych szlakach.

Pagórki południowej Anglii, z ich delikatnym i niwelującym światłem, z ich ścieżkami i panującą na nich samotnością, pobudzały wyobraźnię Raviliousa. Pisał, że ukształtowały jego zapatrywania na malarstwo i na sposób malowania „z powodu uroku kolorystyki tego pejzażu i pięknej oczywistości jego kształtu". Dzięki niemu upodobał sobie określone cechy krajobrazu: wyraźne falujące linie, atmosferę oderwania od świata codzienności. Właśnie te tereny — łączące w sobie rezultaty ludzkiej pracy z zamierzchłymi czasami — ukształtowały jego temperament i wrażliwość, podobnie jak niewątpliwie ukształtowały je u Thomasa. U obu mężczyzn wpisały rys melancholii, stały również za odszczepieniem, które zabarwiało sztukę i osobowość każdego z nich. Ravilious nabrał, jak się wyraził jeden z jego przyjaciół, „pewnego rodzaju nieufności do wszelkiego rodzaju przywiązania i osobistego zaangażowania". Inny zauważył, że „wydaje się zawsze być trochę jakby gdzie indziej, zupełnie jakby wiódł prywatne życie, które nie pokrywa się całkowicie z jego materialną egzystencją". To niedopasowanie cechuje również jego obrazy. Oglądając je, człowiek ma poczucie, jakby spoglądał na dwie nałożone na siebie folie przedstawiające ten sam obraz, nie do końca dopasowane, albo dwie przecinające się nieustannie ścieżki, które nigdy nie docierają do celu.

To poczucie wycofania się obecne w obrazach Raviliousa wynika po części z wykorzystywanych przez niego wielokrotnie wizerunków dróg, śladów i ścieżek: odcisków butów na śniegu i w błocie, pozostawionych przez niewidzialnych wędrowców, puste drogi wyprowadzające wzrok i wyobraźnię poza widoczny obszar, obiecujące wydarzenia rozgrywające się za horyzontem. Ravilious miał obsesję na punkcie szlaków: zaczytywał się w pracach Thomasa i wielbił Samuela Palmera, który wędrował ścieżkami wokół swojej wioski w hrabstwie Kent o świcie, o zmierzchu, nocami i za dnia. Zgłębił *The Old Straight Track* Alfreda Watkinsa (1927) z zawartą tam wizją ukrytej sieci neolitycznych szlaków handlowych rozciągającą się po całej Anglii i świecie. Mentorem Raviliousa w Royal College of Art był Paul Nash, również miłośnik kredy, również zapalony wędrowiec po dawnych szlakach, również artysta drogi.

Ravilious chodził kredowymi ścieżkami pagórków południowej Anglii i tworzył z nich sztukę. W 1929 roku wygrawerował Olbrzyma z Wilmington na drewnie bukszpanowym na potrzeby zodiakalnego almanachu, w którym odgrywa on rolę Byka: duża biała postać, nad którą wisi księżyc w pełni. W 1934 roku namalował ścieżkę z własnego ogrodu. W 1935 roku stworzył *Chalk Paths*, w których trzy drogi prześcigają się, żeby poprowadzić w dal nasze spojrzenie zatrzymujące się jednak na płocie z drutu kolczastego. Płótno z 1936 roku przedstawia grupę wędrowców, która zatrzymała się na poboczu starej drogi. Obraz z nieznanego roku, zatytułowany *Eastleen Road*, spogląda na polną drogę w hrabstwie Essex. Drogi znajdziemy na dziesiątkach innych obrazów: widziane zza kół wodnych, z okien domów, pociągów; ścieżki przecinające pola, prowadzące grzbietami albo dochodzące do innych słynnych sylwetek wyrytych w kredzie (Konia z Uffington, Olbrzyma z Cerne Abbas). W 1937 roku Ravilious odwiedził Selborne Gilberta White'a w hrabstwie Hampshire i przeszedł jarami, o których White pisał w swoim trzecim liście do Thomasa Pennanta. Wykonana przez Raviliusa grawiura jaru w Selborne pokazuje drogę biegnącą we wgłębieniu, nad którą pochylają się złączone ze sobą drzewa; wejścia strzeże lecąca sowa płomykówka. Głowa sowy jest zwrócona w stronę widza, ptak posyła nam zdziwione spojrzenie zza przyłbicy piór.

Wyobraźnię Raviliousa pobudzały nie tylko drogi, które przebiegały przez pagórki południowej Anglii, ale też tamtejsze światło: pobielające zielenie, odznaczające się charakterystycznym blaskiem i łączące w sobie perłowość kredy, źdźbeł trawy i pobliskiego morza. Kto chodził po tamtym regionie w środku lata albo zimy, wie, że światło to ma również osobliwą zdolność do spłaszczania widoku — ustawiania rozsianych po pejzażu obiektów w równej odległości. Oto właśnie charyzmatyczny miraż pagórkowatej Anglii: zjawiska wydają się rozgrywać na jednej pochyłej płaszczyźnie, w której wydrążono drogi. W tym sensie światło przypomina tam inne spłaszczające widok zjawisko: światło na biegunach, które pada zazwyczaj ukośnie i jest podobnie drobnoziarniste.

Unikatowa dysharmonia światła i drogi była charakterystyczna dla sztuki Raviliousa. Stworzył sceny, które wydają się trwać w zawieszeniu, niemal w zastoju, ale jednocześnie sugerują jakąś przyszłość albo rozgrywające się równocześnie zdarzenia. W odbiorcy budzi to dysonans: poczucie znajdowania się w przestrzeni zawieszonej między dwoma światami albo nawet istniejącej w całkowicie odmiennych systemach geometrycznych.

* * *

Tamtego dnia na Ridgeway miałem poczucie, jakbym wkroczył do jednego z obrazów Raviliousa. To wrażenie zastygłego ruchu, działania rozgrywającego się gdzie indziej. Światło wyrównywało pejzaż, a szlak wabił nas, zachęcając do dalszej podróży. Śnieg był wszędzie pożłobiony: starymi kredowymi ścieżkami, oponami rowerów i kołami traktorów, liniami pozostawianymi przez nasze narty, śladami psów, zajęcy, królików, bażantów i ludzi. Na pochyłościach przejeżdżaliśmy obok pustych łodyg trybuli leśnej i pożółkłej trawy; zapadliśmy się w głębokie zaspy przy głogach, które wydawały się rosnąć niczym kryształy: kratowisko z kolców i czarnych gałęzi na tle śniegu.

Żółć, biel, szarość, szary błękit: mróz wypalił pejzaż do kolorów ziemi. Tu i tam natykaliśmy się na ogniste rozbłyski: jagody głogu okrwawiające żywopłoty, droździki migające w locie. Od czasu do czasu niskie słońce wyzierało żółcią zza chmur. Kwiczoły klekotały w zaroślach, objadając głogi, odrzucając głowy do tyłu i połykając je w całości za jednym zamachem. Bloki sarsenu stały w kręgach, śnieg przykrywał ich zaokrąglone plecy. Myszołowy krążyły samotnie albo parami, wykonując skręty i wypatrując padliny, która trafiała im się częściej podczas takich przedłużających się mrozów. Minęliśmy pustułkę przycupniętą na słupie telefonicznym z głową ukrytą między skrzydłami. Minęliśmy okrągłe kurhany z epoki brązu i długie kurhany z neolitu. Dwa zające szaraki przebiegły pośpiesznie przez duże pole, odrzucając śnieg tylnymi łapami. W koronach długiego, wąskiego lasku bukowego trajkotały i pokrzykiwały gawrony. Podrywały się w powietrze i opadały, przez co las wydawał się znajdować się w stanie nieustannego wrzenia.

Wczesnym popołudniem pojawił się smętny poblask słońca, a niedługo potem przebyliśmy zakręt Rodgeway i po raz pierwszy spojrzeliśmy na bielejący w oddali kopiec Silbury Hill — niezmącony teatr krajobrazu, który trwał tam w niezmienionej postaci niemal od pięciu tysięcy lat — unoszący się, jak się zdawało, nad otaczającym go terenem: kolejna latająca wyspa, jaka pojawia się na kartach tej książki.

Przez tych kilka ostatnich godzin jasności dnia poruszaliśmy się przez świat ogołocony z ludzi i koloru. Czapla poderwała się z jakiegoś obniżenia terenu na południe od nas: konstrukcja z rozpórek i płócien, składająca się z trzaskiem w kształt na tyle szybko, aby utrzymać się w powietrzu. Spowalniając upływ czasu, odpychała się uderzeniami zakrzywionych skrzydeł na północ.

* * *

Przez większą część życia Raviliousa pagórki południowej Anglii zaspokajały jego krajobrazowe potrzeby. Zwłaszcza zimą, kiedy wiszące korony buków odcinały się na tle śniegu niczym pociągnięcia atramentem na akwareli, pejzaż ten ucieleśniał jego estetyczny ideał: wyraziste linie, blade światło padające na bladą ziemię. Ale kiedy lata trzydzieste zaczęły się zbliżać ku końcowi, zapragnął innego miejsca, innego świata. Jak wielu Anglików przed nim i po nim, znalazł to inne miejsce na północy — w wyśnionej krainie koła podbiegunowego i blasku słońca w środku nocy, gór lodowych unoszących się na wodzie czarnej jak lakier, zórz polarnych, szaroniebieskich grzbietów, porośniętych lasami gór i ostatnich promieni słońca w roku kładących się aluminiowym blaskiem na horyzont. Od dzieciństwa Ravilious znajdował się pod urokiem romantyzmu podbiegunowych krain. Przeczytał wiele wspaniałych książek o pełnych przygód wyprawach na Arktykę. Kolekcjonował dziewiętnastowieczne wydania, mapy i obrazy przedstawiające daleką północ, w tym miedzioryty podróży Barentsa, Rossa i van Heemskerka. Kolor bieli — a jeśli nie kolor, to ton, klimat albo brak — wydawał się fascynować go w szczególny sposób: znalazł go najpierw w kredzie Południa, potem w lodzie Północy.

Kiedy wybuchła druga wojna światowa, obsesja na tle Północy tylko się u Raviliousa pogłębiła. Niestrudzenie tam podróżował, a pretekst dało mu uzyskanie pod koniec 1939 roku stanowiska oficjalnego artysty wojennego, które zapewniło mu stopień tymczasowego kapitana w brytyjskiej piechocie morskiej oraz możliwość wyboru miejsca stacjonowania. I tak w ostatnich trzech latach życia, jak napisał pięknie Peter Davidson, „śnieg i śnieżne światło na nagich zboczach ciągnęły [Raviliousa] coraz bardziej na północ".

W maju 1940 roku zdarzyło się coś, o czym wcześniej nie mógł nawet marzyć. Miał popłynąć na okręcie HMS „Highlander" do Norwegii i za koło podbiegunowe. „Highlander" miał zapewnić wsparcie atakowi aliantów na Narvik. „Do zobaczenia, Tush — napisał do swojej żony, Tirzah — wrócę, jak tylko będę mógł, choć to akurat, jak się zapewne domyślasz, nie leży już w mojej gestii".

Przez wiele dni płynęli w sprzyjających warunkach, pokonywali kolejne szerokości geograficzne. Dni wydłużały się w miarę jak parli na północ, eskortując lotniskowiec HMS „Glorious". Ravilious siedział na pokładzie i pracował godzinami, albo stał oparty o reling na rufie, bez płaszcza w północnym słońcu, i obserwował kilwater kotłujący morze w kremową zieleń: biały ślad, kredowa droga, która przyzywała go, aby opuścił okręt i ruszył nią z powrotem na południe, z powrotem do Tirzah.

Stoczono zaciekłe bitwy morskie. Okręt Raviliousa został zaatakowany przez samolot, miny i okręt podwodny. Ale

Ravilious prawie nie wspominał o tych niebezpieczeństwach w listach do domu. Ataki traktował jako zdarzenia poboczne. Dla niego ważniejsze było to, że słońce nigdy nie opadało poniżej linii horyzontu. Na 70° 30' 00" szerokości geograficznej północnej namalował słońce w środku nocy, jarzące się na pomarańczowo nad północnym morzem, które było tak ciemnogranatowe, że niemal rozpływało się w czerń.

Obrazy, które Ravilious stworzył w czasie tych kilku tygodni, należały do jego najlepszych, z pewnością zaś najdziwniejszych. Wiele się na nich dzieje, a jednak brak tam zupełnie ludzi. Odznaczają się samotną czujnością: Ravilious jako wartownik. Posrebrzona posępność Arktyki wdarła się w nie, przepełniając je znieruchomieniem. Dopłynęły do punktu zamarzania.

Również jego listy przybrały bardziej oniryczny ton. Atmosfera była „oddalona i urocza". Kiedy okręt wpływał w pasy gęstej mgły, miało się wrażenie, jakby przenosił się do stanu jakiegoś „nieziemskiego istnienia". Rybitwy przelatywały obok nich jak strzały, towarzyszyły im delfiny, raz zobaczyli nawet pustą, wywróconą do góry dnem szalupę. Ravilious obserwował sunące nad nimi niemieckie samoloty, lśniące jak sześciopensówki wysoko na cynkowym niebie i przez chwilę poczuł, jakby został przemieniony w szklaną rurkę, cylindryczną i kruchą: miało to coś wspólnego z byciem obserwowanym z góry...

Gdy powrócił po siedmiu i pół tysiącach mil i czterech tygodniach na morzu, gdzie był świadkiem śmierci i cudów, Ravilious zrozumiał, że to doświadczenie go odmieniło. Świat wydawał mu się przestronniejszy i mniej doniosły. Północ nadal go przyciągała. Po kilku tygodniach w domu zatęsknił za kolejnymi wyprawami: na Islandię, potem Grenlandię, do arktycznej Rosji — może na Nową Ziemię.

Ale Komisja Doradcza Artystów Wojennych poprosiła, żeby namalował operację maskowania Białego Konia z Uffington, który zasypywano torfem — kilka tysięcy lat po tym, jak w tym torfie go wyryto — aby niemieckie bombowce nie mogły go wykorzystywać jako punktu orientacyjnego albo zniszczyć. Chcieli również, żeby namalował wozy strażackie, które rozesłano w teren, aby spryskały kredowe drogi czarnym atramentem, również po to, aby Luftwaffe nie mogła ich wykorzystywać do celów nawigacji.

Potem jednak wysłano go do Islandii. Moment był wysoce niefortunny. Tirzah niewiele wcześniej trafiła do szpitala, gdzie wykonano jej pośpiesznie mastektomię i do domu wróciła ledwie tydzień przed tym, jak Ravilious miał wyjechać. Powinien był zostać i zaopiekować się rodziną, ale postąpił inaczej. Kupił egzemplarz swojej drugiej w kolejności ulubionej książki, *Żywotu doktora Samuela Johnsona* Boswella, przeciął go na dwie połowy ząbkowanym nożem, jedną dał Tirzah, a drugą spakował dla siebie: dowód, że się ponownie zobaczą. Jednej z bliskich osób zwierzył się, że wyjazd na Islandię jest dla niego spełnieniem wieloletniego marzenia o zbadaniu najdalszych krańców fizycznego świata.

Na Islandię poleciał spokojnego sierpniowego dnia 1942 roku. Wulkaniczne góry oglądane z powietrza przypominały księżycowe kratery; rzucały cienie, które były ciemne i prążkowane jak liście. Na targu w Reykiaviku Ravilious o mało nie kupił kła narwala. Zbierał kwiaty i muszle, które zamierzał zabrać do domu jako symbole Północy. Ze stolicy wyprawił się na wycieczkę podskakującym niemiłosiernie na wybojach samochodem do Kaldadarnes, angielsko-amerykańskiej bazy na wschodnim wybrzeżu wyspy: baraki z pustaków żużlobetonowych, zielone dachy z blachy falistej i wypukłości niskich gór w tle.

Spędził tam ledwie jedną noc i jeden dzień, kiedy nadszedł raport o zaginięciu samolotu z 269. eskadry dowództwa nadbrzeżnego, który wyleciał z Kaldadarnes: hudson mark III zniknął nad morzem w czasie potyczki z U-bootem.

Ravilious został gwałtownie obudzony w świcie następnego dnia. Za chwilę wylatywała ekipa poszukiwawcza: trzy hudsony miały przeczesać oddalony trzysta mil od brzegu obszar, nad którym zaginął samolot. Czy Ravilious nie chciałby polecieć jako obserwator, namalować przebieg poszukiwań, może nawet chwilę odnalezienia zaginionego samolotu i pilota?

Kiedy trzy hudsony wzbijały się w powietrze, zanosiło się już na sztorm. Przeprowadzili poszukiwania, nie znaleźli nic i zawrócili do bazy. Skrzydła samolotów podskakiwały od turbulencji. Kontakt radiowy między maszynami stawał się coraz rzadszy, w końcu zaniknął.

Tylko dwa hudsony wylądowały z powrotem w Kaldadarnes. Samolot Raviliousa, FH 363, nie wrócił. Pilot, nawigator, radiotelegrafista, strzelec i artysta, który jako mały chłopiec na pagórkach południowej Anglii marzył o lataniu nad lodami Północy, nie wrócili. Samolot z całą piątką zaginął podczas poszukiwań zaginionego samolotu.

* * *

Późnym popołudniem David i ja wjechaliśmy do pogrążonego w głębokiej zimie lasu brzóz, leszczyn i buków na grzbiecie wzgórza. Z gałęzi zwisały sople lodu, w uwięzionych w nich bąbelkach powietrza skupiły się resztki światła. Woda w leśnym jeziorku lśniła, czarna i gęsta jak tusz litograficzny. Przekroczyliśmy anglosaską budowlę ziemną, podwójną groblę biegnącą ze wschodu na zachód. W końcu wyłoniliśmy się z lasu i spojrzeliśmy w dół na sąsiadujące wierzchołki Walker's Hill i Knapp Hill. Te dwa zaokrąglone kredowe wzgórza tworzą bramę, przez którą przebiega Ridgeway.

Na stokach Knapp Hill niespodziewanie pojawili się, ciesząc nasz wzrok, ludzie: chmara saneczkarzy w żywych, kolorowych kurtkach i szalikach. Nawet z odległości mili widzieliśmy te ich czerwienie i niebieskości, jaskrawe na tle śniegu, słyszeliśmy krzyki dzieci i zgrzyt sanek. Zjechaliśmy w dół między wzgórza, sunąc w ciszy przez śnieg tak sypki, że wzbijał się smugą przed czubkami nart. Potem zaczęliśmy się wspinać na Walker's Hill ku długiemu kurhanowi na jego wierzchołku, którego bryłę przykrywały kruche warstwy lodu. Zmierzch: niebo pokryte pasemkami fioletu i karmazynu. Saneczkarze na przeciwległym zboczu pokrzykiwali, zjeżdżali i się śmiali. Chłopiec w budrysówce zbiegł stokiem z rozpostartymi ramionami. *Wybiegający w dal pęd życia wzbija nas nad zakrzywione skrzydło duszy.*

Niezapomniany dzień zachował na koniec jeszcze jedną niespodziankę. Zapadła ciemność, a my jechaliśmy z powrotem do furgonetki. Znajdowaliśmy się zaledwie kilka mil od Ridgeway, kiedy David skręcił z bocznej drogi w szybszy szlak. Dosłownie w tym samym momencie jakieś duże czarne zwierzę zbiegło z pobocza na południe od nas, poruszając się z przyczajoną zwinnością typową dla dużego przedstawiciela kotowatych, po czym rozpłynęło się w ciemności żywopłotu. W zasięgu naszego wzroku pozostawało zaledwie przez kilka sekund. Było znacznie większe od zwykłego kota, a chodem nie przypominało lisa ani jelenia. Kiedy David ruszył dalej drogą, ja obróciłem się i zobaczyłem parę żółtych oczu, świecących jak latarki z głogu i cienia.

— To była pantera — powiedziałem do Davida.

— Wiem, też ją widziałem — odparł, nie zatrzymując się. Przez resztę drogi snuliśmy rozważania na temat tego ciemnego kształtu. Później dowiedzieliśmy się, że na Marlborough Downs wiele osób widziało duże czarne koty. Żałowałem, że się nie zatrzymaliśmy, nie cofnęliśmy się i nie zbadaliśmy z latarkami gruntu. Być może znaleźlibyśmy odciski kocich łap w śniegu i błocie. Potem jednak pomyślałem, że może lepiej się stało, że po przebyciu tego nieziemskiego krajobrazu położonego nad starożytnym szlakiem nie mieliśmy dowodu potwierdzającego lub obalającego naszą tezę, a jedynie niezdefiniowany obraz: intensywne światło pary oczu rozpalających ciemności.

14. KRZEMIEŃ

Burze na wzgórzach — Pociecha czerpana z krajobrazu — Egotyzm skruszony — Mapy tęsknoty i straty — „Droga na pagórku mokra deszczem" — Podwójny oddźwięk kroków — Rozwlekacze, włóczędzy i kloszardzi — Noc na grodziszczu Chanctonbury Ring — Polowanie i strach — Diabelska zupa i włochaci motocykliści — Zasadniczy wielebny C.A. Johns — Spleciony, skręcony i zwinięty — Drzewo i ptak; korzeń i krok — Noc na Kingston Down — *Düppel* i ostowy puch — Kolejny biały koń — Ulotność miejsca — Próżne pościgi — Zejście nad morze w Cuckmere — Zielonkawoniebieskie fale — Znalezienie krzemieni — Wewnętrzne drogi i kraina duchów.

Długie białe drogi [...] są pokusą. Jakież to proponują przygody! Prowadzą nas w rozrzedzone powietrze przyszłości albo do podziemi przeszłości.

EDWARD THOMAS (1909)

Ślady stóp na mokrym białym podłożu ścieżki. Grzbiet pagórka na południu Anglii, którym szedłem, stał się granicą krajobrazu, dzieląc świat na dwie krainy zjawisk atmosferycznych, światła i barw. Pod stopami ścieżka — miałka kreda, tak czysta, że można by nią pisać, poprzetykana karmelowymi krzemieniami. Lśniła od niedawnego deszczu, który uciekał, połyskując, przez wzgórza przede mną, znikając z pola widzenia, zawracając z powrotem na chwilę, blednąc w oddali.

Szedłem w burzowym świetle, w którym nasiona lnu wydawały się jaskrawozielone, a pola dojrzewającego jęczmienia mieniły się jak czerwonozłoty piasek. Ciemne ławice gawronów nad lasami, bałwany deszczu, jakby ktoś wrzucił do wody czernidło. Obszar wzgórz w południowej Anglii to jedyne wzniesienia w tamtejszym płaskim i nisko położonym krajobrazie, a to oznacza, że podobnie jak na pustyni albo oceanie, czasami można zobaczyć na wiele godzin wcześniej, co takiego szykuje nam pogoda.

Przez większą część tamtego poranka czułem się jak wybraniec bogów: monsunowe nawałnice przetaczały się na wschód i zachód ode mnie. Tuż po południu złapała mnie potężna burza. Deszcz wwiercał się w ziemię. Ścieżka zamieniła się w rzekę, zbierając wodę w strugę, która opłukiwała kredę. Krótka letnia burza gradowa. Potem znowu deszcz, tak rzęsisty, że wydawał się padać cylindrami, a nie kroplami, zupełnie jakbym patrzył przez prążkowane szkło. Wreszcie ponownie słońce. Powietrze znów nieskazitelnie czyste. Schroniłem się w zagajniku jesionów, dębów i wysokich buków, z żalem wspominając bukoliczne stwierdzenie Hippolyte'a Taine'a, że w „delikatnym bębnieniu kropel deszczu o dęby" można usłyszeć „pierwszą muzykę Anglii". Tamtego poranka w padającym deszczu trudno było doszukać się jakiejkolwiek melodii. To było wojsko: wojna pogodowa.

Tamtego dnia przemakałem jeszcze wielokrotnie. W czasie każdego przelotnego deszczu świat puchł i się rozmywał. Po każdej ulewie słońce wychodziło ponownie zza chmury, ziemia parowała, a gleba uwalniała swoje aromaty. Rozświetlone promieniami słońca ściany deszczu oddalały się na południowy wschód, nad kanał La Manche i dalej nad wybrzeże Francji. Próbowałem unikać ulew, przemieszczając się taki sposób, aby znajdować schronienia na czas. Wypełnione wodą deszczową odciski kopyt i butów połyskiwały na złoto; przekute przez słońce na monety. Czułem uniesienie, radość, że przebywam na dworze i idę. Miałem przed sobą wiele dni pieszej wędrówki po szlaku insynuującym na wschód — w dawnym i niewinnym znaczeniu tego słowa, od łacińskiego *insinuare*, czyli „delikatnie się uginać, zakrzywiać".

Wcześnie rano wyszedłem z Winchester z zamiarem przemierzenia około stu mil grzbietami pagórków południowej Anglii i dotarcia na brzeg morza gdzieś na wysokości Eastbourne, gdzie kreda opada głęboko pod kanał La Manche. Pierwsze mile przeszedłem wzdłuż zagonów rukwi wodnej i pod koronami buków, pod którymi walały się zwały opadłych liści.

Podążanie śladami Edwarda Thomasa rozpocząłem na Icknield Way, a kończyłem ponownie na kredowych ścieżkach. Pagórki południowej Anglii leżały w samym sercu jego „Południowej Krainy" i były jego ojczyzną: obszarem, na którym mieszkał i po którym chodził dłużej niż gdziekolwiek indziej. W grudniu 1906 roku Thomas — ze swoją żoną Helen i dwójką dzieci, do których niedługo potem miało dołączyć trzecie — przeprowadził się z Kentu do Hampshire. Nową ojczyznę poznawał, spacerując i przemierzając szlaki. W ciągu dekady, którą tam spędził, przebył tysiące mil po okolicznych pagórkach. Żadnego typu krajobrazu nie znał równie dobrze; przynosił mu tego rodzaju ukojenie, jakie inni czerpią z religii albo muzyki. „Na tych starożytnych szlakach, nad którymi krążyła zawsze jakaś pustułka — wspominała Helen — odkrywając na nowo zapomniane ścieżki i ukryte dróżki [...] potrafił odrzucić swoją ponurą melancholię i uzyskać stan zadowolenia" (pobrzmiewają w tym echa na wpół wzgardliwej, na wpół zawistnej uwagi Alberta Camusa, że mógłby „napisać historię człowieka współczesnego uleczonego z rozdarć samą tyko długą kontemplacją pejzażu"). Tamtejsze szlaki osłaniały Thomasa przed nim samym: stanowiły dowód uczestnictwa we wspólnej historii i wskazywały na ciągłość, ale również kruszyły egotyzm:

Drogi biegną
A my zapominamy, i jesteśmy
Zapomniani jak gwiazda
Która spada i znika.

Thomas lubował się w historycznej synchroniczności kredy: forma starożytnych ścieżek pobrzmiewała echem w bruzdach pozostawionych poprzedniego dnia przez pług. Lubił pozostawiane od tysiącleci świadectwa oznakowywania i przekształcania krajobrazu przez człowieka — kurhany, kamieniołomy, wodopoje wydrążone we wzgórzach — świadczące o tym, że krajobraz pełnił funkcje upamiętniające, był często uświęcany. Sporządził listy nazw miejsc w hrabstwach Hampshire i Sussex, rozkoszując się „bogactwem zawartej w nich poezji". Prowadził długie rozmowy z ludźmi napotkanymi na drogach. No i chodził: po ścieżkach do stojących samotnie zabudowań gospodarskich i opuszczonych stodół, po drogach, którymi jeździły wozy z krzemieniem, po szlakach przemytników i zajęczych dróżkach. Stworzył elegancką typologię cech różnych szlaków: „zwiewny bieg" i „ptasie łuki" charakteryzowały te schodzące z grzbietów ku glinie, piaskowi i rzece; bustrofedonicznie poruszała się ścieżka, która „rozwidla się przy wlocie do doliny wciosowej"; długie proste drogie zawierały „ukryte łuki"; „pęk kilku ścieżek wydeptanych obok siebie", które biegły przez pola, zwężały się i splatały dopiero w pobliżu mostu albo bramy; „trawiasty szlak o wielkiej szerokości" pod jesionami i „między fioletowymi dereniami oraz spąsowiałymi powojnikami". Co roku pod koniec lata wypatrywał „wędrownego dżentelmena", którego nazywał „Panem Parasolem". Człowiek ten włóczył się po drogach od czterdziestu lat i chodził za Thomasem, pchając wózek dziecięcy wyposażony w parasol z rączką z kości słoniowej oraz, tamtego pierwszego sierpnia, kiedy Thomas go poznał, również główkę kapusty. Pan Parasol rozbijał często obóz przy bocznych, dzikich ścieżkach Hampshire: pod rozłożystym dębem albo świerkiem czarnym, albo w torfowej zatoce.

Thomas, jak nikt inny, wypychał mnie w teren. Podczas wędrówek przeczytałem większość jego prac — publikacje z historii naturalnej, książki podróżnicze, listy, dziennik z wojny, wiersze — oraz sporą część tego, co napisano o nim. Po wielu latach i milach wędrówek zacząłem postrzegać pisarstwo Thomasa jako swego rodzaju mapy snów: akt kumulatywnej, choć rozproszonej kartografii wyobraźni, misternej mapy tęsknoty i straty przeniesionej na rzeczywiste obszary, w których żył, a zwłaszcza na pagórki południowej Anglii. Myślę, że Thomas do pewnego stopnia zdawał sobie sprawę, że właśnie na tym polega jego twórczość: na nieustającej eksploracji własnych wewnętrznych krajobrazów, relacjonowanej za pomocą przemierzania określonych miejsc i podążania określonymi drogami.

* * *

Pierwszą noc spędziłem pod wątpliwą osłoną szkółki leśnej o nazwie War Down, wciśnięty do namiotu przypominającego kokon. Deszcz spływał po igłach drzewek. Zdarzało mi się spędzać wygodniejsze noce pod namiotem, ale o świcie deszcz ustał, powietrze zrobiło się ciepłe, a ja mogłem zacząć wcześnie dzień. Przez głowę przeleciał mi wiersz Thomasa *Roads* z 1916 roku, którego próbowałem się nauczyć na pamięć po drodze:

Droga na pagórku mokra deszczem
Nie będzie błyszczeć w promieniach słońca
Jak strumień wijący się bez końca
Jeśli nie przemierzyliśmy jej z powrotem.

Dziki klematis kłębił się na żywopłotach. Rośliny pnące — przestęp, bluszcz, kapryfolium, powój — rozbiegały się po gałęziach drzew i zwisały nad ścieżką jak zrzucone skóry węży. Tam, gdzie deszcz opłukał kredę, zrobiła się śliska jak jedwab.

Na północnym wschodzie widziałem zgrabną wyżynę, która wznosiła się nad Steep, wioskę, gdzie Thomas i jego rodzina mieszkali przez dziesięć lat w trzech różnych domach. Pierwszy z nich, Berryfield Cottage, mieścił się u podnóża kredowego płaskowyżu, usianego jałowcem i zwieńczonego kępą jodeł. Dom leżał w przyjemnym oddaleniu od innych zabudowań. Aby dotrzeć do „zewnętrznego świata", jak go zaczęła nazywać Helen, trzeba było przejść krętą dróżką tak mocno wcinającą się w grunt i ciemną, „że wejście do niej przy głównej drodze wyglądało jak wlot do tunelu". W nocy słyszeli wiatr w koronach buków, pokasływania i poszczekiwania lisów, pohukiwania sów. Ale nawet w krajobrazie, który przynosił mu tyle zadowolenia, Thomas nie potrafił pozbyć się depresji. Zdarzało się, że w Berryfield Cottage na kilka dni zapadało milczenie; pochylał głowę zmęczony wysiłkiem, jakiego wymagało od niego życie, twarz mu się zapadała, szarzała od „przytłaczających ataków przygnębienia i niedoli". Dla dzieci był ostry i surowy, a jeszcze ostrzejszy i surowszy dla Helen. Tamtejszy krajobraz nigdy też nie pozwolił mu odbudować się dla siebie samego. Pewnego zimowego dnia 1908 roku pogrążony w rozpaczy wyciągnął rewolwer z szuflady biurka, wsadził go do kieszeni i wymaszerował z domu, nie zamieniając ani słowa z Helen. Wrócił późno tamtego popołudnia, cały i zdrowy, z butami oblepionymi błotem i liśćmi. Nie chciał rozmawiać o tym, co robił na płaskowyżu. Raniąc ją, rekompensował sobie nieumiejętność zranienia samego siebie.

W Steep przeżyli też cudowne chwile, choć zdarzały się rzadko. Czasami spędzali z Helen noc w zagajniku na końcu ogrodu; o brzasku leżeli na plecach i obserwowali linie zakreślane na niebie przez ptaki. Początkowo Thomas próbował pomóc Helen w zapamiętaniu nazw konstelacji, ale ona nie miała ochoty się ich uczyć. Wystarczało jej postrzeganie nocnego nieba jako abstrakcyjnego wzoru. Kiedy pogoda była wyjątkowo sprzyjająca, zostawiali dzieci u sąsiadów, odkładali pracę, zabierali kije, które trzymali przy tylnych drzwiach, i wyruszali na pieszą wędrówkę. Czasami zachodzili do parafii Gilberta White'a w Selborne; kiedy indziej wsiadali do pociągu, zmierzającego do Canterbury i wracali stamtąd do Winchester Drogą Pielgrzymów. Raz wyprawili się na dwa tygodnie do Wiltshire i obejrzeli Białego Konia z Uffington. Helen rozkoszowała się atawizmem „starożytnych szlaków", jednoczącym z „historią i tradycją" aspektem ich przemierzania. Thomas nauczył ją innego sposobu chodzenia: „ciałem, a nie tylko nogami", dzięki czemu potrafiła wyczuwać krajobraz, po którym się poruszała.

Również u Helen każdy krok, który stawiała w towarzystwie Thomasa, znajdywał podwójny oddźwięk, odciskał się w dwójnasób: na ziemi i w jej pamięci. „Każde zbocze wzgórza, każdy las i łąka, każda polna droga i stroma kredowa ścieżka", pisała po jego śmierci, „odciska się na moim sercu na zawsze [za sprawą] wędrówek, jakie odbyliśmy tam z Edwardem".

* * *

Pod Buriton, na granicy hrabstwa Essex, zobaczyłem w oddali na drodze sylwetkę o szerokich plecach. Szedłem szybciej, więc stawała się coraz wyraźniejsza. Mężczyzna: niski i szczupły, na oko pięćdziesięcioletni. Szerokie plecy okazały się plecakiem. W kieszenie z siatki po obu stronach miał wetknięte dwie podniszczone butelki po coca-coli, od dawna pozbawione etykiet. Przypominały silniki odrzutowe jet packa. Rondelek przywiązany za rączkę pobrzękiwał przy każdym kroku o metalową klamrę. Był to plecak długodystansowego wędrowca: nieporządny, ale praktyczny. Zrównałem się z nim i zaczęliśmy rozmawiać. Miał na imię Lewis. Wydawał się spokojny, wyważony. Na nosie miał okulary w drucianej oprawie. W trasę wyruszył sześć lat wcześniej, po tym, jak zmarła jego żona. Sprzedał dom i postanowił, że będzie wędrował. Wyspy Brytyjskie przemierzył wzdłuż i wszerz. Przeszedł przez Francję, przez Hiszpanię, zapuścił się nawet do Afryki Północnej. W planach miał Chiny i Himalaje. Ale głównie Wyspy Brytyjskie. Żył na długich trasach. Każdego dnia budził się około piątej, niezależnie od pory roku, i starał się przejść pięć mil przed śniadaniem. W butelkach po coli nosił wodę.

— Od czasu do czasu pozwalam sobie na spędzenie nocy w łóżku i śniadanie — powiedział — ale zazwyczaj śpię tam, gdzie akurat dojdę.

Wyciągnął do tyłu rękę i poklepał zwinięty namiot przyczepiony na spodzie plecaka. Podczas każdej dużej wędrówki prowadził dziennik. Zawsze identyczny: czarno-czerwona płócienna oprawa, format A5, na tyle wytrzymały, żeby dało się go nosić w plecaku. Zapełnione dzienniki wysyłał do brata, który mieszkał w Newcastle.

— Ma już ich z tuzin, wszystkie stoją obok siebie na półce — powiedział Lewis. — Kiedyś przerobię je na książkę.

Gdzieś pod Amberley sowa płomykówka poderwała się z kępy trzciny. Przystanęliśmy, żeby popatrzeć, jak poluje nad brzegiem, przemieszczając się powoli na północ wzdłuż rzeki. Na jej widok klucze gajówek podrywały się z trzciny. Sowa była duchem objawiającym się w środku dnia; biła skrzydłami z potężnym bezdźwiękiem.

— Idź swoim tempem — powiedział Lewis. — Mnie się nie śpieszy.

Możemy wyróżnić dwie przeplatające się historie współczesnego wędrownictwa. Bohaterem jednej jest zdeterminowany podróżnik, następca Borrowa albo Whitmana zainteresowany romantyzmem drogi. Druga — będąca cieniem historii, mroczniejsza i trudniejsza do wypatrzenia — składa się z włóczęgów, kloszardów, włóczykijów, wydziedziczonych, uciekinierów, skrzywdzonych i bezrobotnych, odfajkowujących życie, „rozwlekając" je po drogach. Dziesięć mil dziennie to oficjalny dystans „rozwlekacza"; dziesięć mil dziennie pozwala pokonywać długie trasy. Okres rozkwitu dawnego wędrownictwa na Wyspach Brytyjskich, od lat osiemdziesiątych XIX wieku do trzydziestych XX wieku, to również kluczowe dekady w historii „włóczęgi". W drugiej połowie XIX wieku doszło w Anglii do ostatecznego rozpadu systemu cechów zawodowych, który trwał od wczesnego średniowiecza, przez co rzemieślnicy musieli chodzić, szukając ogłoszeń o wolnych posadach. Wielu mężczyzn powracających do Anglii z frontu pierwszej wojny światowej nie miało fachu ani perspektyw otrzymania stałej pracy. Życie na drodze było dla nich jedynym dostępnym rozwiązaniem, a przez dwie dekady po zakończeniu wojny na drogach mieszkała znacząca populacja ludzi, którzy żyli gołym niebem. Z młodniaków i zagajników unosiły się smugi dymu; lasy stały się tymczasowym domem dla odtrąconych ofiar wojny. Ich szeregi powiększyły się na skutek kryzysu ekonomicznego z lat trzydziestych, w którego wyniku pracę straciły miliony ludzi w Europie i Ameryce.

Najbardziej rozdzierający moment we wspaniałej książce Laurie Lee *As I Walked Out One Midsummer Morning* (1969) ma miejsce niedługo po tym, jak autor opuszcza swoją dolinę w paśmie górskim Cotswolds i bąbluje na kredowych drogach hrabstwa Sussex, zmierzając do Londynu. Posila się daktylami i herbatnikami, śpi przy drodze: noc w stogu siana, noc na grodziszczu Chanctonbury Ring. Jest rok 1934, szczytowy punkt kryzysu gospodarczego. Lee ledwie wyruszył na swoją wędrówkę i dopiero zaczyna się orientować, kim są inni ludzie, których spotyka na trasie: a to jakiś dziwak spacerujący dla przyjemności, a to profesjonalni, wieloletni włóczędzy (których można było rozpoznać, ponieważ „parzyli herbatę przy drodze, wyglądali na zrelaksowanych i uważnie oglądali sobie stopy"). Ale Lee zauważył również innych: „człapiących na północ w ponurym orszaku". Należeli do „tego morza bezrobotnych, którzy przez cały czas włóczyli się bez celu po całej Anglii". Ludzie ci:

> poruszali się jak somnambulicy, samotnie i rzadko kiedy odzywali się do siebie. Można było odnieść wrażenie, że jest ich więcej w głębi lądu niż na wybrzeżach — być może pilnowała tego policja. Przypominali rozbitą armię wracającą z wojny: zapadnięte policzki, oczy martwe ze zmęczenia. Niektórzy nieśli worki z narzędziami albo nędzne kartonowe walizki; inni mieli na sobie widmowe pozostałości miejskich garniturów; niektórzy w przerwach odpoczynek zdejmowali buty i pucowali je odruchowo garściami zerwanej trawy. Byli wśród nich cieśle, urzędnicy, inżynierowie ze środkowej Anglii. Wielu przebywało w trasie od miesięcy, przemierzając kraj wzdłuż i wszerz

w labiryncie beznadziejnych poszukiwań pracy, schwytani w kierat połowy lat trzydziestych.

To smutny i błyskotliwy fragment, współczujący w umiejętności dostrzeżenia detalu — zwłaszcza „odruchowego" polerowania butów przez ludzi, którzy wykonywali kiedyś pracę, gdzie odpowiedni połysk obuwia miał znaczenie; sposób na symboliczne odcięcie się od pyłu drogi — dający świadectwo tym zastępom złamanych życiowo ludzi, którzy przemierzali kraj, ale często byli pomijani w skreślanych pośpiesznie opisach życia na drodze.

* * *

Na wschód od Beacon Hill dotarłem do długiego kredowego grzbietu. Z lasów dobiegały teleturniejowe brzęczyki sójek i wron. Drogę z obu stron porastały jarzęby z szarozielonymi wierzchami liści i jaskrawymi szarymi spodami. Przeszedłem przez pole porośnięte kukułką Fuchsa i różową koniczyną; zjadłem trochę pylników koniczyny, rozkoszując się smakiem ich nektaru. Mijałem grobowce i pomniki wzniesione w różnych epokach: kopce nagrobne z epoki brązu, w których przechowywano ongi skremowane prochy w glinianych urnach; neolityczne długie kurhany; przydrożną kapliczkę poświęconą niemieckiemu pilotowi, który zginął tam w 1940 roku, obwieszoną pamiątkowymi krzyżykami, płatkami róży i krzemieniami. W końcu wyszedłem z mroku cisowego lasu na łagodne wzgórze, które ciągnęło się na dwie mile albo i dalej. Wyblakłe światło, lśniące szare pnie buków, traktor orzący odległe pole na sztruks. Trawa drga na wietrze, koniki polne szurają i piłują. Białe krzemienie rozsiane po polach, między nimi turlają się kłęby owczej wełny.

O zmierzchu wszedłem w dróżkę prowadzącą jarem, która biegła w górę stromego zbocza jednego z wzgórz na wchód od Storrington. Głębokość drogi świadczyła o nieustannym ruchu, jaki odbywał się nią od stuleci. Podobała mi się jej trasa: biegła zaokrąglonymi zygzakami, meandrowała w górę między drzewami. W lesie ciemność stała się głębsza. Wyszedłem zza zakrętu. Borsuk wybiegł spod kępy szczyru, zatrzymał się, spojrzał na mnie, jego oczy rozbłysły na moment w ciemności na zielono niczym para klejnotów, po czym potoczył się się dalej w dół zbocza swoją ścieżką. Ja udałem się swoją dalej w górę, wychodząc z lasu na płaskowyż, gdzie znajdował się Chanctonbury Ring. Właśnie tam spał kiedyś Lee i również ja zamierzałem tam spędzić noc.

Jest to krąg buków posadzonych na szczycie wzgórza, gdzie w epoce brązu i żelaza stała forteca, a w czasach rzymskich świątynia. W 1760 roku młody arystokrata z leżącej u podnóża skarpy wioski Wiston, niejaki Charles Goring, postanowił dodać własną warstwę do wcześniejszej historii budowli ziemnych Chanctonbury. Posadził młode buki w przestronnym okręgu i, jak głosi opowieść, codziennie znosił na górę butelki z wodą, aby nawodnić zbocze i podlać sadzonki rosnące na suchym nizinnym wierzchołku (według innej relacji zlecił to zadanie swoim służącym).

Tak czy inaczej sadzonki się przyjęły, zadomowiły na wzgórzu i ostatecznie wyrosły w katedralny zagajnik. Przez dwa stulecia Chanctonbury było najbardziej znanym miejscem w południowej części angielskich pagórków. Pewnego lipcowego wieczoru w 1932 roku szesnaście tysięcy ludzi wsiadło do specjalnie podstawionych pociągów Southern Railway w Londynie z zamiarem odbycia spaceru w świetle księżyca przez pagórki południowej Anglii i obejrzenia wschodu słońca z Chanctonbury Ring. Większość starych drzew nie przetrwała do czasów dzisiejszych, a wnętrze kręgu zamieniło się na powrót w zarośla złożone z młodych jesionów i jeżyn.

Tamtego wieczoru czułem się tam mimo wszystko zadziwiająco osamotniony. Na południu lśniło Brighton, jak nierzeczywiste ognisko. Na północy Weald spowiły niemal całkowite ciemności. Niebo było śniedziejącym srebrem. Rozwinąłem karimatę między dwoma bukami, akurat kiedy zapadł zmrok. Zdjąłem buty i skarpetki. Wygryziona przez króliki darń przynosiła ukojenie moim stopom; przez jakiś czas wwiercałem się w nią palcami, potem obszedłem krąg drzew. Wróciwszy niemal do punktu wyjścia, wdepnąłem w odchody owiec i kilka następnych minut spędziłem na czyszczeniu przestrzeni między palcami za pomocą garści trawy. Posiliłem się i ułożyłem do snu. Przyłożyłem ucho do darni i pomyślałem o głębokich warstwach historii, które kryła ta ziemia — wydarzeń z neolitu, epoki żelaza, epoki brązu, czasów rzymskich, wieku augustiańskiego — i przez które przedzierały się korzenie buków. Ta przyprawiająca o zawrót głowy myśl utrzymywała mi się w świadomości przez co najmniej pół minuty, potem zapadłem w głęboki sen.

Pierwszy krzyk usłyszałem około drugiej w nocy. Piskliwy, ludzki krzyk, przewlekły ale słabnący w ostatniej części. Dochodził z przeciwległej części kręgu drzew. W głowie kręciło mi się od zamroczonych snem myśli: dziecko w potrzebie? Zając upolowany przez łasicę albo lisa? Niemożliwe: dźwięk dochodził z poziomu koron drzew. A zatem ptak; bez wątpienia sowa. Tyle że musiałby to być sowi krzyk, jakiego nigdy wcześniej nie słyszałem: ani rozmyte pohukiwanie puszczyka, ani pisk płomykówki. Do poprzedniego okrzyku dołączył kolejny: nieco niższy i chropowaty, wznoszący się na końcu; zgrzyt ostrza dociskanego to koła tokarki. Był bardziej ludzki niż ptasi, również mi nieznany, również dochodzący z korony drzewa. Leżałem przez dwie albo trzy minuty, wsłuchując się w krzyki. W pewnej chwili poczułem mrowienie w ramionach i palcach, kiedy zdałem sobie sprawę, że głosy się rozdzieliły i zmierzają w moją stronę: na wysokości koron drzew obiegały okrąg, jeden zgodnie z ruchem wskazówek zegara, drugi w przeciwną stronę. Miały się spotkać mniej więcej tam, gdzie leżałem. Przeszło mi przez myśl, żeby wstać, krzyknąć, zamachać latarką, ale leżałem nieruchomo w nadziei, że wszystko się zaraz skończy. Krzyki spotkały się niemal dokładnie nade mną, dwadzieścia albo trzydzieści stóp w głąb ciemności. Po piętnastu minutach umilkły, a ja w końcu zapadłem w niespokojny sen.

Dopiero po powrocie do domu zapoznałem się z opowieściami o Chanctonbury Ring. Teraz wiem, że jest to jedno z najsilniej nawiedzonych miejsc na wzgórzach południowej Anglii. W folklorze hrabstwa Sussex, pochodzącym głównie z XIX i początku XX wieku, aż roi się od opowieści, z których wynika, że Chanctonbury Ring jest bramą do zaświatów. Arthur Beckett relacjonował w 1909 roku w *The Spirit of the Downs*, że „jeśli w bezksiężycową noc obejdziemy Chanctonbury Ring siedem razy, nie zatrzymując się, diabeł wyjdzie z lasu i poda nam miskę zupy". Jak na zapłatę za naszą duszę, wydaje się to kiepskim interesem. Bardziej energiczne wersje przywoływania istot pozaziemskich nakazywały, aby zainteresowany okrążył krąg siedemnaście razy nocą w czasie pełni księżyca, do tego nago, albo obiegł go tyłem siedmiokrotnie o północy w wigilię przesilenia letniego. Poza diabłem można było w ten sposób przyzwać druida, kobietę na białym koniu, poszukiwacza skarbów z białą brodą, dziewczynkę, Juliusza Cezara i jego armię. W ruchliwsze noce musiał tam panować niezły ścisk.

Odkryłem również, że wielu ludzi, którzy próbowali spędzić noc na Chanctonbury, zostało zmuszonych do opuszczenia wzgórza przez niewidzialną istotę albo niewidzialne istoty. W latach trzydziestych XX wieku doktor Philip Gosse ze Steyning stwierdzał w książce *Go to the Country*, że „nawet w widne letnie noce człowieka ogarnia tam przyprawiające o grozę poczucie, że podąża za nim jakaś niewidoczna istota. Kiedy się zatrzymuje, zatrzymuje się i ona; kiedy rusza, ona podąża za nim". Niepokojąco najbliższa moim doświadczeniom była relacja z 1966 roku, kiedy grupa motocyklistów spędziła noc w kręgu. Cisza panowała do północy, kiedy rozległy się jakieś szelesty, po których rozległ się zawodzący kobiecy głos. Również wtedy wydawał się poruszać po obwodzie kręgu. Motocykliści uciekli, a potem narzekali na fizyczne dolegliwości, bóle głowy i słabość kończyn. Czytając ten fragment, najpierw poczułem zdumienie podobieństwem do moich doświadczeń, a zaraz potem dumę, że zniosłem to, co skłoniło do ucieczki gang włochatych motocyklistów.

* * *

Obudziłem się wśród barw zimorodka: pomarańczowy cumulus na wschodzie i niebieskie smugi między cirrusami nad głową. Bolała mnie lekko głowa i kości. Obszedłem krąg w poszukiwaniu wyjaśnienia nocnych krzyków. Nie znalazłem żadnego. Biała kredowa ścieżka rozwijała się na południowy wschód przez wysokie wzgórza. Ruszyłem nią wzdłuż Bramber Bank, torfowego garbu, który opada z wdziękiem ku górnej części doliny rzeki Adur. Przez pół mili, kiedy droga prowadziła wzdłuż brzegu, zalegały na niej tysiące pustych muszelek ślimaków, *Helix nemoralis*, które chrzęściły pod moimi butami. Na jednym z pól rósł starzec jakubek rojący się od gąsienic proporzycy marzymłódki. Inne pole różowiało od eksplozji ślazu wystrzeliwującego z darni niczym sypnięcia sztucznych kwiatów iluzjonisty. Między nimi wiły się ślady traktorów. Słońce grzało już mocno, kiedy dotarłem do średniowiecznego kościoła w Botolphs, gdzie mój przyjaciel Rod Mengham — urodzony i wychowany w tamtej okolicy poeta, archeolog i pisarz — czekał na mnie w cieniu wieży, aby potowarzyszyć mi przez kilka następnych mil. Bardzo się ucieszyłem na jego widok.

Na wschód od rzeki Adur wzgórza przybierają postać trzech długich płaskowyżów rozdzielonych dolinami, którymi płyną strumienie i rzeki. W najwyższym punkcie pierwszego, Edburton Hill, znajdują się szańce grodu typu motte, które wiosną i wczesnym latem zarastają sięgającymi do kolan polnymi kwiatami. Zatrzymaliśmy się tam i usiedliśmy wygodnie na łące w suchym zachodnim wietrze. Rozmawialiśmy o Thomasie, Raviliousie i powodach, dla których nie należy pod żadnym pozorem spędzać nocy w Chanctonbury Ring. Myszołów poszukiwał prądów termicznych nad stromym zboczem, machając intensywnie skrzydłami; w pewnej chwili natrafił na strumień wznoszący, który poderwał jedno ze skrzydeł do góry. Ptak zmienił w odpowiedzi kierunek lotu, potem cała jego sylwetka uległa przeobrażeniu: rozpostarł ogon i lotki, napiął skrzydła, wygiął je i dał się porwać strumieniowi ciepłego powietrza, który pociągnął go ostro w górę.

Rozpoznawałem tylko kilkadziesiąt gatunków roślin, które zasiedlały łąkę, na której siedzieliśmy. Rod znał ich więcej: rzepik, rezedę żółtą, koniczynę łąkową, szelężnika mniejszego, lebiodkę majeranek, driakiew, chabry, przytulię właściwą, podrostki jesionu, pędy głodu i pojedynczą wysoką łodygę wierzbówki. Między nimi wędrowała przypominająca sznurek łodyga powoju. Próbowałem nauczyć się większej liczby angielskich polnych roślin z *Flowers of the Field* wielebnego C.A. Johnsa, niezwykle popularnego dziewiętnastowiecznego poradnika, z którego korzystał również Thomas. Johns pomógł mu zostać przyzwoitym botanikiem amatorem i specjalistą samoukiem od „magicznej flory" kredowych gleb. Dzieci Thomasa tak dobrze poznały tamtejszą roślinność, że kiedy Eleanor Farjeon po raz pierwszy odwiedziła swoich krewnych w ich domu w Steep, dzieci zebrały sto gatunków roślin i zrobiły jej test ze znajomości nazw (aby zdać, należało zdobyć co najmniej siedemdziesiąt punktów, a osiemdziesiąt poprawnych odpowiedzi upoważniało do zdania testu z wyróżnieniem).

Flowers of the Field Johna powstało w czasach, kiedy nie myślano jeszcze o wygodzie użytkownika. Oto przykład poważnego podejścia wielebnego do opisu rzepiku, rośliny występującej powszechnie na glebach kredowych, słynącej ze swoich właściwości leczniczych:

> Rzepik — zioło o chropowatych, pierzastych, ząbkowanych liś-ciach i wyrastających okresowo, zwężających się ku czubkowi groniastych kwiatostanach z przylistkami żółtych kwiatków; 5 działek kielicha, zachodzących na siebie, niezanikających [...] 2 słupki jednozalążkowe we wnętrzu kolczastej rurki kielicha; owoce: 1–2 niełupki.

Trudno sobie wyobrazić opis, który w mniejszym stopniu ułatwiłby mi zidentyfikowanie rzepika na łące. A jednak było coś orzeźwiająco wiktoriańskiego w założeniu, że czytelnik jest specjalistą: człowiek miał poczucie, jakby czytał instrukcję pralki skierowaną do zawodowych elektryków. Opisy Johnsa odznaczały się również liryczną precyzją. Liść „w rozwoju", zauważa, może być

> złożony podwójnie wzdłuż, inaczej mówiąc złożony wokół środkowej żyłki jak dwie połowy kartki do zapisków, jak u Czereśni; spleciony jak wachlarz, jak u Buka; skręcony, inaczej mówiąc zwinięty, jak u Śliwy; zwinięty, z bokami podwiniętymi w górę, jak u Lilii Wodnej; wywinięty, z bokami podwiniętymi do tyłu, jak u Szczawiu; skorupowy, kiedy listki dotykają się, ale na siebie nie zachodzą; albo zachodzący, kiedy listki układem przypominają dachówki.

Leżąc na łące, rozleniwiony i senny od słońca, przebytych mil i aptekarskiego aromatu kwiatów, z muchami zaplatającymi zwiewną siatkę dźwięku nade mną, pomyślałem, że gdybym zasnął, wąsy powoju mogłyby opleść mi ręce i nogi — leżałbym wtedy niczym Guliwer w krainie Liliputów, uwiązany już na zawsze do ziemi.

* * *

Głęboko u źródeł melancholii Thomasa leżała jego podwójna tęsknota za podróżą i odpoczynkiem, za ruchem i za znalezieniem dla siebie miejsca. Jako młody człowiek upijał się Borrowem i czuł „wszędzie awanturniczego ducha". Zafascynował go Yeatsowski romantyzm drogi, ścieżki, rozumiany, by przywołać określenie Roberta Levisa Stevensona, jako „biała wstęga możliwej podróży". „...nigdy / jeszcze nie znużyły mnie szlaku trudy — pisał Thomas w wierszu *Roads* — Nawet jeśli był długi, stromy i ponury / Kiedy tak wił się bez końca". Właśnie ten aspekt osobowości wziął sobie jerzyka za swój symbol — ze względu na jego dalekie migracje i rozkrzyczane powietrzne piruety.

Ale Thomas marzył również o życiu w jednym miejscu. Czasami — kiedy leżał pod jarzębami albo kiedy sadził zioła i rośliny pnące — nachodziło go pragnienie „zapuszczenia na zawsze korzeni". Drzewo (nieruchome) i ptak (migracyjny) są dwoma najbardziej charakterystycznymi obiektami w jego literaturze; las (stałość) i ścieżka (mobilność) to dwa najczęściej występujące elementy krajobrazu; a korzenie (zapuszczanie się w głąb) i krok (poruszanie się do przodu) to dwie kontrastujące metafory naszych relacji ze światem.

Thomas wyczuł wcześnie, że jedną z najbardziej charakterystycznych cech nowoczesności będzie napięcie między mobilnością i wykorzenieniem a zagłębianiem się i przynależnością — przy czym te pierwsze staną się wszechobecne, a drugie zanikną (jeżeli w ogóle kiedykolwiek były możliwe) i przekształcą się w nostalgię. Sam doświadczał tego napięcia między włóczęgą a osiadłością, kiedy dopiero się ono rodziło. Ja również miałem okazję je poznać. „Trudno w jakikolwiek sposób pogodzić ze sobą te dwa nieprzystające pragnienia — napisał Thomas w 1909 roku. — Jedno to pragnienie nieustającego przemierzania ziemi, a drugie osiedlenia się w jednym miejscu, jakby człowiek wykopywał dla siebie grób i nie miał ochoty na jakąkolwiek zmianę". „Przez [...] wiele lat — wspominała Helen po jego śmieci — hrabstwo Hampshire było dla niego domem". Potem jednak odżyła w nim potrzeba ruchu i „opuścił Hampshire, wstępując do wojska. Nigdy już nie znalazł sobie domu".

* * *

Zanim powój zdążył się za mnie zabrać, podniosłem się z ziemi. Rod i ja ruszyliśmy dalej na wschód na zmęczonych nogach, przecinając kolejne drogi, parkingi i Devil's Dyke, wyschniętą dolinę wciosową o stromych zboczach, wydrążoną w wiecznej zmarzlinie gleb kredowych w czasie ostatnich zlodowaceń. Po południu, na najdłuższym grzbiecie wzgórz południowej Anglii — zwanym Plumpton Plain — spojrzałem z tęsknotą w niebo na myszołowy, żałując, że sam nie mam skrzydeł i nie mogę w kilka minut machnąć paru mil.

W Kingston pożegnałem się z Rodem. Skręciłem w Jugg's Road, stary szeroki szlak łączący Brighton z Lewes, który prowadzi na szczyt płaskowyżu Kingston Down. Właśnie tamtą drogą ryby złowione na morzu i wyładowane w portach na wybrzeżu transportowano przez wzgórza do miasteczek handlowych po ich północnej stronie. Wlokłem się przez płaskowyż, rozglądając się za miejscem na nocleg. Minąłem jeziora kondensacyjne i kurhany, a także duży polny grzyb leżący do góry nogami na kapeluszu; jego czarne blaszki przypominały zwęglone kartki książki. W końcu wybrałem obszar porośniętego bujną roślinnością torfu, między dwoma kępami kolcolistów, które miały pełnić funkcję osłony od wiatru. Torf gęsto porastały przytulie, które dobrze nadawały się na materac.

Setki stóp nade mną skowronki wyśpiewywały swoje trele; nuty ich melodii opadały na ziemię niczym zasłona antyradarowa. W.H. Hudson opisywał, jak pewnego jasnego wieczora w lecie 1899 roku wyszedł na Kingston Ridge i był świadkiem, jak wiatr porywał nasionka z rosnących tam ostów; powstała z tego zamieć „ledwie dostrzegalnych srebrzystych gwiazd". Był to niezwykły widok. „Poddałem się całkowicie rozkoszy tej chwili — pisał potem szczerze Hudson — nie potrafiąc sobie wyobrazić, by mogło mnie spotkać coś wspanialszego". Podobne zjawisko widział na pampie w Ameryce Południowej, gdzie udał się na konną przejażdżkę nocą i jechał galopem przez sięgające głowy zwały ostowego puchu. Ta „niematerialna srebrna mgła" spłoszyła jego konia, „lśniąc w ciemności osobliwą bielą". Przypomniałem sobie, że w czasie drugiej wojny światowej szczyty wzgórz południowej Anglii zostały pokryte paskami metalu zwanymi *düppel*, które rozrzuciły tam niemieckie samoloty, aby zaburzyć działanie brytyjskich radarów. Ostowy puch, *düppel*, nuty melodii jako zasłona antyradarowa, dźwięki, słowa i sceny zaczynały się zmieniać i zamazywać…

Thomas bywa często nazywany poetą miejsca, ale ulotność miejsca fascynowała go bardziej od jego nienaruszalności. Pociągały go czasy teraźniejsze natury — brzęk kosa w żywopłocie, chłód gwiezdnej poświaty, uczucie towarzyszące przesuwaniu chorągiewek pióra między palcami — ale zwracał też uwagę na nietrwałości krajobrazu, na nieproszone zrosty pamięci, która potrafi złączyć dwa miejsca, na niematerialne srebrne zamglenia skojarzeń, przez które się poruszamy i w których próbujemy coś dostrzec, na nagłe figle i sztuczki, które umysł płata nam czasami nawet wtedy, kiedy wydaje nam się, że postrzegamy świat dokładnie takim, jaki jest. U Thomasa miejsce funkcjonuje często jako łączna suma wszystkich punktów, które zostały za nami albo nie zostały jeszcze osiągnięte.

Właśnie dlatego czytelnik Thomasa odczuwa taki dysonans. Jego wiersze nie są harmonijnymi marzeniami, a choć poeta był niezwykle wyczulony na kojące właściwości krajobrazu, dostrzegał również występujące w nim pęknięcia i dziwaczne połączenia, które możemy napotkać, przemieszczając się przez niego. F.R. Leavis trafnie zauważył, że Thomas poruszał się „na skraju świadomości": w swojej twórczości starał się często wskazywać na to, co nieuchwytne albo umieszczone poza zasięgiem. „Niejedna ścieżka czy trakt", napisał w jednym z późnych wierszy zatytułowanym *Lights Out*:

które o brzasku od lat
ku krawędzi gaju
podróżnych zwodziły,
teraz nagle się rozmyły
— i w nich przepadają.

Rozmywanie i przepadanie, przemywanie i rozpadanie — Thomas uważał przeszłość za coś nietrwałego, a jej odzyskanie tylko za częściowo możliwe. Pamięć i krajobraz podlegały nieustannym przemianom. Na igle gramofonu zbiera się kurz: głosy, jeżeli w ogóle udaje się je usłyszeć, docierają do nas w zniekształconej formie albo zostają wychwycone z szumu, kiedy ruszamy pokrętłem radia.

W książce *Footsteps* (1985) Richard Holmes porównał pracę biografa do „swego rodzaju pościgu, tropienia fizycznego śladu czyjejś drogi przez przeszłość". Holmes uświadomił sobie w czasie własnych „pościgów", że tropiący biograf nigdy tak naprawdę nie dogania obiektu swoich zainteresowań. W najlepszym razie napotyka na niebezpośrednie świadectwa jego wcześniejszej obecności: przebłyski ich poświaty, duchy na siatkówce, spirytystyczne pajęczynki. „Nigdy się ich nie dogania — przestrzegał Holmes — nie, nigdy nie uda mu się ich dogonić". Ja sam postanowiłem poznać Thomasa, przechodząc trasy, którymi on wcześniej chodził, ale w dużej mierze pozostał dla mnie nieuchwytną, widmową postacią, która tu i tam miga nam przed oczami na zakręcie ścieżki albo przez dziurę w żywopłocie, nieustająco zagadkowa. A jednak nauczyłem się ogromnie wiele od ludzi, których spotkałem w czasie wędrówek: od ludzi, dla których, podobnie jak dla Thomasa, krajobraz wiązał się z samopoznaniem i którym pewne miejsca i warunki atmosferyczne pozwalały się nasycić łaską. Ian żeglujący po swoich szlakach morskich, Miguel włóczący się po leśnych ścieżkach, Steve Dilworth maszerujący od głazu do głazu, Anne Campbell i Finlay zapuszczający się na wrzosowiska, Nan Shepherd wychodząca na górę i wchodząca w górę, Raja przemierzający izraelsko-palestyńską antyklinę, niepozwalający na likwidację tamtejszych ścieżek. To właśnie jest, myślałem, prawdziwym odkryciem: nie odkopanie zakurzonego ducha Thomasa, ale zrozumienie, w jaki sposób dla niego — i wielu innych ludzi — umysł był swego rodzaju krajobrazem, a chodzenie sposobem jego przemierzania.

Nade mną jerzyki polowały w zapadającym zmierzchu nad stromym zboczem. Zakręcały w powietrzu tak ostro, tak swobodnie, z taką prędkością, że wydawało się, że to powietrze musi być poprzecinane przezroczystymi rurkami, którymi się prześlizgują — trudno było inaczej wyjaśnić niezwykłą precyzję ich zwrotów. Ścieżki lotu jerzyków nadawały kontur niebu, a ich szlaki przebiegały wałami i dolinami wiatru, które tworzyły się i nieustannie zmieniały na tej wysokości. Powietrze wydawało się odznaczać własną topologią, uwidacznianą przez ruchy ptaków.

* * *

Następnego ranka obudziły mnie rozdokazywane skowronki. Z poprzednich doświadczeń nauczyłem się, że dalszy sen nie wchodzi w takiej sytuacji w rachubę, więc przed świtem zszedłem do Lewes, a potem zacząłem się wspinać na południowe zbocza Mount Caburn, jedynej większej góry w okolicy, której sylwetka rysuje się na tle głównego pasma. Fioletowe główki majeranku brzdąkały na rozgrzewającym wietrze. Zerwałem przypominającą driakiew główkę i kawałek gałązki dzikiego tymianku.

Pod Glynde przeszedłem przez Ouse: rzekę o błotnistych brzegach, która zbliżając się do obszaru zalewowego i morza, zaczynała tworzyć pętle. Droga ponownie poprowadziła w górę, na Firle Down. Szczecie kwitły na fioletowo-niebiesko; zagłębienia z nasionami układały się na ich główkach w gęste, spiralne wzory. Na jednym z kwiatów siedziała pszczoła zagrzebana w błękicie, z szeroko rozpostartymi w ekstazie nóżkami; wyglądała, jakby unosiła się na wodzie.

Później tego dnia dotarłem na zmęczonych nogach na Cradle Hill, w którego wschodnim kredowym zboczu wycięto wielkiego białego konia. Pode mną Cuckmere zmierzała śliskimi meandrami ku morzu. Zszedłem po stromym zboczu nad rzekę, a potem podążałem wzdłuż jej brzegu jakieś dwie, trzy mile. Brązowy rzeczny muł był gęsto zadrukowany śladami ptaków, a odciski moich butów dołączyły do śladów czapli, kormorana, mewy śmieszki, czapli białej pokrywających błoto jeszcze gęściej niż śnieg, po którym szedłem w zimową noc.

Woda w rzece miała barwę mlecznej czekolady. Znalazłem i zabrałem za sobą pióro czapli białej (miało barwę proszku do prania). Ruszyłem za rzędem przestępów, których liście przypominały lśniące barokowe serca. Niedaleko Exceat kormoran zanurkował pod wodę. Jego ciemna sylwetka przemknęła pod powierzchnią, po czym wyłonił się z węgorzem w dziobie. Węgorz rzucał się i skręcał, sztywny jak zapięcie rowerowe. Wyślizgnął się kormoranowi i wirując, opadł do wody.

Na godzinę przed zmierzchem stanąłem na szczycie niewielkiego kredowego urwiska, z którego rozciągał się widok na Cuckmore Haven, czyli miejsce, w którym rzeka ta wpływa do kanału La Manche. Utworzyła się tam szeroka zatoka pełna krzemiennych kamyków, z powoli opadającym przybrzeżem, którego dawniej strzegły osuwające się teraz w morze bunkry. Wartownie straży przybrzeżnej umieszczono wyżej, po zachodniej stronie, a po wschodniej rozciągają się białe klify Siedmiu Sióstr, przypominające rząd wypranych prześcieradeł rozwieszonych na sznurze.

Opierzone pisklęta sów wykonywały loty testowe między gałęziami jaworów. Blady koń stał w bezruchu na uprawnym polu zapatrzony na północ. Trwał przypływ i na kilkaset stóp w głąb morza woda miała kolor zielonawego mleka. Fale wypłukiwały kredę z brzegu i klifów, a morze przytrzymywało jej cząsteczki w zielonkawoniebieskim, nienazywalnym zawieszeniu.

Zszedłem na brzeg i ruszyłem wzdłuż linii przypływu wybrukowanej krzemiennymi głazami. Pod pierwszą Siostrą mój wzrok przykuła garstka szarych krzemieni, które leżały niczym jaja u podnóża klifu. Zafascynowany podnosiłem je po kolei. Na każdym widniał wykonany kredą szkic jakiegoś zwierzęcia. Stylem przypominały prehistoryczne malowidła z jaskini Lascaux: wykonano je naiwną, choć płynną kreską. Jeleń, mewa, jastrząb, foka, człowiek. Ktoś musiał spędzić w tamtym miejscu popołudnie, siedząc i rysując kawałkiem kredy z klifu postacie na krzemieniach.

Umieściłem największy kamień na płaskiej wychodni, pozostałe ułożyłem w malejącym porządku. Jastrząb nad foką, foka nad jeleniem, jeleń nad człowiekiem: prosty kopiec przy ujściu rzeki zbudowany na cześć dotarcia przeze mnie nad morze i ukończenia wędrówki. Spojrzałem nad wodami kanału La Manche, nad zanikającą granicą kredy unoszącej się na falach. Biała wstęga ścieżki, śnieżna biel krzemieni, oślepiająca biel czapli białych.

* * *

Ten sam ogromny pokład kredy, który tworzy pagórkowatą część południowej Anglii, opada pod kanał La Manche, a następnie wznosi się ponownie w północnej Francji w okolicy departamentu Pas-de-Calais. W czasie pierwszej wojny światowej znaczną część walk na froncie zachodnim stoczono w krajobrazie kredowo-krzemiennym: na geologicznym przedłużeniu tych samych osadów kredowych, które tworzą południową Anglię.

Kiedy Thomas zbliżał się do okopów w lutym 1917 roku, wystraszyły go podobieństwa, które dostrzegł między terenami wokół Arras a pagórkami południowej Anglii: miał wrażenie, że mógłby się odwrócić plecami do frontu i wejść prosto na ścieżki Hampshire. „Podoba mi się kraina, w której się znajdujemy — pisał do przyjaciela 26 lutego. — Jest to otwarty, pagórkowaty, kredowy krajobraz z wielkimi zaoranymi polami i nielicznymi zwłokami leżącymi na wierzchołkach. Zniszczone wioski z cegieł, strzechy i miękkiego białego kamienia były piękne". Przyniósł ze sobą na front w wyobraźni mapę Południowej Krainy i w czasie dziesięciu tygodni, które udało mu się tam przetrwać, często do niej zaglądał.

„Wszystkie drogi prowadzą teraz do Francji" pisał w *Roads* na rok przed wyruszeniem na front:

ciężki jest żywych krok;
ale martwi wracają
lekko tańcząc:

Cokolwiek droga mi przynosi
albo cokolwiek mi odbiera,
Dotrzymują mi towarzystwa
swoim stukotem,

Zaludniając samotność
pętli zataczanych nad wzgórzami,
tłumiąc ryk miast
i ich przelotne tłumy.

Co zawiodło Thomasa do Francji? Nigdy się tego nie dowiemy, chyba że zaczniemy improwizować i przemierzymy na powrót jego wewnętrzne drogi, zagłębiając się w to, co nazwał kiedyś „krainą duchów" swojej przeszłości.

15. DUCH

Niedziela wielkanocna 8 kwietnia 1917 roku, przeddzień bitwy pod Arras. Thomas siedzi na skrzynce z amunicją w swojej ziemiance, czytając poprzednie wpisy w dzienniku. Cuchnące ściany z worków z piaskiem. Brązowe światło rzucane przez podwójny knot lampy naftowej. Pokrywa lodu na powierzchni wody w kubku.

Zbliżają się głosy. Mężczyźni śpiewają *Mr John Blunt*: „Nadchodzą wędrowcy, wędrowcy trzej / Wędrujący przez noc, że hej...".

Dziennik powstaje w notatniku zamykanym na gumkę, oprawionym w brązową świńską skórę. Urwany poświęcony „jasnej, ciepłej Wielkanocy". Pocisk kalibru 5,9 cala upadł, ale nie wybuchł, dwa jardy od Thomasa, kiedy ten znajdował się na wysuniętym stanowisku; wybuch innego pocisku zadrasnął mu szyję. Na ostatnich stronach nakreślił pomysły nienapisanych wierszy: „Światło księżyca w nowiu i każdej z gwiazd"; „Poranny chłód i wschód rani moją skórę, choć raduje umysł"; „Nigdy jakoś nie rozumiałem, czego chciał Bóg".

Na zewnątrz mężczyźni ponownie zabierają się do śpiewania: *It's a Long Way to Tipperary*.

Godzinę zero wyznaczono na 5.30. Ofensywa zacznie się od postępującego ostrzału artyleryjskiego — „huraganowego bombardowania", jak się go nazywa — który oczyści teren pod atak piechoty na niemieckie umocnienia. Thomas i jego bateria zapewnią część tego ostrzału. Od wielu dni jego artylerzyści ćwiczyli z nowymi zapalnikami uderzeniowymi, które zaprojektowano w taki sposób, aby niszczyły drut kolczasty. Moment i kierunek wystrzeliwania tych skurwieli należało zgrać z niezwykłą precyzją. Przy takim intensywnym ostrzale, jaki mieli przeprowadzić następnego dnia, należało zsynchronizować poszczególne baterie oraz trajektorie pocisków wylatujących z każdego działa zgodnie ze stopniem zużycia lufy.

Thomas porusza się sprężystym, swobodnym krokiem. Rytmicznym i rozkołysanym. Wydawałoby się, że idzie niedbale, leniwie, ale jednak szybko. Ma niebieskie oczy (a może szare), płowe włosy (a może piaskowe albo po prostu jasne) i pewną łagodność wyglądu. Pachnie tweedem, torfem i tytoniem. Na marynarkach ma ponaszywane obszerne kieszenie, w których nosi mapy, książki i jabłka. Chodzi z kijem; leszczynowym, czasami jesionowym, ale najlepiej wyciosanym z ostrokrzewu. Nie lubi nosić na ręce zegarka. Zazwyczaj porusza się z „jednocalowymi" mapami (jeden cal odpowiada jednej mili), w które zagląda, wetknąwszy kij pod ramię i rozłożywszy mapę na swoich dużych rękach. Po zapoznaniu się, zwija je i rusza dalej, „podążając jakimś zupełnie niewidzialnym szlakiem". Idzie zazwyczaj w milczeniu, nawet kiedy jest w towarzystwie. Jego przyjaciółka Eleanor Farjeon, która od lat skrycie go kocha, mówi, że po przejściu jakiejś trasy z Thomasem „nigdy nie przeszlibyście jej w taki sam sposób, jak wcześniej. Poznalibyście ją w nowy sposób".

Od młodego wieku jest nałogowym wędrowcem, włóczącą się istotą. Przychodzi na świat w Lambeth w południowym Londynie. Pierwsze spacery odbywa po przedmieściach: Wandsworth Common, Wimbledon Common. Od młodego wieku zwraca również uwagę na otoczenie. Prowadzi dziennik, w którym odnotowuje wydarzenia rozgrywające się w przyrodzie. Zapisuje daty otworzenia się pierwszych w danym roku fiołków, szkicuje rozmieszczenie gniazd ptaków. Odnotowuje spotkania (czapla wyławiająca węgorza; oszalała pogoń krogulca za szpakiem) i zjawiska (chmury, które wiszą na niebie jak wory z kaszą; miraże w ciepłym powietrzu). Jest też kolekcjonerem, głównie kwiatów i jaj. Wdrapuje się na drzewa, żeby dostać dosięgnąć gniazd. Zawsze zostawia jedno jajo, żeby zachęcić ptaka do kolejnego wylęgu.

Rozwija się u niego demokratyczna wizja botaniki, która ceni chwasty na równi z polnymi kwiatami. Chwali starca Jakubka za to, jak jego kwiaty są twarde jak mosiądz. Przyciąga go to, co pomijane i niezauważane: „kwiaty rododendronu na paleniskach i ścianach zrujnowanych domów" albo „długi zwężający się pas irysów, który biegnie wzdłuż torów South-Eastern i Chatham Railway", wbijając się klinem niemal do samego centrum Londynu.

Helen poznaje, kiedy oboje mają po zaledwie siedemnaście lat. Ona niemal od razu wie, że „zazna spokoju tylko wtedy, gdy będzie mu potrzebna", i okazuje się to prawdą. Ich zaloty odbywają się w głównej mierze w czasie pieszych spacerów. Młodzi przemierzają razem pola, drogi i ścieżki: w Merton, Richmond Park, Wandsworth Common. Ona na początku nie odróżnia jeżyny od tarniny. Jako krótkowidz ma kłopot z odróżnianiem ptaków. On uczy ją ich nawoływań i śpiewu, żeby mogła to robić bez użycia wzroku. Zasuszają i opisują kwiaty: pięciornik kurze ziele, przestęp, dzwonek okrągłolistny, przytulię czepną, krzyżownicę zwyczajną. Thomas bryluje, popisując się swoją wiedzą i obyciem w folklorze. Z młodniaka w Merton wyciąga niewielkie, mchowate gniazdo zięby zwyczajnej, twarde jak kulka. W Richmond Park wdrapuje się na sosnę i znosi na dół niebieskozielone jajo czapli; zgniecione ciało niebieskie.

Helen ma poczucie, że przy nim przenosi się do nowego świata. Poznaje blisko Thomasa i przyrodę. „Dziś wydaje się to trudne do wyobrażenia — będzie wspominać wiele lat później — że istniał kiedyś czas, kiedy nie potrafiłam rozpoznać delikatnych wzorów na przypominającej skórę korze buka, jego pnia i gałęzi przypominających ludzkie członki, pięknej krzywizny jego liści przypominających ludzkie dłonie rozwarte w geście szczodrości". Wiele to mówi o Helen, że potrafi dostrzec hojność w formie liścia.

Kiedy po raz pierwszy kochają się w dniu jej dwudziestych urodzin, robią to w gęstych leszczynowo-bukowych zaroślach na Wimbledon Common. Thomas wyplata dla niej warkocz z przestępu i tamtego wieczora daje jej pierścionek: elegancki złoty sygnet z czerwonym kamieniem, który należał do jego pradziadka, hiszpańskiego kapitana statku handlowego.

Pobierają się w tajemnicy, kiedy Thomas studiuje w Oksfordzie. Wciąż się przeprowadzają: pomieszkują w kwaterach w Londynie, potem wynajmują dom na wsi w Kent. Ich związek opiera się na jej absolutnej miłości do niego. Ale obdarzanie kogoś bezwarunkową miłością jest uciążliwe; jeszcze bardziej uciążliwe jest bycie obiektem takiej miłości. Po stronie obdarowywanego może ona wyzwolić — jak to się stało później u Thomasa — okrucieństwo. Taka miłość, ze swą gotowością do wybaczania wszystkiego, ze swym zapałem do hołubienia wad jako zalet, może z czasem wzbudzić w obdarowywanym poczucie niedostateczności. Nie dorównasz mojej miłości; twoja miłość zawsze będzie ustępować mojej. Taki człowiek zaczyna sobie ponadto zdawać sprawę, że kochającej tak mocno osoby nie można w żaden sposób skrzywdzić; że jej miłość jest niezniszczalna. A zatem można niemal bez wyrzutów sumienia próbować ją skrzywdzić. Staje się to pewnego rodzaju wyzwaniem. Kiedy w miarę upływu lat Thomas coraz bardziej ulega melancholii, kiedy podstępne szpony depresji coraz silniej się na nim zaciskają, będzie krzywdził Helen coraz mocniej. Jej wrażliwość, połączona z niewrażliwością jej miłości, zachęcą go do emocjonalnego znęcania się nad nią.

Pojawiają się dzieci: syn, Merfyn, potem córka, Bronwen. Thomas jest często nieobecny w domu ciałem (wypuszcza się na długie wędrówki, zbiera materiały do książek) albo duchem (jest obecny, ale pisze). Tłucze setkami recenzje, do tego pod presją terminów pisze książki historyczne i biografie. To ciężka praca, trudny chleb; jest przez to wyczerpany i przybity. Jego nastrój staje się kapryśny jak pogoda, zresztą czasami zmienia się pod jej wpływem. Obfity deszcz potrafi wypłukać z niego całą depresję albo zamienić jego wnętrze w grzęzawisko. W takie czarne dni wyżywa się na Helen, krytykując jej pospolitość intelektualną i brak ambicji. „Nienawidzę swojej pracy — pisze w jednym z listów. — Brak mi żywotności, brak mi oryginalności, brak mi miłości. Tylko krzywdzę". Helen czeka cierpliwie, „aż ponownie rozbłyśnie w nim nadzieja", a na akty okrucieństwa reaguje niezmąconą wiarą w jego prawo do znęcania się nad nią.

On karze więc samego siebie za pomocą trudnych wędrówek: pozwalają mu się jednocześnie zmacerować i zapomnieć. Czasami wychodzi z domu wieczorem i znika na całą noc; wraca wynędzniały nad ranem. Czasami ruch go uspokaja; kiedy indziej dodatkowo pogłębia troski.

A kiedy jest szczęśliwy? Och, takie dni upływają przyjemnie. Dom wypełnia się opowieściami i rymami. Śpiewa, kąpiąc dzieci. Kiedy zostaną wytarte do sucha i ubrane, pozwala im przysiąść na swoich kolanach, wyciąga z ust glinianą fajkę i daje upust muzyce, która rozbrzmiewa akurat w jego wnętrzu. Niskim głosem śpiewa najróżniejsze melodie: walijskie piosenki ludowe, pikantne i sprośne przyśpiewki, zwariowane szanty. Piosenka odgrywa kluczową rolę w życiu Thomasa: niemal od początku bierze udział w odrodzeniu angielskich piosenek ludowych, któremu przewodzi Cecil Sharp. Publikuje *Poems and Songs for the Open Air*, antologię wędrownych ballad i melodii. Piosenki ludowe i drogi są dla niego ważnymi formami demokratycznymi: zbiorowymi w swym pochodzeniu, ale odmienianymi przez każdego nowego śpiewaka czy wędrowca. Zdecydowanie odrzucają również pojęcie własności prywatnej. Większym podziwem darzy średniowieczną piosenkę *Sumer Is Icumen in* niż jakikolwiek utwór Beethovena. W swoim wierszu *The Path* opisze starą drogę prowadzącą do szkoły przez las, gdzie „wiatr jak srebro się sączy". Droga jest poplamiona mchem i liśćmi, ale otwarta dla stóp dzieci. Porównuje ją do dna rzeki, a dzieci do wody, biegnącej nad nim „strumieniem swych stóp".

* * *

Opuszczają Kent i przenoszą się do Hampshire, do wioski Steep. Najpierw zamieszkują w Berryfield Cottage, potem w domu zwanym Wick Green, do którego prowadzi starożytna, zapadnięta głęboko w ziemię droga zasypana grubą warstwą gnijących liści. Szlak wije się między bukami i cisami, w końcu dociera pod długi niski dom, który leży na wysokości kilkuset stóp na krawędzi płaskowyżu i z którego rozciąga się widok na Chanctonbury Ring oraz pasmo wzgórz leżące w odległości siedmiu mil. Dom został zbudowany niewiele wcześniej. Deski i belki wycięto z rosnących niedaleko dębów. Gwoździe, zawiasy i skoble wykuto w wiosce, cegły uformowano w pobliżu. Progi zbudowano z kamieni wykopanych w okolicy. Kiedy dolinę zasnują mgły, Thomasowie mają poczucie, jakby płynęli skrzypiącym na fali drewnianym galeonem.

Mimo że jest to magiczne miejsce, nie potrafią go pokochać. Zawsze traktowali domy jako byty ożywione, wsłuchiwali się w nie, szukając duchowego podobieństwa albo odmienności; jeden opuścili, ponieważ wydał im się przeklęty, inny z powodu jego oziębłości. Thomas próbuje się ustatkować: wytycza rabatkę przy drzwiach swojego gabinetu, sadzi tam tymianek, rozmaryn, lawendę i powojnik. Szybko uświadamia sobie jednak, że z powodu wrogiej świeżości Wick Green nigdy nie zaznają tam szczęścia — mimo solidnej konstrukcji domu, mimo jego wspaniałej lokalizacji. Znajduje się tak wysoko, że wiatr wyje w pokoju ze spadzistym dachem, mgły odcinają ich od reszty świata, a chłód wgryza się głęboko w mury. U Thomasa pogłębia się depresja. Czuje się uwięziony w swojej pracy, uwięziony w małżeństwie, nieszczęśliwy we własnym domu. Najbardziej chciałby wytyczyć własną drogę przez życie.

Na rozczarowania związane z Wick Green reaguje spacerami. Przemierzanie dawnych szlaków wydaje się redukować złożoność życia, zupełnie jakby wkraczał na nich w archetyp albo alegorię: szlak, las, księżyc, wędrowiec. Zapuszcza się daleko, nawet w ulewnym deszczu. Deszcz zazwyczaj go uspokaja, ponieważ odziera z kontekstu. Odziera go z jakiejś części jego osoby, pozbawiając go „wszystkiego poza energią do chodzenia między ciemnymi drzewami, rozkoszowania się tak skromnymi rzeczami jak szum trawy". Co najważniejsze, „czuły powab" ulubionych krajobrazów rekompensuje mu jego własne niedostatki. Ale zdarza się i tak — w najczarniejszych chwilach — że piękno i bujność przyrody nabierają w jego umyśle oskarżycielskiego tonu. „Nie jestem częścią natury. Jestem sam. W moim świecie nie ma niczego poza martwym sercem i mózgiem we wnętrzu mojego ciała i poza deszczem padającym na zewnątrz". Uświadomił sobie w końcu bolesną prawdę, że człowiek może pochopnie uznać przyrodę za towarzysza, przyjaciela i balsam. Przyroda potrafi leczyć, ale bywa również brutalnie, szokująco obojętna: bieg rzeki ku morzu, białość kredy, obracająca się głowa jastrzębia. Ale Thomas rozumie też, że pogodzenie się z ułomnością relacji z przyrodą może przynieść innego rodzaju nagrodę, podobnie jak złudne oczekiwanie na jej odpowiedź również może służyć głębszemu celowi — i że człowiek nie zawsze musi przedkładać jedno nad drugie.

Mieszkając w Kent i Hampshire, Thomas wędruje, a w pozostałym czasie czyta o wędrowaniu. Coleridge'a i Hazlitta, nonkonformistów: chodzenie jako bunt. Interesuje go Bunyan i tradycja purytańska: chodzenie jako posłuszeństwo.

Cervantes i powieść pikarejska, Malory i średniowieczna rycerskość, *Mabinogion*, Walia i Giraldus Cambrensis. Chwali Cervantesa za „wyczucie dróg". *Śmierć Artura* Thomasa Malory'ego „nie odznaczałaby się tak witalnym zachwytem, gdyby nie wątek dróg". Podoba mu się opowieść o sir Lancelocie przemierzającym „pograniczne tereny i wiele dzikich szlaków". Za pisarza przywiązującego dużą wagę do wędrowania uważa nawet Shakespeare'a, który w tragedii *Cymbeline, król Brytanii* „opisuje wspaniale rozległe obszary wiejskie przemierzane po drogach o wielkiej determinacji i celowości". Przyswaja sobie dziewiętnastowieczny romantyzm wędrówki z *Songs of Travel* Stevensona, z romskich fantazji Borrowa, z *Rural Rides* Williama Cobbetta (którego zdania kojarzą mu się z wymachami kończyn maszerującego człowieka) i pracami Richarda Jefferiesa — nade wszystko Jefferiesa, swojego idola, którego styl stał się dla niego poręczny „niczym uchwyt laski"; ułatwiający zachowanie równowagi i pomocny, jak rękojeść dopasowująca się do kształtu dłoni. Mimo to Thomas nie rozumie, jak ktoś mógłby, w wyniku rozmyślań zainspirowanych filozofią Rousseau, uznać chodzenie za „prymitywną czynność", „przyrodzoną człowiekowi", a w rezultacie poczuć, że odbudowuje ono w nim „nieskazitelny majestat".

Ścieżki i szlaki przecinają również jego własne prace, w wymiarze metaforycznym i strukturalnym. Thomas pisze o wijących się drogach i pisze zawiłą składnią. Tej zwrotności języka nauczył się od Hazlitta, który prozodię chodzenia wyraża nawet w gramatyce. Od Hazlitta przejmuje również epistemologiczną moc twierdzenia, które zostaje przedstawione, a potem częściowo wycofane. W wyobraźni Thomasa tekst i krajobraz co rusz się na siebie nakładają: „Najpiękniejszymi zjawiskami na ziemi są drogi, / z powgniatanymi porannymi i wieczornymi ćwiekami, / ze stóp i czubków skrzydeł nadrukowaniami / albo z indywidualnymi żłobieniami". Takie drogi są zdaniami, a obute stopy wędrowców przesuwanymi stalówkami piór albo dociskanymi czcionkami. Rozumie, że czytanie i chodzenie karmią się nawzajem, że nosimy w sobie nieustannie zmieniające się mapy świata o, jak to ujął Wordsworth, „fakturze z pogranicza życia i książek".

Thomas zaczyna również rozmyślać o myśleniu i o tym, w jaki sposób świat fizyczny wydobywa z nas takie odmiany wiedzy, które wykraczają poza normalne poznanie. W listach do przyjaciela Gordona Bottomleya opisuje wyprawę na plażę w Suffolk i znalezienie na niej „korków od szampana, czapek marynarzy, butelek po piwie z Antwerpii, skrzynek z rybami, pomarańczy, cytryn, cebuli, łodyg bananowców, zniszczonego przez wodę drewna i wybornych płaskich i okrągłych otoczaków, czarnych, białych, gołąbkowych, żyłkowanych, pszenicznych w kolorze". „Każdy wzbudza we mnie jakąś myśl albo wyciąga jakąś część mnie poza granice myśli", pisze do Bottomleya. Jego spostrzeżenie na temat różnicy między sytuacją, w której coś skłania nas do myślenia, i taką, w której zostajemy wyciągnięci poza granice swoich myśli, odznacza się znamienną precyzją: opisuje przejście od percepcji, którą nasze ja obejmuje kamyki, do percepcji, którą nasze ja zostaje objęte przez kamyki.

Natura i krajobraz często wywierają na niego taki wpływ: drzewa, ptaki, kamienie i ścieżki przestają być jedynie obiektami rozmyślań, ale stają się aktywnie, towarzysko współobecne, umożliwiając mu wspięcie się na poziomy rozumienia, których nie dostąpiłby w żadnym innym miejscu, w żadnych innych okolicznościach. „Niejedno wiedziały — ja również, kiedy śpiewały", napisze o drozdach w jednym z wczesnych wierszy zatytułowanych *March*. Ma poczucie, że zmierzchy, powierzchnie, zbocza i dźwięki krajobrazu biorą jakoś udział udostępnieniu „nieotwieranej z klucza komory mózgu"; że instynkt i ciało (wyczuwana palcami gładkość otoczaków; postrzegana odrobina światła) muszą dysponować wiedzą, do jakiej nie ma dostępu świadomy umysł. Zwłaszcza pogoda odgrywa „kluczową" rolę w jego myśleniu, co zauważyła Eleanor Farjeon: „Inni ludzie rozmawiają o pogodzie, Edward ją przeżywał". Podobnie jak Nan Shepherd trzydzieści lat później, rozumiał, że pogoda to coś, w c z y m myślimy — „wiatr, deszcz, ciągnąca się droga, żwawe członki, entuzjastyczny umysł i ich wytwory [...]. Byliśmy z burzą jednym" — i że powinniśmy nie tyle mówić o stanach umysłu, ile o atmosferach umysłu albo o jego meteorologiach.

Powoli wypracowuje model myślenia — nie, więcej niż myślenia: model w ł a s n e g o j a — jako czegoś niezlokalizowanego w konkretnym miejscu i rozwijającego się stopniowo w miarę upływu czasu, ale jako zmieniający się zbiór właściwości, który poszerzamy i uszczuplamy na różne sposoby w czasie wędrówki przez świat. Krajobraz i natura nie służą wyłącznie do tego, żeby się w nie wpatrywać — przeciwnie, oddziałują na nasze ciała i umysły, mocno się na nich odciskają, w złożony sposób wpływają na nasze nastroje, na nasze wrażliwości. Trawią nas na dwa sposoby — wprawiając nas w osłupienie i wwiercając się w nas. Thomas wie, że tak jest, ponieważ odczuł to na własnych stopach, odczuł to własnymi stopami, a Farjeon i tym razem znakomicie to opisuje: „chodził sobą samym, swoimi oczami, uszami i nozdrzami, swoimi długimi nogami i dużymi dłońmi".

Wyzwanie polega oczywiście na tym, jak zapisać w języku takie doświadczenie — przeżyte, ale z definicji niewyrażalne — za pomocą „mętnego, zakłamanego odzwierciedlenia ze słów". Najbardziej zbliża się do tego poezja, to wie jako czytelnik. Ale sam nigdy nie pisał poezji i nie ma powodów przypuszczać, że potrafiłby to robić.

* * *

W 1913 roku Thomas zaprzyjaźnia się z amerykańskim poetą Robertem Frostem. Przemierzają razem pola i lasy pod Dymock w Gloucestershire, gdzie Frost mieszka z żoną i gdzie zebrała się grupa poetów, aby wspólnie wędrować, myśleć i pić. Frost i Thomas wałęsają się wszędzie tam, gdzie tylko zapragną, „po wijących się ścieżkach przez pola", czasami pokonując dwadzieścia pięć mil dziennie, dyskutując o poezji, historii naturalnej i zbliżającej się wojnie. Frost wymyśla nowe określenie na to, co robią z Thomasem: „rozmówko-przechadzki".

To właśnie on zachęca Thomasa do przejścia od prozy do poezji. Mówi mu, że jest poetą tworzącym pod płaszczykiem prozy. To Frost bierze kilka linijek z jednej z książek podróżniczych Thomasa i przepisuje je w formie wiersza, aby przekonać Thomasa, że ten pisze wiersze od dawna, nie zdając sobie nawet z tego sprawy. Frost „wywołał […] enharmoniczną zmianę — stwierdza pięknie Farjeon — dzięki której [Thomas] nie tyle stał się innym człowiekiem, ile tym samym człowiekiem w innej tonacji". Po takim przestrojeniu i zachęcie zaczyna tworzyć poezję — niepewnie, eksperymentalnie. Pierwszy wiersz kończy 3 grudnia 1914 roku.

Tymczasem wybuchła wojna. Kraj się zmienił: dezorganizacja kolei, tłumy na stacjach, rezerwiści żegnani przez wymachujących flagami przyjaciół. Thomas podchodzi sceptycznie do taniego nacjonalizmu, pogardza napuszonym materializmem. Ale jednocześnie rwie się do walki: żeby dowieść swojej odwagi, żeby bronić ukochanego krajobrazu, żeby znaleźć cel, którego tak dojmująco mu zawsze brakowało. Niecały rok po rozpoczęciu wojny znajduje się na rozdrożu: Frost i jego rodzina odpłynęli do Ameryki. Frost namawia Thomasa, żeby wyemigrował do Nowej Anglii i znalazł sobie tam pracę jako pisarz i poeta. Obiecuje pomoc w urządzeniu się; znajdą się w bezpiecznej odległości od wydarzeń wojennych. Helen błaga, żeby został w Hampshire. Ale armia potrzebuje żołnierzy, a Thomas czuje, że „powoli wyrasta na świadomego Anglika". Nie ciąży na nim obowiązek zaciągnięcia się do wojska. Jako trzydziestosześciolatek mógłby spokojnie spędzić wojnę w domu. Ma żonę i dzieci; ojcu rodziny nie przyniosłoby ujmy na honorze uchylenie się od walki. „Gdyby tylko chciał, mógłby bezpiecznie przeżyć te lata", napisze później Farjeon.

To najważniejsza decyzja w jego życiu, a on wyobraża ją sobie jako rozwidlenie dróg. Godzinami studiuje swoją „moralną mapę", „przemyśliwuje" swoje motywacje, mimo że „powinien czytać albo rozkoszować się widokiem przeplatającego się lotu trzech pustułek". Siódmego grudnia zaczyna pisać wiersz zatytułowany *The Signpost*: postać waha się na rozwidleniu dróg, nie potrafiąc zdecydować się, którą drogę obrać. „Czytam znak. Którędy powinienem pójść?" Gdyby tylko mógł zapuścić się w jedną stronę, a potem wrócić do punktu wyjścia i obrać tę drugą…

W czerwcu 1915 roku Frost wysyła Thomasowi wstępną wersję swojego wiersza zatytułowanego *Droga nie wybrana*. Powstał pośrednio z inspiracji wspomnieniem wędrówki z Thomasem po polach wokół Dymock. Zapał Thomasa, jego chęć przebycia wszystkich ścieżek, frustracja przeżywana na rozstajach zostały przez Frosta przekształcone w znakomicie skomponowaną metafizyczną parabolę. „Dwie drogi w żółtym lesie szły w dwie różne strony", czytamy w pierwszym wersie, a potem:

Żałując, że się nie da jechać dwiema naraz
I być jednym podróżnym, stałem, zapatrzony,
W głąb pierwszej z dróg, aż po jej zakręt oddalony,
Gdzie widok niknął w gęstych krzakach i konarach.

Potem ruszyłem drugą z nich, nie mniej ciekawą.

Thomas czuje się dotknięty, odczytuje wiersz jako parodię własnego niezdecydowania w kwestii wojny. Interpretuje go jako szpilę, ale traktuje jako bodziec do działania: „Pośpieszże się, człowieku, zdecyduj się wreszcie na coś; przestań stać niezdecydowany na rozstajach". To całkowicie błędne odczytanie wiersza, ale Thomas zamyka się na subtelności. Odpisuje ostro Frostowi. Kilka tygodni później podejmuje decyzję. Na początku lipca sporządza testament i zaciąga się do wojska. Czternastego lipca przechodzi badanie medyczne. Zostaje oficjalnie członkiem armii: szeregowym numer 4229 28. batalionu Artists Rifles, wchodzącego w skład London Regiment. Wybrał drogę, a świadomość jej nieodwracalności go uspokaja.

Dlaczego tak naprawdę zaciąga się do wojska? Nie sposób odpowiedzieć na to pytanie: druga ścieżka znika w oddali, urywa się. Jedna z wielu rzeczy, które giną w załamaniach składanej mapy. Sam tego nie wie: „Wiele osób pytało mnie [dlaczego się zaciągnąłem], ale nie potrafiłem im jak dotąd udzielić odpowiedzi". W liście do Gordona Bottomleya potrafi tylko scharakteryzować swoją decyzję jako „naturalny rezultat długiego szeregu nastrojów i przemyśleń". Nie informuje nawet o tym Helen osobiście, tylko wysyła jej telegram z Londynu. Ona potrafi z siebie wydusić tylko: „Nie, nie, nie, tylko nie to".

Tymczasem on tworzy w ogromnym pośpiechu; poetyckie *opus* godne całego życia wylewa się teraz z niego, odkąd skierował twarz ku Francji. Wers za wersem — od łacińskiego *vertere*, „przewracać". Między zaciągnięciem się do wojska a dotarciem na front tworzy niemal sześćdziesiąt wierszy. Czasami jeden dziennie; krótkie i błyskotliwe: *Roads, When we two walked, The Lane, The Green Roads*. Niektóre z tych wierszy wydają się wiedzieć więcej na temat jego losu niż on sam; wyciągają z niego jakąś część poza granice myśli: „przyszłość i mapy / Kryją coś, czego wyczekuję".

* * *

Pierwszym prawdziwym przydziałem Thomasa jest obóz szkoleniowy Hare Hall w Essex, gdzie pełni funkcję instruktora nawigacji. W czasie wolnym pisze wiersze, ale robi to skrycie.

Nie przeszkadza mu, że inni poeci będą wiedzieli, że jest żołnierzem, ale nie chce, żeby inni żołnierze wiedzieli, że jest poetą. Zaskakuje go, jak wiele aspektów życia w armii sprawia mu przyjemność: poleruje wytrwale swoje wysokie buciory — lewa ręka wepchnięta w but, prawa zajęta pastowaniem czubka — aż może zobaczyć odbicie własnej twarzy w skórze. Zaskakuje go, jaką przyjemność sprawia mu jednostajny porządek dnia: uczenie czytania mapy za pomocą kompasu ludzi z kompanii A, zabieranie ich na piesze manewry. Zaskakuje go, jak bardzo podoba mu się Essex. Zaskakuje go zanik depresji; „czarna rozpacz" ustąpiła miejsca „spokojnej akceptacji".

Na szczycie wzgórza w Epping Forest znajduje podupadły domek zwany High Beech, gdzie mogą zamieszkać Helen i dzieci; może ich tam łatwo odwiedzać w czasie przepustek. Kiedy pierwszej zimy spada śnieg, czas się zatrzymuje i zanikają ślady postępu cywilizacyjnego. „Pięknie tu jest i zimowo — pisze w jednym z listów. — Wzgórza wydają się zasypane na amen, a mnie przychodzi do głowy, że wyglądały pewnie tak samo dwa tysiące lat temu".

Na początku grudnia 1916 roku przychodzi wezwanie do ochotników, którzy mieliby się udać prosto na front do Francji. Thomas zapisuje się jako jeden z pierwszych. Szóstego stycznia wraca do High Beech i spędza tam kilka ostatnich dni przed wyjazdem na front. Stara się zachowywać, jakby wszystko było normalnie, ale Helen ledwie trzyma się na nogach. On studiuje mapy z Merfynem, próbuje pokazywać żonie, jak wyznaczyć kierunek za pomocą kompasu pryzmatycznego; ona płacze. Pojawiają się ostre wymiany zdań, sprzeczki, głośne kłótnie, Helen wybucha płaczem, zaraz potem okazują sobie z powrotem czułość. Rano w dniu jego wyjazdu śnieg wokół domku zamarza na kość; odciśnięte w nim ślady ptaków przypominają wyryte w kamieniu hieroglify. Thomas wręcza Helen zeszyt, do którego przepisał wszystkie swoje wiersze. „Pamiętaj, że cokolwiek się zdarzy, między nami będzie dobrze po wieki", mówi jej. W powietrzu wisi lodowata mgła.

Thomas odchodzi, nie pozostawiając śladów na twardym śniegu. Helen stoi w bramie i patrzy za nim, dopóki jego sylwetki nie skryje całkowicie mgła. Schodząc ze wzgórza, Thomas woła do niej „coo-ee!", zupełnie jakby przybywał a nie odchodził. Ona opowiada swoim „coo-ee!". Ta wymiana trwa przez jakiś czas, zawołanie i odpowiedź, coraz słabsze i słabsze.

Na dzień przed wypłynięciem pożycza rower i jedzie z obozu tranzytowego w Kent, gdzie go zakwaterowano, żeby pożegnać się z Anglią. I cóż to jest za przejażdżka! Nieosłonięte żywopłotami drogi biegnące po długich łagodnych pagórkach usianych głogami, pokrytych starymi szlakami, których przebieg wytyczają krzaki jałowca. Bezchmurne blade niebo. Niewyraźny zachód słońca, długi zmierzch.

* * *

Zaokrętowanie: 29 stycznia 1917 roku. Thomas i jego ludzie maszerują w mroku przed świtem na stację. Powietrze jest bardzo zimne, zupełnie nieruchome. Tupot żołnierskich butów. Thomas jest jednym z siedmiu oficerów dowodzących stu pięćdziesięcioma ludźmi, którzy mają obsługiwać haubice o kalibrze 9,2 cala. Razem tworzą baterię oblężniczą numer 244.

Mężczyźni śpiewają *Pack Up Your Troubles in Your Old Kit-bag.*

Zmrożony pociąg do Southampton, gdzie czekają na zmrok. Thomas spaceruje, żeby zabić czas i się rozgrzać. W głębi lądu skute lodem jezioro, nurkujące ptaki, w oddali ciemny las. Część mężczyzn gra w rugby na jakimś nieużytku. W zanikającym świetle mewy wydają się raczej unosić w powietrzu, niż latać.

O dziewiętnastej wsiadają na pokład „Mona Queen", stąpając ciężko po uginającym się trapie. Morze się burzy. W czasie przeprawy Thomas raczej odpoczywa, niż śpi. Ze swojej kabiny słucha śmiechów i przekleństw.

Nabrzeże w Hawrze, czwarta rano. Światło wylewa się pajdami przez okna wysokich bladych budynków i łukami z elektrycznych nadbrzeżnych latarni. Maszerują przez miasto w delikatnym sypiącym śniegu. Francuscy wartownicy: w kapturach, długich obszernych płaszczach; na karabinach mają zatknięte zakrzywione bagnety. Obiad składa się z żelaznych racji uzupełnionych żółtym serem i marmoladą. Tamtej nocy śpią w namiotach, po dwunastu, każdy opatulony dwoma kocami. Młodsi oficerowie siedzą do późna w mesie przy latarniach, cenzurując listy.

Dni wyczekiwania, trudnych, bezchmurnych nocy. Z północnego wschodu przypływają transportowce, czarne, nijakie statki. Pociągi szpitalne nadjeżdżają ze wschodu, przywożą mężczyzn z przerażającymi obrażeniami. W końcu 4 lutego spędzają kilka godzin, ładując na mrozie broń do pociągu. Po ukończeniu zadania siadają na belach bawełny na peronie i czekają na pociąg, który zabierze ich na front.

Mężczyźni śpiewają *That's a Long, Long Trail*.

Kiedy pociąg wreszcie nadjeżdża, niektórzy krzyczą żartem: „Bileciki do kontroli!", „Bileciki do kontroli, proszę!". Punktualnie o jedenastej czują szarpnięcie pociągu i przez wagony przetacza się okrzyk „HURRRA!!!". Cisza zapada na powrót, zanim jeszcze zostawią za sobą pusty peron pokryty zadeptanym śniegiem.

* * *

Pociąg przetacza się ze stukotem koło Alaincourt, Amiens, jedzie dalej do Doullens. Thomas patrzy przez okno na zalesione kredowe wzgórza. Powrócił już do swojej Południowej Krainy. Rzędy topoli. Wysoko w gałęziach kule jemioły. Znajduje się na najwyżej położonych terenach północnej Francji. Drogi pozamarzały.

Dalej ku Mendicourt, gdzie zostają zakwaterowani w podniszczonych stodołach. Samoloty wroga latają powyżej niczym blade ćmy; wyglądają niewinnie pośród czarnych eksplozji szrapneli. Thomas skleca sobie stolik, na którym może pisać. Przypomina sobie, jak pewnej nocy na wzgórzach południowej Anglii spojrzał w niebo, dumając, „cóż takiego księżyc ogląda na wschodzie gdzieś nad Mozą". Ruszają dalej do Dainville po podziurawionym od pocisków nasypie, do kwater na drodze do Arras, nieopodal cmentarza, któremu niewiele wcześniej przybyła trójka nowych lokatorów. Słychać już kanonadę potężnych dział. Odległe urywane terkotania karabinów maszynowych. Z punktu obserwacyjnego Thomas ogląda przez lornetkę zaśnieżony pas zniszczonej ziemi. Połyskujące druty kolczaste, martwe drzewa. Zwłoki pod wiaduktem kolejowym. Leje po pociskach kojarzą mu się z kurhanami i jeziorkami kondensacyjnymi. Wszędzie ścieżki: zygzaki z desek ułożonych na ziemi, wijące się ścieżynki, średniowieczne miedze zamienione w zapadnięte drogi służące do potajemnego przerzucania oddziałów i zapasów.

Oficerowie pożywiają się konserwami wołowymi, serem i białym winem. Ktoś przywiózł gramofon; jego żebrowana błyszcząca tuba kojarzy się Thomasowi z kwiatami powoju. Wysyła listy do Helen, czasami nawet pięć w tygodniu. Bycie kochającym małżonkiem łatwiej przychodzi mu na odległość.

Gramofon gra wesołe melodie: *Wait Till I'm as Old as Father* i *Where Does Daddy Go When He Goes Out?*

Mijają dni. Odgłosy kanonad oddalają się na południe w stronę Ancre. Stary biały koń pracuje w kieracie, wydeptując cierpliwie kolejne okrążenia. Rolnicy jak mogą starają się żyć normalnie. Gramofon gra *Ave Maria* Gounoda.

Thomas poznaje okoliczny krajobraz tak samo, jak poznawał wszystkie inne: chodząc i obserwując. Nie spodziewał się znaleźć za wiele życia w tak zrujnowanym miejscu. Zając, kuropatwa i dzika kaczka na polach na południowy wschód od jego dział. Trawa wychylająca się powoli spod topniejącego śniegu. Roztrajkotane trznadle, kraczące gawrony. Rośliny zwisające z krawędzi okopów: martwe baldachy firletek, kępy trawy, kępy ostów.

Gramofon gra *Dormez-Vous*, po zakończeniu piosenki wszyscy milkną.

Thomas pisze dziennik z wojny, kiepsko sypia. Pociski oświetlające rozbłyskują na niebie. W czasie ostrzału z największych dział, czuje uderzenia swoimi wnętrznościami. Jego stół i gzyms kominka zarastają listami przeznaczonymi do ocenzurowania. Pewnej nocy ostrzał artyleryjski cichnie. Słyszy tylko odgłosy karabinów, zwykłych i maszynowych. Leży bezczynnie, bawiąc się w myślach słowami i rymami. Strzały i jałowy, maszynowy i szynowy. Jakież to dziwne, że wystrzały z karabinów potrafią wydawać się niemal relaksujące w porównaniu do grubych Bert. Serie z karabinów maszynowych przypominają pukanie do drzwi.

Udaje się sam do Arras; dostrzega podobieństwo do angielskiego Bath. Białe domy, okiennice, kopuły, pusty rynek. Wiele rzeczy przypomina mu rodzinne strony i położone na kredzie angielskie hrabstwa. Strażnicy zatrzymują go na ulicy, podaje hasło „Sussex". Jakiś postrzelony kapitan zabiera swoich ludzi za linię frontu; płoszą kuropatwy, gwiżdżąc i wykrzykując myśliwskie sygnały, zupełnie jakby znajdowali się na polowaniu gdzieś nad polach Wiltshire. Strategiczny grzbiet na zachód od miejsca, gdzie stacjonuje Thomas, nazywa się Telegraph Hill. Niemieccy snajperzy polują stamtąd na ofiary. Pewnego dnia Thomas spogląda w niebo ze swojego punktu obserwacyjnego i widzi pustułki latające parami, zupełnie jak nad wzgórzami koło Mutton i Ludcombe, tyle że tu nad pustułkami sunie jeszcze pięć samolotów.

Zmienia kwaterę na duży porzucony dom. Na ścianach wiszą jeszcze lustra i obrazy. Wieczorami czyta sonety Shakespeare'a albo poezję Frosta. Kiedy zaczyna się ostrzał, nie jest w stanie usłyszeć pozostałych oficerów. Poruszają ustami jak ryby, próbując odczytać słowa z ruchu warg. Jest adiutantem rumianego pułkownika, który kiedyś służył w Indiach.

Przeciwników nazywa „cholernymi zuchwałymi [...] szkopami", nawet wtedy, kiedy zabijają jego ludzi.

Gramofon gra *Peer Gynta*, muzyka niesie się przez budynek.

Zaczyna doświadczać świata jako milczącego żywego obrazu. Niemieccy jeńcy stojący w błocie, jeden kładzie dłoń na ramieniu sąsiada. Hindus w turbanie w drzwiach stodoły trzymający owcę uwiązaną na sznurku. Rząd ciemnych, smukłych drzew odcinających się na tle jasnego popołudniowego nieba. Któregoś dnia na początku marca widzi, jak Royal Flying Corps traci cztery samoloty. Bak ostatniego płonie, kiedy maszyna spada z nieba. Obaj piloci giną w płomieniach. Ziemia przypomina wypalony żużel.

Gramofon gra *Berceuse* Chopina.

Bateria numer 244 przesuwa się bliżej frontu, aby przeprowadzić pierwszy ostrzał. Mężczyźni maszerują ciężkim krokiem drogą, gwiżdżąc *It's Nice to Get Up in the Morning* i *The Minstrel Boy*. Sześciocalowe działa sapią. Przelatujące pociski nucą. Karabiny maszynowe terkoczą. Na wodzie zgromadzonej w lejach po pociskach wiatr tworzy przecinające się wzory, przypominające powierzchnię pilnika.

Gramofon gra *Allan Water*.

Pewnej nocy, leżąc w łóżku, Thomas nabiera przekonania, że umrze w tym miejscu, od wybuchu pocisku, w tym wielkim pomieszczeniu. Pierwszy raz w życiu poczuł wtedy prawdziwy strach — do tego w jakim miejscu! Czy powinien umrzeć w ubraniu? Czy powinien przeciągnąć łóżko pod okno, czy może pod kominek? Lepiej spać na piętrze, skąd czekałby go dłuższy upadek w razie uderzenia pocisku, czy może na parterze, gdzie zostałby przygnieciony? Ma za dużo czasu na myślenie: nie chce uronić ani chwili dnia. O świcie wsłuchuje się w śpiew drozdów.

Gramofon gra *Mignon Gavotte* Ambrose'a Thomasa.

W marcu wraca zima: drobny śnieg i ostry wiatr. Thomas zajmuje się rekonesansem powietrznym, korzystając z fotografii zdobytych przez chłopców z RFC. Próbuje składać je w sensowne całości. Widziany z góry — z perspektywy jastrzębia albo lotnika w hełmie — system okopów przypomina misterną sieć ścieżek i zapadniętych dróg rozchodzących się z zewsząd do wszędzie. Poza fotografiami posługuje się obserwacjami lokalizacji rozbłysków karabinów przeciwnika i nowymi technikami oceny odległości za pomocą dźwięku, na przykład mikrofonami triangulacyjnymi. Wszystko po to, żeby zlokalizować i zniszczyć ukryte za wzgórzami niemieckie baterie artyleryjskie, również te zakamuflowane.

W radiu RFC czytają *Pieśń o Hajawacie* Longfellowa: „W głąb zdążają wąskim szlakiem / Za wiodącym ich potokiem, / Gdzie ślad jelenia, bizona, / Miękki muł odciska brzegów". Skowronki śpiewają nad ziemią niczyją. Szpaki toczą głośne dyskusje. Huk rewolweru — ktoś poluje na szczury w okopach.

Spędza niebezpieczne, nudne dni na punktach obserwacyjnych, wyglądając przez lornetkę zza żywopłotu z czarnego bzu i głogu, w którym ćwierkają wróble i kosy. Walki wybuchają w typowy dla siebie zaskakujący sposób: wszyscy się ich spodziewają, ale nikt nie potrafi ich przewidzieć. Dawne życie coraz bardziej mu się wymyka. Frustruje go wieczne wyczekiwanie. Czuje się osamotniony. Błoto zasysa mu buty. Rankiem 14 marca, wpatrując się w ziemię niczyją, dostrzega strzępek spalonego papieru unoszony przez wiatr w jego stronę, porywany podmuchami. Nie, to nie papier. Nietoperz, pewnie wypłoszony z jednej z ostatnich stodół w Ronville. Zauważa szarozieloną ścieżkę przecinającą ziemię niczyją; jej bieg nadal widoczny mimo całej dewastacji terenu. Musiała tamtędy kiedyś biec polna droga prowadząca do Arras. Jakże trudno jest wymazać z ziemi drogę. Ciemnozielona woda zebrała się w jednym z większych lejów, obok leżą szkielety całych drzew. Pisze list do Merfyna, prosząc, aby nasmarował rower, aby we dwóch mogli pojechać na przejażdżkę, kiedy wróci do domu tamtego lata.

Gramofon gra *D'Ye Ken John Peel?*

Wojsko i przyroda są tam ściśnięte tak mocno, że trudno je od siebie odróżnić. Kiedy szkopskie działa prowadzą nad ich głowami ostrzał w stronę Beaurians, pociski przelatują niczym powracające szpaki, po dwadzieścia, trzydzieści na minutę. Widzi wielki wybuch, który kształtem przypomina brzozę. Kiedy śpiewają skowronki, czuje się niezniszczalny. Wskutek budowy okopów i wyrzucania nasion w powietrze przez eksplozje powstały surrealistyczne połacie wczesnowiosennych polnych kwiatów, wyrastające między kośćmi i menażkami.

* * *

Mówi się, że zbliża się ofensywa. Thomas pali się, żeby wziąć udział w wielkim ostrzale nieprzyjaciela. W połowie marca jego działa wystrzeliwują od czterystu do sześciuset pocisków dziennie, głównie w stronę grzbietu Vimy. Wyszukuje cele i określa miejsca upadku pocisków za pomocą swojego kompasu, którego wskazówka obraca się w płynie zamkniętym nad tarczą.

Dwudziestego czwartego marca Thomas wybiera się na wysuniętą placówkę na linii frontu w Beaurains. „Nowa pozycja jest, wyobraź sobie, starym kredowym dołem, w którym wyrósł młodniak z brzóz, leszczyn etc. — pisze tamtego dnia do Helen. — Siedzę w ciepłym słońcu na kopcu kredy, oparty plecami o ścianę dołu. Wyobraź sobie stary kredowy dół z mchem czy nawet mieszkającym tam królikiem, pozostawiony mimo przechodzących przez niego ścieżek. Jest pięknie, słonecznie i ciepło, choć w cieniu czuje się chłód. Kreda lśni w słońcu. Bazie wierzby iwy są miękkie, ciemne, białe…".

Koniec marca i początek kwietnia przynosi ciąg pogodnych zimowych poranków i przygotowania do wiosennej ofensywy. Skowronki zaczynają śpiewać o piątej piętnaście, kosy dołączają o szóstej, a działa niewiele później. Thomas i jego ludzie wypełniają worki piaskiem, umacniając swoje ziemianki, szykując się do bitwy. Rubin i Smith, dwóch żołnierzy o najlepszych głosach, śpiewa duety z *The Bing Boys*. Thomas czyta *Makbeta*.

Helen pisze do swojej dobrej przyjaciółki, Janet Hooton — żony Herry'ego, człowieka, któremu Thomas zadedykował *The Isknield Way*. Nadal jest poetą, nawet w tamtym miejscu, Helen informuje z dumą Janet, „rozkoszując się tym, co tam jeszcze piękne, a potrafi znaleźć to piękno tam, gdzie nie doszukałby się go nikt inny. […] Moje oczy, uszy i dłonie tęsknią za nim, niemal co noc śnię, że wraca i że znów jesteśmy razem".

Czwartego kwietnia strzelają przez cały dzień, wysyłając w stronę nieprzyjaciela sześćset pocisków, mimo że z drugiej strony nie nadlatuje niemal nic. Powietrze łopocze od salw artyleryjskich, przypomina to odgłos zwisających luźno żagli na porywistym wietrze. Thomas nieustannie ma przemoczone i wyziębione stopy. Drobne zielone piórka krwawnika zdobią darń wysuniętej ziemianki. Czyta *Hamleta*.

W weekend 7 i 8 kwietnia ustawiają ciężkie działa baterii artyleryjskiej na starej, zapadniętej drodze, która biegnie równolegle do linii frontu. Trwa wyjątkowo silny niemiecki ostrzał. Thomas pisze list do Helen:

Najdroższa,

siedzę na walizce na podłodze mojej ziemianki i piszę przed snem. Artyleria przypomina burzowe fale rozbijające się na brzegu przy pełni księżyca [...]. Ta urodziwa wioska między drzewami, którą zobaczyłem po raz pierwszy dwa tygodnie temu, zamieniła się w stertę ruin pomiędzy nagimi pniami drzew. Ale zaświeciło słońce i skowronki, kuropatwa, sroki i płochacze zabrały się za swoje gody. Do naszego okopu zaczęto znosić rannych, którzy zostaną zabrani za dzień albo dwa [...].

Spało mi się wybornie, teraz świeci słońce, wieje wiatr, a przed nami długi dzień. Muszę nadać ten list przy pierwszej sposobności.

Na zawsze Twój Edwy

Gramofon gra *Death of the Troll.*

* * *

Wielkanocny poniedziałek 9 kwietnia, pierwszy dzień bitwy pod Arras, zaczyna się od zmasowanego ostrzału artyleryjskiego ze strony Brytyjczyków — huraganowego bombardowania.

Powietrze ugina się i pulsuje, rozdzierane pociskami. Thomas siedzi na swoim punkcie obserwacyjnym, śledząc miejsca upadku pocisków, kierując ostrzałem. W świetle wietrznego poranka pierwsze fale wojska ruszają w stronę niemieckich umocnień w ślad za ogniem zaporowym armat.

Ranek kończy się triumfem brytyjskich baterii. Unieszkodliwiają większość ciężkich dział po stronie wroga, a piechota zaskakuje Niemców. Kiedy ogień artyleryjski słabnie, brytyjscy żołnierze opuszczają okopy, wykrzykują i tańczą.

Thomas wychodzi ze swojej ziemianki i opiera się o drzwi, aby nałożyć tytoń do glinianej fajki i ją zapalić. Śnieg i czerwone słońce; nagi grzbiet ciągnący się na wiele mil. Zdążył nabić częściowo fajkę, kiedy zbłąkany niemiecki pocisk ląduje obok niego. Próżnia powstała w torze jego przelotu powala Thomasa na ziemię.

Na jego ciele nie ma żadnych obrażeń. Za nim leży gliniana fajka, nienaruszona. Zabiło go pneumatyczne wstrząśnienie mózgu, serce zatrzymało się od gwałtownego zaniku powietrza. Śmiercionośna próżnia wytworzyła na stronach jego dziennika grzbiety przypominające zmarszczki na stojącej wodzie.

* * *

Helen szyje, Myfanwy siedzi obok, wypełniając dziurki w pocztówce kolorowymi nitkami wełny. Haftuje dziką kaczkę, którą chce wysłać ojcu do Francji. Helen dostrzega przez okno chłopca rozwożącego telegramy, który opiera swój rower o płot. Podaje jej telegram. Ona czyta go w milczeniu. Chłopiec czeka, czy kobieta będzie sobie życzyła nadać odpowiedź. „Bez odpowiedzi", mówi Helen.

Pisze do Frosta. Nie potrafi się zdecydować, jakiego czasu użyć. „Człowiek rzeczywiście traci na chwilę wzrok i czucie. Również z nim wszystko było i jest w porządku. Kochasz go, a ja mam nadzieję, że spotkamy się kiedyś i porozmawiamy o nim, ponieważ on jest bardzo wielki i wspaniały".

* * *

Zawartość kieszeni Thomasa zostaje przesłana do Helen w pudełku. Wśród nich znajduje się dziennik, a w nim fotografia, zwitek papieru i wymięty list. List od niej do niego. Fotografia z nią. Zwitek papieru z adresami i nazwiskami po jednej stronie, a po drugiej z trzema skreślonymi ołówkiem wersami:

Gdzie każdy łuk może prowadzić do Nieba
A każdy zakręt skrywać Piekło
Drogi lśnią jak rzeka zbiegająca po zboczu po deszczu.

Na co patrzył Thomas, kiedy pisał te ostatnie linijki pod Arras? Na dawne szlaki z Południowej Krainy czy podziurawione pociskami drogi transportowe wijące się w stronę frontu? Zapewne i jedne, i drugie, nałożone na siebie, przechodzące jedne w drugie.

16. ODCISK

Ślady w błocie: dwa rzędy odcisków stóp zmierzających na północ. Mężczyzna i kobieta, zażyle blisko siebie, poruszający się razem równolegle do wybrzeża z prędkością mniej więcej czterech mil na godzinę: przemierzający, nie przeszukujący. Tyle wiemy: że mężczyzna miał około sześciu stóp trzech cali wzrostu, a kobieta niecałą stopę mniej. Że mężczyzna miał długi ostry paznokieć u nogi; że kobieta nie miała płaskostopia. Wiemy, że w dniu ich wędrówki, jakieś pięć tysięcy wiosen temu, słońce paliło mocno, wiatr był słaby, a fale niskie. Że w okolicy kręciły się również jeleń i sarna, że przeszły przez odsłonięty przez odpływ muł, zostawiając wyraźne odciski racic. Były tam też dzieci, grupka bawiących się razem dzieci, wyprawiających harce na błocie, pozostawiających po sobie stadka małych śladów.

Stawiam stopę przy pierwszym odcisku stopy mężczyzny po czym ruszam na północ, utrzymując jego tempo. Idę jego śladem, krok w krok. Nad wybrzeżem przechodzą fale deszczu i słońca. Krótkie rozbłyski jasności. Podwójna tęcza przeskakuje nad morzem w stronę północy. Białe łopaty turbin powietrznych obracają się w estuarium. Daleko na zachodzie, nad Morzem Irlandzkim, rodzi się wielki cumulonimbus.

Prehistoryczne ślady pojawiły się kilka mil na północ od Liverpoolu na odcinku wybrzeża nazywanym Formby Point, gdzie ziemia przechowała jedno z najniezwyklejszych archiwów w dziejach ludzkości. Od pięciu do siedmiu tysięcy lat temu w tym miejscu znajdowało się postrzępione wybrzeże, poprzecinane kanałami odpływowymi i palcami zatoczek. Potem, podobnie jak teraz, narosła tam wydma, tworząc przejściową barierę oddzielającą wodę słodką od słonej. Od strony lądu przy wydmach powstały mokradła porośnięte olchami, brzozami, wierzbami i dębami. W obszarze międzypływowym powstała otoczona trzcinami płytka laguna, a przybrzeże pokrył twardy muł. Na obszarze tym występowały różne typy siedlisk, przez co żyła tam znaczna populacja ptaków, zwierząt i ludzi.

Kiedy ludzie albo zwierzęta przemieszczali się po obszarze zalewanym przez pływy, ich ślady odciskały się w mule. W ciągu dnia — jeżeli słońce świeciło odpowiednio mocno — muł wysychał w gorącym powietrzu i w ten sposób utrwalał się w nim trop. Ślady wypełniały się następnie drobnym piaskiem nawiewanym z pobliskich wydm. Kiedy przychodził przypływ — a musiał być odpowiednio łagodny — takie wypalone przez słońce i wypełnione piaskiem ślady zostawały przykryte warstwą mułu. Zestaw śladów ulegał sprasowaniu w miarę, jak nabudowywały się nad nim kolejne warstwy mułu, z których każda mogła — w sprzyjających warunkach — również przechowywać zapis przechodzących po niej istot. W ten sposób przez setki, tysiące lat utrwalały się tam odciski stóp, ułożone jedne na drugich w warstwach mułu przypominających rosnącą stertę kartek.

Pod koniec neolitu wybrzeże zaczęło się rozrastać ku zachodowi. Pod nowymi warstwami ziemi zniknął najpierw przybrzeżny muł, potem laguna, wreszcie piaszczyste łachy. Odciski zostały pogrzebane pod nowym lądem. Znacznie później, na początku XVIII wieku, przez ten region przetoczyły się potężne burze piaskowe, zmuszając ludzi do opuszczenia wioski i grzebiąc ślady jeszcze głębiej, pod wydmami. Później jednak erozja wybrzeża zaczęła wygryzać po kawałku środek Formby Point. Odkrywa tam mezolityczne i neolityczne warstwy mułu, w których przechowały się odciski stóp — po czym szybko je niszczy.

Obecnie, w czasie potężniejszych przypływów kwadraturowych i syzygijnych albo sztormów nadciągających znad Morza Irlandzkiego, woda wymywa najwyższą warstwę mułu, odsłaniając swoją poprzedniczkę z zapisami infauny. Morze odwraca bieg historii, unosząc kolejne karty ze sterty, przez co czas płynie nie tylko do przodu dzień za dniem, ale również do tyłu — rok za rokiem. Kiedy morze się cofa, pozostawia po sobie nową odsłoniętą warstwę mułu — czasami widnieją na niej pozostałości prehistorycznych pieszych wędrówek. Ślady pozostają czytelne zaledwie przez kilka dni, czasami nawet przez kilka godzin. Każda nowo odsłonięta warstwa istnieje tylko do następnego wysokiego przypływu albo sztormu, kiedy sama zostaje uniesiona, odsłaniając kolejną.

Idę na północ krok w krok z mężczyzną, który przechodzi teraz opadającym skrajem przybrzeżnej równiny błotnej. W miejscu, gdzie równina schodzi ku stawowi, przypomina nierówno obcięte kartki książki. Widzę poszczególne warstwy zaokrąglonego brązowego mułu, każda jest gruba mniej więcej na cal. W pobliżu widnieją również ślady jelenia i sarny: jej są wyraźne i drobne, jego mają kształt wielkich pytajników. Mężczyzna idzie dalej, a ja ruszam za nim.

Pokłady mułu w Formby dostarczyły nam oszałamiającej liczby różnorodnych śladów. Pozostawione pięć tysięcy lat temu odciski łap dzika, wilków i psów, a także kóz, koni i jeleni, których racice osiągały długość nawet pięciu cali — niemal dwukrotnie większą niż współczesnych osobników. Muł przechował drobne, meandrujące ślady ostrygojadów, przypominające rzędy grotów strzał, rozstawne odciski łap żurawia, który człapał tamtędy ze swoimi młodymi, i wielkie jak talerze odciski kopyt turów — wielkich zwierząt, które w Brytanii wytępiono w epoce brązu, a których wizerunki znajdują się na ścianach jaskini w Lascaux. Potężny byk tura mierzył sześć stóp w kłębie i jedenaście od pyska do zadu.

Morze odsłoniło również setki śladów pozostawionych przez ludzi. Niektóre zachowały się w tak idealnym stanie, że archeologowie byli w stanie określić posturę danego człowieka, prędkość, z jaką się poruszał, rytm jego marszu. Większość zachowanych śladów należy do kobiet i dzieci, które chodziły boso po piaszczystym mule, prawdopodobnie zbierając jedzenie: krewetki i okładzinki z piaszczystych łach i stawów, ptasie jaja znad przybrzeżnych lagun i strumieni. Jedną z nich była nastolatka, prawdopodobnie ciężarna, której podwinięte palce sugerują, że mogła mieć kłopot z utrzymaniem równowagi na śliskim podłożu. Odkryto ślady mężczyzn podążających za tropami jeleni i saren: są głębsze i układają się celową linię, która wskazuje na to, że biegli, zapewne w czasie polowania.

Krok za krokiem na północ, w ślad za jego śladem. Silny południowy wiatr niczym dłoń przyciśnięta do podstawy pleców popycha nas do przodu. Porywa tumany wyschniętego piasku: długie złote węże, które przesuwają się w poprzek wydm i przez porastające plażę kępy traw.

Ślady z Formby tak mocno działają na wyobraźnię, ponieważ są zapisem konkretnych wędrówek. Są również niezwykle tajemnicze, gdyż tak niewiele wiemy o ludziach, którzy je pozostawili. Podobnie jak odciski dłoni na ścianach jaskini w Lascaux stanowią pozostałość po konkretnych, niepowtarzalnych działaniach — skóra dłoni przylgnęła do ściany jaskini i stopa odcisnęła się na plaży tamtego konkretnego dnia — a ich kształt i rozstaw przypominają nam o pokrewieństwie ruchów łączącym nas z naszymi przodkami żyjącymi nawet 3,6 miliona lat temu. Poza tym nie wiemy o nich w zasadzie nic. Kto pozostawił te ślady, tak indywidualne, a zarazem tak pospolite? Co czuł, kiedy je zostawiał?

Śledzenie przebiegu tych śladów, pozostawianie obok nich odcisku własnych stóp nie ogranicza się do podróży w czasie, nie przenosi nas z powrotem do ery mezolitycznej. Nie, niezwykłość tego doświadczenia polega na wrażeniu współbytności: zdarzenia prehistoryczne i współczesne zbiegają się tak blisko, że trudno określić kto idzie czyimi śladami. Właśnie połączenie intymności i oddalenia nadaje tym śladom taką niepokojącą moc. Należą do najwcześniejszych tekstów, a przecież pochodzą z czasów, po których nie zachowały się żadne zapisy. Podążając za nimi, czytamy jedną z najwcześniejszych opowieści, przekazaną nie drukiem, ale znakiem.

W czasie tego spaceru moja pamięć przywołuje sceny z innych przebytych przeze mnie ścieżek. Pojawiają się od razu wyraźne jak przezrocza: zielony, forsforyzujący kilwater „Jubilee" sunącej z mozołem na północ ku Sula Sgeir, białe drogi angielskiej prowincji leżącej na kredzie, oznaczona kopcami z kamieni droga Manusa z krążącymi nad nią głuptakami, lustrzana ścieżka Broomway. Wspomnienia ogarniają również ciało: zgrzyt wapienia w Palestynie, cienki żelazne igły hiszpańskich lasów sosnowych, piaskowcowy pył Black Mountains tworzący miękką warstwę pod stopami. Przypominały mi się doświadczenia przebywania w różnych przestrzeniach, małych i rozległych: kopulasty szałas z kamienia na wrzosowisku na wyspie Lewis, chłodne wnętrze *qasr* pod Ramallah, ciemna, szklista woda pod kamiennym łukiem na wyspach Shiants. Oraz ludzie, zastępy wędrowców.

Idę dalej, na północ, za starożytnymi śladami. Sól w bryzie, sól w nosie. Wielki cumulus nieprzerwanie eksploduje w zwolnionym tempie: przysadziste guzy wyrastające z siebie nawzajem, ślimacznice i kroksztyny, żleby, seraki i wielkie białe kule. Chmura ścięta u podstawy przez wiatr, pod nią wiszą czarne płachty deszczu. Mężczyzna i ja napotykamy poletko drobnych śladów: dzieci bawiące się w błocie. Dziś bawi się tam dwójka, podskakują boso. Czuję przypływ tęsknoty za domem, potrzeby powrotu do moich dzieci, ustrzeżenia ich przed niebezpieczeństwami i upływem czasu.

Do określenia wieku śladów z Formby posłużono się techniką datowania luminescencyjnego, które wykorzystuje chronometryczne właściwości kryształków kwarcu. Przebywając w ciemności — na przykład zakopany w mule — kwarc stopniowo przyciąga do siebie elektrony. Z Formby pobrano próbki kwarcu, które zabezpieczone przed wpływem światła przewieziono do laboratorium i napromieniowano neonowym światłem. Pod jego wpływem kwarc uwalnia zgromadzone elektrony, a pomiar tempa i nasilenia uwalniania elektronów pozwala na precyzyjne określenie czasu, jaki spędził w ciemności. Tak powstaje ostatni ślad białych kamieni wytyczających upływ czasu, wskazujących nam drogę ku przeszłości.

Przed oczami pojawiają mi się obrazy zgromadzone w czasie wielu mil przebytych pieszo. Białe kamienie, białe konie, latające wyspy, lśniące oczy, miraże, zatopione lądy, sny o lataniu, odwrócenia i podwojenia, prawa do przejścia i prawidła przechodzenia, sokoły i mapy: obrazy przesuwają się przed oczami niczym mosiężne kule mechanicznego modelu Układu Słonecznego, orbitujące wokół środka i zbiegające się w zaskakujących połączeniach. Z migotania rodzi się porządek; kolejne detale zostają przypieczętowane wspomnieniem poprzednich. No i sama ziemia: wypełniona literami, słowami, tekstami, piosenkami, znakami i opowieściami. Do tego, zawsze i wszędzie, drogi, przebiegające przez regiony i państwa, zapamiętane raczej jako wzory, a nie miejsca, zapewniające sojusze i podziały, dobrowolne powinowactwa, odejścia od znajomych skłonności. Wyobrażam sobie Ziemię widzianą z tak dużej wysokości, że retrospektywa staje się równie możliwa jak perspektywa, że widoczne stają się ślady pozostawione przez millenia ludzkich wędrówek, połyskujące tropy naszego gatunku.

Dalej na północ, dalej przed siebie. Jeden ze śladów, prawa stopa, zaczyna być stawiany nad błotem, zupełnie jakby pozostawiała go inna istota stojąca na tej lustrzanej linii: ja na awersie, on na rewersie.

Góry Parku Narodowego Snowdonia odchodzą łukiem na południowy zachód, przyciągając wzrok. Anglesey, skryte w mgiełce, jest ledwo widoczne, przypomina wyspę z cienia. Trzy gawrony drepczą dostojnie po plaży przede mną;

czwarty ląduje obok nich i zaraz potem stadko oddala się na północ. W głębi lądu krogulec umościł się między gałęziami olchy, wstydliwie skryty, pomarańczowooki. Plastikowa torebka zaczepiona na kępie trawy podryguje na wietrze. Mewy przelatują nade mną — podniebne litery V i W.

Zatrzymuję się przy ostatnim odcisku stopy, pięć tysięcy lat po tym, jak utrwalił się w błocie. Mój ślad kończy się tam, gdzie jego. Spoglądam za siebie na pozostawione przeze mnie znaki biegnące na południe. Światło pada pod innym kątem i nagle wypełnione wodą ślady zamieniają się w lustra odbijające niebo, pęczniejącą chmurę i każdą istotę, która do nich zajrzy.

PRZYPISY

Lista skrótów używanych w przypisach

ACP: Edward Thomas, *The Annotated Collected Poems*, red. Edna Longley, Bloodaxe, Newcastle 2008.

AIE: W.H. Hudson, *Afoot in England*, Beaufoy Books, Oxford 2010 [1909].

CET: Edward Thomas, *The Childhood of Edward Thomas: A Fragment of Autobiography and the War Diary*, Faber and Faber, London 1983 [1938].

ETGB: Edward Thomas, *Letters from Edward Thomas to Gordon Bottomley*, red. R. George Thomas, Oxford University Press, Oxford 1968.

GB: Edward Thomas, *George Borrow: The Man and His Books*, Chapman & Hall, London 1912.

IW: Edward Thomas, *The Icknield Way*, Constable, London 1916 [1913].

LFY: Eleanor Farjeon, *Edward Thomas: The Last Four Years*, Sutton, Stroud 1997 [1958].

LM: Nan Shepherd, *The Living Mountain*, Canongate, Edinburgh 2011 [1977].

RJ: Edward Thomas, *Richard Jefferies: His Life and Work*, Hutchinson & Co., London 1909.

SC: Edward Thomas, *The South Country*, J. M. Dent, London 1909.

SLET: Edward Thomas, *Selected Letters of Edward Thomas*, red. R. George Thomas, Oxford University Press, Oxford 1995.

USW: Helen Thomas, *Under Storm's Wing*, Carcanet, Manchester 1988.

WOW: *Ways of Walking*, red. Tim Ingold, Jo Lee Vergunst, Ashgate, Aldershot 2008.

Rozdział 1: Trop

[9] *„Wszystko, co istnieje [...] jak odcisk pieczęci"*: Ralph Waldo Emerson, *Przedstawiciele ludzkości*, przeł. Maria Kreczowska, Wydawnictwo Vis-à-vis/Etiuda, Kraków 2017, s. 207.

Rozdział 2: Ścieżka

[15] *„Ludzie od zawsze chodzili [...] symetrycznych albo poskręcanych"*: Thomas A. Clark, *In Praise of Walking*, w: *Distance & Proximity*, Pocketbooks, Edinburgh 2000, s. 15.

[15] *Kamień Utsiego*: Znajomość tego detalu zawdzięczam: Hayden Lorimer, *Herding Memories of Humans and Animals*, „Environment and Planning D: Society and Space" 2006, t. 24, nr 4.

[19] *„jawnie wyszydzane [...] znawczynie tematu"*: Thomas De Quincey, *Recollections of the Lakes and the Lake Poets*, red. David Wright, Penguin, Harmondsworth 1970, s. 53, 54.

[19] *„Dają mi radość, kiedy nimi idę"*: John Clare, *The Poems of the Middle Period 1822–1837*, red. Eric Robinson, David Powell, P.M.S. Dawson, Clarendon Press, Oxford 1998, s. 585.

[19] *„Lewą ręką obejmę w pasie [...] i drogę"*: Walt Whitman, *Pieśń o mnie*, przeł. Andrzej Szuba, Wydawnictwo Miniatura, Kraków 1996, s. 97.

[19] *Istnienie tego labiryntu [...] i Stanach Zjednoczonych*: Największym paradoksem związanym z siecią angielskich dróg jest to, że powstały w głównej mierze w wyniku Parliamentary Enclosures Acts uchwalonych w latach 1750–1850. Wcześniej duże obszary ziemi były „wspólne"; uchwały wymusiły zdefiniowanie praw i obowiązków właścicieli ziemskich, ogrodzenie ich posiadłości za pomocą żywopłotów i płotów (co uniemożliwiało wkraczanie na ich teren) oraz wytyczenie ścieżek (zezwalających na wstęp, wskazujących miejsca, w których jest on możliwy, ale jednocześnie pośrednio go ograniczających). Jedne ścieżki (wcześniej dostępne) zaniknęły; inne powstały (i były chronione przez lokalne prawa), niemniej zlikwidowano w ten sposób ogólnodostępność ziemi oraz swobodę poruszania się po niej zgodnie

z własnym uznaniem. Ta geneza sieci ścieżek pokazuje, że są one jednocześnie pochodną wolności, jak i jarzma. Błyskotliwy, napisany z zaangażowaniem opis tej historii można znaleźć w: Marion Shoard, *This Land Is Our Land*, Gaia, London 1997.

22 *„stos książek [...] tłumaczyć na mandżurski*: Istnieje wiele różnych wersji tej historii. Swój opis oparłem na: Herbert Jenkins, *The Life of George Borrow*, John Murray, London 1912, s. 94–104. Edward Thomas przytacza inną wersję wydarzeń pokrótce, choć z przyjemnością w: *GB*, s. 125, 126.

23 *„koszmary"*: Jenkins, *Life of George Borrow*, *passim*; także w: *GB*, s. 131.

23 *„Jest i noc, i dzień [...] do śmierci?*: George Borrow, *Lavengro*, John Murray, London 1851, s. 156.

24 *„uroku nieznanego"*: *AIE*, s. 7.

24 *„najdłuższą udokumentowaną [...] dla przyjemności"*: Charles F. Lummis, *A Tramp Across the Continent*, University of Nebraska Press, Omaha 1982, s. 3.

25 *„wyjście w świat [...] w głąb siebie"*: *John Muir, John of the Mountains: The Unpublished Journals of John Muir*, red. Linnie Marsh Wolfe, University of Wisconsin Press, Madison 1979, s. 439.

25 *„dzikie stwory"*: Henry Williamson, *Tarka the Otter*, Book Club Associates, London 1985., s. 142.

25 *„odłupane z kości mostka"*: Williamson, nieopublikowany list do Dennisa McWilliama z 11 czerwca 1968. W późniejszej części życia ludowe pojęcie „ziemi" zdegenerowało się u Williamsona w niepokojącą sympatię do faszyzmu.

25 *„zaludniony chmarami dusz [...] rozumiał umarłego"*: John Masefield, *The Poems and Plays of John Masefield*, Macmillan, London 1918, s. 62.

26 *„na ponowne wyślizgnięcie się ze współczesnego świata"*: *AIE*, s. 14.

26 *„obecnym i przyszłym duchem"*: za: Howard Norman, *On the Poet's Trail*, „National Geographic", listopad 2008, s. 36.

[26] *„jakby mógł spojrzeć [...] ich życie”*: wpis z dziennika Richarda Jefferiesa z 1887 roku, cytat za: Jem Poster, *Ghost*, w: *Ghosts: Edward Thomas and Richard Jefferies*, „Archipelago” 2008, nr 2, s. 118.

[28] *„kryły bogactwa i sprawiały radość umysłowi”*: wiersz *Footpaths*, w: Clare, *The Poems of the Middle Period*, s. 317.

[28] *„załomów prowincji”*: William Wordsworth, *Guide to the Lakes*, Frances Lincoln, London 2004, s. 72.

[28] *„linie komunikacji [...] i religijnych”*: William Hazlitt, *My First Acquaintance with Poets*, w: *Selected Writings*, t. 9, red. Duncan Wu, Pickering and Chatto, London 1998, s. 96.

[30] *„cierpliwych ziemskich nóg”*: list Johna Keatsa do Johna Reynoldsa z 12 lipca 1819, w: John Keats, *The Letters of John Keats*, red. M. Buxton Forman, Oxford University Press, Oxford 1952, s. 357.

[31] *„Te najwcześniejsze drogi [...] aby się poruszać”*: *IW*, s. 1.

[31] *„niezatartymi starymi drogami [...] nieżyjących od dawna pokoleń”*: *RJ*, s. 4.

[31] *„potężnymi, magicznymi bytami [...] najróżniejszych stuleciach”*: Edward Thomas, *Beautiful Wales*, A. & C. Black, London 1905, s. 166.

[31] *„jedną z najwspanialszych opowieści świata”*: *CET*, s. 57.

[31] *Dla Thomasa ścieżki łączyły prawdziwe miejsca*: Edna Longley, jedna z najbardziej przenikliwych interpretatorek Thomasa i redaktorka znakomitych *Annotated Collected Poems*, zgadza się, że „najgłębsze struktury jego wyobraźni zostały uwarunkowane przez drogi i piesze wycieczki”; *ACP*, s. 270.

[32] *„Przez niezliczone tysiące lat [...] kim jesteśmy”*: John Brinckerhoff Jackson, *A Sense of Place, A Sense of Time*, Yale University Press, New Haven 1994, s. 192.

[32] *„rozszerzyć wyobrażony obszar, w którym zamieszkuje ja”*: George Eliot, *Felix Holt: The Radical*, red. William Baker, Kenneth Womack, Broadview, Peterborough 2000, s. 47.

[33] *„Chodzenie ma w sobie coś [...] aby pobudzić mój umysł”*: Jan Jakub Rousseau, *Wyznania*, t. 1, przeł. Tadeusz Żeleński (Boy), PIW, Warszawa 1978, s. 1999.

[33] *„poczuł się tak przytłoczony [...] ledwie szedł"*: Søren Kierkegaard, *Søren Kierkegaard's Journals and Papers*, red. Howard V. Hong, Edna H. Hong, t. 6, Indiana University Press, Bloomington 1978, s. 62, 63.

[33] *„wykorzystywał swoje nogi jako narzędzie filozofii"*: Christopher Morley, *Forty-Four Essays*, Harcourt, Brace and Co., New York 1925, s. 38.

[33] *„czuciowym intelekcie"*: William Wordsworth, *The Poetical Works of William Wordsworth*, red. Paul D. Sheats, Houghton Mifflin, Boston 1952, s. 219.

[33] *„Jeno wychodzone myśli są coś warte"*: Fryderyk Nietzsche, *Zmierzch bożyszcz*, przeł. Stanisław Wyrzykowski, Wydawnictwo vis-à-vis/Etiuda, Kraków 2011, s. 11.

[33] *„Być może / Prawda zależy od spaceru wokół jeziora"*: Wallace Stevens, *The Collected Poems of Wallace Stevens*, Faber and Faber, London 1984, s. 386.

[34] *„czaszkowe kino"*: John Hillaby, *The Skull Cinema*, „New Scientist" 1977, nr 589.

[34] *Ścieżki te [...] „odciskami stóp", „tropami"*: Keith H. Basso, *Wisdom Sits in Places: Landscape and Language among the Western Apache*, University of New Mexico, Albuquerque 1996, s. 31.

[34] *Dla przedstawicieli plemienia Tlicho [...] nierozdzielne czynności*: Allice Legat, *Walking Stories; Leaving Footprints*, w: *WOW*, s. 38.

[35] *„śladu, który pozostaje [...] zdążyło odejść"*: Rebecca Solnit, *A Field Guide to Getting Lost*, Viking, New York 2005, s. 50, 51.

[35] *„Rozmyślasz o logice czy o swoich grzechach? [...] O obu!"*: Bertrand Russell (1998), *Autobiography. 1967–1969*, Routledge, London, s. 330.

[36] *„Nie potrafię sobie wyobrazić [...] nowe myśli"*: Ludwig Wittgenstein w: *Ludwig Wittgenstein: Wiener Ausgabe Einführung/ Introduction*, red. Michael Nedo, Springer-Verlag, Vienna–New York 1993, s. 19.

[36] *wycięte w skale [...] dzikiej i zimnej"*: Thomas A. Clark, *The Hundred Thousand Places*, Carcanet, Manchester 2009, s. 81.

[36] *„czysta, szara, lodowata woda [...] dogłębnie swobodna”*: Elizabeth Bishop, wiersz *Okolica przetwórni ryb*, w: *444 wiersze*, przeł. Stanisław Barańczak, Znak, Kraków 2017, s. 303–304.

[36] *„głębi rozumu [...] po stopniach myśli”*: William Wordsworth, *Prose Works of William Wordsworth*, red. W.J.B. Owen, Jane Worthington Smyser, Clarendon Press, Oxford 1974, t. 3 , s. 82, 83.

[37] *„totemiczni przodkowie [...] «sposób» komunikowania się”*: Bruce Chatwin, *Pieśni stworzenia*, przeł. Krzysztof Puławski, Świat Książki, Warszawa 2008, s. 23.

[37] *„splątane Iliady i Odyseje [...] układu terenu”*: tamże, s. 24.

[37] *snucie opowieści uważano za tożsame z wędrowaniem*: w fascynująco drobiazgowej książce *Lines* (2007, s. 15–16) Tim Ingold odróżnia „wędrowanie” od „nawigowania”. Nawigator wytycza kurs „jeszcze przed wyruszeniem w trasę”, przez co jego podróż „nie wykracza poza poziom eksplikacji fabuły”. Z kolei wędrowiec „porusza się po drodze, którą przebył już wcześniej w towarzystwie innych albo podąża ich śladami, odtwarzając nieustannie marszrutę w trakcie wyprawy”.

[40] *„od dawna, w zasadzie od lat [...] biosu”*: Walter Benjamin, *Selected Writings*, red. Michael W. Jennings, Howard Eiland, Gary Smith, t. 2, Harvard University Press, Cambridge 1999, s. 596.

Rozdział 3: Kreda

[41] *„opowiada o drodze [...] musiałem się zatrzymać*: *IW*, s. VI–VII.

[44] *„biegną pasma kredowych wzgórz [...] na tle nieba”*: *SC*, s. 2.

[46] *„pierwszym [...] pługa i koła”.*: wiersz *Autumn Sequel* w: Louis MacNeice, *The Collected Poems of Louis MacNeice*, Faber and Faber, London 1966, p. 422.

[46] *Możliwe, że droga ta powstała dopiero po Rzymianach*: zob. Harrison Sarah, *The Icknield Way: Some Questions*, „Archaeological Journal” 2003, nr 160.

[49] *„więcej mil [...] poza sobą”*: *IW*, s. V.

[50] *„wędrował drogą tak długo [...] od morza do morza”*: spostrzeżenia Emsliego zostały opublikowane w: C.S. Burne, *Scraps*

of Folklore Collected by John Philipps Emslie, „Folklore" 1915, t. 26, nr 2.

[50] *„sny [...] pod stopami ludzi"*: *SC*, s. 60.

[54] *„Nawet kiedy zostaną opuszczone [...] wielu znaków"*: *IW*, s. 27.

[54] *„upiornymi" drogami [...] mianem „ślepych"*: *IW*, s. 4.

[54] *„Jedną z najbardziej porywających zalet [...] tylko nielicznym*: *IW*, s. 27.

[55] *„brzęki, szmery, ryki, przypadkowe śpiewy"*: *ACP*, s. 97.

[55] *„miejsc cieni"*: pouczające omówienie miejsc cieni i fotografii lotniczej można znaleźć w: Kitty Hauser, *Shadow-Sites: Photography, Archaeology and the British Landscape*, Oxford University Press, Oxford 2007.

[56] *„nieprzebranej liczby osobliwych wskrzeszeń [...] naszemu poznaniu"*: Kitty Hauser, *Bloody Old Britain: O.G.S. Crawford and the Archaeology of Modern Life*, Granta, London 2008, s. 90.

[56] *„Co niezwykłe, może nawet graniczące z niesamowitym [...] codziennych obowiązkach"*: tamże, s. 85–86.

[57] *„Niczym biały wąż na zielonym zboczu"*: *IW*, s. 1.

[58] *„Postrzegające rzeczy dzisiejsze oko [...] czy filozof"*: *SC*, s. 151, 152.

[60] *„szeregu łańcuchów [...] mgieł poranka"*: *IW*, s. 9.

[61] *„Thiepval 1915 [...] Z pozdrowieniami dla Fritza"*: zob. Nicholas J. Saunders, *Trench Art: Materialities and Memories of War*, Berg, Oxford 2003, s. 121–124.

[62] *„nieustanne zderzanie stóp [...] w człowieka"*: Flann O'Brien, *Trzeci policjant*, przeł. Małgorzata i Andrzej Grabowscy, Wydawnictwo Zysk i S-ka, Poznań 1996, s. 98.

[62] *„ciemne bukowe aleje [...] kruszącej się kredy"*: *SC*, s. 199.

[62] *„zakopane pod pokrzywami [...] łodygami przestępów"*: *SC*, s. 50.

[64] *„Nie potrafiłem znaleźć początku [...] Icknield Way"*: *IW*, s. VI.

Rozdział 4: Muł

[65] *Doggerland*: archeologia Doggerlandu została opisana pokrótce w: Laura Spinney, *The Lost World*, „Nature" 2008, nr 454, i obszernie w: Vincent Gaffney i in., *Europe's Lost World: The Rediscovery of Doggerland*, Council for British Archaeology, York 2009. Czerpię tu z obu źródeł.

[82] *ogee albo „linią piękna"*: William Hogarth, *The Analysis of Beauty*, J. Reeves, London 1753, s. 38.

[86] *„równie dobrze [...] po drugiej stronie Księżyca"*: słowa Burroughsa znam od Julesa Pretty'ego, można je przeczytać również w: Jules Pretty, *This Luminous Coast*, Full Circle, Suffolk 2011, s. 161.

[87] *„delikatna niebieskawo-srebrzysta mgiełka" [...] światem nieziemskim"*: *AIE*, s. 40–41.

[87] *„Choćbyśmy nie wiem jak świadomie [...] żyć innym życiem"*: Wendell Berry, *The Long-Legged House*, Harcourt, Brace & World, New York 1969, s. 96.

[89] *„Słabością i głupotą [...] wytworem ich własnego klimatu"*: Martin Martin, *A Voyage to St Kilda*, Dan Browne, London 1753, s. 3.

[89] *„Dlaczego ktokolwiek [...] w wielu państwach jednocześnie?"*: Roger Deakin, *Notes from Walnut Tree Farm*, Hamish Hamilton, London 2008, s. 190.

[89] *„Całkowicie nową perspektywą [...] króla Dahomeju"*: Henry David Thoreau, *Walking*, w: *The Works of Henry David Thoreau*, red. Lily Owens, Avenel, New York 1981, s. 277. Jestem wdzięczny Josowi Smithowi za zwrócenie mojej uwagi na zbieżność tych trzech wypowiedzi (Martin, Deakin, Thoreau).

[89] *„kognitywnego dysonansu w [...] ponoszą sromotną klęskę"*: zob. William Fox, *Walking in Circles: Cognition and Science in High Places*, w: *High Places*, red. Denis Cosgrove, Veronica della Dora, I.B. Tauris, London–New York 2009, s. 20.

Rozdział 5: Woda — południe

[97] *„Kiedy Szlakiem po oceanie zmierzamy [...] na Lądzie"*: wiersz *Annus Mirabilis*, w: John Dryden, *The Poems of John Dryden*

1649–1681, red. Paul Hammond, Longman, London–New York 1995.

[99] *Prądy powierzchniowe, prądy pływowe [...] między określonymi miejscami*: zob. E.G. Bowen, *Saints, Settlements and Seaways in the Celtic Lands*, University of Wales Press, Cardiff 1969, s. 17.

[99] *Dopiero powstanie archeologii prehistorycznej*: historiografia szlaków morskich została ciekawie omówiona w: tamże s. 1–10.

[99] *Pierwszego przełomu dokonał w 1912 roku [...] w innej łodzi*: zob. O.G.S. Crawford, *The Distribution of Early Bronze Age Settlements in Britain*, „Geographical Journal" 1914, t. 40.

[100] *W 1932 roku Cyril Fox opublikował [...] dotarł na Szetlandy*: zob. Cyril Fox, *The Personality of Britain*, National Museum of Wales, Cardiff 1932.

[101] *W znakomitej pracy poświęconej kulturom atlantyckim [...] podróży morskich* : zob. Barry Cunliffe, *Facing the Ocean: The Atlantic and Its Peoples, 8000 BC–AD 1500*, Oxford University Press, Oxford 2001. Książka Cunliffe'a pozwala mi wypowiadać się o historii dróg morskich z zapożyczonym przekonaniem. Czerpałem również z innych źródeł: *Saints, Settlements and Seaways* Bowena oraz cudownego, zwięzłego eseju Davidsona *Seven Short Sails* wchodzącego w skład projektu Pat Law's '7 Short Sails. Zob. http://studiolog.heriot-toun.co.uk/7sails/7sails.php.

[101] *Pierwsi żeglarze posługiwali się [...] w formie opowieści i rysunków*: Cunliffe, *Facing the Ocean*, s. 79.

[102] *„poetyckimi dziennikami pokładowymi" [...] „śródlądowymi pobratymcami"*: Kenneth White, *On the Atlantic Edge*, Sandstone, Dingwall 2006, s. 90; Cunliffe, *Facing the Ocean*, s. 85–86.

[104] *„utraconych częstotliwości" [...] „wiatry duszy"*: White, *On the Atlantic Edge*, s. 47. Warto też zapoznać się z ciekawą tezą Haydena Lorimera (*Forces of Nature, Forms of Life: Calibrating Ethology and Phenomenology*, w: *Taking Place: Non-Representational Geographies*, red. Ben Anderson, Paul Harrison, Ashgate, London 2010), że na morskim wybrzeżu „inny gatunek ludzi i sił [...] nabiera wyrazu, realizując się

w obszarach różnorodności, relacji, doznań i afektów, życia upływającego w charakterystycznym rytmie, w zmianach pór roku, w masowym przemieszczaniu się wody i powietrza, w głębinach i na powierzchniach, we wdechach i wydechach, w przyspieszaniu i spowalnianiu przepływu energii, w tempie i długości spotkań, w fakturze nastrojów i w formach światła, w biochemicznym i pływowym plusku fal, w prądach, które łączą osobiste z bezosobowym, materialne z niematerialnym".

105 *jedna z najdoskonalszych pieśni Roberta Burnsa [...] ze Skandynawii*: Dziękuję Peterowi Davidsonowi za ten szczegół.

105 *Peregrini [...] na długo przed wikingami*: O *peregrini* napisałem więcej w drugim rozdziale *The Wild Places* (Granta, London 2007), s. 21–42.

105 *„zaczęli nagle zapuszczać się dalej [...] bystrością myślenia i poezją"*: White, *On the Atlantic Edge*, s. 38. Zob. też spis starożytnych kościołów przeznaczonych dla *peregrini* w północno-zachodniej Europie i części Wysp Brytyjskich leżących nad Atlantykiem w: Bowen, *Saints, Settlements and Seaways in the Celtic Lands*, s. 51–80.

106 *„metafora i rzeczywistość z czasem zlały się ze sobą"*: Cunliffe, *Facing the Ocean*, s. 15.

109 *„wpływają izobary [...] dłonie na sterach"*: Ian Stephen, *Offshore/ Onshore*, Morning Star, Edinburgh 1998, s. 4.

111 *„Jeżeli miałoby w tym chodzić o cokolwiek [...] O dotyk twoich braci"*: wiersz *Southeasterly, Stromness* w: Ian Stephen, *it's about this*, Survivors Press, Glasgow 2004, s. 6.

115 *„wdziękiem precyzji"*: wiersz *Epilogue* w: Lowell 2003, s. 838. Słowa Lowella zaczerpnąłem z krótkiej analizy twórczości Iana Stephena autorstwa Gerry'ego Cambridge'a zatytułowanej *All About Shine*, która ukazała się jako wstęp do: Ian Stephen, *Mackerel & Creamola: Stories and Recipes*, Pocketbooks, Edinburgh 2001, s. 13.

117 *Na Syberii chantyjskie słowo [...] „drogę"*: Szczegół ten zaczerpnąłem z: Tim Ingold, *Lines: A Brief History*, Routledge, London 2007, s. 90. Ingold powołuje się na badania Natalii Novikovej opublikowane jako *Self-Government of the Indigenous Minority Peoples of*

West Siberia: Analysis of Law and Practice w: *People and the Land: Pathways to Reform in Post-Soviet Siberia*, red. Erich Kasten, Dietrich Reimer Verlag, Berlin 2002, s. 83–97. Jestem również wdzięczny Tatianie Argounovej-Low za rozmowę o badaniach nad drogami i podzielenie się nieopublikowanymi ustaleniami na temat zależności między drogami a narracjami w Jakucji, północno-wschodniej części Syberii.

118 *staroangielskie writan [...] bronując szlak*: Opieram się na dokonanym przez Ingolda omówieniu zależności między tekstem, drogą i fakturą; zob. Ingold, *Lines*, s. 43.

118 *Tak jak pióro unosi się nad kartkę [...] ściegu albo strumienia*: Zainspirowane przez: tamże, s. 92–93.

124 *„Wyspy Shiants [...] do wnętrza Europy"*: Adam Nicolson, *Sea Room: An Island Life*, HarperCollins, London 2001, s. 12, 13.

125 *„To miejsce weszło we mnie [...] jak bejca"*: Tamże, s. 3.

125 *złudzeniu całkowitej kompletności*: Dziękuję za to sformułowanie Timowi i Mairéad Robinsonom.

125 *„Umysł nie zdoła unieść wszystkiego [...] co z niej wyniósł"*: *LM*, s. 3.

Rozdział 6: Woda — północ

131 *W starożytności irlandzcy uczeni [...] intelektualnym*: Richard Kearney, *Navigations: Collected Irish Essays 1976–2006*, Lilliput, Dublin 2006, s. X.

134 *Pierwsze zapisy dotyczące polowania na guga sięgają 1549 roku*: zob. James McGeoch, Catriona McGeoch, Finlay MacLeod, John Love, *Súlasgeir*, Acair, Stornoway 2010, i John Beatty, *Sula: Seabird Hunters of Lewis*, Michael Joseph, London 1992 1992. Dziękuję Finlayowi MacLeodowi, rodzinie McGeochów i Acair Press za wspaniałomyślne podzielenie się materiałami na temat Sula Sgeir i polowania na *guga*.

144 *„odbić światła [...] skomplikowanej kontrfizyki"*: wiersz *Anstruther to St Andrew's Bay, aboard The Reaper* w: Stephen, *it's about this*, s. 10.

144 *„długą poprzeczną linię [...] opowiedzenia coś nowego"*: Mark Twain, *Życie na Missisipi*, przeł. Zofia Siwicka, Czytelnik, Warszawa 1984, s. 59, 62.

[148] *„obszerną"*: William James, *The Principles of Psychology*, Holt, New York 1905, s. 136, 137. James zaczerpnął to określenie od niemieckiego fizjologa i teoretyka koloru Ewalda Heringa.

[149] *szlakami — cynowym i bursztynowym*: White, *On the Atlantic Edge*, s. 29–30.

[151] *„Zygzakowate tory […] zassać pokładu"*: wiersz *Groundswell* w: Ian Stephen, *Adrift/Napospas vlnám*, Periplum, Olomouc 2007, s. 72.

Rozdział 7: Torf

[163] *Swoje życie poświęcił na badanie […] do czasów współczesnych*: zob. na przykład Finlay MacLeod, *The Chapels in the Western Isles*, Acair, Stornoway 2007; Finlay MacLeod, *The Healing Wells of the Western Isles*, Acair, Stornoway 2000; Finlay MacLeod, *The Norse Mills of Lewis*, Acair, Stornoway 2009; *Togail Tĕr/Marking Time: The Map of the Western Isles*, red. Finlay MacLeod, Acair and An Lanntair, Stornoway 1989.

[164] *„piaszczysta droga" albo „ścieżka dumania"*: zob. Janet Browne, *Charles Darwin: The Power of Place*, Knopf, New York 2002, s. 10; Rebecca Stott, *Darwin and the Barnacle*, Faber and Faber, London 2003, s. 69.

[172] *„zaspy połyskującej wełnianki wąskolistnej" […] „upamiętniając opowieści i ludzi"*: Anne Campbell, Jon MacLeod, *A-mach an Gleann*, własnym nakładem, Stornoway 2007.

[174] *„przylądek albo cypel […] z wąskim gardłem"*: zob. *Onomasticon* we wspaniałej książce Richarda V. Coxa (*The Gaelic Place-Names of Carloway, Isle of Lewis: Their Structure and Significance*, Dublin Institute for Advanced Studies, Dublin 2002).

[178] *èig*: termin ten został zaczerpnięty z *Some Lewis Moorland Terms: A Peat Glossary*, czterostronicowego omówienia oraz listy 126 gaelickich słów, opisujących język, którym mieszkańcy trzech miejscowości z wyspy Lewis (Shawbost, Bragar i Shader) wyrażają cechy okolicznych wrzosowisk i obrzeży torfowisk. Wiele z tych terminów odznacza się niezwykle rozbudowaną precyzją; całość stanowi poruszającą lekturę. Lista została opracowana w latach 2005–2007 przez Finlaya MacLeoda, Anne Campbell i dwie inne osoby. Znacznie

obszerniejsze omówienie tej pracy oraz związków między toponimami i poczuciem zażyłości z miejscem można znaleźć w: Robert Macfarlane, *A Counter-Desecration Phrasebook*, w: *Towards Re-Enchantment*, red. Evans Gareth, Robson Di, ArtEvents, London 2010, s. 106–130.

[179] *„Chodzenie boso wyszło z mody [...] w ustach w nowy smak*: *LM*, s. 103–104.

[182] *„Latem 1935 roku [...] stała się znacznie łatwiejsza"*: Frank Fraser Darling, *A Herd of Red Deer*, Oxford University Press, Oxford 1937, s. 27.

[182] *„były zdolne do* z r o z u m i e n i a": Jestem wdzięczny za informację o bosych stopach Darlinga i za to sformułowanie Haydenowi Lorimerowi (*Herding Memories of Humans and Animals*, „Environment and Planning D: Society and Space" 2006, t. 24, nr 4, s. 500).

[184] *„ciemności lasu [...] wewnętrznego światła"*: Nan Shepherd, *The Colour of Deeside*, „The Deeside Field" 1937, nr 8, Aberdeen University Press, Aberdeen, s. 9–10.

Rozdział 8: Gnejs

[189] *„Twierdzę, że jednoczę w sobie gnejs [...] jadalne korzenie"*: Whitman, *Pieśń o mnie*, s. 56.

[192] *„Poświęciłem życie [...] dla nieistniejącego plemienia"*: Własna korespondencja ze Steve'em Dilworthem, sierpień 2010.

[200] *„obwieszone pod karmazynowo-złote sklepienie [...] jak one"*: Rebecca West, *Black Lamb and Grey Falcon: A Journey through Yugoslavia*, Canongate, Edinburgh 1993, s. 335–336.

Rozdział 9: Granit

[207] *„Skoro podążać szlakiem [...] jest powrotem"*: *WOW*, s. 17.

[208] *Dziadek w czasie swojego niezwykłego życia [...] przemierzał pieszo*: więcej szczegółów na temat niezwykłego życia mojego dziadka można znaleźć w: Edward Peck, *Recollections 1915–2005*, Pauls Press, New Delhi 2005.

[209] *„ciekawymi czasami"*: zob. Eric Hobsbawm, *Interesting Times: A Twentieth-century Life*, Penguin, London 2002, który z kolei oparł się na apokryficznym chińskim przekleństwie.

[214] *Tradycja nielegalnego pędzenia bydła*: tu i dalej czerpię z: A.R.B. Haldane, *The Drove Roads of Scotland*, Birlinn, Edinburgh 2008; informacje na temat *via viridis* można znaleźć na s. 11.

[214] *„samotnym zarośniętym trawą [...] przez wzgórza"*: Tamże, s. 1.

[215] *„Brązowe żagle statków [...] drogach Szkocji"*: Tamże, s. 222.

[216] *„żywiołowe siły"*: *LM*, s. 4.

[217] *"przeniesieniem miłości"*: *LM*, s. XLIII.

[217] *„nie robi nic [...] tylko jest sobą"*: *LM*, s. 23.

[217] *„coś porusza się [...] je opisać"*: *LM*, s. 8.

[220] *„zboczywszy znacznie ze ścieżki"*: *LM*, s. XLII.

[222] *„bezbarwnym niczym jedwab"*: *LM*, s. 93.

[222] *„osadzona [...] w [...] nieruchomości"*: *LM*, s. 92.

[222] *„centralne jądro ognia [...] całość góry"*: *LM*, s. 105.

[223] *„potężnej nieobecności"*: Nicolson, *Sea Room*, s. 4.

[224] *„Stanąwszy przy wejściu [...] u stóp wzgórza"*: wstęp Helen Thomas z 1932 roku do wydania *South Country*, Little Toller, Dorset 2009, s. 15, 16.

[224] *„łatwiej jest mu wyobrazić sobie [...] wraz z dopływami"*: Neil Gunn, *Highland River*, Canongate, Edinburgh 1991, s. 33.

[224] *„wychodząc razem w wyobraźni [...] jak własne życie"*: John McGahern, *Love of the World*, Faber and Faber, London 2009, s. 23.

[225] *Kiedy malarz John Nash [...] przewędrują je razem*: Historię tę opowiedział mi Ronald Blythe, kiedy odwiedziłem go w jego domu w Wormingford, do którego dochodzi się drogą zapadniętą głęboko w ziemię.

[225] *„lśnił czerwienią świeżo powstałej skały"*: *LM*, s. 76.

[226] *„studnią na końcu świata"*: Neil Gunn, *The Well at the World's End*, Canongate, Edinburgh 1996.

[226] *„Góra ma wnętrze"*: *LM*, s. 16.

[226] *„wrzucając do nich [...] rozkołysane na dno"*: *LM*, s. 25.

[227] *„kroczy po przezroczystym ciele [...] jakim obdarza mnie góra"*: *LM* , s. 106, 108.

[230] *„Poznanie innego [...] ze zdobywaniem wiedzy"*: *LM*, s. 108.

Rozdział 10: Wapień

236 *Raja wędruje [...] od ponad czterdziestu lat*: nikt nie opisał lepiej wyjątkowego życia Raji Shehadeha i jego wędrówek niż on sam; zob. Raja Shehadeh, *Palestyńskie wędrówki: zapiski o znikającym krajobrazie*, przeł. Anna Sak, Wydawnictwo Karakter, Kraków 2011, a także *A Rift in Time: Travels with My Ottoman Uncle*, Profile, London 2010.

245 *„zacząłem zauważać [...] wąskie ścieżyny"*: Shehadeh, *Palestyńskie wędrówki*, s. 32.

246 *„wypalony [...] dokonano masakry"*: William Thackeray, *Notes of a Journey from Cornhill to Grand Cairo*, w: *Miscellanies*, Wildside Press, Rockville 2009, s. 561.

247 *„wybielone [...] rozkruszonych, obgryzionych i wyssanych"*: Herman Melville, *Journals*, red. Howard C. Horsford, Lynn Horth, Northwestern University Press, Chicago 1989, s. 83.

254 *„ziemia odarta ze skóry [...] poza nieszczęsną, namacalną ziemią"*: Berger John, *Palestyna. Miejsce, które płacze*, przeł. Magdalena Kowalska, „Le Monde Diplomatique" 2009, nr 2.

Rozdział 11: Korzenie

261 *„Jesteśmy w coraz większym stopniu na pielgrzymce"*: Edmund Blunden, *On Pilgrimage in England: Voyages of Discovery*, „TLS" 1942, nr 156, s. 156. Jestem wdzięczny Alexandrze Harris za zwrócenie mi uwagi na esej Blundena.

261 *„Liczba cichych pielgrzymek rośnie [...] okrąg z muszli ślimaków"*: Václav Cilek, *Bees of the Invisible — Awakening of a Place*, „Artesian" 2008, nr 1.

263 *„nie ma drogi, tworzysz ją ze swych kroków"*: Antonio Machado, *Campos de Castilla*, Catedra, Madrid 2006, s. 223 (przekład polski Zbigniew Ściubak).

264 *„Bohemia [...] z miejscem w sercu"*: Cilek, *Bees of the Invisible.*

272 *„Każda z moich książek [...] wewnętrzną drogę"*: różne szczegóły w tym fragmencie zostały zaczerpnięte ze zbioru esejów i innych pism

w języku hiszpańskim i angielskim Miguela Angela Blanco; niektóre można znaleźć na www.bibliotecadelbosque.net/.

273 *„Całe życie [...] swoje przeznaczenie"*: wiersz *Trees of Power* zob. http://www.bibliotecadelbosque.net/.

281 *„pogrążonego w modlitwie [...] nad ziemią"*: Jan Morris, *Spain*, Penguin, London 1982, s. 130.

285 *„Kiedy obserwuję [...] warstwy krajobrazu się zjeżają"*: *LM*, s. 11.

Rozdział 12: Lód

290 *„Moc tych gór [...] niewidzialny magnes"*: Lama Govinda, *The Way of the White Clouds*, Overlook Press, New York 2006, s. 271.

293 *„Muszę Cię ostrzec [...] były pełne krwi"*: Peter Matthiessen, *Śnieżna pantera*, przeł. Blanka Kuczborska, Zysk i S-ka, Poznań 1999, s. 29.

296 *„Kiedy myślę o Scotcie [...] zawsze młodzi"*: J.M. Barrie, *Courage*, Hodder & Stoughton, London 1922, s. 32.

299 *„wrota prowadzące [...] ku słońcu i przygodzie"*: E.M. Forster, *Howards End*, przeł. Ewa Krasińska, Czytelnik, Warszawa 1993, s. 14.

299 *„ostrym światłem" Himalajów*: Matthiessen, *Śnieżna pantera*, s. 75.

304 *„Wpływ, jaki ten przedziwny Matterhorn [...] najwięksi filozofowie"*: John Ruskin, *Modern Painters*, George Allen & Sons, London 1910, t. 4, s. 247–248.

311 *„z grubsza po okręgu [...] do punktu wyjścia"*: *SC*, s. 21.

312 *„cierpkim smakiem wysokości [...] dobre miejsce"*: *LM*, s. 9.

313 *„Myślę, że teraz w jakimś niewielkim stopniu rozumiem [...] pielgrzymkę w góry"*: *LM*, s. 108.

Rozdział 13: Śnieg

326 *„silne szlaki [...] ich umiejscowieniami"*: Christopher Tilley, *The Phenomenology of Landscape: Places, Paths and Monuments*, Berg, Oxford 1994, s. 30, 75.

328 *„stawał się zwiewniejszy [...] innym punktom widzenia"*: W.H. Hudson, *Nature in Downland*, Echo Library, Middlesex 2006, s. 13.

[330] *„z powodu uroku kolorystyki [...] oczywistości jego kształtu"*: Ravilious, list do Peggy Angus z lipca 1939, w: James Russell, *Ravilious in Pictures: Sussex and the Downs*, Mainstone Press, Norwich 2009, s. 22.

[331] *„pewnego rodzaju nieufności [...] osobistego zaangażowania"*: J.M. Richards, *Memoirs of an Unjust Fella*, Weidenfeld & Nicolson, London 1980, s. 95.

[331] *„wydaje się zawsze [...] materialną egzystencją"*: John Lake, nieopatrzony datą list do Richarda Morpheta, cytowany w przedmowie do Helen Binyon, *Eric Ravilious: Memoir of an Artist*, Lutterworth, Guildford 1983, s. 23.

[336] *„śnieg i śnieżne światło [...] bardziej na północ"*: błyskotliwa książka Petera Davidsona, *The Idea of North*, Reaktion, London 2005, s. 104.

[336] *„Do zobaczenia, Tush [...] w mojej gestii"*: Eric Ravilious, List do Tirzah Ravilious, z 30 maja 1940 (?), w: Eric Ravilious, *Ravilious at War: The Complete Work of Eric Ravilious, September 1939 — September 1942*, red. Anne Ullmann, Fleece Press, Upper Denby 2002, s. 95.

[337] *„oddalona i urocza"*: tamże, s. 93.

[337] *„nieziemskiego istnienia"*: Eric Ravilious, list do Diany Tuely, z 30 maja 1940 (?), w: tamże, s. 93.

[340] *sąsiadujące wierzchołki Walker's Hill i Knapp Hill*: Walker's Hill i Adam's Grave, nazwa długiego kurhanu na szczycie, pojawiają się w wierszu Thomasa zatytułowanym *Lob*, opowiadającym o widmowym Angliku, który chodzi, żeby „oczyszczać stare ścieżki, których nikt nie używa". *ACP*, s. 77.

Rozdział 14: Krzemień

[343] *„Długie białe drogi [...] przeszłości"*: *SC*, s. 108–109.

[344] *„delikatnym bębnieniu kropel deszczu [...] pierwszą muzykę Anglii"*: relacja Petera Ackroyda dotycząca twierdzenia Taine'a z 1860 roku podana w: Peter Ackroyd, *Albion: The Origins of the English Imagination*, Chatto & Windus, London 2002, s. 3.

[346] *„Na tych starożytnych szlakach [...] stan zadowolenia”*: wstęp Helen Thomas z 1932 roku do wydania *South Country*, Little Toller, Dorset 2009, s. 13–14.

[346] *„napisać historię człowieka [...] kontemplacją pejzażu”*: Albert Camus, *Notatniki 1935–1959 (wybór)*, przeł. Joanna Guze, „Krąg” Warszawa 1994, s. 164.

[346] *„Drogi biegną [...] Która spada i znika”*: *ACP*, s. 106.

[346] *„bogactwem zawartej w nich poezji”*: *SC*, s. 4.

[347] *„zwiewny bieg [...] przy wlocie do doliny wciosowej”*: *SC*, s. 148.

[347] *„ukryte łuki”*: *IW*, s. VI.

[347] *„pęk kilku ścieżek wydeptanych obok siebie”*: *SC*, s. 50.

[347] *„trawiasty szlak o wielkiej szerokości [...] spąsowiałymi powojnikami”*: *SC*, s. 214.

[347] *„wędrownego dżentelmena [...] Panem Parasolem”*: *SC*, s. 185–195.

[348] *„Droga na pagórku mokra deszczem [...] jej z powrotem”*: *ACP*, s. 106.

[349] *„zewnętrznego świata [...] wlot do tunelu”*: *USW*, s. 110.

[349] *„przytłaczających ataków przygnębienia i niedoli”*: *USW*, s. 113.

[350] *„starożytnych szlaków [...] a nie tylko nogami”*: *USW*, s. 123.

[350] *„Każde zbocze wzgórza, każdy las i łąka [...] odbyliśmy tam z Edwardem”*: *USW*, s. 160.

[352] *Możemy wyróżnić dwie przeplatające się historie współczesnego wędrownictwa*: zob. R.A. Leeson, *Travelling Brothers*, George Allen & Unwin, London 1979.

[353] *„parzyli herbatę [...] kierat połowy lat trzydziestych”*: Laurie Lee, *As I Walked Out One Midsummer Morning*, Penguin, London 1969, s. 62.

[357] *„jeśli w bezksiężycową noc [...] ona podąża za nim”*: ludowe opowieści związane z Chanctonbury zostały zebrane przez Jacqueline Simpson, *Legends of Chanctonbury Ring*, „Folklore” 1969, t. 80, s. 122–131. Zob. też: Arthur Beckett, *The Spirit of the Downs*, Methuen, London 1943, i Philip Gosse, *Go to the Country*, Cassell, London 1936.

[361] *„Rzepik [...] 1–2 niełupki"*: C.A. Johns, *Flowers of the Field*, Society for Promoting Christian Knowledge, London 1919, s. 153, 154.

[361] *„w rozwoju [...] przypominają dachówki"*: Tamże, s. XIX.

[362] *„wszędzie awanturniczego ducha"*: *SC*, s. 182.

[362] *„biała wstęga możliwej podróży"*: Stevenson, cytowany przez Duncana Minshulla we wstępie do nieocenionej książki *The Vintage Book of Walking*, red. Duncan Minshull, Vintage, London 2000, s. XVII.

[362] *„nigdy [...] wił się bez końca"*: *ACP*, s. 107.

[362] *„zapuszczenia na zawsze korzeni [...] na jakąkolwiek zmianę"*: *SC*, s. 161.

[363] *„Przez [...] nie znalazł sobie domu"*: wstęp Helen Thomas z 1932 roku do wydania *South Country*.

[364] *„ledwie dostrzegalnych [...] w ciemności osobliwą bielą"*: W.H. Hudson, *Nature in Downland*, Echo Library, Middlesex 2006, s. 1–2.

[365] *„na skraju świadomości"*: F.R. Leavis, *New Bearings in English Poetry*, University of Michigan Press, Michigan 1965, s. 69.

[365] *„Niejedna ścieżka czy trakt [...] i w nich przepadają"*: *ACP*, s. 136.

[366] *„swego rodzaju pościgu [...] przez przeszłość"*: Richard Holmes, *Footsteps*, Penguin, London 1986, s. 26.

[366] *„Nigdy się ich nie dogania [...] ich dogonić"*: Tamże, s. 27.

[367] *umysł był swego rodzaju krajobrazem*: Sfromułowanie to pożyczam z: Rebecca Solnit, *Wanderlust: A History of Walking*, Penguin, London 2000, s. 6.

[370] *„Podoba mi się kraina [...] były piękne"*: Edward Thomas, List do Gordona Bottomleya z marca 1917, *ETGB*, s. 278.

[371] *„Wszystkie drogi [...] i ich przelotne tłumy"*: *ACP*, s. 107, 108.

[371] *„krainą duchów"*: *IW*, s. VI.

Rozdział 15: Duch

[373] *„jasnej, ciepłej Wielkanocy"*: *CET*, s. 175.

[373] *„Światło księżyca w nowiu [...] czego chciał Bóg"*: *CET* , s. 175–176.

[374] *„podążając jakimś zupełnie niewidzialnym szlakiem"*: *LFY*, s. 6.

[374] *„nigdy nie przeszlibyście jej [...] w nowy sposób"*: *LFY*, s. 32.

[375] *„kwiaty rododendronu [...] i Chatham Railway"*: *SC*, s. 99.

[375] *„zazna spokoju tylko wtedy, gdy będzie mu potrzebna"*: *USW*, s. 49.

[376] *„Dziś wydaje się to trudne do wyobrażenia [...] w geście szczodrości"*: *USW*, s. 36.

[377] *„Nienawidzę swojej pracy [...] Tylko krzywdzę"*: Edward Thomas, Notatka z 9 października 1907 (odkryta później przez Helen Thomas), *SLET*, s. 44.

[377] *„aż ponownie rozbłyśnie w nim nadzieja"*: *USW*, s. 49.

[378] *Większym podziwem darzy średniowieczną piosenkę* Sumer: *SC*, s. 4.

[378] *„wiatr jak srebro się sączy [...] swych stóp"*: *ACP*, s. 72.

[380] *„wszystkiego poza energią [...] jak szum trawy"*: *SC*, s. 275.

[380] *„czuły powab"*: *USW*, s. 152.

[380] *„Nie jestem częścią natury [...] deszczem padającym na zewnątrz"*: *IW*, s. 281.

[381] *„wyczucie dróg [...] gdyby nie wątek dróg"*: *IW*, s. 6, 7.

[381] *poręczny „niczym uchwyt laski"*: *RJ*, s. 179. Tu i gdzie indziej czerpię z wyrafinowanych rozważań Lucy Newlyn na temat relacji Thomasa z Jefferiesem, Hazlittem i ideą chodzenia; zob. Lucy Newlyn, *Hazlitt and Edward Thomas on Walking*, „Essays in Criticism" 2006, t. 56, nr 2.

[381] *„prymitywną czynność [...] nieskazitelny majestat"*: *IW*, s. 31.

[382] *„Najpiękniejszymi zjawiskami [...] z indywidualnymi żłobieniami"*: *ACP*, s. 34.

[382] *„fakturze z pogranicza życia i książek"*: pożyczam ten cytat z Newlyn 2006. Jej źródłem jest Wordsworth, *The Poetical Works*, s. 145.

[382] *„korków od szampana [...] pszenicznych w kolorze"*: Edward Thomas, List z 15 stycznia 1908 do Gordona Bottomleya, *ETGB*, s. 155.

[382] *„Każdy wzbudza [...] poza granice myśli"*: Edward Thomas, List z 7 lutego 1908 do Gordona Bottomleya, *ETGB*, s. 157.

[383] *„Niejedno wiedziały [...] kiedy śpiewały"*: *ACP*, s. 35.

[383] *„nieotwieranej z klucza komory mózgu"*: *SC*, s. 13.

[383] *„kluczową [...] Edward ją przeżywał"*: *LFY*, s. 153.

[383] *„wiatr, deszcz [...] Byliśmy z burzą jednym"*: *IW*, s. 13.

[384] *„chodził [...] swoimi długimi nogami i dużymi dłońmi"*: *LFY*, s. 232.

[384] *„mętnego, zakłamanego odzwierciedlenia ze słów"*: *SC*, s. 13.

[384] *„po wijących się ścieżkach przez pola"*: Robert Frost, List do Sidneya Coxa z 18 maja 1914. Za ten szczegół oraz za informację, że Frost ukuł termin „rozmówko-przechadzki", jestem wdzięczny Matthew Hollisowi, który przytacza te fakty w znakomitej biografii obejmującej ostatnie lata życia Thomasa: Matthew Hollis, *Wszystkie drogi prowadzą teraz do Francji*, przeł. Marcin Sabiniewicz, „Zeszyty Literackie" 2016, nr 2.

[384] *„wywołał [...] w innej tonacji"*: *LFY*, s. 56.

[385] *„powoli wyrasta na świadomego Anglika"*: Edward Thomas, List do Jessego Berridge'a w: Edward Thomas, *Letters of Edward Thomas to Jesse Berridge*, red. Anthony Berridge, Enitharmon, London 1983, s. 74.

[385] *„Gdyby tylko chciał, mógłby bezpiecznie przeżyć te lata"*: *LFY*, s. XIX.

[385] *„moralną mapę [...] trzech pustułek"*: Edward Thomas, List do Gordona Bottomleya z czerwca 1915, w: *ETGB*, s. 129.

[386] *„Czytam znak. Którędy powinienem pójść?"*: *ACP*, s. 37.

[386] *„Dwie drogi w żółtym lesie [...] nie mniej ciekawą"*: wiersz *Droga nie wybrana*, w: *444 wiersze*, s. 91. Jestem wdzięczny Matthew Hollisowi, którego omówienie roli wiersza Frosta w decyzji Thomasa, aby wziąć udział w wojnie sprawiło, że uświadomiłem sobie jego wykraczające poza metaforę znaczenie. Zob. Hollis, *Wszystkie drogi prowadzą teraz do Francji.*

[387] *„Wiele osób pytało mnie [...] udzielić odpowiedzi"*: *LFY*, s. 153.

[387] *„naturalny rezultat [...] nastrojów i przemyśleń"*: Edward Thomas, List do Gordona Bottomleya z 21 lipca 1915, w: *ETGB*, s. 253.

[387] *„Nie, nie, nie, tylko nie to"*: *USW*, s. 153.

[387] *„przyszłość i mapy / Kryją coś, czego wyczekuję"*: *ACP*, s. 134.

[388] *Nie przeszkadza mu, że inni poeci będą wiedzieli, że jest żołnierzem*: *LFY*, s. 218.

[388] *„czarna rozpacz" [...] „spokojnej akceptacji"*: *USW*, s. 158.

[388] *„Pięknie tu jest i zimowo [...] dwa tysiące lat temu"*: *LFY*, s. 191.

[389] *„Pamiętaj, że cokolwiek [...] będzie dobrze po wieki"*: *USW*, s. 172.

[391] *„cóż takiego księżyc ogląda [...] nad Mozą"*: Edward Thomas, *The Last Sheaf*, Jonathan Cape, London 1928, s. 221.

[394] *„cholernymi zuchwałymi [...] szkopami"*: *LFY*, s. 253.

[395] *„w głąb zmierzają [...] muł odciska brzegów"*: H.W. Longfellow, *Pieśń o Hajawacie*, przeł. Roman Jackow, Ossolineum, Wrocław–Kraków 1960, s. 55.

[397] *„Nowa pozycja [...] ciemne, białe"*: *SLET* , s. 153, 154.

[397] *„rozkoszując się tym [...] znów jesteśmy razem"*: *USW*, s. 204.

[398] *„Najdroższa, siedzę [...] Na zawsze Twój Edwy"*: *SLET*, s. 165.

[400] *„Człowiek rzeczywiście traci [...] wielki i wspaniały"*: *USW*, s. 210.

[400] *„Gdzie każdy łuk [...] po zboczu po deszczu"*: *CET*, s. 176.

Rozdział 16: Odcisk

[401] *Od pięciu do siedmiu tysięcy lat temu*: Tu i gdzie indziej w tym rozdziale czerpię z prac Gordona Robertsa oraz listów i rozmów z nim, a także z: Jennifer Lewis, Jennifer E. Stanistreet, *Sand and Sea: Sefton's Coastal Heritage: Archaeology, History and Environment of a Landscape in North-West England*, Leisure Services, Sefton 2008.

WYBRANA BIBLIOGRAFIA

„Chodzimy z tysięcy powodów — napisał Thomas w 1913 roku. — Ponieważ jesteśmy zmęczeni siedzeniem, ponieważ nie potrafimy odpoczywać, ponieważ chcemy uciec z miast albo się do nich dostać, ponieważ nie stać nas na transport. Jako stałe rozwiązanie chodzenie jest z pewnością najlepsze, ponieważ jest najstarsze". Chodzenie należy do najstarszych praktyk człowieka i było wykonywane z nieskończenie wielu powodów i pobudek. Chodzeniu i drogom poświęcona została bogata i różnorodna literatura. Do niniejszej bibliografii trafił wybór znanych mi książek, esejów i artykułów poświęconych tym zagadnieniom, a także tematom związanym z innymi ważnymi wątkami książki: między innymi archeologii, kartografii, żałobie, radości, krajobrazowi, metaforze, nawigacji, orientacji, pielgrzymowaniu, dotykowi, tropieniu i toponimii. Gwiazdką oznaczyłem te prace, które uważam za szczególnie interesujące albo którym jestem szczególnie wdzięczny za informacje lub inspirację. Przytoczone fakty, zasugerowane detale, nieprzypisane niepewności i jawne luki w dwóch biografiach: Raviliousa (*Snow*) i Thomasa (*Ghost*) mogą zostać potwierdzone lub obalone przez stosowne prace przywołane w cytatach i bibliografii, w badaniach naukowych i wspomnieniach, z których wiele zaczerpnąłem. Za wszystkie niezamierzone błędy i celowe odstępstwa odpowiadam ja sam.

Abram David, *The Spell of the Sensuous: Perception and Language in a More than Human World*, Pantheon, New York 1996.
Abulafia David, *The Great Sea: A Human History of the Mediterranean*, Allen Lane, London 2011.
Ackroyd Norman, Dunn Douglas, *A Line in the Water*, Royal Academy, London 2009.
Ackroyd Peter, *Albion: The Origins of the English Imagination*, Chatto & Windus, London 2002.
Amato Joseph, *On Foot: A History of Walking*, New York University Press, New York 2004.
Barrie J.M., *Courage*, Hodder & Stoughton, London 1922.
*Basso Keith H., *Wisdom Sits in Places: Landscape and Language among the Western Apache*, University of New Mexico, Albuquerque 1996.
Beatty John, *Sula: Seabird Hunters of Lewis*, Michael Joseph, London 1992.
Belloc Hilaire, *The Old Road*, Constable, London 1911.
Benjamin Walter, *Selected Writings*, red. Michael W. Jennings, Howard Eiland, Gary Smith, t. 2, Harvard University Press, Cambridge 1999.
Berger John, *Palestyna. Miejsce, które płacze*, przeł. Magdalena Kowalska, „Le Monde Diplomatique" 2009, nr 2, s. 24.
Berry Wendell, *The Long-Legged House*, Harcourt, Brace & World, New York 1969.
Beveridge Erskine, *North Uist: Its Archaeology and Topography*, Birlinn, Edinburgh 1999.
Binyon Helen, *Eric Ravilious: Memoir of an Artist*, Lutterworth, Guildford 1983.
Bishop Elizabeth, *Elizabeth Bishop: Complete Poems 1927–79*, Hogarth Press, London 1983.
Blanco Miguel Angel, *Die Algen und die Alpen*, Stefan Röpke, Köln 2002.
Blanco Miguel Angel, *Visiones del Guadarrama*, La Casa Encendida, Madrid 2006.

Blanco Miguel Angel, *Xunta de Galicia*, Casa da Parra, Santiago de Compostela 2001.

Blunden Edmund, *On Pilgrimage in England: Voyages of Discovery*, „TLS" 1942, nr 156.

Blythe Ronald, *Field Work: Selected Essays*, Black Dog Books, Norwich 2007.

Bode Steven i in., *There Is No Road: The Road Is Made by Walking*, cajAstur, Asturia 2009.

Borrow George, *Lavengro*, John Murray, London 1851.

Borrow George, *Wild Wales*, Fontana, London 1977.

Bowen E.G., *Britain and the Western Seaways*, Thames & Hudson, London 1972.

*Bowen E.G., *Saints, Settlements and Seaways in the Celtic Lands*, University of Wales Press, Cardiff 1969.

Browne Janet, *Charles Darwin: The Power of Place*, Knopf, New York 2002.

Burne C.S., *Scraps of Folklore Collected by John Philipps Emslie*, „Folklore" 1915, t. 26, nr 2, s. 153–170.

Campbell Anne, MacLeod Jon, *A-mach an Gleann*, własnym nakładem, Stornoway 2007.

Camus Albert, *Notatniki 1935–1959 (wybór)*, przeł. Joanna Guze, „Krąg" Warszawa 1994.

*Chatwin Bruce, *Pieśni stworzenia*, przeł. Krzysztof Puławski, Świat Książki, Warszawa 2008.

Cilek Václav, *Bees of the Invisible — Awakening of a Place*, „Artesian" 2008, nr 1, s. 27–29.

Clare John, *The Poems of the Middle Period 1822–1837*, red. Eric Robinson, David Powell, P.M.S. Dawson, Clarendon Press, Oxford 1998.

*Clark Thomas A., *In Praise of Walking*, w: *Distance & Proximity*, Pocketbooks, Edinburgh 2000.

Clark Thomas A., *The Hundred Thousand Places*, Carcanet, Manchester 2009.

Clarke Peter, *The Outer Hebrides: The Timeless Way*, Northampton Square, Stornoway 2006.

Coles Bryony, Coles John, *Sweet Track to Glastonbury: The Somerset Levels in Prehistory*, Thames & Hudson, London 1986.

Cox Richard V., *The Gaelic Place-Names of Carloway, Isle of Lewis: Their Structure and Significance*, Dublin Institute for Advanced Studies, Dublin 2002.

Crawford O.G.S., *The Distribution of Early Bronze Age Settlements in Britain*, „Geographical Journal" 1914, t. 40, s. 184–197.

*Cunliffe Barry, *Facing the Ocean: The Atlantic and Its Peoples, 8000 BC–AD 1500*, Oxford University Press, Oxford 2001.

Curry Patrick, *Ecological Ethics*, Polity, London 2011.

Darling Frank Fraser, *A Herd of Red Deer*, Oxford University Press, Oxford 1937.

*Davidson Peter, *The Idea of North*, Reaktion, London 2005.

Davies Hugh, *From Trackways to Motorways: 5000 Years of Highway History*, Tempus, Stroud 2006.

De Quincey Thomas, *Recollections of the Lakes and the Lake Poets*, red. David Wright, Penguin, Harmondsworth 1970.

Deakin Roger, *Notes from Walnut Tree Farm*, Hamish Hamilton, London 2008.

Driscoll Rosalyn, *Aesthetic Touch: Notes towards a Sensual Philosophy of Being*, „Artesian" 2008, nr 1, s. 39–42.

Dryden John, *The Poems of John Dryden 1649–1681*, red. Paul Hammond, Longman, London–New York 1995.

Eliot George, *Felix Holt: The Radical*, red. William Baker, Kenneth Womack, Broadview, Peterborough 2000.

Emerson Ralph Waldo, *Przedstawiciele ludzkości*, przeł. Maria Kreczowska, Wydawnictwo Vis-à-vis/Etiuda, Kraków 2017.

Ennion E.A.R., Tinbergen Niko, *Tracks*, Oxford University Press, Oxford 1967.

Evans Chris, *Grounding Knowledge/Walking Land*, McDonald Institute Monographs, Cambridge 2009.

*Farjeon Eleanor, *Edward Thomas: The Last Four Years*, Sutton, Stroud 1997.
Farjeon Eleanor, *Elsie Piddock Skips in Her Sleep*, Walker, London 1997.
Finlay Alec i in., *Irish (2)*, Morning Star, Edinburgh 2002.
Fox Cyril, *The Personality of Britain*, National Museum of Wales, Cardiff 1932.
Fox William, *Walking in Circles: Cognition and Science in High Places*, w: *High Places*, red. Denis Cosgrove, Veronica della Dora, I.B. Tauris, London–New York 2009, s. 19–29.
Frost Robert, *The Poetry of Robert Frost*, red. Edward Connery Lathem, Cape, London 1971.
Fulton Hamish, *El Camino*, Fundación Ortega Muńoz, Ortega 2008.
Gaffney Vincent i in., *Europe's Lost World: The Rediscovery of Doggerland*, Council for British Archaeology, York 2009.
Garrow Duncan, Sturt Fraser, *Grey Waters Bright with Neolithic Argonauts? Maritime Connections and the Mesolithic-Neolithic Transition within the "Western Seaways" of Britain, c. 5000–3500 bc*, „Antiquity" 2011, nr 85 (327), s. 59–72.
Godwin Fay, Anderson J.R.L., *The Oldest Road: An Exploration of the Ridgeway*, Wildwood House, London 1975.
Godwin Fay, Anderson J.R.L., Toulson Shirley, *The Drovers' Roads of Wales*, Whittet, London 1987.
Gough Cooper Jennifer, *Paths*, Benteli, Langenbruck 2001.
Govinda Lama, *The Way of the White Clouds*, Overlook Press, New York 2006.
Graham W.S., *The Nightfishing*, Faber and Faber, London 1955.
Griffiths Jay (2007), *Wild: An Elemental Journey*, Hamish Hamilton, London 2007.
Gunn Neil, *Highland River*, Canongate, Edinburgh 1991.
Gunn Neil, *The Well at the World's End*, Canongate, Edinburgh 1996.

*Haldane A.R.B., *The Drove Roads of Scotland*, Birlinn, Edinburgh 2008.
Harris Alexandra, *Romantic Moderns*, Thames & Hudson, London 2010.
Harrison Sarah, *The Icknield Way: Some Questions*, „Archaeological Journal" 2003, nr 160, s. 1–22.
Hauser Kitty, *Bloody Old Britain: O.G.S. Crawford and the Archaeology of Modern Life*, Granta, London 2008.
*Hauser Kitty, *Shadow-Sites: Photography, Archaeology and the British Landscape*, Oxford University Press, Oxford 2007.
Hazlitt William, *My First Acquaintance with Poets*, w: *Selected Writings*, t. 9, red. Duncan Wu, Pickering and Chatto, London 1998.
Hill Geoffrey, *The Orchards of Syon*, Penguin, London 2002.
Hill Geoffrey, *The Triumph of Love*, Penguin, London 1998.
Hillaby John, *The Skull Cinema*, „New Scientist" 1977, nr 589.
Hobsbawm Eric, *Interesting Times: A Twentieth-century Life*, Penguin, London 2002.
Hogarth William, *The Analysis of Beauty*, J. Reeves, London 1753.
Hollis Matthew, *Wszystkie drogi prowadzą teraz do Francji*, przeł. Marcin Sabiniewicz, „Zeszyty Literackie" 2016, nr 2, s. 66–68.
Holmes Richard, *Footsteps*, Penguin, London 1986.
**Home Ground: Language for an American Landscape*, red. Barry Lopez, Trinity University Press, San Antonio 2006.
Hudson W.H., *Afoot in England*, Beaufoy Books, Oxford 2010.
Hudson W.H., *Nature in Downland*, Echo Library, Middlesex 2006.
*Ingold Tim, *Lines: A Brief History*, Routledge, London 2007.
Jackson John Brinckerhoff, *A Sense of Place, A Sense of Time*, Yale University Press, New Haven 1994.
James William, *The Principles of Psychology*, Holt, New York 1905.
Jenkins Herbert, *The Life of George Borrow*, John Murray, London 1912.
Jenkins Herbert, *The Necessity for Ruins and Other Topics*, University of Massachusetts Press, Amherst 1980.

John Muir, John of the Mountains: The Unpublished Journals of John Muir, red. Linnie Marsh Wolfe, University of Wisconsin Press, Madison 1979.

Johns C.A., *Flowers of the Field*, Society for Promoting Christian Knowledge, London 1919.

Johnston Devin, *Creaturely and Other Essays*, Turtle Point Press, New York 2009.

Kearney Richard, *Navigations: Collected Irish Essays 1976–2006*, Lilliput, Dublin 2006.

Keats John, *The Letters of John Keats*, red. M. Buxton Forman, Oxford University Press, Oxford 1952.

Kierkegaard Søren, *Søren Kierkegaard's Journals and Papers*, red. Howard V. Hong, Edna H. Hong, t. 6, Indiana University Press, Bloomington 1978.

*Lakoff George, Johnson Mark, *Metafory w naszym życiu*, przeł. Tomasz P. Krzeszowski, Wydawnictwo Aletheia, Warszawa 2010.

Least-Heat Moon William, *Blue Highways: A Journey into America*, Secker & Warburg, London 1983.

Leavis F.R., *New Bearings in English Poetry*, University of Michigan Press, Michigan 1965.

Leavis F.R., *PrairyErth (A Deep Map)*, Houghton Mifflin, Boston 1991.

Lee Laurie, *As I Walked Out One Midsummer Morning*, Penguin, London 1969.

Leeson R.A., *Travelling Brothers*, George Allen & Unwin, London 1979.

*Leigh Fermor Patrick, *A Time of Gifts, New York Review of Books* Classics, New York 2005.

Leigh Fermor Patrick, *Between the Woods and the Water, New York Review of Books* Classics, New York 2005.

Leutscher Alfred, *Tracks and Signs of British Animals*, Cleaver-Hulme, London 1960.

Lewis Jennifer, Stanistreet Jennifer E., *Sand and Sea: Sefton's Coastal Heritage: Archaeology, History and Environment of a Landscape in North-West England*, Leisure Services, Sefton 2008.

*Long Richard, *Selected Statements & Interviews*, red. Ben Tufnell, Haunch of Venison, London 2007.

Lorimer Hayden, *Forces of Nature, Forms of Life: Calibrating Ethology and Phenomenology*, w: *Taking Place: Non-Representational Geographies*, red. Ben Anderson, Paul Harrison, Ashgate, London 2010, s. 55–78.

Lorimer Hayden, *Herding Memories of Humans and Animals*, „Environment and Planning D: Society and Space" 2006, t. 24, nr 4, s. 497–518.

Lowell Robert, *Robert Lowell: Collected Poems*, red. Frank Bidart, Faber and Faber, London 2003.

Lowes John Livingstone, *The Road to Xanadu: A Study in the Ways of the Imagination*, Houghton Mifflin, Boston 1930.

Ludwig Wittgenstein: Wiener Ausgabe Einführung/Introduction, red. Michael Nedo, Springer-Verlag, Vienna–New York 1993.

Lummis Charles F., *A Tramp Across the Continent*, University of Nebraska Press, Omaha 1982.

Machado Antonio, *Campos de Castilla*, Catedra, Madrid 2006.

MacLeod Finlay, *The Chapels in the Western Isles*, Acair, Stornoway 2007.

MacLeod Finlay, *The Healing Wells of the Western Isles*, Acair, Stornoway 2000.

MacLeod Finlay, *The Norse Mills of Lewis*, Acair, Stornoway 2009.

MacNeice Louis, *I Crossed the Minch*, Longman, London 1938.

MacNeice Louis, *The Collected Poems of Louis MacNeice*, Faber and Faber, London 1966.

Martin Martin, *A Voyage to St Kilda*, Dan Browne, London 1753.

Masefield John, *The Poems and Plays of John Masefield*, Macmillan, London 1918.

Matthiessen Peter, *Śnieżna pantera*, przeł. Blanka Kuczborska, Zysk i S-ka, Poznań 1999.

McGahern John, *Love of the World*, Faber and Faber, London 2009.

McGeoch James, McGeoch Catriona, MacLeod Finlay, Love John, *Súlasgeir*, Acair, Stornoway 2010.

Mckee Eric, *The Working Boats of Britain: Their Shape and Purpose*, National Maritime Museum, London 1983.

Melville Herman, *Journals*, red. Howard C. Horsford, Lynn Horth, Northwestern University Press, Chicago 1989.

Mengham Rod, *Asymmetries in the Bush*, „Angelaki" 2009, t. 14, nr 2, s. 85–91.

*Merleau-Ponty Maurice, *Fenomenologia percepcji*, przeł. Małgorzata Kowalska, Jacek Migasiński, Fundacja Aletheia, Warszawa 2001.

Merleau-Ponty Maurice, *Widzialne i niewidzialne*, przeł. Małgorzata Kowalska i in., Fundacja Aletheia, Warszawa 1996.

Moore John, *The Life and Letters of Edward Thomas*, Heinemann, London 1939.

Moran Joe, *On Roads: A Hidden History*, Profile, London 2009.

Moreton Guy, Nedo Michael, Finlay Alec, *Ludwig Wittgenstein: There Where You Are Not*, Black Dog Publishing, London 2005.

Morley Christopher, *Forty-Four Essays*, Harcourt, Brace and Co., New York 1925.

Morley Frank, *The Great North Road*, Hutchinson, London 1961.

Morris Jan, *Spain*, Penguin, London 1982.

Motion Andrew, *The Poetry of Edward Thomas*, Routledge & Kegan Paul, London 1980.

Newlyn Lucy, *Hazlitt and Edward Thomas on Walking*, „Essays in Criticism" 2006, t. 56, nr 2, s. 163–187.

*Nicolson Adam, *Sea Room: An Island Life*, HarperCollins, London 2001.

Nietzsche Fryderyk, *Zmierzch bożyszcz*, przeł. Stanisław Wyrzykowski, Wydawnictwo vis-à-vis/Etiuda, Kraków 2011.

Norman Howard, *On the Poet's Trail*, „National Geographic", listopad 2008.

O'Brien Flann, *Trzeci policjant*, przeł. Małgorzata i Andrzej Grabowscy, Wydawnictwo Zysk i S-ka, Poznań 1996.

Peck Edward, *Recollections 1915–2005*, Pauls Press, New Delhi 2005.
Phelan Jim, *We Follow the Roads*, Phoenix House, London 1949.
Poster Jem, *Ghost*, w: *Ghosts: Edward Thomas and Richard Jefferies*, „Archipelago" 2008, nr 2, s. 118–125.
*Powers Alan, *Eric Ravilious: Imagined Realities*, Imperial War Museum and Philip Wilson, London 2003.
Pretty Jules, *This Luminous Coast*, Full Circle, Suffolk 2011.
Pritchett V.S., *Marching Spain*, E. Benn, London 1928.
Prynne J.H., *The White Stones*, Grossteste Press, Lincoln 1969.
*Ravilious Eric, *Ravilious at War: The Complete Work of Eric Ravilious, September 1939 — September 1942*, red. Anne Ullmann, Fleece Press, Upper Denby 2002.
Richards J.M., *Memoirs of an Unjust Fella*, Weidenfeld & Nicolson, London 1980.
Robinson Tim, *Connemara: A Little Gaelic Kingdom*, Penguin Ireland, Dublin 2011.
Robinson Tim, *Stones of Aran: Labyrinth*, Lilliput, Mullingar 1995.
*Robinson Tim, *Stones of Aran: Pilgrimage*, Lilliput, Mullingar 1986.
Rousseau Jan Jakub, *Wyznania*, t. 1, przeł. Tadeusz Żeleński (Boy), PIW, Warszawa 1978.
Rudd-Jones Nicholas, Stewart David, *Pathways, Guardian* Books, London 2011.
Ruskin John, *Modern Painters*, George Allen & Sons, London 1910.
Russell Bertrand , *Autobiography. 1967–1969*, Routledge, London 1998.
Russell James, *Ravilious in Pictures: Sussex and the Downs*, Mainstone Press, Norwich 2009.
Saunders Nicholas J., *Trench Art: Materialities and Memories of War*, Berg, Oxford 2003.
Sharr Adam, *Heidegger's Hut*, MIT Press, Cambridge 2006.
Shehadeh Raja, *A Rift in Time: Travels with My Ottoman Uncle*, Profile, London 2010.

*Shehadeh Raja, *Palestyńskie wędrówki: zapiski o znikającym krajobrazie*, przeł. Anna Sak, Wydawnictwo Karakter, Kraków 2011.
Shepherd Nan, *The Colour of Deeside*, „The Deeside Field" 1937, nr 8, Aberdeen University Press, Aberdeen, s. 8–12.
Shepherd Nan, *The Grampian Quartet*, Canongate, Edinburgh 1996.
*Shepherd Nan, *The Living Mountain*, Canongate, Edinburgh 2011.
Shoard Marion, *This Land Is Our Land*, Gaia, London 1997.
Simpson Jacqueline, *Legends of Chanctonbury Ring*, „Folklore" 1969, t. 80, s. 122–131.
*Skelton Richard, *Landings*, Sustain-Release, Lancashire 2009.
Snyder Gary, *The Old Ways*, City Lights, San Francisco 1977.
Snyder Gary, *Underfoot*, „Orion Magazine" 2009, marzec/kwiecień, s. 46–51.
Solnit Rebecca, *A Book of Migrations*, Verso, London 1997.
Solnit Rebecca, *A Field Guide to Getting Lost*, Viking, New York 2005.
*Solnit Rebecca, *Wanderlust: A History of Walking*, Penguin, London 2000.
Spinney Laura, *The Lost World*, „Nature" 2008, nr 454, s. 151–153.
Spirn Ann Whiston, *The Language of Landscape*, Yale University Press, New Haven 1998.
Stainer Pauline, *Parable Island*, Bloodaxe, Newcastle 1999.
Stephen Ian, *Adrift/Napospas vlnám*, Periplum, Olomouc 2007.
Stephen Ian, *it's about this*, Survivors Press, Glasgow 2004.
Stephen Ian, *Mackerel & Creamola: Stories and Recipes*, Pocketbooks, Edinburgh 2001.
Stephen Ian, *Off shore/Onshore*, Morning Star, Edinburgh 1998.
Stevens Wallace, *The Collected Poems of Wallace Stevens*, Faber and Faber, London 1984.
Stevenson Robert Louis Stevenson, *Essays of Travel*, Chatto, London 1905.

Stott Rebecca, *Darwin and the Barnacle*, Faber and Faber, London 2003.

Strassberg Richard E., *Inscribed Landscapes: Travel Writing from Imperial China*, University of California Press, Los Angeles 1994.

*Taplin Kim, *The English Path*, Perry Green, Sudbury 2000.

Thackeray William, *Notes of a Journey from Cornhill to Grand Cairo*, w: *Miscellanies*, Wildside Press, Rockville 2009.

**The Pocket Book of Poems and Songs for the Open Air*, red. Edward Thomas, E. Grant Richards, London 1907.

**The Vintage Book of Walking*, red. Duncan Minshull, Vintage, London 2000.

Thomas Edward, *Beautiful Wales*, A. & C. Black, London 1905.

Thomas Edward, *Collected Poems*, Selwyn and Blount, London 1920.

Thomas Edward, *George Borrow: The Man and His Books*, Chapman & Hall, London 1912.

*Thomas Edward, *In Pursuit of Spring*, Thomas Nelson, London 1914.

*Thomas Edward, *Letters from Edward Thomas to Gordon Bottomley*, red. R. George Thomas, Oxford University Press, Oxford 1968.

Thomas Edward, *Letters of Edward Thomas to Jesse Berridge*, red. Anthony Berridge, Enitharmon, London 1983.

Thomas Edward, *Prose Writings: A Selected Edition*, , t. 1 i 2, red. Lucy Newlyn, Guy Cuthbertson, Oxford University Press, Oxford 2011.

Thomas Edward, *Richard Jefferies: His Life and Work*, Hutchinson & Co., London 1909.

*Thomas Edward, *Selected Letters of Edward Thomas*, red. R. George Thomas, Oxford University Press, Oxford 1995.

*Thomas Edward, *The Annotated Collected Poems*, red. Edna Longley, Bloodaxe, Newcastle 2008.

*Thomas Edward, *The Childhood of Edward Thomas: A Fragment of Autobiography and the War Diary*, Faber and Faber, London 1983.

Thomas Edward, *The Heart of England*, J. M. Dent, London 1906.

*Thomas Edward, *The Icknield Way*, Constable, London 1916.
Thomas Edward, *The Last Sheaf*, Jonathan Cape, London 1928.
*Thomas Edward, *The South Country*, J.M. Dent, London 1909.
*Thomas Helen, *Under Storm's Wing*, Carcanet, Manchester 1988.
Thomas Myfanwy, *One of These Fine Days: Memoirs*, Carcanet, Manchester 1982.
Thomas Myfanwy, Wstęp z 1932 roku do: *The South Country*, Little Toller, Dorset 2009.
Thomas R. George, *Edward Thomas: A Portrait*, Clarendon Press, Oxford 1985.
Thoreau Henry David, *The Essays of Henry David Thoreau*, red. Lewis Hyde, North Point Press, New York 2002.
Tilley Christopher, *The Phenomenology of Landscape: Places, Paths and Monuments*, Berg, Oxford 1994.
**Togail Tĕr/Marking Time: The Map of the Western Isles*, red. Finlay MacLeod, Acair and An Lanntair, Stornoway 1989.
Towards Re-Enchantment, red. Evans Gareth, Robson Di, ArtEvents, London 2010.
Twain Mark, *Życie na Missisipi*, przeł. Zofia Siwicka, Czytelnik, Warszawa 1984.
Watkins Alfred, *The Old Straight Track*, Abacus, London 1974.
Watts Stephen, *Mountain Language/Lingua di Montagna*, Hearing Eye, London 2009.
Ways of Walking, red. Tim Ingold, Jo Lee Vergunst, Ashgate, Aldershot 2008.
West Rebecca, *Black Lamb and Grey Falcon: A Journey through Yugoslavia*, Canongate, Edinburgh 1993.
White Kenneth, *Across the Territories*, Polygon, Edinburgh 2004.
White Kenneth, *On the Atlantic Edge*, Sandstone, Dingwall 2006.
Whitman Walt, *Pieśń o mnie*, przeł. Andrzej Szuba, Wydawnictwo Miniatura, Kraków 1996.
Williamson Henry, *Tarka the Otter*, Book Club Associates, London 1985.

Wordsworth William, *Guide to the Lakes*, Frances Lincoln, London 2004.
Wordsworth William, *Prose Works of William Wordsworth*, red. W.J.B. Owen, Jane Worthington Smyser, Clarendon Press, Oxford 1974.
Wordsworth William, *The Poetical Works of William Wordsworth*, red. Paul D. Sheats, Houghton Mifflin, Boston 1952.
Wright Patrick, *On Living in an Old Country*, Verso, London 1985.
Zwicky Jan, *Wisdom and Metaphor*, Gaspereau Press, Kentville 2008.